Pro/E野火4.0中文版设计与数控加工从入门到精通

马树奇 金 燕 编著

电子工业出版社

Publishing House of Electronics Industry

北京·BEIJING

内 容 简 介

本书较系统地介绍了最新版Pro/E野火4.0零件设计与数控制造的主要技术。全书以产品从设计到数控制造的过程为主线，共分为四篇：第一篇介绍零件建模基础功能；第二篇介绍曲面造型；第三篇介绍装配和工程图；第四篇介绍数控加工。本书的特点在于贴近生产实际，不论是零件模型还是数控加工程序大多取自机械加工生产实践，更好地缩短了学习与工作的距离。

本书适合使用Pro/E野火4.0从事设计和制造工作的技术人员，高校、职业技术学校的机械类学生，以及其他需要了解和使用Pro/E野火4.0的爱好者学习使用。

图书在版编目（CIP）数据

Pro/E野火4.0中文版设计与数控加工从入门到精通/马树奇，金燕编著.—北京：电子工业出版社，2009.3
ISBN 978-7-121-08227-6

Ⅰ．P… Ⅱ．①马…②金… Ⅲ．①机械元件—计算机辅助设计—应用软件，Pro/ENGINEER Wildfire 4.0
②数控机床—加工—计算机辅助设计—应用软件，Pro/ENGINEER Wildfire 4.0 Ⅳ．TH13-39 TG659-39

中国版本图书馆CIP数据核字（2009）第015090号

责任编辑：李红玉 李 荣
印　　刷：北京天竺颖华印刷厂
装　　订：三河市鑫金马印装有限公司
出版发行：电子工业出版社
　　　　　北京市海淀区万寿路173信箱　邮编：100036
　　　　　北京市海淀区翠微东里甲2号　邮编：100036
开　　本：787×1092 1/16　印张：29.25　字数：740千字
印　　次：2009年3月第1次印刷
定　　价：51.00元

凡所购买电子工业出版社图书有缺损问题，请向购买书店调换。若书店售缺，请与本社发行部联系，联系及邮购电话：（010）88254888。

质量投诉请发邮件至zlts@phei.com.cn，盗版侵权举报请发邮件至dbqq@phei.com.cn。

服务热线：（010）88258888。

前　言

CAD技术起步于20世纪50年代后期。20世纪60年代以后，其主要目标仍然是用传统的三视图方法来表达零件，以数字化图纸为媒介进行技术交流，这就是二维计算机绘图技术。CAD技术以二维绘图为主要目标的算法一直持续到20世纪70年代末期，其代表软件就是长期占据绘图市场主导地位的AutoCAD软件。

20世纪70年代以后，随着飞机和汽车工业的蓬勃发展，人们遇到了大量的自由曲面问题，当时只能采用多截面视图、特征纬线的方式来近似表达自由曲面。而三视图方法对自由曲面的表达并不完整，因而经常出现制作出来的样品与设计者的想象并不相符的情况。

在这种情况下，法国的达索飞机制造公司的开发者在二维绘图系统的基础上，开发出以表面模型为特征的自由曲面建模方法，推出了三维曲面造型系统CATIA。它的出现，标志着计算机辅助设计技术从单纯模仿工程图纸的三视图模式中解放出来，首次实现用计算机完整描述产品零件的主要信息，同时也使得CAM技术的开发有了现实基础，当时的CAD技术耗价极高。

20世纪80年代初，CAD系统的价格依然令一般企业望而却步，这使得CAD技术无法拥有更广阔的市场。

有了表面模型，CAM的问题可以基本解决。但由于表面模型技术只能表达形体的表面信息，难以准确表达零件的其他特性，如质量、重心、惯性矩等。SDRC公司于1979年发布了世界上第一个完全基于实体造型技术的大型CAD/CAE软件——I-DEAS。在当时的硬件条件下，实体造型的计算及显示速度很慢，在实际应用中做设计显得比较勉强。在此后的10年中，随着硬件性能的提高，实体造型技术才逐渐为众多CAD系统所采用。

进入20世纪80年代中期，CV公司内部以高级副总裁为首的一批人提出了参数化实体造型方法，其主要的特点是：基于特征、全尺寸约束、全数据相关和尺寸驱动设计修改。后来，他们成立了参数技术公司（Parametric Technology Corp.，PTC），开始研制命名为Pro/ENGINEER（简称Pro/E）的参数化软件。

进入20世纪90年代，参数化技术变得成熟起来，充分体现出其在许多通用件及零部件设计上具有的简便易行的优势。踌躇满志的PTC先行挤占低端的AutoCAD市场，致使在几乎所有的CAD公司营业额都呈上升趋势的情况下，Autodesk公司营业额却增长缓慢，市场排名连续下挫；继而PTC又试图进入高端CAD市场，与CATIA、I-DEAS、CV、UG等群雄逐鹿，试图进入汽车及飞机制造业市场。目前，PTC在CAD市场份额排名上已名列前茅。

现代制造业已经成为一个覆盖全球的庞大生产系统。制造企业要想取得成功，就必须充分发挥世界上所有可以利用的资源优势，以更快的速度、更低的成本推出更高质量的产品。随着产品复杂程度的迅速提高，企业对于能够将产品开发、分析及制造较完美地集成为一体的系统平台的需要就变得日益迫切了。

Pro/E 4.0以其无与伦比的技术创新和效率优势，已经成为所有制造业产品开发的事实标准。它提供了一个高度灵活的工程和产品开发基础平台，既能够根据快速变化的市场需要高效率地实现与战略供应商的协作、开发客户定制产品和创新产品，又能够有效地实现本企业知识的重复利用，从而显著提高工程开发效率。

Pro/E野火4.0中文版是CAD/CAE/CAM集成开发系统的代表产品之一。它既具备计算机辅助实体造型、高度自动化的二维工程制图、虚拟装配、工程分析及生成高水平数控加工代码的功能，又具备强大的网络化协作能力，使地理位置分散的人们能够共同为同一个产品进行开发、分析等工作，从而大大加快了企业对产品生命周期的掌握，进一步提高效益。

在Pro/E野火4.0中文版系统中，数控加工模块在以往的基础上又有了进一步的提高，可以充分满足包括五轴联动加工中心在内的高水平数控加工工艺辅助编排及精密的刀位轨迹检测功能的需要，可以准确地检查每一次走刀是否有过切和干涉，并且可以通过内嵌的Vericut模块进行三维加工仿真，从而直观、有效地保证工艺的合理性。

不仅如此，Pro/E野火4.0中文版提供了后置处理接口，使人们能够针对具体型号的数控机床生成准确的数控加工程序。只要将这些代码输入相应的数控机床中，就可以自动完成对相关零件的切削加工。这项技术对于目前我国蓬勃兴起的模具制造业来说具有十分重要的意义。

对于从事机械设计、制造及相关技术工作的人而言，以Pro/E 4.0为代表的现代软件系统已经成为不可或缺的工具。现在不论是高校工科学生的毕业设计，还是企业要求设计人员提供的产品设计，都已经淘汰了传统的手工图纸，取而代之的是真正的三维实体数字化模型。这不是简单的制图，更准确地讲，设计人员的目标已经不是画出工程图，而是准确地表达和传递产品设计与分析的结果；工艺人员的目标也不再是编写加工工艺，而将把经过检测、仿真的成熟加工过程记录下来，再通过数控加工设备予以实现。

Pro/E 4.0是一个大型软件系统，其中包括的功能模块覆盖了零件设计、装配、数控制造、钣金、电路与管线、绘图等多个方面。本书重点介绍最新的Pro/E野火4.0中文版系统中最常用的功能模块，通过学习书中的内容并做适当的练习，读者能够完成零件设计、虚拟装配、生成工程图、生成数控加工工艺与代码实现的全部过程，这些知识基本能够满足读者实际工作的要求。

为方便读者阅读，若需要本书配套资料，请登录"华信教育资源网"（http://www.hxedu.com.cn），在"资源下载"频道的"图书资源"栏目下载。

目　　录

第一篇　零件设计基础

第三篇　装配和工程图

第四篇 数控加工

第一篇　零件设计基础

计算机辅助设计/分析/制造（CAD/CAE/CAM）是现代产品开发的主要方式，目前有大量成熟的软件系统产品。这些技术与成熟、广泛的网络化信息处理技术结合起来，能够形成覆盖全球的庞大生产系统。

产品开发的基础是设计，最直观、最准确的设计方法是三维实体设计。它是现代制造技术的基础。Pro/E 4.0的零件设计模块具有全参数化性和良好的易用性，在先进的机械产品设计中占有重要地位。

本篇主要介绍Pro/E 4.0的基本特点与安装、草绘器的功能与使用方法、基准特征、基础特征、高级特征、工程特征、编辑特征的应用与创建方法、模型树与层树及零件属性的设置，以及曲面特征的创建、编辑、分析、实体化等内容。

本篇是整个Pro/E 4.0系统的基础。在这个基础上，人们才能够进行零件装配、分析、生成工程图、生成数控加工程序等更高级的操作。

第1章 Pro/E 4.0简介与基本工作过程

学习重点:

➡ CAD设计的基本内容

➡ ProE的技术特点

➡ Pro/E 4.0对软硬件的要求

1.1 现代产品设计—制造的总体流程

现代产品设计已经全面采用了CAD（Computer Aided Design）技术，其零部件的设计过程一般包括概念设计、三维建模及输出二维工程图三个阶段，如图1.1所示。

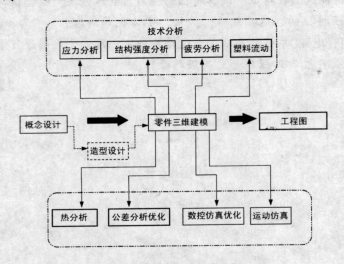

图1.1 CAD产品设计过程

在零部件三维设计初步完成后，一般需要根据产品的特点和要求进行虚拟装配及各种分析，以保证产品在结构强度、运动、生产制造等方面符合企业的要求。常见的分析包括运动仿真、结构强度分析、疲劳分析、塑料流动、热分析、公差分析与优化、NC仿真及优化等。

随着现代制造业的发展，市场竞争日益激烈，产品复杂程度大规模增加，企业必须采取并行、协同设计的方式进行产品的开发工作，以适应迅速变化的市场需求。这就要求作为企业的基础设计平台，必须具备设计结果参数化、工作方式网络化、数据共享实时化、数据库集中化等特点。

1.2 Pro Engineer 4.0的主要功能及技术特点

1. 主要功能

Pro/E 4.0软件系统由美国PTC公司（Parametric Technology Corporation，参数化技术公司）

开发，目前该公司产品已经占据全球CAD/CAM/CAE/PDM市场超过三分之一的份额，成为该领域最具代表性的软件公司。

　　Pro/E 4.0包括基本产品设计、工业外观造型模块、复杂零件曲面设计、复杂产品装配、运动仿真、结构强度仿真、疲劳分析、塑料流动分析、热分析、公差分析及优化、基本数控编程、多轴数控编程、通用数控后置处理、数控钣金加工编程、数控仿真及优化、模具设计、二次开发工具等模块，全面覆盖了产品开发的各个工作领域。

　　目前Pro/E中文版的最新版本是野火4.0。新版本在3.0版的基础上又做了多方面的改进：

　　（1）工作流程更清晰

　　（2）设计、分析工具更完善

　　（3）进一步增强了与其他CAD软件的数据交换能力

　　（4）更强的曲线和曲面设计、分析功能

　　（5）更出色的效果渲染功能

　　（6）更强的数控加工能力

　　（7）更强的网络互连及协作性能

2. Pro/E 4.0的技术特点

　　Pro/E 4.0是基于特征的全参数化软件，用它创建的三维模型是一种全参数化的模型。"全参数化"有以下几方面的含义：

　　· 特征截面几何全参数化

　　· 零件模型全参数化

　　· 装配体模型全参数化

　　参数化技术使三维建模的效率得到了大幅度的提高。在基于参数化的三维建模系统中，每一个尺寸都是一个参数，而且每个参数都对应着一个具体的数值。当改变一个尺寸时，实际就是修改与该尺寸对应的参数的数值，同时系统可以自动更新该尺寸值。这样一来，在设计的初期就不再需要精确地确定每一个尺寸的大小，而且可以首先考虑零件的形状，只要形状达到了要求，在以后的各个设计阶段往往都可以对尺寸做进一步的修改，同时该尺寸关联到的所有几何要素也会自动发生相应的变化。

　　与其他同领域的CAD软件系统相比，Pro/E 4.0主要有以下几方面的特点：

　　· 全参数化设计

　　在使用Pro/E 4.0建模的过程中，系统将每个尺寸都视为一个可变的变量参数，设计人员可以方便地改变它的值，而系统会自动生成修改后的模型结果。这就意味着无论是在绘制二维截面图形还是建立三维模型的过程中，设计者可以首先只重点考虑设计的形状，而不用管它的具体尺寸数值。当形状确定之后，再通过修改各个几何元素的相关尺寸值，就可以重新生成目标图形或模型。

　　通过参数化设计，人们能够有效地减少人工改图或者计算所需的时间，大大提高工作效率。如图1.2所示，（a）图是设计时首先考虑到的总体形状，即一个带锥孔的六方螺母，右端锥孔直径为$\Phi 10$；经过后来的设计分析及变更，发现需要将其右端锥孔直径改为$\Phi 8$，则直接修改该部分尺寸，只要修改后的尺寸不影响零件造型过程中后续操作的实现，系统就能够生成如（b）图所示的目标图形。

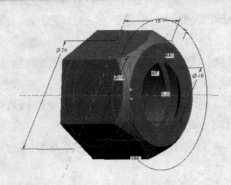 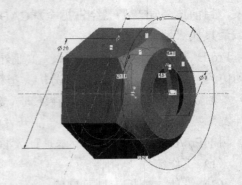

（a）初始创建的零件模型　　　　　　　　　（b）修改尺寸后系统自动生成的模型

图1.2　参数化绘图示例

·单一数据库

在使用Pro/E 4.0的过程中，同一项工程中的所有资料都来自同一个数据库，这样有两方面的意义：

（1）在整个设计过程中，任何一个地方因为某种需要而进行设计修改之后，整个设计的相关环节都会随之发生改变。

例如，当模型已经建成，零件图和装配图都已经生成的时候，又突然发现某个零件的设计需要更改，此时用户只需要更改零件图或者装配图上的相应部分，那么其余相关部分也会随之自动更新，包括数控加工程序都会自动更新。

单一数据库为设计的一致性、准确性提供了强有力的保证。这样就再也不会出现只修改了零件图而忘记修改装配图或者数控程序，造成设计、加工前后不一致的情况了。

（2）多个用户可以同时为一件产品而工作。

现代复杂产品设计和制造工作往往涉及到分布在多个地区的多个设计单位。在整个设计过程中，任何一个地方因为某种需求而需要做出一些修改，那么整个设计的不同地方相关的环节都会随之而改变。这样就有力地保证了大型复杂产品系统设计中多单位协作的一致性。

·真正的三维实体模型

Pro/E 4.0的设计是基于三维的，与传统的二维绘图有本质的区别。Pro/E 4.0生成的零件不是传统的线框模型或者表面模型，而是设计对象实体形状的真实再现，能够很容易地计算出实体的表面积、体积、重量、惯性矩、重心等，使设计者清楚地了解零件的特性，并且为进行后续的分析计算奠定了坚实的基础。

有了真实的三维实体模型，Pro/E 4.0就能够很容易地生成工程图。工程图的生成十分灵活，所有的局部视图、剖面图、各方向的投影图，以及各种轴测图都能够自动生成，各几何要素之间的位置关系、尺寸等都不会有错误。

·全相关

Pro/E 4.0的工作环境具有全相关性：在一个阶段所做的设计及修改对所有其他阶段都有效。例如：第一阶段设计了一系列的零件；第二阶段对这些零件进行了装配；第三阶段生成了所有的工程图；第四阶段生成了零件的数控加工程序……在上述任何一个阶段中如果进行了一些修改，那么这些修改会影响到所有相关的阶段。如果删除了某个零件，那么在装配中靠该零件定位的其他零件也会从装配图中消失。

全相关意味着在整个设计过程中，按照设计操作的先后，各阶段形成的对象会形成严格的父子关系和依存关系。举例来说，如果一个排气管螺栓在发动机中的装配位置是由排气管螺纹孔来确定的，那么当该排气管的螺纹孔被删除或隐含之后，在装配模型中该排气管螺栓也会被删除或隐含，有时甚至会引起模型再生失败，因此在设计中对于模型创建的前后顺序、特征参照的选择应予以高度重视。

· 参数关系式

在Pro/E 4.0中，设计者可以规定各个尺寸之间的相关关系来限定尺寸的改变，从而保证相关尺寸之间的关系在任何变化情况下总是正确的。例如可以规定一个长方形的长$a=2*b$，这样不论任何一个边长的具体尺寸如何发生变化，边a总是边b长度的两倍。合理地利用参数关系式，可以帮助人们正确、快速地建立模型。

1.3　Pro/E 4.0的系统要求及安装

1. 系统要求

（1）操作系统

Pro/E野火4.0支持的操作系统主要有微软公司的Windows Vista、Windows XP x64、Windows XP专业版、Windows XP家庭版；惠普公司的HP-UX、SUN公司的Solaris 8/10（64位），不再专门对Windows 2000以及Linux系统提供支持。

（2）硬件要求

运行于上述各操作系统时，对应的CPU要求如表1.1所示。

表1.1　Pro/E野火4.0支持的操作系统及CPU要求

计算机系统生产商	操作系统类型	操作系统版本	CPU要求
惠普公司	HP-UX	11iV1	PA8000及以上
Sun公司	Solaris Solaris	8、10（仅支持64位版本） 10（仅支持64位版本）	UltraSPARC II及以上 AMD Opteron系列
微软公司	Windows Vista商用版 Windows Vista旗舰版	基本版本	英特尔：奔腾/至强/酷睿/酷睿2系列
	Windows XP x64	基本操作系统	英特尔：奔腾/至强/酷睿/酷睿2系列；AMD：皓龙（Opteron）系列
	Windows XP专业版 Windows XP家庭版	基本操作系统及SP1和SP2	英特尔：奔腾/至强/酷睿/酷睿2系列；AMD：皓龙（Opteron）系列

运行于上述操作系统时，硬件要求如表1.2所示。

Pro/E野火4.0关于显卡方面的要求比较宽泛。PTC公司官方认证的显卡与具体计算机型号及配置有关，内容很多，具体情况请参见PTC官方网站。对于一般用户而言，基本要求是使用显存至少为128MB的独立显卡，否则会影响运行性能，甚至使Pro/E 4.0根本无法运行；如果需要进行较复杂的工程设计，建议采用图形工作站级的计算机和专业显卡，以保证操作良好的稳定性和可靠性。

表1.2 Pro/E野火4.0运行于各种操作系统下的硬件要求

配置类型 \ 操作系统	WindowsXP及Vista		UNIX	
	最低要求	推荐配置	最低要求	推荐配置
内存 256MB 256MB	1024MB以上 1024MB以上			
磁盘空间 Pro/ENGINEER Pro/ENGINEER以及Pro/ENGINEER Mechanica野火4.0	2.0GB 2.0GB	2.5GB以上 3.0GB以上	2.5GB 3.0GB	3.0GB以上 3.5GB以上
交换磁盘空间	500MB 500MB	2048MB以上 2048MB以上		
CPU频率	500MHz	2.4GHz以上	见表1.1	
内部浏览器支持	Internet Explorer 7.0 Internet Explorer 6.0 SP1及更高版本		运行于UNIX系统的Pro/E自带浏览器（ Mozilla 1.7.3）	
显示器	分辨率为1024×768（及更高），24位以上色深		分辨率为1024×768（及更高），24位以上色深	
网络	微软TCP/IP以太网卡		TCP/IP以太网卡	
鼠标	三键鼠标		三键鼠标	
文件系统	NTFS		厂商支持的全部文件系统	
光驱	CD-ROM或DVD驱动器		CD-ROM或DVD驱动器	

2. 系统的安装

Pro/E野火4.0中文版的安装过程比较复杂，由于涉及到语言的选择和几种不同的许可证管理方式，因此整个软件的安装过程可以分为三个步骤：

- 设置环境变量
- 安装许可证服务器
- 安装Pro/E 4.0

下面本文重点介绍在Windows XP SP2简体中文版系统上的安装过程。

设置环境变量

Pro/E野火4.0本身通常是多国语言版，允许用户在安装时选择想要使用的语言。在Windows XP简体中文版系统中，可以按照下列步骤设置环境变量：

图1.3 显示当前电脑的属性

- 在桌面环境中右键单击"我的电脑"，然后在系统弹出的上下文相关菜单中左键单击"属性"命令，如图1.3所示。
- 系统会显示出图1.4所示的"系统属性"对话框，左键单击"高级"选项卡，以显示出其中的内容，然后左键单击位于下部的"环境变量"按钮。

· 系统显示出"环境变量"对话框，如图1.5所示。此框上半部分是为当前帐户设置环境变量，下半部分是为当前系统设置环境变量，二者的作用域不同。如果只想为当前用户帐户设置，那么可以左键单击上半部分的"新建"按钮，否则可以左键单击下半部分的"新建"按钮，其后的操作都相同。

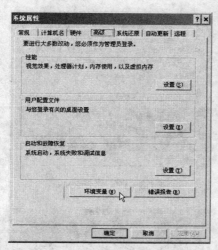

图1.4 在"系统属性"对话框中左键单击"高级"选项卡

图1.5 在"环境变量"对话框中左键单击"新建"按钮

· 接下来系统会显示出"新建用户变量"对话框，在"变量名"文本框中输入"lang"，在"变量值"文本框中输入"chs"，如图1.6所示。

· 依次左键单击当前对话框、"环境变量"对话框和"系统属性"对话框中的"确定"按钮，将对话框全部关闭，环境变量设置即已完成，并且立刻生效。

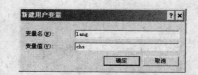

图1.6 输入环境变量

安装许可证服务器

在计算机的光驱中插入Pro/E野火4.0中文版的安装光盘，系统会自动运行，并显示出如图1.7所示的画面。

在这个屏幕左下方显示的是当前计算机的主机名和主机ID。在局域网中的多台计算机上安装Pro/E 4.0时，需要将这些信息输入运行许可证服务器的计算机中，用于识别允许获取许可证的网络计算机。

单击屏幕右下角的"下一步"按钮，系统显示出图1.8所示的屏幕，其中显示的是"PTC客户协议书"。

选中"接受许可证协议的条款和条件"项前的复选框，然后单击"下一步"按钮，系统会显示出如图1.9所示的屏幕，用以选取要安装的模块。

左键单击"PTC License Server"（PTC许可证服务器）项，系统会显示出如图1.10所示的对话框，显示出许可证服务器将要安装到的文件夹位置，并要求指定由PTC公司提供的许可证文件。

图1.7 Pro/E野火4.0中文版会自动运行

图1.8 PTC客户协议书

图1.9 Pro/E 4.0的模块选项

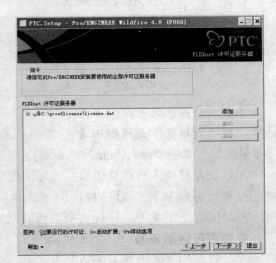

图1.10 指定许可证服务器的安装位置及许可证文件

如果需要更改默认的安装位置，那么可以左键单击"目标文件夹"栏右侧的▣图标，然后选择安装位置。完成后左键单击"许可证文件"栏右侧的▣图标，并指定由PTC公司提供的许可证文件，然后单击对话框底部的"安装"按钮，必要时按照系统提示更换安装光盘，即可完成许可证服务器的安装。

安装Pro/E 4.0

在局域网环境中，只要在一台计算机上安装许可证服务器程序，然后通过程序界面输入允许使用PTC许可证的工作站计算机名及主机ID号即可，只要这台计算机上的许可证服务器正常运行，其他计算机上就可以正常地安装和使用Pro/E 4.0。在单机环境中，可以使用PTC公司提供的许可证文件。Pro/E 4.0主程序的安装过程如下：

· 在如图1.9所示的程序界面中左键单击"Pro/ENGINEER&Pro/ENGINEER Mechanica"项，系统会显示出如图1.11所示的对话框。

·选择完毕后，左键单击对话框底部的"下一步"按钮，系统会显示出当前检测到的许可证服务器。再单击"下一步"按钮，系统会显示出如图1.12所示的屏幕。

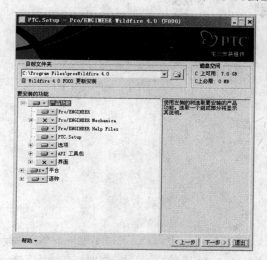

图1.11 选取软件模块

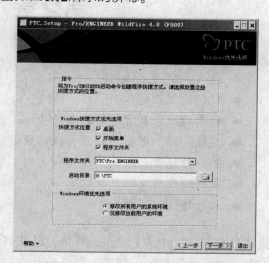

图1.12 确定程序的快捷方式及启动目录

·根据需要选择快捷方式及启动目录的位置，然后左键单击"下一步"按钮，再左键单击"安装"按钮，根据系统提示更换光盘，即可完成安装。

小结

本章简单介绍了CAD技术的概况、ProE对运行环境的要求。熟悉这些要点对于今后学习和使用Pro/E 4.0都有十分重要的意义。

Pro/E野火4.0属于比较复杂的软件系统，一定要动手做练习。本书在介绍每一项功能、每一种操作的时候，都会举例，读者最好在计算机旁阅读本书，边看边完成书中介绍的每个示例，这样肯定会事半功倍。

本书配套的练习文件可以登录"华信教育资源网"下载，网址是http://www.hxedu.com.cn。

第2章 草 绘

学习重点:

➡ 进入草绘的方法

➡ 目的管理器的作用

➡ 约束的概念及常见的约束符号

➡ 直线、圆、圆弧、样条曲线的绘制

➡ 图形的镜像、缩放、旋转和复制

➡ 图形的修剪

➡ 尺寸标注

从数学研究中人们发现,许多三维几何体可以看成是将一定形状的二维剖面图形按照一定的方式如拉伸、旋转、扫描、混合而形成的。例如,一个线段绕与其平行的固定轴线旋转可以产生圆柱面,绕与其倾斜相交的固定轴线旋转可以产生圆锥面,绕与其空间相错的固定轴线旋转可以产生双曲面,如图2.1、图2.2和图2.3所示。

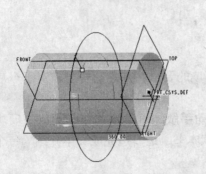

图2.1 线段绕与其平行的轴线旋转形成圆柱面

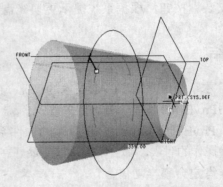

图2.2 线段绕与其相交的轴线旋转形成圆锥面

现代工业产品中的大多数零件都可以按照特定的数学规律来生成其形状。在现代制造业中,大多数的切削加工方法也是根据这些规律来进行生产和制造的。因此,通过简单的二维剖面图形来生成三维实体的造型方法也成为包括ProE在内的大多数软件的重要手段。在此类零件设计工作中,关键任务之一就是正确地设计出零件的二维剖面图形。

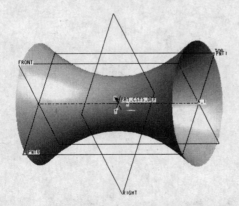

图2.3 线段绕与其相错的轴线旋转形成双曲面

在Pro/E 4.0中,二维剖面图形由系统提供的"草绘"模块来完成。该模块是系统的基础模块。特征的创建、工程图的建立、三维装配图的建立,以及需要进行平面图形绘制的地方往往都会调用"草绘"模块。熟练地掌握草绘环境中二维截面图形的绘制，是掌握Pro/E 4.0基础造型的核心。

2.1 "草绘"环境

1. 进入"草绘"环境

进入"草绘"环境的方法很多，常用的方式有两种。第一种是在启动Pro/E 4.0之后，选择菜单命令"文件"➤"新建"，然后从屏幕上打开的窗口中选择第一项"草绘"，在下方的文框中输入这个草绘文件将要使用的名称，再单击"确定"按钮，如图2.4所示。

 以这种方式进入"草绘"环境实际上用于创建独立的二维图形，这种图形既可以在以后用于通过拉伸、旋转等方式创建基本特征，也可以用于其他场合。在这种"草绘"环境中，系统没有针对拉伸、旋转等基础特征创建的限制，例如它允许图形存在交叉的线条、开放的线条等。

第二种是新建一个用于创建实体零件的文件，即在如图2.4所示的"新建"对话框中选取第二项"零件"，然后左键单击以生成一个公制的零件文件（别忘了取消"使用缺省模板"复选框的选中），然后在生成三维实体的过程中，选定一个平面作为草绘平面，通过右键命令菜单中的"编辑内部草绘"命令、相关功能操控板中的命令或者工具栏中的命令图标，使系统进入草绘环境开始二维截面图形的绘制，如第1章"Pro/E 4.0简介与基本工作过程"中所述。

图2.4 进入"草绘"环境的途径

2. 目的管理器

进入草绘环境之后，在"草绘"下拉菜单中显示的第一项命令是"目的管理器"，其前方有一个对钩标记，表示当前该项被选中。设计人员可以根据实际工作的需要来决定是否选中这项命令。

选中此项后，在草绘环境中工作的时候，系统会自动在各种图元上产生捕捉，并且会自动显示出各种尺寸，以及草绘时生成的限制条件。这些设置都给普通的草绘工作带来了极大的便利，因为它可以使设计人员方便、准确地绘出相交、相切、垂直、对称等图形关系。

Pro/E 4.0在选中和未选中"目的管理器"的时候会显示不同的菜单项及工作环境。图2.5是选中"目的管理器"命令项之后的"草绘"工作环境，图2.6是未选中"目的管理器"命令项时的"草绘"工作环境。

 为了适应出版印刷的需要，笔者使用菜单命令"视图"➤"显示设置"➤"系统颜色"，再从弹出的"系统颜色"对话框中选择菜单命令"布置"➤"白底黑色"将工作区改成了白色背景黑色前景的显示方案。

图2.5　选中"目的管理器"项时的"草绘"菜单　　图2.6　未选中"目的管理器"项时的"草绘"环境

　　如果没有选中"草绘"菜单中的"目的管理器"项，系统会在工作区右侧显示出"菜单管理器"，其中提供了各种绘图工具，以此来代替图2.5中工作区右侧的工具栏。这时的绘图操作没有系统的自动捕捉。

　　3. "草绘"工具栏

　　"草绘"环境的上方显示了一些新的命令图标，其中常见的项目及作用如下：

　　：控制"草绘"的方向，使进行草绘操作的平面与当前屏幕平行。

　　：切换尺寸的显示状态（开/关），用于控制当前视图中是否显示尺寸。在一般的"草绘"操作时通常需要将尺寸显示出来，但当图形比较复杂的时候，为了清楚地显示图形，有时需要暂时将尺寸显示关闭。

　　：切换约束的显示状态（开/关），用于控制当前视图中是否显示约束。

　　：切换栅格的显示状态（开/关），用于控制当前视图中是否显示栅格。如果选中此项，那么在草绘区会显示出暗色的网格，作为绘图的参考。

　　：切换剖面顶点的显示状态（开/关），用于控制当前视图中是否显示不同线条的交点。确定不同线条之间是否存在交点对于"草绘"图形的准确性至关重要，因为有时看起来彼此相接的两条线实际上可能并没有交汇在一点，这样往往会导致后面的作图过程出错，或者出现失误。

　　：对已绘图形的封闭环区域进行着色，用于辅助人们判断草绘图形是否正确。草绘图形中的线条通常不允许交叉。如果没有交叉情况，左键单击此命令后草绘图形区域内会显示一定的颜色，如图2.7所示。

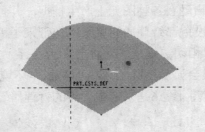

图2.7　图形没有交叉，可以着色显示

　　：加亮显示草绘图形中开放线条的端点，用于帮助人们判断图形的正确性。在创建拉伸、旋转等基础特征的过程中，草绘图形中不允许有开放的线条。

　　：加亮显示草绘图形中出现重叠的几何图形，用于辅助人们判断草绘图形是否正确。如果出现了线条交叉，则交叉的线条就会被加亮显示（默认为绿色），如图2.8所示。

: 检查草绘图形是否能够满足即将创建的特征的要求。左键单击这个命令图标后，系统会根据当前要创建的特征，检测草绘图形是否满足要求，并给出一个对话框，如图2.9所示。

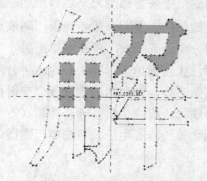

图2.8 草绘图形中未交叉的部分被着色
显示，交叉的线条被加亮显示

图2.9 检查是否满足特征要求

: 对样条曲线进行曲率分析。这个命令在创建曲面的过程中使用较多，相关说明请参见第11章"自由曲线与自由曲面"。

2.2 草绘的约束

在常见的草绘工作中，"目的管理器"处于被选中的状态，这时如果再将"切换约束的显示（开/关）"项即图标选中，那么在草绘的过程中就会在各线条旁边显示出诸如"H"、"V"、"L"、"//"之类的暗色标记，表明这些线条存在位置为水平、垂直、等长、彼此平行等关系，这些符号就是约束标记。有些约束是在草绘的过程中系统自动通过捕捉生成的，也可以由设计人员通过草绘工具栏中的"在剖面上施加草绘器约束"命令图标添加。正确地使用约束可以方便地绘出具有一些既定关系的草绘图形。左键单击工具栏中的图标之后，屏幕上会打开如图2.10所示的"约束"选项框。

其中的各选项名称及作用如下：

: 使线的位置为垂直，或使两顶点位于一条垂线上。

: 使线的位置为水平，或使两顶点位于一条水平线上。

: 使两图元正交（垂直）。

: 使两图元相切。

: 使点位于线的中间。

: 使两图元共线或重合。

: 使两点或顶点关于中心线对称。

图2.10 "约束"选项框

: 使两线段等长，或者使两圆弧半径相等、曲率相等。

// : 使两条直线平行。

约束命令在草绘图形中有重要的作用。约束施加的步骤很简单，通常是先左键单击工具栏中的命令图标，然后从系统打开的"约束"选项框中左键单击需要的约束项目，然后根据系统提示信息在图形工作区中左键单击相应的图元。

例如，左键单击了命令图标或之后，接着在图形工作区中左键单击相应的线段，该线段的位置就会分别变为垂直或者水平；左键单击命令图标⊥之后，在图形工作区中先后左键单击两个线段，则第一个线段的位置就会变得与第二个线段垂直；左键单击 之后，先左键单击一个圆弧或圆，再左键单击另一个圆、圆弧或直线，则前者的位置就会修改为与后者相切；左键单击 之后，先左键单击一个基准点或顶点或端点，再左键单击一段圆弧或者线段，则该点的位置就会改至后者的中点；左键单击 之后，先左键单击一个点或线段，再左键单击另一个线段，则前者的位置就会变到与后者共线；左键单击 之后，先左键单击对称中心线，再分别左键单击需要保证对称的两个端点、线段、圆、圆弧或者样条曲线，则后两者的位置会变得相对于该中心线对称；左键单击 = 之后，再分别左键单击两条线段，或两个弧、圆、椭圆（等半径），或一个样条线与一条线或弧（等曲率），则它们分别会等长、等半径、等曲率；左键单击 ∥ 之后，再分别左键单击两条线段，则它们会平行。

 在施加约束的时候，不仅左键单击的图元位置会改变，与之相连的图元位置也会发生相应的变化。

在选中了 工具的情况下，具有约束的图元上会显示出相关的约束符号，详细情况参见表2.1。

表2.1 约束显示出来的符号及其含义

约束	符号
中点	M
相同点	O
水平图元	H
竖直图元	V
图元上的点	—O— - -
相切图元	T
垂直图元	⊥
平行线	∥₁
相等半径	带有一个下标索引的R
具有相等长度的线段	带有一个下标索引的L（例如，L1）
对称	—+—+—
图元水平或竖直排列	- - ¦
共线	═══
对齐	用于适当对齐类型的符号
使用"边/偏移边"	—— O

2.3 草绘工具

1. 创建2点线

在草绘工具栏中单击"创建2点线"命令图标 旁边的"➤"符，或者从菜单栏中选择命令"草绘"➤"线"➤"线"，都会显示出通过指定两个点来创建线段的子命令，如图2.11所示。

下面主要介绍工具栏中的三个创建两点线的命令。

（1）直线（＼）：

左键单击此图标后，在工作区将光标移动到需要的位置，通过左键单击即可确定直线的起点；此后光标当前的位置与直线的起点之间会显示出一条橡筋线，随着光标位置的移动而变化。将光标移到需要的终点位置时，再单击左键，那么系统会在这个终点与起点之间绘出一条直线段。继续移动鼠标，则上一条线段的终点又会作为接下来绘直线的起点，它与光标之间又出现一条橡筋线，再次单击鼠标左键就会绘出与上一条直线末尾相接的线段，依次类推，直到单击鼠标中键，这时将从上一次单击鼠标左键的位置结束绘直线的操作，如图2.12所示。

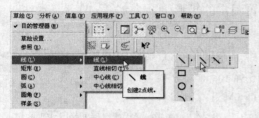

图2.11　用于创建两点线的命令

图2.12　绘制直线

如果在如图2.12中所示的光标位置单击鼠标中键，系统就会绘出从起点到第3点之间的线条。如果在整个绘制两点线的过程中只单击了一下左键，然后就单击了中键，那么将取消当前的画线操作。

（2）中心线（┊）

草绘二维图形中经常存在一些对称关系，因此需要绘制对称中心线以便进行镜像处理。另外，还有大量的草绘实际上是回转体零件的轴截面，如传动轴、齿轮坯、圆锥等，需要在草绘图形中定义旋转轴，此时也需要绘制中心线。

中心线的长度是无限延伸的，是建模时的辅助线，不能直接构建实体，也不会与其他图线构成交叉关系。

移动鼠标，使光标位于绘制中心线的位置，左键单击，屏幕上就会以单击左键的位置为一个固定点显示出一条黄色的中心线，其另一端则随着光标的位置的移动而移动。移动鼠标，使中心线位于所需的位置再次单击左键，中心线就会生成，如图2.13所示。

图2.13中的双点画线是草绘环境的参照，倾斜的点画线才是正在随光标位置的移动而移动的中心线。

（3）公切线（＼）

如果在草绘过程中已经绘制了两个圆、两个圆弧或者一个圆及一个圆弧，需要绘制两者的公切线，那么可以使用这个命令，如图2.14所示。

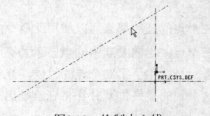

图2.13　绘制中心线

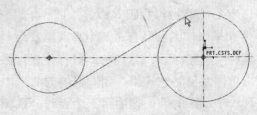

图2.14　绘制与两个图元相切的线

系统可以对圆及圆弧进行正确的捕捉，但是不会对样条曲线进行捕捉，因此不能直接利用此命令绘制与样条曲线具有相切关系的切线。

2. 绘制矩形（▢）

绘制矩形时既可以使用工具栏中的图标命令▢，也可以使用主菜单中的"草绘"➤"矩形"命令。启动绘制矩形的命令后，在工作区左键单击的第一点将是矩形的左上角，接着随着光标的移动，矩形也会动态地随着光标位置的变化而变化；如果此时单击鼠标中键，表示中止绘制矩形，则矩形及第一个角点都将消失；当光标移到另一个需要的位置并且单击左键时，即确定了矩形的右下角，屏幕上就会显示出一个位置固定的矩形。

3. 绘制圆（◉）

绘制圆形和椭圆的命令都在这一组命令图标中。左键单击工具栏中图标◉右侧的"➤"号，工具栏中这一组命令图标都会展开，如图2.15所示。

（1）通过拾取圆心和圆上一点来绘制圆形（◎）

最常用的命令图标是◎，即通过拾取圆心和圆上一点绘制圆形。首先左键单击圆心所在的位置，接着光标尖端就会出现一个动态变化的圆，其半径随着光标的移动而改变；此时如果单击鼠标中键，表示中止此操作，则该圆及圆心都会消失；待动态圆形的大小基本符合要求时再次单击左键即可完成圆形的绘制，如图2.16所示。

图2.15　绘制圆及椭圆的命令及图标

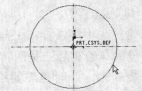

图2.16　通过拾取圆心和圆上
一点来绘制圆形

（2）绘制同心圆（◉）

如果已经绘制了一个圆，需要再绘制出它的同心圆，那么通过使用这个命令可以方便地实现。移动光标靠近工作区已经绘制的圆，待该圆的颜色变成亮浅蓝色的时候，表示当前该圆被系统选中，左键单击然后移动鼠标，此时在光标处会粘连出现一个动态的圆，与前面的圆同心；移动鼠标使该圆的半径基本合适后，再次左键单击，则屏幕上会显示出一个固定的同心圆，同时光标处又会粘连出现一个动态的圆。如果不需要再绘制同心圆了，那么可以单击鼠标中键结束操作，如图2.17所示。

（3）通过3点画圆（◯）

如果工作区已经有了三个点，需要绘制出通过这三个点的圆，那么可以使用此命令。单击工具栏中的图标◯，然后移动鼠标使光标依次靠近这三个点，当需要选中的点显示为亮浅蓝色时，单击左键将它选中；用同样的方法选中其余两个点。当选中了第二个点的时候，光标处会出现一个动态的圆；选中第三个点时，系统就会确定这个圆的最终位置并且将它绘制出来，如图2.18所示。

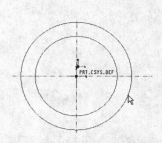

图2.17 绘制同心圆

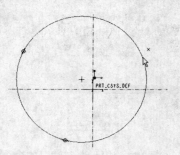

图2.18 通过3点画圆

（4）绘制与三个图元相切的圆（⊙）

如果已经有了三条直线、圆或者圆弧，需要绘出与这三个图元分别相切的圆，那么可以使用这个命令，如图2.19所示。左键单击工具栏中的命令图标⊙后，移动光标靠近第一个图元，待该图元显示为亮浅蓝色后，单击左键将它选中，这时光标处会显示出一条连接第一个切点的橡筋线；使光标靠近第二个需要保证相切关系的图元，待系统捕捉到切点时单击左键，这时屏幕上会动态显示出一个圆；再移动光标靠近并选中第三个需要保证相切的图元，单击左键系统就会把圆绘制出来。

为了便于系统进行捕捉判断，应该让光标靠近希望捕捉到的位置，不要将光标远离捕捉位置而只是让光标拖动的曲线去逼近捕捉位置。

（5）绘制椭圆（⬭）

椭圆的绘制方法与通过拾取圆心及圆上一点画圆的方法基本相同。只是需要注意，左键单击确定椭圆的几何中心之后，光标处会动态显示出一个椭圆，光标沿坐标横向和坐标纵向的移动量分别决定了该椭圆半长轴和半短轴的大小，如图2.20所示。

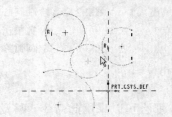

图2.19 绘制与三个图元相切的圆

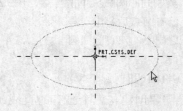

图2.20 绘制椭圆

4. 绘制圆弧（◥ ·）

与绘制圆形的命令相似，绘制圆弧的方法也有很多种。单击工具栏中用于绘制圆弧的命令图标◥·旁边的"➤"号，或者使用菜单命令"草绘"➤"弧"都可以显示出各种用于绘制圆弧的命令，如图2.21所示。

（1）通过3点绘制圆弧（◥）

选择菜单命令"草绘"➤"弧"➤"3点/相切端"，或者在工具栏上单击命令图标◥，开始通过三个点绘制圆弧。左键在工作区单击的第一个点和第二个点分别确定的是圆弧的两个端点，此后在光标上会出现一个动态变化的圆弧，随着光标位置的变化，圆弧的半径也在变化；待半径基本正确时再次单击左键，圆弧就绘制出来了，如图2.22所示。

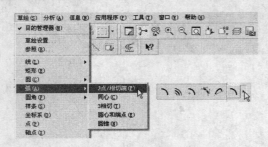

图2.21　用于绘制圆弧的命令　　　　　　　　　　　图2.22　通过3点绘制圆弧

　　确定半径的时候，也可以通过光标移动让弧线靠近一条能够相切的边，系统会自动捕捉到切点，然后再单击左键，这样就可以绘出与另一图元相切的圆弧。

　　（2）同心圆弧（）

　　与绘制同心圆相似，如果已经绘出了一条圆弧，那么使用此命令可以方便地绘出与它具有相同圆心的圆弧。左键单击此命令图标后，移动鼠标使光标靠近一条已有的圆弧，待该圆弧变成亮浅蓝色时单击左键，这时光标处会立刻出现一个与该圆弧同心的双点画线圆；移动鼠标，使该圆的半径符合所需绘制的圆弧的要求，再单击左键，这时圆弧就显示出来，但弧长会随着光标的位置的变化而变化；移动光标，以获得需要的弧长，再次单击左键即可完成圆弧的绘制，单击中键结束操作。如图2.23a、图2.23b和图2.23c所示。

图2.23a　绘制同心圆弧：单击　　图2.23b　绘制同心圆弧：单击　　图2.23c　绘制同心圆弧：
　　　　　已有圆弧后，出现与　　　　　　　左键确定圆弧起点　　　　　　　　再次单击左键确
　　　　　之同心的双点画线圆　　　　　　　　　　　　　　　　　　　　　　　定圆弧终点

　　（3）3相切圆弧（）

　　如果需要创建与三个已有的直线或圆弧相切的圆弧，那么可以采用此命令。移动鼠标，使光标接近需要与之相切的第一个直线或圆弧，待该图元显示为亮浅蓝色后，单击左键，此时在光标的尖端会出现一根动态的橡筋线；移动光标使之靠近需要与这个圆弧的另一端保持相切的图元，用同样的方法单击左键将它选中，这时光标尖端会产生一个半径随光标位置的变化而变化的弧线；再次移动光标并左键单击选中第三个需要相切的图元，这时系统就会自动计算并绘出准确的圆弧，如图2.24a、图2.24b和图2.24c所示。

　　（4）通过拾取圆心和端点绘制圆弧（）

　　使用此命令时，在工作区中左键单击以确定所需绘制的圆弧的圆心，此时光标尖端会显示出一个半径动态变化的双点画线圆，以便于用户确定圆弧的半径；再次单击左键以确定圆弧的半径，这时在光标尖端会显示一个长度随光标位置的变化而变化的圆弧；移动光标以获得需要的弧长，再左键单击完成此圆弧的绘制，如图2.25a、图2.25b和图2.25c所示。

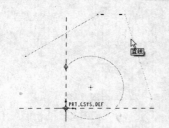

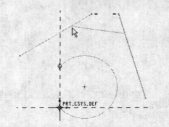

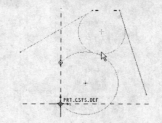

图2.24a 绘制与3个图元都相切的圆弧：左键单击选取第一个相切图元　图2.24b 绘制与3个图元都相切的圆弧：左键单击选取第二个相切图元　图2.24c 绘制与3个图元都相切的圆弧：左键单击选取第三个相切图元

图2.25a 通过拾取圆心和圆弧端点绘制圆弧：左键单击以确定圆心　图2.25b 通过拾取圆心和圆弧端点绘制圆弧：左键单击以确定半径　图2.25c 通过拾取圆心和圆弧端点绘制圆弧：左键单击以确定弧长

（5）绘制锥形弧（ ）

使用此命令可以绘制锥形弧。左键单击的第一点将作为锥形弧的第一个端点；左键单击的第二点是锥形弧的第二个端点，此时工作区会显示出一条连接这两个端点的中心线，并且在光标尖端会显示出一个曲率动态变化的锥形弧，光标的位置确定弧线的高度；再次单击左键即可完成此锥形弧的绘制，如图2.26所示。

5. 绘制过渡圆角（ ）

选择菜单命令"草绘"➤"圆角"，或者从工作区右侧的工具栏中单击图标 旁边的"➤"符号，即可展开如图2.27所示的绘制过渡圆角命令项。

图2.26 绘制锥形弧

图2.27 草绘圆角的命令

（1）绘制圆形圆角（ ）

选择菜单命令"草绘"➤"圆角"➤"圆形"，或者单击工具图标 ，即可对草绘图形中已有的线条进行倒圆角的操作。移动鼠标，使光标靠近需要倒圆角的第一条边，使之显示为亮浅蓝色，左键单击将它选中，用同样的方法再选中第二条边，这样在两条边相交的位置就会产生一个圆形的圆角，如图2.28a、图2.28b和图2.28c所示。生成圆角之后，拖动圆心即可改变圆角的半径，如图2.28d所示。

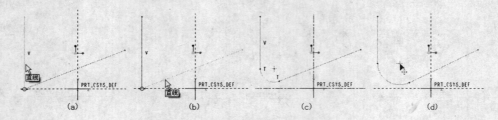

图2.28　绘制圆形圆角

（2）绘制椭圆形圆角（）

如果需要绘制椭圆形圆角，可以选择菜单命令"草绘"▶"圆角"▶"椭圆形"，或者左键单击图标命令，即可开始绘制椭圆形圆角。光标分别靠近并左键单击构成圆角的两条边，即可创建椭圆形的圆角，如图2.29所示。

> **注意** 椭圆形圆角的长轴和短轴分别平行于水平方向和垂直方向。

6. 绘制样条曲线（〜）

样条曲线在零件设计中是很常用的，它是由一些固定位置的点所确定的光滑曲线。在绘制诸如飞机机翼截面之类的曲线、齿轮齿廓曲线的时候都十分重要。选择菜单命令"草绘"▶"样条"或者左键单击工具栏中的图标命令〜即可开始绘制样条曲线。在工作区依次左键单击可以确定一系列控制点，同时系统会自动生成通过这些控制点的样条线，其形状随控制点，以及光标当前的位置的改变而改变；单击中键即可完成样条线的绘制，如图2.30所示。

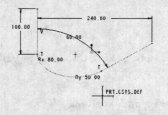

图2.29　绘制椭圆形圆角

图2.30　绘制样条线

7. 点和坐标系（×▸×↳）

菜单命令"草绘"▶"坐标系"和"草绘"▶"点"分别用于在工作区绘制坐标系和点。也可以分别用左键单击工具栏中的命令图标↳和×。具体使用方法很简单，只要在工作区适当的位置左键单击，即可绘制坐标系或点。

> **提示** 在直接由"文件"▶"新建"▶"草绘"的方式进入草绘之后，工作区中没有参照坐标，这时应该先使用上述工具绘制，然后再开始草绘工作。草绘过程中生成的参照坐标、中心线在后续的三维建模工作中都是很重要的。

8. 使用边创建图元（◻▸）

使用边创建图元是一项十分重要的功能，它实际上是把已经有的模型轮廓投影到当前的草绘平面中，作为草绘时的参照或者直接作为草绘图元来使用。在三维建模的过程中经常需要先建立基础特征，然后再在其某个表面上建立附加特征，这时就可以使用此命令将已有特征的轮廓投影过来形成轮廓线，在此基础上绘制后续特征的草绘图形。

如图2.31所示，前面已经建立了一个机翼肋板的模型，需要接着其顶部弧线进行草绘，以生成进一步的特征。这时可以使用菜单命令"草绘"▶"边"▶"使用"，或者左键单击工具栏中的命令图标□，再移动光标靠近需要投影的轮廓边，等其显示为亮浅蓝色时单击左键将其选中，该边就会投影到当前的草绘平面中并且形成一条曲线。

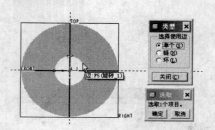

图2.31 将轮廓边投影到草绘中

还可以使用菜单命令"草绘"▶"边"▶"偏移"，或者左键单击工具栏中的命令图标⬔，如图2.32a所示。在选取要投影的轮廓边后，系统会显示出一个黄色的箭头，表示偏移的方向，并且在消息区提示用户输入一个偏移量，如图2.32b所示，然后按用户输入的偏移量数值在图形区生成相应的图形，如图2.32c所示。

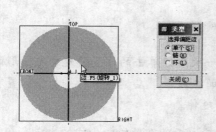

图2.32a 使用偏移投影边命令，系统
要求指定投影对象

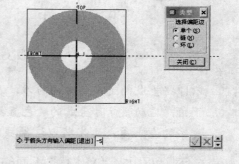

图2.32b 输入偏距，黄色箭头表示偏移方向

从图2.32c中还可以看到，在本操作中选中的投影对象，即实体模型的内孔上半圆弧显示出深蓝色的虚线，表示它已经被加选为一个参照对象。

 "草绘"环境中的"参照"是指用于辅助确定相关线条位置的现有基准面、基准轴线、表面或者线条。有了适当的参照，才能够有效地利用系统的自动捕捉功能绘出准确的图形。

图2.32c 最后投影得到的圆弧

 系统通常会默认选取一些参照。使用主菜单命令"草绘"▶"参照"可以打开"参照"对话框，从中可以添加或者删除参照，如图2.33所示。

9. 文字图形（Ⓐ）

使用菜单命令"草绘"▶"文本"，或者左键单击工具栏中的命令图标Ⓐ，可以输入文字作为草绘图形。这时在屏幕的消息栏中会提示："选择行的起始点，确定文本高度和方向"。

将光标移到工作区适当的位置，单击左键并向上拖动，屏幕上会显示出一条橡筋线，其高度决定将要绘制出的文本的高度；再次单击左键以确定文本高度后，会显示出如图2.34所示的对话框。

图2.33 "参照"对话框

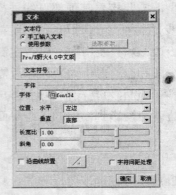

图2.34 输入文本作为草绘图形时使用的对话框

单击"确定"按钮后，即可在图形区生成相应的文字图形，如图2.35所示。

Pro/E野火4.0中文版

图2.35 生成的文字图形

以即将生成的文字的方向为准，在图形区第一次左键单击的位置将是文字图形的左下角，拖动鼠标时生成的黄色直线表示文字的左边框，左键单击的第二个位置表示文字的左上角，文字将以这条线为准向右侧延伸。

在这个对话框中，"文本行"下面的文本框用于输入希望在草绘中生成的文字；"字体"可供选择系统中的不同字体；如果选中了复选框"沿曲线放置"，那么系统会提示用户选择一条曲线，以便将生成的文字图形沿该曲线放置。左键单击"确定"按钮，输入的文字就会以指定的字体在草绘环境中显示出来。

草绘图形在完成后一般要用做拉伸或者旋转特征的截面，根据Pro/E 4.0的要求，这种截面不允许出现某些图元相交的情况，否则在拉伸或者其他处理中会出错。由于汉字比英文字母复杂，因此在生成了汉字文本之后如果碰到无法进行后续的拉伸或者旋转等处理的情况，应该利用前文所述的工具命令如🔲、🔲、🔲等仔细检查、修改文字的截面图形。

10. 调色板（🔵）

Pro/E 4.0的草绘器调色板中定义了许多规则的图形，其中主要有：

· 正三角形、五边形、七边形等各种多边形。

· I型、L型、T型等多种轮廓图形。

· 跑道型、椭圆型、圆角矩形等多种形状。

· 三角星、四角星、五角星等多种星形。

左键单击命令图标🔵，系统会显示出"草绘器调色板"对话框，如图2.36所示。

图2.36 "草绘器调色板"对话框

2.4 草绘图形的编辑

绘制二维截面的过程中不可避免地需要进行一些修剪，将某些不必要的线条打断、删除、修改等。在工具栏，以及主菜单中都有一些命令可以用于图形的修改及编辑。

1. 删除段

选择菜单命令"编辑" ➤ "修剪"，或者左键单击工具栏中的图标 旁边的 "➤" 符，都可以显示出如图2.37所示的图形修剪命令。

图2.37 图形修剪命令

（1）动态删除图元（ ）

最常用的命令是"删除段"，或者命令图标 。只要左键单击该命令图标，然后在工作区按下鼠标左键拖动，光标经过的位置就会显示出一条红色的轨迹，如果此轨迹与工作区中允许编辑的图元交叉，则该处的图元就会被删除，如图2.38a所示。

（2）修剪拐角（ ）

菜单命令"拐角"，以及命令图标 用于将交叉的线修剪成拐角，如图2.38b所示。

左键单击此命令图标后，在工作区移动光标分别靠近并左键单击选中构成拐角的两条边线，注意单击的点表示构成拐角时将要保留的线条部分。两条边都选中后，系统会自动对有关线条进行修剪，并且形成拐角。

按住左键拖动光标经过需要删除的图元　特放左键，经过的图元被删除

图2.38a 动态删除图元

选取第一条拐角边　　选取第二条拐角边　　生成的拐角

图2.38b 修剪拐角

注意

圆是由一条线构成的封闭曲线，无法直接修剪出拐角。样条线、圆弧及普通线段都可以修剪出拐角。

（3）分割图元（ ）

有时需要将一个图元分割成若干部分，也就是需要在该图元中形成断点，以便于对其中的某些部分进行独立的删除或者其他操作，这时可以使用分割图元命令。

左键单击命令图标（⬚）或者选择菜单命令"编辑"➤"修剪"➤"分割"，移动鼠标使光标靠近需要的分割点，系统捕捉到该点后单击左键即可实现分割并形成断点，如图2.39所示。

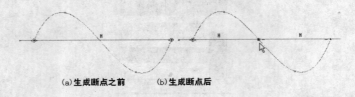

（a）生成断点之前　　（b）生成断点后

图2.39　分割图元

2. 镜像及缩放旋转图形（⬚˃）

对于一些存在对称关系的结构，应该在生成其草绘截面的过程中保留这种关系，方法就是先绘出一条中心线，再绘出存在对称关系的半个截面，然后使用镜像的方法生成另一侧的图形。

左键单击工具栏中图标⬚旁边的"➤"符，就会展开其下的一组命令图标，如图2.40所示。

（1）简单镜像（⬚）

左键单击以选中需要镜像的图形，然后左键单击镜像图标⬚，或者选择菜单命令"编辑"➤"镜像"即可开始镜像操作。

左键单击镜像图标之后，系统会在状态栏提示用户选择镜像处理的对称线，这时需要选中前面绘制的中心线。左键单击中心线之后，左侧的曲线会自动镜像到右侧，如图2.41所示。

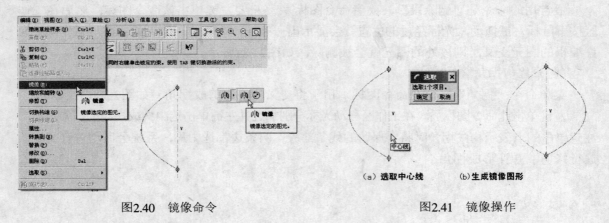

　　　　　　　　　　　　　　　　　　　　　　　（a）选取中心线　　（b）生成镜像图形

　　　　　　　图2.40　镜像命令　　　　　　　　　　　图2.41　镜像操作

（2）缩放旋转（⬚）

如果需要对原始图形先进行缩放和旋转，那么可以使用此命令图标，或者使用菜单命令"编辑"➤"缩放和旋转"。选中需要处理的原始图形，然后左键单击命令图标（⬚），这时在工作区会自动出现该图形的一个红色副本，并且在图形中间有控制平移的手柄，右上角有控制旋转的手柄。左键单击后，移动鼠标，则图形会随着光标而平移；左键单击之后，移动鼠标，则图形会随着光标位置而旋转。工作区的右上角还会出现一个对话框，用于准确地输入缩放比例以及旋转角度，如图2.42所示。

完成缩放、旋转、平移之后，仍然如前文所述选中需要镜像的图形，左键单击命令图标⬚，再左键单击中心线进行镜像，如图2.43所示。

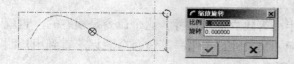

图2.42 缩放旋转

图2.43 旋转后的图形仍然可以镜像

3. 复制、剪切、粘贴

对现有图形、尺寸、文本可以进行复制、剪切、粘贴，基本操作与常见软件中的做法相同，即左键单击以选取一个或多个需要复制、剪切的对象，然后左键单击屏幕上方工具栏中的命令图标▣或Ⅹ，再左键单击工具栏中的粘贴命令图标▣，这时系统会显示出红色的图形对象，以及"缩放旋转"对话框，如前文图2.42所示。拖动图形使之到理想的位置，根据实际需要进行缩放或旋转，然后单击鼠标中键，即可完成粘贴操作。

2.5 标注草绘尺寸

1. 强尺寸和弱尺寸

草绘环境会自动保证绘图的任何阶段都已对相关图元施加了充分的约束和尺寸。随着草绘图形的进行，系统会自动标注尺寸。这些尺寸被称为"弱"尺寸，因为系统在创建和删除它们时并不向用户提出警告。弱尺寸显示为灰色。

用户一般都需要添加自己的尺寸。用户尺寸被系统认为是"强"尺寸。添加强尺寸时，系统自动删除不必要的弱尺寸和约束。

如果在标注尺寸和约束过程中由于添加了某个尺寸而导致尺寸之间或尺寸与约束之间发生冲突或冗余，则系统会发出警告，通知用户删除多余的、冲突的尺寸及约束。

弱尺寸是不能被删除的。当创建强尺寸后，对应的弱尺寸即不再需要，此时它会被系统自动删除。

如果想把某个弱尺寸变为强尺寸，可以左键单击以选中该尺寸，使之显示为红色，然后按下鼠标右键，从弹出的上下文相关菜单中选取"强"命令，该尺寸即会转变为强尺寸，如图2.44所示。如果想把某个强尺寸转变为弱尺寸，那么只要左键单击以选中该尺寸，再按下鼠标右键，从弹出的上下文相关菜单中选取"删除"命令，或者按键盘上的"Delete"键，即可将该强尺寸删除，它会自动变为弱尺寸。

单击屏幕上方工具栏中的命令图标▣，可以控制屏幕上是否显示尺寸。

2. 创建基本尺寸

左键单击工具栏中的命令图标▣，或者使用"草绘"菜单中的"尺寸"命令可添加"强"尺寸或替换现有尺寸。

标注尺寸的步骤很简单：

- 左键单击以选取要标注的图元。
- 将光标移动到希望尺寸出现的位置，单击

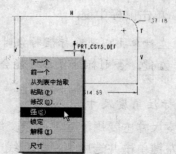

图2.44 弱尺寸转变为强尺寸

鼠标中键。

这样就可以为线段长度、圆弧半径、圆的半径等建立基本尺寸。这个命令是模态的，也就是说可以连续为多个图元标注尺寸，而不必每标一个尺寸都单击一下该命令图标，直到用户明确左键单击其他命令为止，如图2.45a和图2.45b所示。

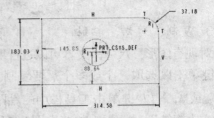

图2.45a 未标注尺寸，系统自动形成了弱尺寸　　　图2.45b 标注后的尺寸变为强尺寸

3. 标注线性尺寸

线性尺寸主要包括线段的长度、两条平行线之间的距离、点到线段的距离及点到点的距离，如图2.46所示。

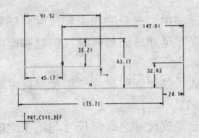

图2.46 标注线性尺寸

（1）线段的长度

标注方法很简单，只要左键单击要标注的线段，然后将光标移到需要显示尺寸的位置再单击鼠标中键即可。

（2）两条平行线间的距离

首先左键单击以选中第一条直线，然后移动光标靠近并左键单击以选中第二条与之平行的直线，再将光标移到需要显示尺寸的位置，单击鼠标中键即可完成。

（3）点到线段的距离

移动光标靠近并左键单击以选中需要标注的点，再移动光标靠近并左键单击以选中相应的线段，然后将光标移到需要显示尺寸的位置，单击中键即可完成。

（4）点到点的距离

移动光标靠近并左键单击，先后选中需要标注距离的两个点，再将光标移到需要显示尺寸的位置，单击鼠标中键。

左键单击以选取标注对象时，应先使光标靠近该对象，待其被加亮显示后，再单击左键，否则标注操作可能会出错或者失败。

4. 标注角度尺寸

角度尺寸主要用于标注两条交线之间的夹角。标注方法是：

· 左键单击并选中第一条直线。

· 左键单击并选中第二条直线。

· 将光标移到需要显示尺寸的位置，单击中键。

图2.47显示了标注出的角度尺寸。

中心线的长度是无限的，因此不能标注长度，但是可以标注与它平行的中心线或线段之间的距离以及与之相交的中心线或线段的夹角。

5. 标注圆、圆弧

（1）标注圆的尺寸

圆的标注比较简单，主要是标注半径、直径及圆心到其他图元之间的距离。左键单击以选中圆，将光标移到希望显示尺寸的位置并单击中键即可标出半径；左键先后单击圆心两侧的圆弧，然后将光标移到希望尺寸显示出来的位置单击中键，即可标出直径；标注圆心位置实际上就是标注点到直线或点的距离，如图2.48所示。

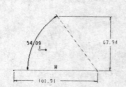

图2.47　标注角度尺寸

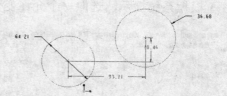

图2.48　圆的标注

（2）标注圆弧的尺寸

标注圆弧半径、圆心位置的方法与标注圆的方法相同。圆弧还需要标注圆心角，如图2.49所示，其方法如下：

- 单击圆弧上的端点1。
- 单击圆弧上的端点2。
- 单击圆弧本身。
- 将光标移到需要显示尺寸的位置，单击中键。

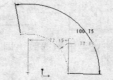

图2.49　标注圆弧的圆心角

6. 标注径向尺寸

有时绘制的二维图形是一个回转体零件的轴截面，这时往往需要标注该轴截面上不同位置在旋转生成实体之后的直径，这就是所谓的径向尺寸，如图2.50a和图2.50b所示，其标注方法如下：

- 左键单击以选中需要标注直径尺寸的点。
- 左键单击以选中旋转轴（中心线）。
- 再次左键单击以选中前面选过的那个点。
- 将光标移到需要显示直径尺寸的位置，单击鼠标中键。

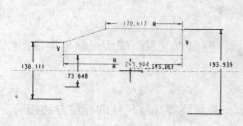

图2.50a　径向尺寸的标注

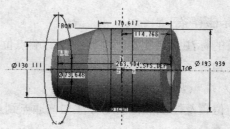

图2.50b　该草绘生成的三维实体模型

7. 标注周长

这里的"周长"不仅指圆、矩形等规则形状的传统意义上的周长，还泛指由一系列线条、样条首尾相接而形成的闭合图形的周长，以及开放曲线、若干独立曲线的全长。这项功能适用于在设计中必须控制曲线全长、曲面线性长度等技术参数的场合。

在标注周长的时候，可以先标出传统的尺寸，如前文所述；也可以什么尺寸也不标，完全使用系统自动生成的弱尺寸。

标注周长的具体做法如下：

- 选中工作区需要标注周长的全部线条
- 选取菜单命令"编辑"➤"转换到"➤"周长"，如图2.51所示。
- 根据系统提示，选取一个允许变化的尺寸，系统即会生成周长标注，如图2.52所示。

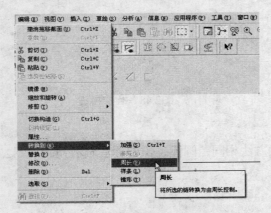

图2.51　从菜单中选取"周长"命令

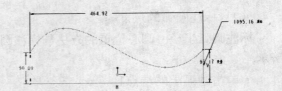

图2.52　系统生成的周长尺寸

 周长尺寸是允许用户控制的，但指定的变量尺寸是由周长尺寸及其他尺寸共同驱动的，其值不允许用户修改，并将随周长尺寸的改变而变化。

8. 标注椭圆

椭圆标注的参数是半长轴（Rx）和半短轴（Ry）。标注方法如下：

- 左键单击命令图标 $\leftrightarrow$。
- 左键单击以选取待标注的椭圆，使之显示为红色，然后单击鼠标中键，系统显示一个对话框，要求选择是标注半长轴Rx还是半短轴Ry，如图2.53所示。
- 从对话框中选取相应的单选按钮，然后左键单击"接受"按钮，系统即标注出对应的尺寸。

9. 标注样条

样条的标注比较复杂，主要涉及到端点位置、控制点位置、端切点曲率半径、控制点与相交直线夹角等项目的标注。

（1）端点及控制点位置的标注

端点位置及控制点位置的标注与普通点到点、点到线等线性尺寸的标注方法相同，如图2.54所示。

图2.53 椭圆标注对话框

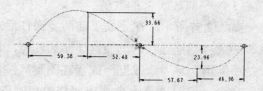

图2.54 标注样条尺寸的端点及控制点位置

（2）相切端点曲率半径的标注

当端点与其他图元已经定义了相切关系时，可以标注该点处的曲率半径，方法如下：

- 左键单击命令图标 ⟺。
- 左键单击以选取存在相切关系的样条曲线端点。
- 将光标移到希望显示曲率半径尺寸的位置，单击鼠标中键，如图2.55所示。

（3）控制点与相交直线夹角的标注

当有直线通过某个控制点时，可以标注该直线与该点样条切线的夹角，方法如下：

- 左键单击命令图标 ⟺。
- 左键单击以选中样条曲线。
- 左键单击以选中相交的直线。
- 左键单击以选中二者的交点。
- 将光标移到用于显示夹角尺寸的位置，单击鼠标中键，如图2.56所示。

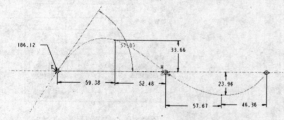

图2.55 标注样条曲线端点的曲率半径

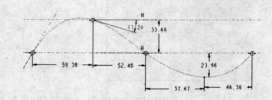

图2.56 标注样条曲线交线的夹角

注意 左键单击以选取相关图元的时候一定要细心，待系统将正确的图元加亮显示后，再左键单击。

关于尺寸标注还有其他一些复杂的技术，如标注专门的圆锥尺寸、参考尺寸等，限于篇幅，本文不再详细介绍。

2.6 尺寸、文本、样条的修改

使用菜单命令"编辑"➤"修改"或者左键单击工具栏中的命令图标 ⟿，可以修改尺寸的数值、编辑文本图形，还可以对绘制的样条曲线进行复杂的修改。

1. 修改尺寸数值

ProE中最常用的图形设计方法如下：

- 绘出粗略轮廓的二维图形。
- 标注尺寸。

·统一修改尺寸的数值。

如图2.57所示，在完成了前两步操作后，可以按住鼠标左键并拖动出一个选择框，将需要修改的尺寸都框选在内，使之显示为红色，再左键单击工具栏中的命令图标 ⻎，或者使用菜单命令"编辑"➤"修改"，或者在图形区按下鼠标右键，从弹出的上下文相关菜单中选取"修改"命令，这时屏幕上会弹出"修改尺寸"对话框，如图2.57所示。

在一次修改多个尺寸的时候，应该先左键单击"修改尺寸"对话框下方的"再生"复选框，取消其中默认的勾选标记，否则每修改一个尺寸之后，系统都会立刻把相应的图元改成此尺寸对应的实际大小，这样往往会使图形轮廓发生显著变化，甚至使图形原有的相互关系无法辨认。当前将要修改的尺寸在对话框中为蓝色加亮显示，在图形工作区中则显示出一个方框，以便于对照。框中的全部尺寸修改完毕后，左键单击下方的绿色勾选命令图标 ✔，表示确定，系统会自动按照新的尺寸重新生成图形。

2. 修改文本

左键单击需要修改的文本，然后左键单击命令图标 ⻎，屏幕上立刻会弹出如图2.58所示的"文本"窗口，可以修改其中的文本及相关参数，具体操作与创建文本图形时相同，本文不再赘述。

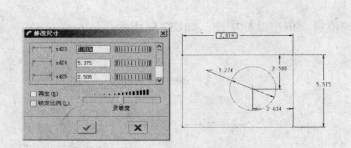

图2.57 修改尺寸的数值

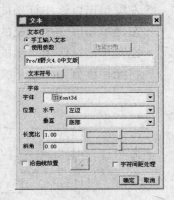

图2.58 修改图形文本

3. 修改样条

左键单击需要修改的样条曲线，然后左键单击命令图标 ⻎，则系统会显示出如图2.59所示的操控板，可以用来对样条曲线进行复杂的修改处理。这里可以添加、删除控制点，改变控制点的位置，将样条曲线延伸，通过控制多边形进行修改等。

（1）拟合方式

系统默认的状态是选中了"拟合"命令中的 ⌒，也就是常见的以通过各插值点的方式来拟合的样条曲线。在这个状态下，可以对样条进行如下修改操作：

·图2.59所示的ProE提示信息不太准确，实际上是如果此时将光标靠近样条曲线，再"按下右键"，而不是"右键单击"，则系统会弹出上下文相关菜单，使用其中的"添加点"命令即可在光标当前的位置添加控制点。

·如果按下左键拖动样条中的控制点，则样条的形状就会发生相应的变化，如图2.60所示。

·按下Shift键再依次左键单击样条上的两个控制点，则在这两个控制点之间的所有控制点也都会被选中。

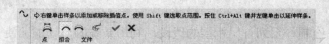

图2.59 修改样条曲线 | 图2.60 左键拖动样条中的控制
点以修改样条形状

• 按下Ctrl键和Alt键，再左键单击样条曲线，则系统会从附近的样条端点延伸到光标当前的位置，单击中键可以结束操作。

在"拟合"部分还有一个命令按钮⌒，用于以控制多边形的方式来拟合样条曲线。拖动控制多边形上的控制点即可改变样条曲线的形状，如图2.61所示。

（2）点方式

在"拟合"命令左边是"点"按钮，对应的命令图标是⌒。这个命令也是以控制多边形的方式来确定样条曲线的形状，与命令按钮⌒相似，不同之处是⌒命令允许标注各控制多边形的边长尺寸，从而控制样条曲线的形状，如图2.62所示。

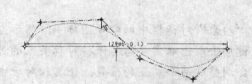

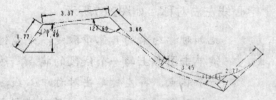

图2.61 拖动控制多边形上的点以修改样条曲线 | 图2.62 标注控制多边形的边长

2.7 草绘应用实例

图2.63所示的轴承座零件其主体部分是由图2.64所示的二维截面拉伸形成的，下面以此为例，介绍草绘环境中二维图形的作法。

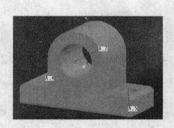

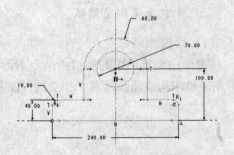

图2.63 轴承座零件 | 图2.64 轴承座零件的截面图形

1. 绘制对称中心线

左键单击"草绘"环境右侧工具栏中的命令图标╲旁边的"➤"号，打开子命令，然后左键单击命令图标┊，开始绘制对称中心线。

在图形区的中央部位左键单击，移动光标，待动态的中心线位于竖直位置，并且显示出字母"v"时，再次单击左键，这样就利用系统的自动约束功能绘制了一条竖直的中心线，如图

2.65所示。

2. 绘制基本形状

左键单击绘制两点线的命令图标 ╲ ，绘制一系列首尾相接的线段，利用系统的自动捕捉使之基本处于水平或竖直位置，如图2.66所示。尺寸及形状不准确都没有关系。

图2.65　绘制竖直中心线　　　　　　　　图2.66　绘制基本形状

3. 施加约束

左键单击工具栏中的命令图标 ▦ ，系统会显示出"约束"对话框，从中左键单击"对称"命令图标 ⊹ ，然后依次左键单击需要保持对称的两个点，再左键单击对称中心线，使图形相对于中心线左右对称，如图2.67所示。

施加对称约束的具体步骤是：先左键单击"约束"对话框中的命令图标 ⊹ ，然后左键单击图形上的一个线段的端点，然后左键单击以选取需要与其保持对称关系的另一个端点，再左键单击对称中心线，系统会调整这两个端点的位置，使其相对于中心线对称，并且显示出对称约束标记，如图2.67中图形的底边所示。

4. 添加圆弧

轴承座零件截面上共有三段圆弧曲线，分别是底部的两个倒角圆弧和顶部的大圆弧。

按照一般的造型规律，倒角应该使用专门的倒角命令来完成，而不是在草绘截面的时候绘制。但本章的目的在于介绍二维图形的绘制，因此也在绘制此截面图形的过程中包含了倒角圆弧。

（1）绘过渡圆弧

左键单击工具栏中的倒圆角命令图标 ⌐ ，即利用绘制过渡圆角的功能来绘制小圆弧，然后分别左键单击构成圆弧的两个相交线段，系统即会在其交点位置生成过渡圆弧，如图2.68所示。

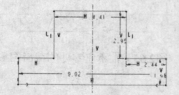　　　　　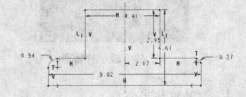

图2.67　施加对称约束，使图形左右对称　　　　　图2.68　生成过渡圆弧

可以看到，这两个圆弧的半径不相等。可以利用约束来使它们相等，也可以在后面标注尺寸之后为其规定相同的半径值。这里采用施加约束的方法。

左键单击工具栏中的命令图标 ▦ ，系统会显示出"约束"对话框，从中左键单击"相等"

命令图标 =，然后分别左键单击刚刚生成的两个圆弧，系统会将它们设为相同的半径，并且显示出"R1"符号，如图2.69所示。

（2）绘大圆弧

接下来绘制顶部的大圆弧。左键单击工具栏中的命令图标 ⌒，旁边的"➤"号，从打开的子命令中左键单击命令图标 ⌒，表示要指定圆心和端点来绘制圆弧。左键单击中心线与顶部横线的交点作为圆心，然后左键单击圆弧的起点，最后左键单击圆弧的终点，如图2.70所示。

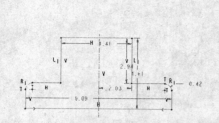

图2.69 使两个圆弧具有相同的半径

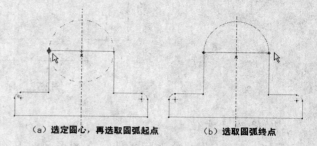

（a）选定圆心，再选取圆弧起点　（b）选取圆弧终点

图2.70 绘大圆弧

最后左键单击工具栏中的"删除段"命令图标 ，按下左键，使光标经过需要删除的顶部横线，将该线段删除，如图2.71所示。

5. 画圆

左键单击工具栏中的命令图标 ○，旁边的"➤"按钮，从其子命令中左键单击命令图标 ○，表示以圆心和半径的方式画圆。在图形区左键单击以选取顶部大圆弧的圆心，移动光标，等半径适当的时候再次单击左键，绘制一个圆，如图2.72所示。

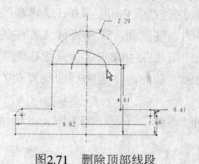

图2.71 删除顶部线段

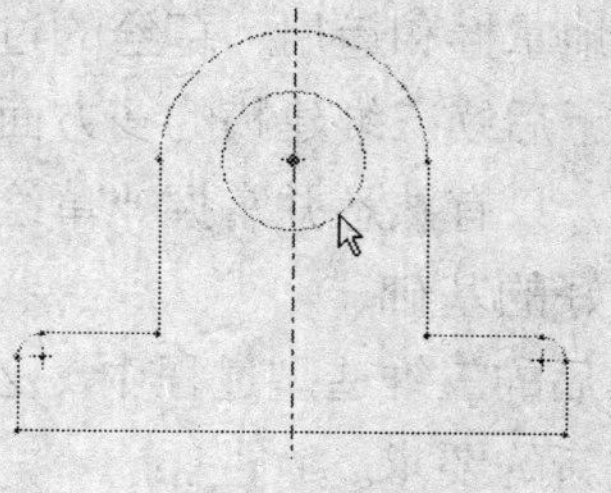

图2.72 画圆

6. 标注尺寸

标注操作比较简单，因为这里只需要标注线段的长度、圆的直径和圆弧的半径。

（1）标注线性尺寸

左键单击工具栏中的命令图标 ，然后进行下列操作：

• 标底边长度：左键单击底边，将光标移到适当位置，单击中键。

• 标平台高度：左键单击平台上方的线段，再左键单击底边，然后将光标移到左侧适当位置单击中键。

• 标大圆心高度：左键单击大圆心，再左键单击底边，将光标移到左侧适当位置单击中键。

• 标小圆弧半径：左键单击小圆弧，将光标移到适当位置单击中键。

• 标大圆弧半径：左键单击大圆弧，将光标移到适当位置单击中键。

- 标大圆半径：左键依次单击大圆心两侧的圆弧，将光标移到适当位置单击中键。

完成上述标注操作后，得到的图形如图2.73所示。

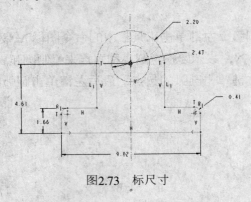

图2.73　标尺寸

7. 修改尺寸值

最后一项工作是修改尺寸值。在图形区按下鼠标左键并拖动，框选全部尺寸，然后左键单击工具栏中的命令图标 ，系统会打开"修改尺寸"对话框。左键单击以取消其中"再生"项的勾选标记，然后根据图2.64依次为各个尺寸输入正确的值，最后左键单击对话框中绿色的对钩按钮 。

这样就完成了轴承座零件二维截面的绘制。

小结

本章介绍了"草绘"环境中的各种命令及其用法，这些都是Pro/E 4.0三维建模的基础，需要熟练地掌握和运用。草绘的过程不仅仅是绘出零件的二维剖面，零件设计工作中的草绘还包含了关于后续三维建模的多方面考虑，例如其中的某些图元在生成实体后是否还需要进行阵列处理等。只有熟悉并掌握"草绘"环境中各种命令的强大功能，才能为后面更复杂的三维建模打下良好的基础。

在以后的三维造型过程中，必要的时候还可以返回"草绘"环境对相关图元进行修改，以使之满足新的要求。

第3章 基准的创建与应用

学习重点：

➡ 特征的分类

➡ 基准的概念

➡ Pro/E中的常用基准

➡ 常用基准的创建方法

目前，主流CAD软件都采用了基于特征（feature）的建模方式。美国标准化协会对于特征的定义是"一个零件中的有形部分"，如圆柱面、孔、槽等；计算机辅助制造国际会议给出的定义是"在工件的表面、棱边或者转角上形成的特定几何轮廓，用于修饰工件的外观或者有助于工件实现既定的功能"。

在基于特征的软件系统中，特征是构成零件的基本元素，也就是说零件是由一系列特征组成的。

Pro/E中的特征主要包括基础特征、工程特征、构造特征、编辑特征、基准特征、高级特征和扭曲特征。

（1）基础特征

基础特征用于构成零件的基本形状（或者主体结构），主要包括拉伸特征（Extrude）、旋转特征（Revolve）、扫描（Sweep）和混合特征（Blend）。

（2）工程特征

工程特征是指附加在基础特征之上的常用工程几何形状，用以完善零件的造型，主要包括孔（Hole）、壳（Shell）、筋（Rib）、拔模（Draft）、倒圆角（Round）和倒角（Chamfer）。

（3）构造特征

构造特征也是附加在基础特征之上的一些工程中常用的几何形状，主要包括轴台（Shaft）、退刀槽（Neck）和法兰（Flange），以及管道（Pipe）、草绘修饰、修饰螺纹（Thread）、凹槽（Groove）。

（4）编辑特征

在Pro/E中，允许对现有的特征进行一系列的编辑并且形成新的特征，这就是编辑特征。编辑特征主要包括：复制和粘贴（Copy & Paste）、镜像（Mirror）、移动（Move）、合并（Merge）、修剪（Trim）、阵列（Array）、投影（Project）、包络（Wrap）、延伸（Extend）、相交（Intersect）、填充（Fill）、偏移（Offset）、加厚（Thicken）、实体化（Solidify）。

（5）基准特征

在Pro/E中，基准在造型过程中占有重要的地位，是构造实体特征的参考。基准主要包括：基准平面（Plane）、基准轴（Axes）、基准点（Point）、基准曲线（Curve）、坐标系（Coordinate System）等。

（6）高级特征

高级特征主要是一些由多个不同的截面沿指定的轨迹按照指定的方式构成的较复杂的特征，主要包括可变截面扫描特征（Variable Section Sweep）、螺旋扫描（Helical Sweep）、边界混合（Boundary Blend）、平行混合、非平行混合、扫描混合（Swept Blend）。

（7）扭曲特征

Pro/E中还提供了一些可以进行复杂变形而生成的特征，目前将它们归为扭曲特征这一类。其中主要包括局部推拉（Local Push）、半径圆顶（Radius Dome）、截面圆盖（Section Dome）、耳（Ear）、唇（Lip）、环形折弯（ToroidalBend）、骨架折弯（Spinal Bend）、实体自由形状（Solid Free Form）、折弯实体（Bend Solid）、展平面组（Flatten Quilt）。

在零件设计中，基准是指确定一些点、线、面的位置时所依据的那些点、线、面。也就是说，基准就是一些点、线、面，在建模的过程中需要根据它们的位置来确定其他图元的位置。

在Pro/E野火4.0中，不论是草绘、三维建模还是制造，都必须在操作过程中指定一系列的基准点、线、面，作为Pro/E各个环境中计算的基准。正确地建立基准特征是三维建模的基础。

3.1　基准特征的分类

Pro/E野火4.0中的基准特征包括以下6种：

- 基准点
- 基准曲线
- 基准轴
- 基准平面
- 基准坐标系
- 草绘基准曲线

在屏幕上方及右侧各有一列图标，分别用于控制基准的显示，以及创建基准。位于图形工作区上方，带有眼睛图案的命令图标作用如下：

　　：控制在图形工作区中是否显示基准点。

　　：控制在图形工作区中是否显示基准轴。

　　：控制在图形工作区中是否显示基准平面。

　　：控制在图形工作区中是否显示基准坐标系。

位于图形工作区右侧，用于创建相关基准的命令图标如下：

　　：这里的一组命令图标主要用于创建基准点。

　　：用于创建基准轴。

　　：用于创建基准曲线。

　　：用于创建基准平面。

　　：用于创建基准坐标系。

也可以使用菜单命令"工具" ➤ "环境"，并且在弹出的"环境"对话框中通过选取相应的复选框来控制工作区的各种显示设置，如图3.1所示。

3.2　创建基准点

　　所有几何图形都是由点、线、面构成的，而点则是最基本的单位。

　　基准点的作用不仅仅是用做基准，更是一个基本的造型单位。有了基准点，人们可以确定基准轴、基准平面、基准坐标系、基准曲线等几何要素的位置；若干基准点可以构成基准曲线，进而生成自由曲面。

　　左键单击工具栏中的命令按钮 ☓× 旁边的"➤"符，或者使用菜单命令"插入"➤"模型基准"➤"点➤"，可以看到用于建立基准点的各种工具，如图3.2所示。

　　创建基准点的方法很多，主要包括：

- 在平面上创建基准点
- 在曲面上创建基准点
- 在曲面指定距离创建基准点
- 在曲面与曲线的交点处创建基准点
- 在实体顶点处创建基准点
- 在坐标系中通过指定偏移量创建基准点
- 在三个相交曲面的交点处创建基准点
- 在图元的几何中心创建基准点
- 在曲线上创建基准点
- 在两条不平行的曲线上创建基准点
- 通过指定相对于已知点的距离创建基准点
- 使用"草绘"环境创建基准点

图3.1　用"环境"对话框控
制各项显示设置

1. 在平面上创建基准点

　　现在假设要在一个长方体的某个平面创建一个基准点，那么可以在启动Pro/E之后，使用菜单命令"文件"➤"打开"，找到第2章的配套练习文件"cuboid.prt"，再左键单击"确定"按钮，系统就会显示出一个长方体。

　　选择菜单命令"插入"➤"模型基准"➤"点"➤"点"，或者左键单击工具栏中的命令图标 ☓×，则屏幕上会显示出如图3.3所示的"基准点"对话框。

　　在图形工作区左键单击以选中该平面。这时在左键单击的位置会显示出一个基准点，以及两个绿色的方块和一个白色的方块，称为控制柄。白色的控制柄表示基准点的位置，旁边两个绿色的控制柄用于指出决定该基准点位置的参照。

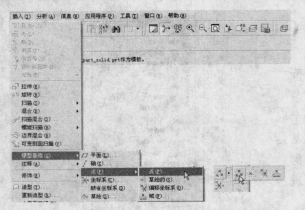

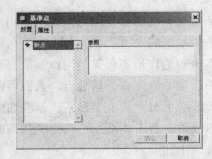

图3.2　用于创建基准点的菜单命令和命令图标　　　　　图3.3　"基准点"对话框

在较复杂的几何模型中，光标在屏幕上的一个位置往往会对应着几何模型的多个表面。例如，光标在如图3.4所示的位置就对应着长方体的上表面及其后被挡住的表面。光标停留片刻，系统会显示当前被加亮显示的表面的名称，如图3.5所示。

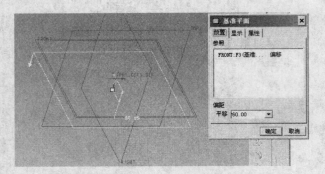

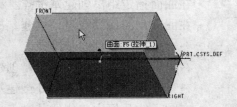

图3.4　左键单击以选取目标平面　　　　　　　图3.5　系统会显示出加亮表面的名称

通常系统首先加亮显示的是沿视图方向距离光标位置最近的最外侧表面。如果想要选取位于它后面的表面，那么可以在当前位置单击鼠标右键，可以看到系统会依次显示出被挡住的后方的表面，如图3.6所示。

　　为了确定基准点在平面上的位置，必须指出该点到两个相交侧面或者边界线的距离。按下鼠标左键并拖动其中一个绿色控制柄，使之靠近平面的一条边界线，待该线显示为亮浅蓝色时释放鼠标左键，则该控制柄会与这条边连接起来，并且显示出基准点当前到该边的距离尺寸，白色小方块中也会显示出一个黑点，表示该参照已经确定。

　　用同样的方法再拖动另一个控制柄到另一条边，使之显示出基准点到另一条边的距离值，注意这条边不能与前面的边平行，如图3.7所示。

　　观察"基准点"对话框，可以看到两条定位边的名称，以及基准点到该边的距离都已经显示出来，只要左键单击相应的距离数值，即可修改其值，如图3.8所示。

　　也可以在图形工作区左键双击其中显示出来的距离值，该数值会变成文本框，在这里也可以输入需要的数值。

　　系统默认的基准点名称通常是"PNTx"，如果想将其改为更有意义的名称，可以左键单击"基准点"对话框中的"属性"选项卡，然后在"名称"栏中输入理想的名称，如图3.9所示。

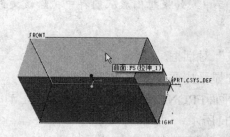

图3.6 单击鼠标右键，以选取被挡住的表面

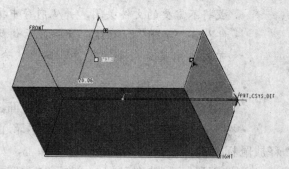

图3.7 确定两个控制柄参照的图元

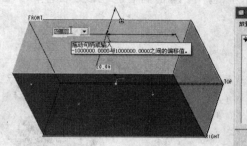

图3.8 修改基准点到定位参照的距离值

全部修改完毕后，左键单击"确定"按钮，基准点就会创建出来，并且在图形工作区显示出其名称。

2. 在曲面上创建基准点

（1）圆柱面

如果需要在圆柱实体的柱面上创建基准点，那么基准点的位置就不能再通过曲面的边界线来定位了，而是要找到其他定位面。由于Pro/E的"零件"设计环境都使用系统默认生成的三个基准平面，根据数学知识不难看出，柱面表面的基准点位置可以通过指定该点到其中一个与轴剖面平行的基准平面的位置，以及该点到端面的距离来确定，如图3.10所示。

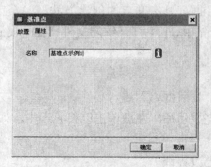

图3.9 修改基准点的名称

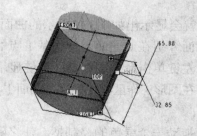

图3.10 圆柱面上的基准点

下面结合本章配套练习中的"cylinder.prt"介绍具体的做法：

· 打开配套练习文件中的"cylinder.prt"。

如果在Pro/E中已经打开了多个文件，那么每个文件都会占用一定量的内存。在普通计算机上如果打开的文件过多，可能会影响系统运行的速度和稳定性，因此应该养成将不需要的文件关闭，并从内存中拭除的好习惯。关闭文件可以使用菜单命令"文件"➤"关闭"，但这个文件此后仍然在内存中。如果想彻底从内存中拭除该文件，可以使用菜单命令"文件"➤"拭除"。

- 左键单击命令图标⚌，系统显示出"基准点"对话框。
- 在图形工作区左键单击以选中圆柱面，系统显示出两个绿色的控制柄。
- 按下鼠标左键拖动其中一个控制柄靠近基准平面FRONT或TOP，待该平面加亮显示后，释放鼠标左键，使控制柄附连在该平面上，如图3.11所示。
- 按下鼠标左键拖动另一个绿色控制柄，使之靠近基准平面圆柱的端面或者基准平面RIGHT，待该平面加亮显示后，释放鼠标左键，使控制柄附连在该平面上，如图3.12所示。

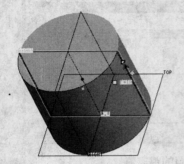

图3.11　将一个控制柄附连在基准平面FRONT或TOP上

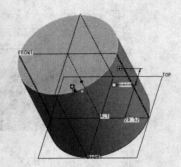

图3.12　另一个控制柄附连到圆柱端面上

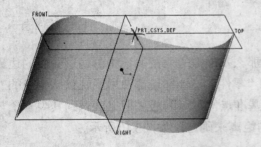

图3.13　文件"surface.prt"中创建的曲面

- 将距离值改为需要的数值，左键单击"基准点"对话框中的"确定"按钮。

（2）在普通曲面上创建基准点

如果是普通曲面，不是某个实体的表面，则在其上创建基准点的方法也会有一些变化。下面以配套练习中的文件"surface.prt"为例介绍曲面上基准点的创建方法。

在Pro/E中打开练习文件"surface.prt"，屏幕上就会显示出如图3.13所示的曲面。

下面介绍在此曲面上创建基准点的步骤：

- 左键单击命令图标⚌，系统显示出"基准点"对话框。
- 在图形工作区将光标移到曲面上，待曲面被加亮显示后，左键单击以将它选中，如图3.14所示。
- 拖动一个绿色的控制柄，使之附连到曲面的上边界线。
- 拖动另一个绿色的控制柄，使之附连到基准平面RIGHT或者TOP，如图3.15所示。
- 左键单击对话框中的"确定"按钮，基准点创建完成。

3．创建曲面外指定距离处的基准点

如果需要在某个曲面之外创建一个基准点，已知基准点到该曲面的距离，那么可以先按照前文所述确定这个点在曲面上的投影位置，然后在"基准点"对话框中指定该点偏离的距离，具体步骤如下：

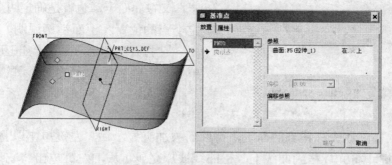

图3.14 左键单击以选取曲面

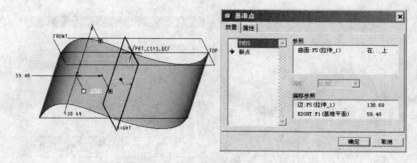

图3.15 在曲面上创建的基准点

- 左键单击命令图标，系统显示出"基准点"对话框。
- 在图形工作区将光标移到曲面上，待曲面被加亮显示后，左键单击以将它选中，如图3.14所示。
- 拖动一个绿色的控制柄，使之附连到曲面的上边界线。
- 拖动另一个绿色的控制柄，使之附连到基准平面RIGHT或者TOP。
- 左键单击"参照"框中的文字"在...上"，这里立刻会显示出一个下拉列表，再从列表框中选择"偏移"项，并且在下面的"偏移"文本框中输入基准点到该曲面的距离尺寸，如图3.16所示。
- 左键单击"确定"按钮，即可创建在曲面外指定距离处的基准点。

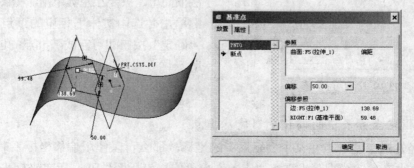

图3.16 在曲面外指定距离处创建基准点

4. 在曲线和曲面的交点处创建基准点

如果一条曲线和一个曲面相交，那么就可以在其交点处创建基准点。如果交点只有一个，

在创建基准点的时候只需要指出该点既在曲线上，又在曲面上，也就是确定两个参照，即可确定交点的位置。下面举例说明。

图3.17　打开练习文件"surface-spline.prt"

· 打开配套练习文件"**surface-spline.prt**"，屏幕上会显示出如图3.17所示的曲面和曲线。

· 左键单击命令图标，系统显示出"基准点"对话框。

· 在图形工作区将光标移到曲面上，待曲面被加亮显示后，左键单击以将它选中。

· 按下Ctrl键，将光标移到曲线上，待曲线被加亮显示后，左键单击将它选中，如图3.18所示，可以看到在"基准点"对话框的"参照"栏中出现了两个参照。

图3.18　选取两个图元作为参照

根据实际需要，在"参照"栏中可以有多个参照。只要按下Ctrl键，再左键单击以选取作为参照的图元即可。如果想删除"参照"栏中的某个参照，那么可以在对话框中左键单击以选中该参照，然后按键盘上的Delete键，或者右键单击该项，然后从弹出的上下文相关菜单中选取"移除"命令即可，如图3.19所示。

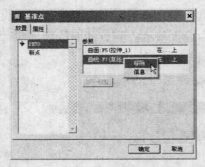

图3.19　"移除"参照

5. 在实体顶点处创建基准点

可以直接选取实体模型的顶点作为基准点，创建出来的基准点与该顶点重合。具体做法很简单，只要在左键单击命令图标之后，左键单击并选中实体上相应的顶点，再左键单击"确定"按钮即可完成基准点的创建，如图3.20所示。

6. 通过指定坐标系中的偏移量创建基准点

如果已经知道了基准点在某个坐标系中的坐标，那么可以使用偏移坐标系命令图标或者菜单命令"插入"▶"模型基准"▶"点▶"▶"偏移坐标系"通过指定坐标来创建基准点。具体操作步骤如下：

· 启动"偏移坐标系"命令后，屏幕上会显示如图3.21所示的"偏移坐标系基准点"对话框，在屏幕左下角的状态栏中会提示用户选择一个用于放置基准点的坐标系。左键单击以选中需要的坐标系，该坐标系的名称会显示在"偏移坐标系基准点"对话框的"参照"文本框中。

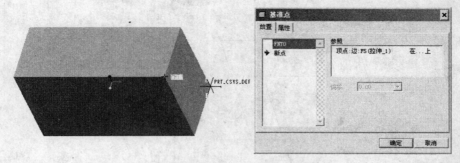

图3.20 在实体顶点处创建基准点

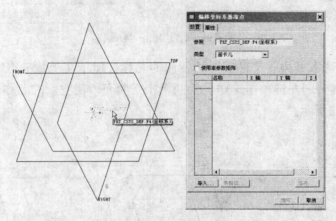

图3.21 使用"偏移坐标系"命令创建基准点

· 在"类型"下拉列表框中选择坐标系的类型，可以是笛卡儿坐标系、圆柱坐标系或者球坐标系。

· "使用非参数矩阵"复选框保持为未被选中的状态，因为在Pro/E中大多数工作都是具有参数化特征的。

· 在下面的列表框中单击一个空白行，列表中立刻会显示出将要创建的基准点的名称和默认坐标值，根据基准点的具体位置修改这些坐标值，例如在"名称"字段中输入"示例基准点"，再分别为X轴、Y轴和Z轴坐标输入"100"、"200"和"300"。输入值的同时，可以看到图形工作区中也会出现相应的变化，如图3.22所示。

· 左键单击"确定"按钮，基准点创建完毕。

  "偏移坐标系"法创建基准点实际上并不是对坐标系进行偏移，而是通过指定在既定坐标系中的坐标偏移量来创建基准点，其名称容易使人误解。

7. 在三个相交曲面的交点处创建基准点

如果需要在三个已有的相交曲面的交点处创建基准点，可以按照以下步骤操作：

· 左键单击命令图标 ，或者使用菜单命令"插入" ► "模型基准" ► "点►" ► "点"，屏幕上显示出 "基准点"对话框。

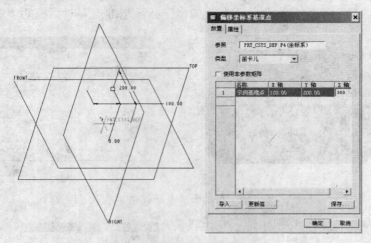

图3.22　输入基准点坐标值

· 左键单击以选取其中一个曲面，该曲面的名称会显示在"基准点"对话框中。

· 按下**Ctrl**键再分别左键单击选中另外两个相交曲面，使它们的名称也显示在"基准点"对话框中，如图3.23所示。

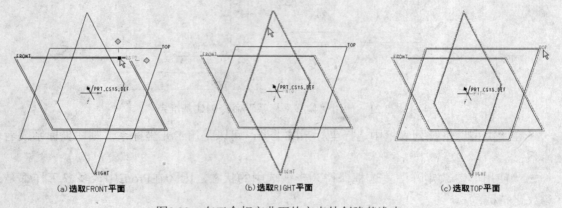

(a)**选取FRONT平面**　　　　(b)**选取RIGHT平面**　　　　(c)**选取TOP平面**

图3.23　在三个相交曲面的交点处创建基准点

· 左键单击"基准点"对话框中的"确定"按钮，基准点创建完毕。

8. 在图元的几何中心创建基准点

如果需要在圆弧、圆或者椭圆的中心创建基准点，那么只要系统打开"基准点"对话框并选取相应的圆弧、椭圆或圆之后，对"参照"栏进行适当的设置即可，下面举例说明其步骤：

· 在Pro/E中打开本章练习文件"arc-pillar.prt"。

· 左键单击命令图标 或者选择菜单命令"插入" ➤ "模型基准" ➤ "点➤" ➤ "点"。

· 左键单击以选需要在其中心创建基准点的圆弧，如图3.24所示。

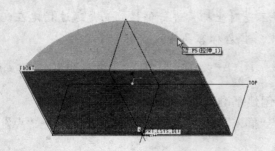

图3.24　左键单击以选中圆弧

这里需要选中的是曲线，不是圆弧形的表面。否则将无法在"参照"栏中指定其中心要素。

· 左键单击"参照"中的文字"在其上"，使之变成下拉列表框，从中选取"居中"项，则系统会自动找到其中心，并在该位置创建基准点，如图3.25所示。

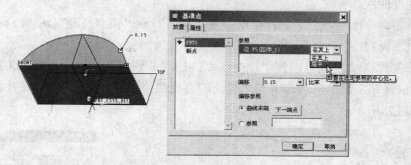

图3.25 修改"参照"栏中的参照类型

9. 在曲线上创建基准点

通过指定点在曲线上到曲线端点的距离也可以方便地创建基准点。这种曲线既可以是基准曲线，也可以是现有实体的棱边，当然也可以是直线或者圆弧。下面举例说明。

· 在Pro/E中打开本章练习文件"curve-pillar.prt"，工作区会显示出一个曲线柱体，其端面中还有一条基准曲线。

· 左键单击命令图标 或者选择菜单命令"插入"➤"模型基准"➤"点➤"➤"点"以打开"基准点"窗口。

· 在图形工作区中左键单击模型顶端深蓝色的基准曲线以将它选中，如图3.26所示。

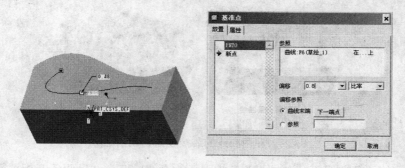

图3.26 在曲线上创建基准点

· 在"基准点"对话框的"偏移"列表框中输入基准点距曲线端点的位置百分比。例如输入"0.8"，即表示到曲线端点的曲线距离为0.8倍的曲线全长。

· 或者左键单击第二个下拉列表框，从中选择"实数"项，这时可以输入到端点的实际曲线距离。

· 左键单击"确定"按钮即可在指定的位置创建基准点。

这里的距离指的是沿曲线测量的距离，而不是直线距离。

10. 在两条不平行的曲线上创建基准点

如果基准点位于两条相交曲线的交点上，那么在打开"基准点"对话框之后，按下Ctrl键分别左键单击这两条曲线，即可创建出基准点，具体步骤如下：

·在Pro/E中打开本章练习文件"curve-pillar.prt"，工作区会显示出一个曲线柱体，其端面中还有一条基准曲线。

·左键单击命令图标 或者选择菜单命令"插入"▶"模型基准"▶"点▶"▶"点"以打开"基准点"窗口。

·在图形工作区中左键单击模型顶端表面的边界曲线以将它选中，如图3.27所示。

·按下Ctrl键并左键单击以选中与之相交的直线棱边，则系统会在两条曲线的交点处生成基准点，如图3.28所示。

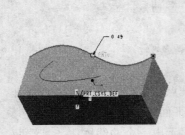

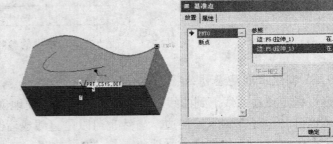

图3.27　选取顶面的边界曲线　　　　　图3.28　在两曲线的交点处创建基准点

如果两条曲线不相交，但也不平行，那么按照上述方法先后选中了这两条曲线后，系统会在左键单击选取的第一条曲线上，选取距第二条曲线上鼠标单击的一端最接近的一点处创建基准点，如图3.29所示。

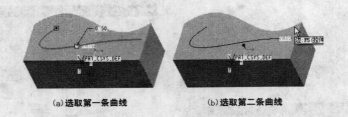

(a)选取第一条曲线　　　　　(b)选取第二条曲线

图3.29　在两曲线的最接近点创建基准点

在这里选取的两条曲线不允许是两条互相平行的直线，但允许是两条互相平行的样条曲线。如果选取的是两条互相平行的样条曲线，那么将在左键单击的第一条曲线上，在与左键单击第二条曲线时光标位置的最近点处创建基准点，如图3.30所示。

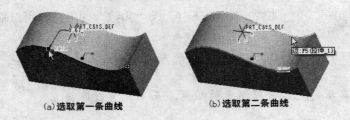

(a)选取第一条曲线　　　　　(b)选取第二条曲线

图3.30　通过选取两条平行的样条曲线来创建基准点

11. 平移点

如果已经有了一个基准点，那么可以指定相对这个点平移的方向和距离，以此来创建一个基准点，如图3.31所示，具体的步骤如下：

· 左键单击命令图标 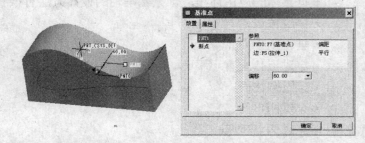 或者选择菜单命令"插入"➤"模型基准"➤"点➤"➤"点"。

· 左键单击以选中模型中已经有的基准点，作为定位参照。

· 按下**Ctrl**键，再左键单击以选中一条边、基准轴或者一条直线，作为平移该点的方向。

· 在"基准点"窗口的"偏移"文本框中输入平移的值。

· 左键单击"确定"按钮，基准点创建完毕。

图3.31 平移已有的点来创建基准点

12. 草绘点

工具栏中的命令图标 ⊠，以及菜单命令 "插入"➤"模型基准"➤"点➤"➤"草绘的..." 用于通过"草绘"环境创建基准点。系统将要求用户指定一个草绘平面及参照方向，然后会进入"草绘"环境绘制一个或多个基准点，最后系统会创建这些基准点。通过"草绘"环境创建基准点的步骤如下：

· 左键单击工具栏中的命令图标 ⊠ 旁边的"➤"号，从这一组命令图标中选取 ⊠，系统显示出"草绘的基准点"对话框，如图3.32所示。

· 左键单击以选取基准平面**FRONT**作为草绘平面，系统默认选取基准平面**RIGHT**作为参照平面。

· 左键单击对话框中的"草绘"按钮，进入"草绘"环境。

· 可以看到，许多草绘工具都变成了灰色，系统只允许绘制点、坐标系、同心圆等少数几种操作。左键单击工具栏中的命令图标 ×，表示下面开始绘制点。

· 在图形工作区左键单击即可在相应的位置绘出点，根据需要标注尺寸。

· 左键单击工具栏右下角的蓝色命令图标 ✔，完成草绘。

系统返回到初始图形界面，可以看到，在基准平面**FRONT**中出现了几个基准点，如图3.33所示。

图3.32 "草绘的基准点"对话框

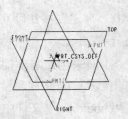

图3.33 在基准平面**FRONT**中草绘生成的基准点

3.3 创建基准轴

基准轴是很常用的基准图元，经常用来确定孔的位置、装配等场合。

根据具体的应用环境，创建基准轴的设计方法有很多，其中常用的有：

- 穿过棱边
- 垂直于平面
- 穿过点且垂直于平面
- 穿过圆柱面
- 穿过两平面
- 穿过两点/顶点
- 与曲线相切

1. 穿过棱边

打开本章练习文件"**cuboid.prt**"，然后左键单击屏幕右侧工具栏中的命令图标 ，或者选择菜单命令"**插入**"▶"**模型基准**"▶"**轴**"，在工作区会弹出如图3.34所示的"基准轴"窗口。

左键单击长方体的一条棱边，表示基准轴通过该棱边，其名称会显示在"基准轴"对话框"放置"选项卡的"参照"栏中，如图3.35所示。

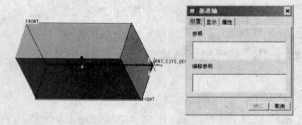

图3.34 "基准轴"窗口

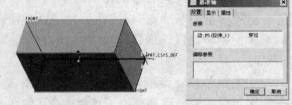

图3.35 选取长方体的棱边

左键单击对话框中的"显示"选项卡，再左键单击以勾选"调整轮廓"复选框，当下拉列表中显示为"大小"时，可以输入基准轴的长度，如图3.36所示；也可以在图形区左键拖动刚创建的基准轴两端的白色方块控制柄；当下拉列表中显示为"参照"时，可以选取一个参照图元，并根据该图元的位置及长度确定基准轴的位置和长度。

左键单击对话框中的"属性"选项卡，可以修改基准轴的名称。

左键单击"确定"按钮即可完成基准轴的创建。

2. 垂直于平面

选定一个平面来创建基准轴，基准轴将与该平面垂直。由于仅指定与平面垂直还无法完全确定基准轴的位置，因此需要接着指定轴线在平面上的位置，具体的做法如下：

- 仍以"**cuboid.prt**"文件中的长方体为例。左键单击工具栏中用于创建基准轴的命令图标 ，系统显示出"基准轴"对话框。

- 左键单击以选中长方体的顶面，该平面会显示为粉红色，并且显示出一个轴线，以及三个绿色的小方块（控制柄），如图3.37所示。

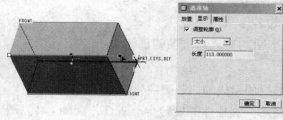

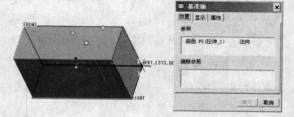

图3.36 调整轮廓

图3.37 选取平面

· 用鼠标拖动其中一个绿色方块（控制柄）靠近基准平面FRONT，使其附连到该基准平面上。

· 同上，拖动另一个绿色方块（控制柄）靠近长方体的右侧面，即基准平面RIGHT，使其附连到该基准平面上，如图3.38所示。

· 在图形区或者在"基准轴"对话框的"偏移参照"栏中双击距离数值，将其修改成正确的值。

· 根据需要使用"显示"选项卡修改基准轴的轮廓。

· 根据需要使用"属性"选项卡修改基准轴的名称。

· 单击"确定"按钮完成基准轴的创建。

3. 过点且垂直于平面

如果在三维模型上已经有了一个点和一个与待建的基准轴垂直的平面，那么直接选定这两个几何要素即可创建出基准轴，其具体步骤如下：

· 在Pro/E中打开本章练习文件"cuboi.prt"，系统会显示出一个长方体。

· 左键单击工具栏中用于创建基准点的命令图标 ，按照前文介绍过的步骤，在长方体顶面上创建一个基准点，采用默认的名称"PNT0"。

· 左键单击工具栏中用于创建基准轴的命令图标 ，系统会显示出"基准轴"对话框。由于刚刚创建的基准点"PNT0"默认处于被选中的状态，因此它可能已经出现在"基准轴"的"参照"栏中；如果没有出现，那么在图形区左键单击以选中该基准点，如图3.39所示。

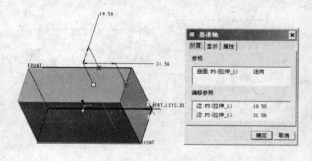

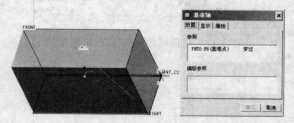

图3.38 指定轴线在平面上的位置

图3.39 选取刚刚创建的基准点，使之显示在"参照"栏中

· 按下键盘上的Ctrl键，再左键单击以选中基准轴与之垂直的平面，使之显示为浅红色，如图3.40所示。

- 根据需要在"显示"选项卡中调整基准轴的轮廓。
- 根据需要在"属性"选项卡中调整基准轴的名称。
- 左键单击"基准轴"对话框中的"确定"按钮，完成基准轴的创建。

4. 穿过柱面

如果已经有了一个圆柱体、圆柱面或者由扇形拉伸形成的部分圆柱体或圆柱面，那么可以在其中心位置产生基准轴，即基准轴的位置与圆柱面、圆柱体的旋转中心重合，如图3.41、图3.42所示。

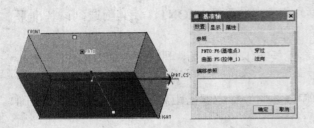

图3.40 加选基准轴与之垂直的平面

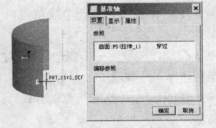

图3.41 在圆柱面的中心创建基准轴

在屏幕上显示出"基准轴"窗口后，只要左键单击以选中相应的圆柱体或圆柱面，根据需要调整基准轴轮廓及名称，然后左键单击"确定"按钮即可创建出穿过该圆柱面中心的基准轴。

 不能通过选取椭圆曲面而在其几何中心创建基准轴线。

5. 穿过两平面

如果工作区已经有了两个相交的平面，那么可以在其交线处创建生基准轴，如图3.43所示。

图3.42 在圆柱体的中心创建基准轴

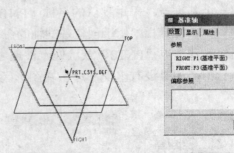

图3.43 在两平面的交线位置创建基准轴

具体做法如下：

- 启动创建基准轴命令，屏幕上显示出"基准轴"对话框。
- 左键单击以选取第一个平面。
- 按下**Ctrl**键，再左键单击以选中与之相交的第二个平面。
- 根据需要调整基准轴轮廓及名称。
- 左键单击"确定"按钮，创建完毕。

 不论是在创建基准轴的时候，还是在创建基准平面、基准点的时候，参照的要素既可以是基准要素，如图3.43中的三个基准面，也可以是用户创建的图元，如模型的棱边、平面、曲面等。

6. 穿过两点/顶点

通过选择两个确定的点可以产生通过这两个点的基准轴，如图3.44所示。

7. 穿过点垂直于曲面

通过指定一个点和一个曲面，可以作出通过该点并垂直于该曲面的基准轴，下面举例说明：

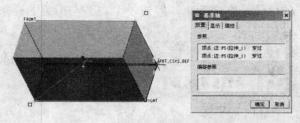

图3.44 穿过两点/顶点创建基准轴

- 在Pro/E中打开本章的练习文件"surface.prt"。
- 左键单击工具栏中的命令图标，然后左键单击以选取曲面，如图3.45所示。

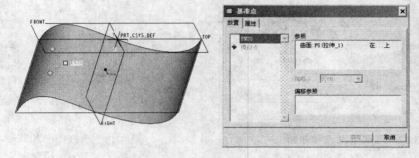

图3.45 在曲面上创建一个基准点

- 分别拖动两个绿色的控制柄，使之附连到基准平面FRONT和基准平面RIGHT上，如图3.46所示。

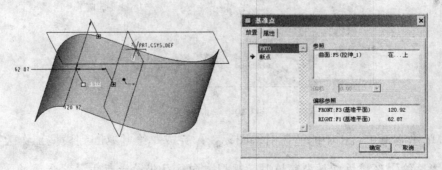

图3.46 将控制柄附连到基准平面上

- 左键单击"基准点"对话框中的"确定"按钮，完成基准点PNT0的创建。
- 左键单击工具栏中的命令图标，系统显示出"基准轴"对话框。
- 左键单击以选取基准点PNT0。
- 按下键盘上的Ctrl键，再左键单击以选中曲面，如图3.47所示。

提示 Pro/E具有一定的智能判断能力。通常操作者只要指定参照图元，Pro/E就能准确地选择是该"穿过"该图元，还是该与之成"法向"关系。

8. 穿过点与曲线相切

在平面上，经过一个点并与指定的圆、圆弧或曲线相切，那么就可以基本确定一个基准轴的位置；在曲面上，经过一个点并与指定的样条曲线相切，那么也可以确定一个基准轴，下面举例说明。

 本文在一些示例中包含了前面介绍过的操作步骤，目的是为了增加读者学习Pro/E时的练习机会。

（1）平面

· 在Pro/E中打开本章的练习文件"cuboid.prt"，屏幕上会显示出一个长方体模型。

· 在右侧工具栏中左键单击命令图标 ，准备在长方体的顶面创建一个圆弧曲线。

· 屏幕上会显示出"草绘"对话框，要求指定草绘所在的平面。在图形工作区左键单击以选取长方体的顶面，系统会默认加选参照，如图3.48所示。

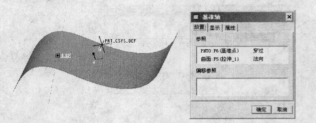
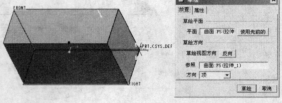

图3.47　选取基准点和曲面　　　　　　　　图3.48　选取顶面为草绘平面

· 左键单击"草绘"按钮，进入"草绘"环境，然后绘制与图3.49相似的圆弧。

图3.49　绘制圆弧

· 左键单击右侧工具栏中的蓝色对钩图标 ，完成草绘并返回到模型工作区。

 从"草绘"环境返回模型环境时，视图方向往往仍是平行于草绘平面的。按组合键 Ctrl+D可以恢复到默认的轴侧方向。

· 左键单击右侧工具栏中的命令图标 ，开始创建基准点，系统显示出"基准点"对话框。

· 在图形工作区左键单击以选取顶面上的圆弧曲线，并且在"偏移"栏中输入"0.6"，如图3.50所示，完成后左键单击对话框中的"确定"按钮。

· 左键单击右侧工具栏中的命令图标 ，开始创建基准轴。系统显示出"基准轴"对话框。

· 左键单击以选取刚刚在顶面上创建的基准点，再按住Ctrl键左键单击以加选顶面上的圆弧，表示基准轴将通过该基准点并与圆弧曲线相切，如图3.51所示。

· 根据需要在"显示"选项卡中调整基准轴的轮廓，以及在"属性"选项卡中修改基准轴的名称，完成后左键单击"确定"按钮，完成基准轴的创建。

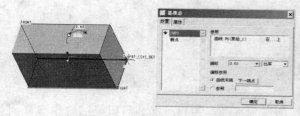

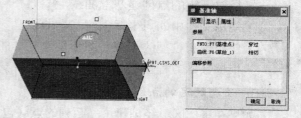

图3.50 创建基准点

图3.51 选取基准点和圆弧曲线
为参照来创建基准轴

在平面中通过曲线上的一点创建与该曲线相切的基准轴时，作为参照的曲线也可以是样条曲线，但是作为参照的点必须是曲线上的基准点，不能是曲线以外的点。因为根据数学理论，通过曲线外的一点不一定能作出与指定曲线相切的切线。

（2）曲面

对于空间的样条曲线或者空间曲面中的样条曲线，也可以采用与上述相同的方法来创建基准轴，下面举例说明。

· 在Pro/E中打开本章的练习文件"spline-on-surf.prt"，屏幕上会显示出一个空间曲面，其中包含一个样条曲线和一个基准点。

· 左键单击右侧工具栏中的命令图标 ，开始创建基准轴。系统显示出"基准轴"对话框。

· 左键单击以选取基准点"PNT0"，再按住Ctrl键左键单击以加选曲面上的样条曲线，如图3.52所示。

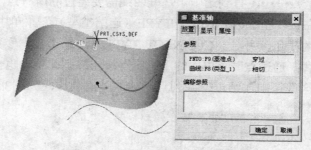

图3.52 选取基准点和样条曲线

· 根据需要在"显示"选项卡中调整基准轴的轮廓，以及在"属性"选项卡中修改基准轴的名称，完成后左键单击"确定"按钮，完成基准轴的创建。

在上述两个例子中，都是先选取基准点，再选取相切的曲线。如果先选取的是曲线，那么其默认的参照方式将不是"相切"，因此需要选左键单击"参照"栏中的参照方式，从下拉列表中选取"相切"项，然后才能加选基准点。

3.4 创建基准曲线

基准曲线可以用来作为创建其他图元的基础，例如自由曲面；也可以作为创建特殊形状特征的参照，还是Pro/E与其他CAD软件进行数据交换的重要途径。

创建基准曲线的方法主要有以下四种：

- 经过既定的点创建基准曲线
- 使用文件中的点坐标创建基准曲线
- 使用现有模型的剖截面图形创建基准曲线
- 根据数学方程创建基准曲线

1. 经过既定的点创建基准曲线

如果在工作区已经创建了一系列的点（包括顶点、基准点等），那么可以经过这些点来创建基准曲线。具体的做法如下：

图3.53 创建基准曲线时出现的
"曲线选项"命令面板

- 在Pro/E中打开练习文件"cuboid.prt"。
- 左键单击工具栏中的命令图标～，或者选择菜单命令中的"插入"➤"模型基准"➤"曲线"，屏幕上会显示出如图3.53所示的"菜单管理器-曲线选项"命令面板。
- 在菜单管理器中使"Thru Points（经过点）"项处于黑色选中状态（这也是系统的默认选项），左键单击"Done（完成）"命令。

- 屏幕上弹出如图3.54所示的"曲线：通过点"对话框，以及级联菜单，最下方的菜单是"选取"，表示当前需要选取相关的对象，在本例中的意思是要选择基准曲线经过的第一个点。左键单击基准曲线要经过的第一个点，本例中就是长方体的一个顶点，如图3.54所示。

- 在左键单击的第一个点处会显示出一个深蓝色的箭头，指向第二个点。依次左键单击以选中第二个点、第三个点……，直到选中了基准曲线需要经过的所有点，本例中可以选取长方体的各个顶点，然后左键单击"CONNECT TYPE（连结类型）"菜单中的"Done（完成）"命令，基准曲线显示为黑色，并且"CONNECT TYPE（连结类型）"菜单消失。

- 左键单击"曲线：通过点"菜单中的"确定"按钮，则此菜单也会消失，屏幕上出现一条红色的基准曲线，这就是刚才经过一系列点创建的基准曲线，如图3.55所示。

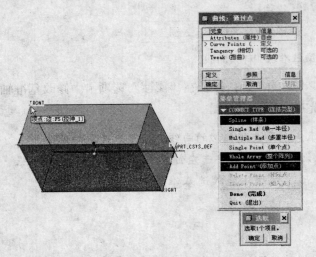

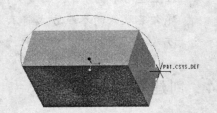

图3.54 经过点创建基准曲线时产生的级联菜单   图3.55 依次选取基准曲线经过的各个点

在如图3.54所示的"CONNECT TYPE（连结类型）"菜单中，其他菜单项的含义如下：

· "Single Rad（单一半径）"指基准曲线通过各连接点时曲率半径都相同。

· "Multiple Rad（多重半径）"则允许用户分别为不同的曲线弯角指定不同的半径。

· "Single Point（单个点）"指由用户左键单击来选择曲线经过的每个点。

· "Whole Array（整个阵列）"的意思是如果用户通过"基准点/偏移坐标系"的方法导入了多个点，并且左键单击选中了其中一个点时，系统自动按导入的顺序将全部点选中。

· "Add Point（添加点）"指当前要求用户继续选择曲线通过的点，如果选择完毕了，则左键单击"Done（完成）"命令，或者单击中键。

· "Quit（退出）"表示放弃并退出当前的创建基准曲线操作。

2. 使用文件中的点坐标创建基准曲线

如果在如图3.53所示的"菜单管理器"➤"CRV OPTIONS（曲线选项）"菜单中选取"From File（自文件）"项，那么可以使用已经建立的曲线坐标点文件来生成基准曲线。这项功能可以供人们方便地将其他软件处理才能得到的复杂曲线导入Pro/E中。

可以输入的数据文件格式有Pro/E本系统的".ibl"文件、IGES、SET或VDA文件。Pro/E会读取来自IGES或SET文件的所有曲线，然后将其转化为样条曲线。当输入VDA文件时，系统只读取VDA样条图元。

".ibl"格式是一种非常简单易用的文件格式，使用中有以下要点：

· 文件开端必须使用关键字"Open Arclength"或者"Closed Arclength"。

· 在每段曲线的坐标前都需标有"begin section"和"begin curve"。

· 一段数据如果只有两个点，则定义一条直线，两个以上的点定义一个样条。

· 如果要将多个曲线段连接起来，应确保第一点的坐标与先前段的最后一点的坐标相同。

· 可以重定义由文件创建的基准曲线，也可以用由文件输入的其他曲线对它们进行裁剪或分割。

· ".ibl"文件可以使用任何文本编辑器编辑，其基本文件格式与文本文件相同，但最终的文件扩展名必须是".ibl"。

下面这个IBL文件包含的就是由一种飞机设计软件生成的翼型曲线坐标，文件名是"Clark-y117.ibl"，其内容如下：

```
Open
Arclength
Begin section !1
Begin curve
    1.00000        0.00000        0
    0.99572        0.00115        0
    0.98296        0.00448        0
    0.96194        0.00972        0
    0.93301        0.01656        0
    0.89668        0.02475        0
    0.85355        0.03400        0
    0.80438        0.04394        0
    0.75000        0.05412        0
    0.69134        0.06405        0
```

0.62941	0.07319	0
0.56526	0.08105	0
0.50000	0.08719	0
0.43474	0.09128	0
0.37059	0.09312	0
0.33928	0.09318	0
0.30866	0.09266	0
0.27886	0.09158	0
0.25000	0.08996	0
0.22221	0.08774	0
0.19562	0.08483	0
0.17033	0.08113	0
0.14645	0.07660	0
0.12408	0.07134	0
0.10332	0.06552	0
0.08427	0.05939	0
0.06699	0.05313	0
0.05156	0.04677	0
0.03806	0.04027	0
0.02653	0.03352	0
0.01704	0.02652	0
0.00961	0.01943	0
0.00428	0.01254	0
0.00107	0.00616	0
0.00000	0.00047	0

Begin section ! 2
Begin curve

0.00000	0.00047	0
0.00107	-0.00453	0
0.00428	-0.00898	0
0.00961	-0.01296	0
0.01704	-0.01651	0
0.02653	-0.01959	0
0.03806	-0.02214	0
0.05156	-0.02414	0
0.06699	-0.02567	0
0.08427	-0.02680	0
0.10332	-0.02763	0
0.12408	-0.02816	0
0.14645	-0.02839	0
0.17033	-0.02832	0
0.19562	-0.02795	0
0.22221	-0.02734	0
0.25000	-0.02653	0
0.27886	-0.02559	0
0.30866	-0.02458	0
0.33928	-0.02351	0
0.37059	-0.02242	0
0.43474	-0.02018	0

0.50000	-0.01792	0
0.56526	-0.01566	0
0.62941	-0.01345	0
0.69134	-0.01131	0
0.75000	-0.00928	0
0.80438	-0.00741	0
0.85355	-0.00575	0
0.89668	-0.00429	0
0.93301	-0.00302	0
0.96194	-0.00190	0
0.98296	-0.00094	0
0.99572	-0.00025	0
1.00000	0.00000	0

本节将以这个文件为例，说明在Pro/E中通过"From File（自文件）"命令建立基准曲线的过程。

· 在Pro/E中新建一个零件设计文件，注意要采用公制模板；

· 左键单击命令图标～或者选择菜单命令"插入"➤"模型基准"➤"曲线"，在弹出的"菜单管理器"➤"CRV OPTION（曲线选项）"中左键单击命令"From File（自文件）"，接着左键单击"Done（完成）"命令。

· 屏幕上接着弹出了如图3.56所示的"GET COORD S（得到坐标系）"菜单，并且在屏幕左下角提示用户选择一个用于导入数据的坐标系。

· 左键单击以选中系统中的默认坐标系"PRT_CSYS_DEF"，则屏幕上会打开如图3.57所示的"打开"对话框。在此对话框中找到需要导入的文件，本例中就是"Clark-y117.ibl"，左键单击将它选中，再左键单击对话框下方的"打开"按钮。

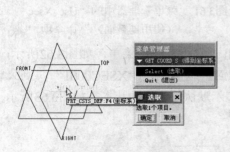

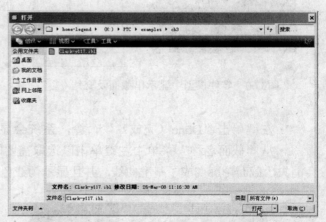

图3.56 "GET COORD S（得到坐标系）"菜单

图3.57 "打开"对话框

数据文件中的坐标值会被作为曲线导入系统，如图3.58所示。

3. 使用现有模型的剖截面图形创建基准曲线

在Pro/E中可以由已经定义的剖截面来定义基准曲线，也就是将剖截面与零件模型轮廓的交线定义为基准曲线。下面举例说明。

- 在Pro/E中打开本章练习文件"usesec.prt";
- 左键单击菜单命令"视图"➤"视图管理器",系统会显示出"视图管理器"对话框,如图3.59所示;

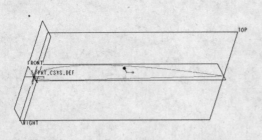

图3.58　由IBL文件导入的翼型曲线　　　　　　　图3.59　"视图管理器"对话框

- 在"视图管理器"中可以创建新的截面,也可以删除已有的截面。左键单击"X截面"选项卡,从中再左键单击以选取需要的截面,这时在零件模型中也会显示出该截面,以及与模型实体形成的交线,如图3.60所示;
- 左键单击"视图管理器"对话框中的"关闭"按钮,将对话框关闭;
- 左键单击右侧工具栏中的命令图标～,系统显示出"菜单管理器"对话框;
- 在"菜单管理器"中左键单击以选取菜单命令"使用剖截面",如图3.61所示;

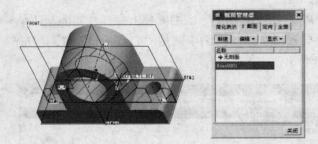

图3.60　零件模型中显示出截面及交线　　　　图3.61　菜单管理器中的"Use Xsec
　　　　　　　　　　　　　　　　　　　　　　　　　　　（使用剖截面）"命令项

- 左键单击"Done（完成）"命令,系统会显示出"截面名称"菜单,如图3.62所示;
- 从"截面名称"菜单中左键单击以选取需要的截面,本例中是"XSEC0001",则菜单会消失,截面轮廓变成了基准曲线,并且显示为红色,表示默认处于选中状态,如图3.63所示。

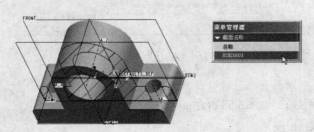

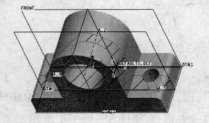

图3.62　"菜单管理器"中的"截面名称"菜单　　　图3.63　截面轮廓生成的基准曲线

4. 根据数学方程创建基准曲线

如果已知曲线的数学方程，那么在Pro/E中可以准确地创建出基准曲线。这项功能对于设计诸如齿轮、凸轮、阿基米德蜗杆等形状由数学方程表示的产品具有十分重要的意义，下面举例说明其步骤。

· 在Pro/E中新建一个零件实体文件，注意选取公制模板；

· 左键单击工具栏中的命令图标 ~，开始创建基准曲线；

· 在"菜单管理器" ➤ "曲线选项"中，左键单击"From Equation（从方程）"项，再左键单击"Done（完成）"命令，系统会弹出如图3.64所示的"曲线：从方程"对话框及菜单，引导用户使用数学方程建立基准曲线；

· 从上述对话框及系统的提示栏都可以看出，接下来需要为通过数学方程建立基准曲线选择坐标系。左键单击以选中屏幕中的默认坐标系PRT_CSYS_DEF，屏幕上又会弹出如图3.65所示的菜单，要求选择坐标系的类型。

图3.64　使用数学方程建立基准曲线时使用的菜单　　　　图3.65　选择坐标系类型

· 本例中将要生成球面螺旋线，它需要采用球坐标系，因此在上面的菜单中选择第三项"Spherical（球）"，屏幕上立刻会打开如图3.66所示的窗口，要求用户在文本窗口中输入数学公式；

· 在打开的文本窗口中，在最下方的新行内输入数学公式，完成后在"rel.ptd-记事本"窗口中左键单击"文件" ➤ "保存"，然后将该窗口关闭；

· 屏幕上会弹出如图3.67所示的"曲线：从方程"对话框，单击其中的"确定"按钮，系统就会生成基准曲线，它是个球面螺旋线。

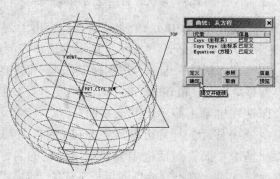

图3.66　在文本窗口中输入数学公式　　　　图3.67　　"曲线：从方程"对话框
　　　　　　　　　　　　　　　　　　　　　　　　及生成的基准曲线

3.5 创建基准平面

启动 Pro/E 并且进入"零件"环境中，就会在屏幕上看到系统缺省建立的三个互相垂直的基准平面，分别命名为 FRONT、TOP 和 RIGHT，如图 3.68 所示。

 Pro/E 中的每个基准都有名称，在创建基准的时候必须为其命名，或者采用系统生成的默认名称。根据基准的用途为其取个具有说明性的名称是个好办法，这样有助于提高后续设计工作的效率。

创建基准平面的方法很多，实用中也十分灵活。通常在数学中可以用来确定一个平面的方法在 Pro/E 中也都能实现。例如，与现有平面平行并相距指定距离、通过一条直线并与指定平面呈指定夹角、通过直线上一点并与该直线垂直、通过曲面上一点并与曲面相切、与指定平面重合等。下面分别举例说明。

1. 与现有平面平行并相距指定距离

· 在 Pro/E 中，打开本章练习文件"cuboid.prt"；
· 左键单击屏幕右侧工具栏中的命令图标 ∅，或者使用菜单命令"插入" ➤ "模型基准" ➤ "平面"，屏幕上会弹出如图 3.69 所示的窗口；

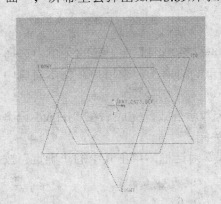
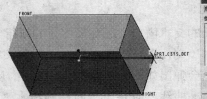

图 3.68　系统缺省创建的基准平面　　　　图 3.69　"基准平面"对话框

这个窗口中的三个选项卡与前文用于创建基准点时的作用相同："放置"选项卡用于控制基准平面的位置；"显示"选项卡用于控制基准平面的法向正方向，以及显示出来的大小、长宽比；"属性"选项卡用于控制基准平面的名称。在本例中将创建一个相对于基准平面 FRONT 偏移距离为 60mm 的基准平面。检查一下工作区上方的命令图标 ∅，确保已处于被选中的状态，以便在屏幕上显示出基准平面。

· 移动光标靠近基准平面 FRONT，待其显示为亮浅蓝色时，左键单击将它选中，这时在"基准平面"对话框中会显示出对应的名称，并且在其后显示"偏移"字样；
· 在"基准平面"对话框下部的"偏距" ➤ "平移"栏中输入数值"20"，如图 3.70 所示；
· 在"基准平面"对话框中左键单击右上角的"属性"选项卡，在"名称"栏中输入新基准的名称，如"F20"，然后左键单击"确定"按钮。

这时屏幕上就会显示出一个与基准平面 FRONT 平行，并且沿其正方向偏移了 20mm 的基准平面，名为"F20"，如图 3.71 所示。

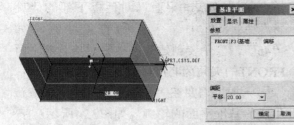 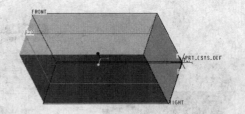

图3.70 输入偏距值　　　　　　　　　图3.71 生成基准平面"F20"

根据创建基准平面的时候选中的具体参照图元的不同，在"基准平面"窗口的"参照"一栏中，所选中具体参照允许使用的位置关系如下：

"穿过"：当选中一个轴、边、曲线、基准点、顶点、平面或者圆锥曲面作为创建基准平面的参照图元时，表示定义的基准平面通过该图元，或者（对于圆锥曲面）通过该图元上的一条母线。

"法向"：当选中一个轴、边、曲线、平面作为创建基准平面的参照图元时，表示新生成的基准将与该参照图元垂直。

"平行"：当选中一个轴、边、曲线、平面作为创建基准平面的参照图元时，此项表示新生成的基准将与该参照图元平行。

"偏移"：当选中一个平面作为创建基准平面的参照图元时，表示新生成的基准将与该基准平面平行，并且相对于该基准平面沿指定方向偏移一个偏距，这个偏距值由"基准平面"对话框底部的"偏距"➤"平移"文本框指定，如图3.70所示。

2. 通过一条直线并与指定平面呈指定夹角

在"偏移"关系中还包含另一种情况，这就是以一条直线或者边为轴线，相对指定的平面"旋转"一定的角度，下面举例说明。

· 使用主菜单命令"文件"➤"拭除"，将前面的示例从内存中删除；

· 在Pro/E中重新将练习文件"cuboid.prt"打开，使屏幕上显示出一个长方体模型；

· 左键单击屏幕右侧工具栏中的命令图标 ⊘，或者使用菜单命令"插入"➤"模型基准"➤"平面"，屏幕上会弹出如图3.69所示的对话框；

· 移动光标靠近长方体的一条棱边，待其显示为亮浅蓝色时，左键单击将它选取，如图3.72所示；

· 按下键盘上的Ctrl键，再左键单击以加选基准平面FRONT，如图3.73所示；

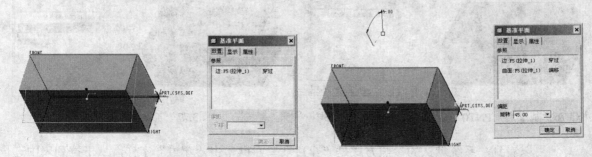

图3.72 选取基准平面将通过的直线　　　　图3.73 加选基准平面FRONT

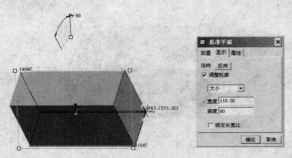

图3.74　调整新生成基准平面的轮廓

- 在"基准平面"对话框下部的"旋转"文本框中输入正确的角度值，如"45"，表示要创建的基准平面与基准平面FRONT的夹角为45度；

- 根据需要在"显示"选项卡中调整新生成的基准平面的轮廓，如图3.74所示；

- 根据需要使用"属性"选项卡修改基准平面的名称，完成后左键单击"确定"按钮，系统即会生成基准平面。

3. 通过直线上一点并与该直线垂直

从数学原理可以知道，经过一个点并与指定直线垂直的平面只有一个，也就是说，通过指定一个点和表示法线方向的直线，就可以唯一地确定一个基准平面。在Pro/E中可以方便地采用这种方式，下面举例说明。

- 在Pro/E中重新打开练习文件"cuboid.prt"；

- 左键单击工具栏中的命令图标，在长方体的顶面中创建一个基准点，如图3.75所示，完成后左键单击"确定"按钮，关闭"基准点"对话框；

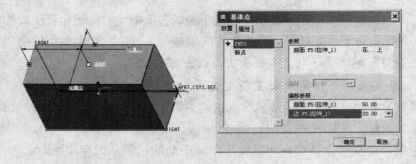

图3.75　在长方体顶面中创建一个基准点

- 此时基准点"PNT0"默认处于被选中的状态。左键单击工具栏中的命令图标，刚刚创建的基准点"PNT0"会自动进入"参照"栏中，如图3.76所示；

- 按下键盘上的Ctrl键，再左键单击以选取长方体的外侧棱边，如图3.77所示；

图3.76　基准点"PNT0"会自动进入"参照"栏中

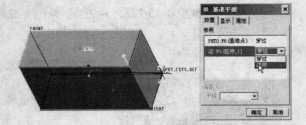

图3.77　加选外侧棱边

- 可以看到，系统默认的参照方式是"穿过"。左键单击"穿过"字样，从下拉列表中选取"法向"项；

　　· 根据需要在"显示"选项卡中修改基准平面的轮廓，以及在"属性"选项卡中修改基准平面的名称，完成后左键单击"确定"按钮，系统会生成如图3.78所示的基准平面。

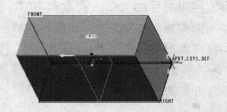

图3.78　生成的基准平面

　　4. 通过曲面上一点并与曲面相切

　　如果需要创建与指定曲面相切的基准平面，可以左键单击以选中该圆柱面，在"基准平面"窗口中选择与该圆柱面"相切"，再选中其他的辅助参照以确定基准平面的位置，如图3.79所示。

 相切的曲面也可以是圆柱面、球面、混合特征形成的侧面等，如图3.80所示。

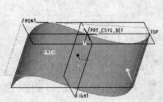

图3.79　过指定点与曲面相切的基准平面

图3.80　过指定点，与混合特征的
　　　　　侧面相切的基准平面

3.6　创建坐标系

　　坐标系是一种重要的参照特征，主要用于在建模、制造及分析过程中作为其他图元生成、零件或组件装配时的基准。Pro/E的坐标系有三种：

　　· 笛卡尔（Cartesian）：用*X*、*Y*、*Z*表示坐标值。
　　· 柱坐标（Cylindrical）：用R（半径）、theta（θ）、Z表示坐标值。
　　· 球坐标（Spherical）：用r（半径）、Phi（Φ）、theta（θ）表示坐标值。

　　坐标系的创建方法有要有：

　　· 指定三个相交平面。
　　· 指定一个点和两个不相交的轴。
　　· 指定两个相交的轴。

　　（1）通过指定三个相交平面创建坐标系

　　这种方法是通过选择三个平面（可以是模型的表面或者基准面）来确定坐标系。坐标系的原点是这三个平面的交点，而这三个平面可以不必正交。选定的第一个平面的法向确定一个坐标轴的方向，第二个平面的法向定义另一个坐标轴的大致方向，然后通过右手定则确定第三个坐标轴的方向。

　　如图3.81所示，右手定则的基本规定是：

- 伸出右手的拇指、食指和中指，并且使它们两两基本垂直。
- 拇指指向 *X* 轴正向，食指指向 *Y* 轴正向，则中指的方向就是 *Z* 轴正向。

打开本章练习文件"pyramid.prt"，左键单击工具栏中的命令图标，或者选择菜单命令"插入" ➤ "模型基准" ➤ "坐标系"，屏幕上会显示出"坐标系"对话框，如图3.82所示，然后按照以下步骤操作：

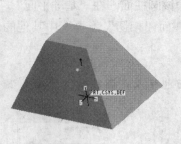

图3.81　右手笛卡尔坐标系　　　　　　　　图3.82　"坐标系"对话框

- 在图形工作区中左键单击以选中金字塔模型的顶面，则其法向的正向将成为 *X* 轴的正向。
- 接下来需要确定的是 *Y* 轴的方向。如果想让 *Y* 轴的正向在当前视图中朝右，虽然目前没有法向正向朝右的平面可供选择，但人们也可以选取法向正向朝右倾斜的平面。按下键盘上的 **Ctrl** 键，再左键单击以选取金字塔模型中向右倾斜的侧面，系统会显示出与其正法向相似的方向作为 *Y* 轴正向，如图3.83所示。
- 从上图中可以看出，虽然系统根据右手定则已经确定了 *Z* 轴的正方向，但是"坐标系"对话框中的"确定"按钮并没有变成可用状态，原因是此时无法确定坐标系的原点。此时必须再指定一个与上述两个轴都相交的平面，其交点将成为原点。左键单击金字塔模型的另一个相邻侧面，坐标系位置得以确定，"确定"按钮就会显示出来，如图3.84所示。

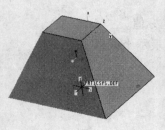　　　　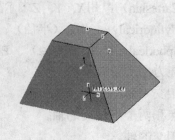

图3.83　指定 *X* 轴和 *Y* 轴的正方向　　　　　　　图3.84　指定坐标系的原点

- 左键单击"定向"选项卡，可以看到用于调整 *X* 轴、*Y* 轴方向及参考平面的选项，在这里可以检查并修改确定各坐标轴方向的参考平面及正方向。左键单击"属性"按钮，可以修改坐标系的名称，如图3.85所示。完成这些设置后，左键单击"确定"按钮，即可生成自定义的坐标系。

（2）通过指定原点和两条不平行的直线创建坐标系

自定义坐标系的时候，也可以先选择坐标系的原点，然后再指定两个坐标轴。选择的坐标系原点可以是基准点、模型的顶点、曲线的端点等。坐标轴的方向可以由两条不平行的直线指定，可以是模型的边线、曲面的直边、基准轴、特征的中心线等。

下面仍然在练习文件"pyramid.prt"零件模型的基础上说明创建坐标系的步骤：

·打开练习文件"pyramid.prt"，左键单击工具栏中的命令图标，或者使用菜单命令"插入"➤"模型基准"➤"坐标系"，屏幕上打开如图3.82所示的"坐标系"对话框。

·左键单击以选中作为坐标系原点的点，在"原始"选项卡中会显示出该点的名称，如图3.86所示。

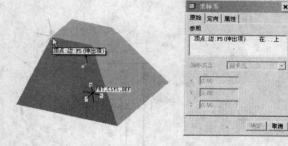

图3.85 "定向"选项卡和"属性"选项卡　　　　图3.86 选取坐标系的原点

·左键单击"坐标系"对话框中的"定向"选项卡。

·左键单击对话框中第一个"使用"标签旁的文本框，使其由白色变为黄色，然后在图形工作区中左键单击以选中一条直边、直线、基准轴或者中心线，其正方向将成为X轴的正方向，文本框中会显示出该图元的名称。

·再次左键单击以选中一条直边、直线、基准轴或者中心线，确定Y轴的正方向，在"定向"选项卡的第二个"使用"文本框中会显示出该图元的名称，如图3.87所示。

·根据需要使用"反向"按钮调整在"确定"下拉列表框中选择坐标轴的名称及方向，然后左键单击"确定"按钮完成坐标系的创建。

在上述创建过程中，选择的两个直线、直边、基准轴或中心线图元如果不相交，那么需要选择坐标系的原点；如果相交，那么可以省去选择坐标系原点的步骤，先后选择这两个图元即可创建出坐标系，如图3.88所示。

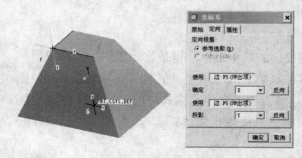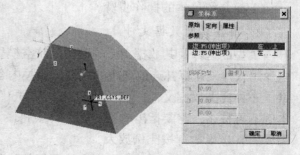

图3.87 确定坐标轴的方向　　　　图3.88 选取两条相交直线创建坐标系

3.7　基准应用实例：机翼线框设计

在概念设计中，经常需要先用简单的线框图形绘出产品的基本轮廓和布局，在此过程中需要大量使用基准、基准点、基准曲线、基准平面及基准坐标系。下面以航模飞机三角翼的线框设计为例，介绍本章主要的基准特征在实际工作中的应用。

设计完成的三角翼平面尺寸如图3.89所示。

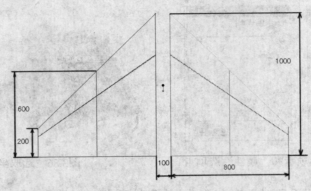

图3.89　三角翼平面尺寸

本例中的三角翼线框模型主要的设计步骤如下：

- 准备翼型数据文件。
- 生成根部翼型曲线。
- 生成中部翼型曲线。
- 生成梢部翼型曲线。
- 连接各翼型起点。
- 连接各翼型终点。
- 连接各翼型上缘最高点。
- 连接各翼型下缘最低点。
- 生成右侧机翼镜像。

下面介绍具体的操作步骤。

1. 准备翼型数据文件

翼型的选择及其数据文件的准备是航空模型设计的基本工作，也是首要工作。通常采用一些专用软件来计算并选取理想的翼型，相关内容在本文中不再详述。在本章练习文件中已经提供了一种翼型数据文件，名叫"Clark-y117.ibl"。关于IBL文件的格式在前文已有详细说明，本例不再赘述。需要指出的是，该文件中将最大翼弦长度规定为"1"，需要根据实际设计的需要将其坐标数据按比例放大。

从图3.89中可以看到，本例中的翼根部弦长为1000mm，翼中部弦长为600mm，梢部弦长为200mm，因此需要将文件"Clark-y117.ibl"中的坐标值放大1000倍、600倍和200倍，并分别形成三个IBL文件。

换算过程可以采用一些软件工具，例如Excel，或者编写一些小程序，具体做法不是本文讨论的内容。本例已经将换算后的坐标值导出到三个练习文件中，分别命名为"Clark-y117-1000.ibl"、"Clark-y117-600.ibl"和"Clark-y117-200.ibl"，供读者练习时直接使用。

2. 生成根部翼型曲线

根部翼型曲线是本例中的第一组曲线，因此可以采用Pro/E系统默认的坐标系，具体操作步骤如下：

（1）使用主菜单的"新建"命令，或者左键单击顶部工具栏中的命令图标 ，在打开的"新建"对话框分别选取"零件"➤"实体"，输入模型的名称，并取消底部的"使用缺省模板"复选框，然后左键单击"确定"按钮。

· 在"新文件选项"对话框的"模板"列表中，选取"mmns_part_solid"，然后左键单击"确定"按钮，进入零件设计环境。

（2）屏幕上显示出三个系统默认的基本平面及坐标系。左键单击右侧工具栏中的命令图标 ，或者使用主菜单命令"插入"➤"模型基准"➤"曲线"，系统显示出"菜单管理器"➤"CRV OPTIONS（曲线选项）"菜单，如图3.90所示。

（3）左键单击"菜单管理器"中"From File（自文件）"选项，再左键单击"Done（完成）"命令，系统又显示出子菜单要求选取坐标系，如图3.91所示。

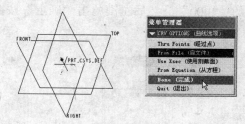

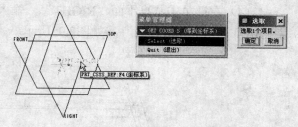

图3.90 系统显示出"CRV OPTIONS（曲线选项）"菜单

图3.91 "GET COORDS（得到坐标系）"子菜单

（4）在图形工作区左键单击以选取系统的默认坐标系"PRT_CSYS_DEF"，系统立刻显示出"打开"对话框，要求选取曲线文件，如图3.92所示。

（5）找到本章的练习文件"Clark-y117-1000.ibl"，然后左键单击"打开"按钮，系统会生成根部翼型曲线，如图3.93所示。

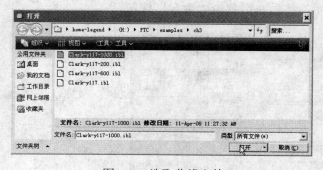

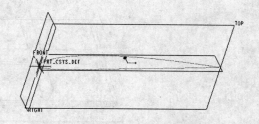

图3.92 选取曲线文件

图3.93 系统生成了根部翼型曲线

3. 生成中部翼型曲线

根据图3.89中的几何关系不难算出，中部翼型曲线与根部翼型曲线的距离为400mm，中部

翼型起点距默认坐标系在X方向的距离为400mm。因此需要在这个位置创建一个坐标系，再用IBL文件生成中部翼型曲线，具体的操作步骤如下：

（1）左键单击右侧工具栏中的命令图标 ，系统显示出"基准平面"对话框，如图3.94所示。

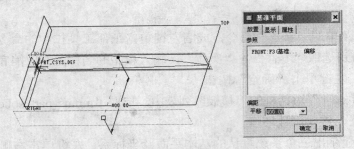

图3.94　"基准平面"对话框

（2）左键单击图形工作区中的基准平面"FRONT"，并且在"基准平面"对话框中输入偏距值"400"，然后左键单击"确定"按钮，完成基准平面"DTM1"的创建。

（3）再次左键单击工具栏中的命令图标 ，系统显示出"基准平面"对话框。

（4）左键单击基准平面"RIGHT"，输入偏距值"400"，然后左键单击"确定"按钮，创建出基准平面"DTM2"，如图3.95所示。

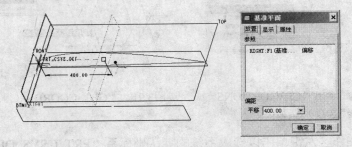

图3.95　创建基准平面"DTM2"

（5）左键单击右侧工具栏中的命令图标 ※，系统显示出"坐标系"对话框。

（6）在图形工作区中按顺序左键单击以选取基准平面"DTM2"、"TOP"和"DTM1"。系统会生成用户定义的坐标系，如图3.96所示，然后左键单击"确定"按钮。

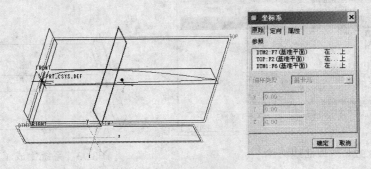

图3.96　创建基准坐标系

（7）重复前文第2步中的操作步骤（2）～步骤（5），同时注意：

· 第（4）步中选取刚刚创建的坐标系"CS0"。

· 第（5）步中选取的文件是"Clark-y117-600.ibl"。

（8）左键单击"打开"按钮，系统会显示出中部翼型曲线，如图3.97所示。

4. 生成梢部翼型曲线

（1）重复第3步中的子步骤（1）～步骤（6）创建出基准平面"DTM3"和"DTM4"，同时注意"DTM3"与"DTM1"相距400mm，而"DTM4"与"DTM2"相距400mm，如图3.98所示。

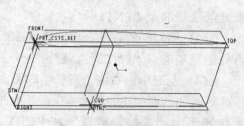

图3.97　中部翼型曲线

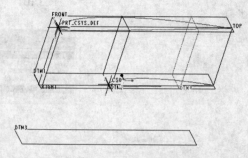

图3.98　创建新的基准平面

（2）以基准平面"DTM4"、"TOP"和"DTM3"为参照创建坐标系"CS1"，注意选取基准平面的顺序要正确，因为它们分别决定了*X*轴、*Y*轴和*Z*轴的正方向，如图3.99所示。

（3）重复第2步中的子步骤（2）～步骤（5），同时注意：

· 步骤（4）中选取刚刚创建的坐标系"CS1"。

· 步骤（5）中选取的文件是"Clark-y117-200.ibl"。

（4）左键单击"打开"对话框中的"打开"按钮，系统会生成梢部翼型曲线，如图3.100所示。

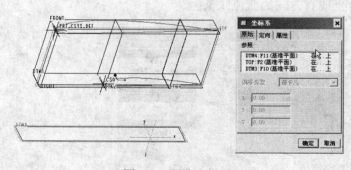

图3.99　创建坐标系

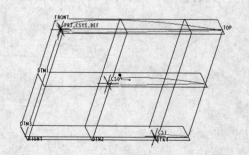

图3.100　生成梢部翼型曲线

5. 连接各翼型起点

为了连接各翼型曲线的起点，需要先在各坐标系的原点位置创建基准点，然后再使用创建基准曲线的命令将它们连接起来，具体步骤如下：

（1）左键单击右侧工具栏中的命令图标，系统显示出"基准点"对话框，然后在图形工作区中左键单击以选取坐标系"CS1"的原点，如图3.101所示，完成后左键单击"确定"按钮，系统生成基准点"PNT0"，对话框关闭。

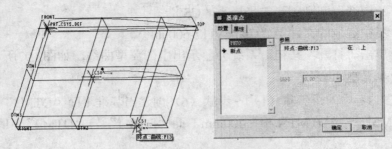

图3.101　创建基准点"PNT0"

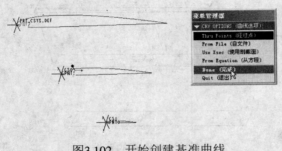

图3.102　开始创建基准曲线

（2）用同样的方法在中部翼型曲线的起点处创建基准点"PNT1"。

（3）用同样的方法在根部翼型曲线的起点处创建基准点"PNT2"。

（4）左键单击右侧工具栏中的命令图标 ～，开始用前面创建的基准点生成基准曲线。系统显示出"菜单管理器"➤"CRV OP-TIONS（曲线选项）"菜单，如图3.102所示。

> ⚡ **注意** 为了避免图面线条过多，可以暂时用顶部工具栏中的命令图标 ⊿ 关闭基准平面的显示。

（5）采用系统的默认选项"Thru Points（经过点）"，左键单击"Done（完成）"命令，或者单击鼠标中键。

（6）系统显示出"CONNECT TYPE（连结类型）"子菜单及其默认选项，如图3.103所示。本例采用其默认选项，然后在图形工作区中按顺序左键单击以选取基准点"PNT0"、"PNT1"和"PNT2"，系统会在其中生成有方向的蓝色线条。

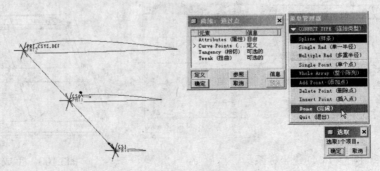

图3.103　用默认选项连接各点

（7）完成后左键单击"连结类型"子菜单中的"Done（完成）"命令，以及"曲线：通过点"对话框中的"确定"按钮，各翼型曲线的顶点连接完毕。

6. 连接各翼型终点

用同样的方法在各翼型曲线的终点位置创建基准点，然后用基准曲线将它们按顺序连接起来，如图3.104所示。

7. 连接各翼型上缘最高点

用同样的方法在各翼型曲线上缘最高点处定义基准点，其位置是在上缘曲线距起点30%的位置；然后将各最高点用基准曲线连接起来，如图3.105所示。

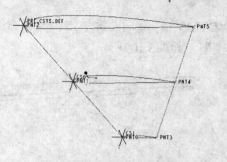 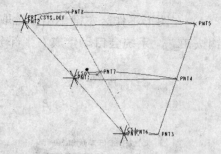

图3.104 连接各翼型曲线的终点　　　　图3.105 用基准曲线连接各上缘最高点

8. 连接各翼型下缘最低点

用同样的方法在各翼型曲线下缘最低点处定义基准点，其位置是在距起点30%处；然后将各下缘最低点用基准曲线连接起来，如图3.106所示。

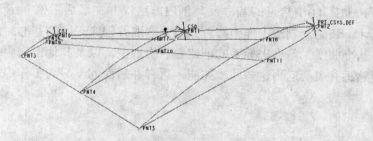

图3.106 连接各下缘最低点

9. 生成右侧机翼镜像

至此，左半部分机翼线框模型已经完成。下面需要通过镜像的方式生成右半部分。本例只介绍操作步骤，关于镜像操作的细节在下文中说明。

（1）左键单击右侧工具栏中的命令图标 ，创建一个与基准平面"FRONT"平行，距离为50mm的基准平面"DTM5"，如图3.107所示，完成后左键单击"确定"按钮，将"基准平面"对话框关闭。

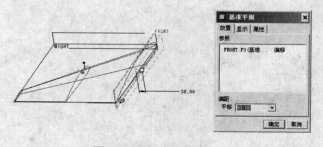

图3.107 创建镜像平面

（2）按下键盘上的Ctrl键，然后依次左键单击以选取前面创建的三个翼型曲线和四个连接曲线，使之均显示为红色。

（3）左键单击右侧工具栏中的镜像命令图标，系统提示要求选取镜像平面，如图3.108所示。

（4）在图形工作区左键单击以选取基准平面"DTM5"，然后左键单击操控板右侧的绿色对钩按钮，系统会自动生成右半部分机翼线框模型，如图3.109所示。

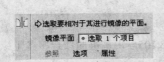

图3.108　系统要求选取镜像平面

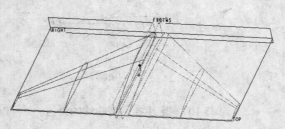

图3.109　系统镜像生成的图形

小结

本章介绍了Pro/E 4.0中常见的基准及其创建方法，并在最后举例介绍了各种基准特征的应用。在任何设计、装配及制造工作中都首先需要选取并创建正确的基准，因此基准点、基准平面、基准轴、基准曲线、基准坐标系的创建在三维造型，以及其他工作中的作用都是不可代替的。读者需要熟悉并灵活运用这些基本技能，这样在后面的学习与工作中才能够得心应手。

第4章　创建基础特征

学习重点：
- ➡ 基础特征的分类及作用
- ➡ 基础特征的创建步骤

任何模型都是由众多的特征（Feature）组合而成。一个模型通常包括多种特征，如基础特征、工程特征、构造特征、基准特征、高级特征和扭曲特征。

在Pro/E系统的建模过程中，通常首先建立基础特征，然后在其上进一步创建其他特征。良好的零件设计就像是搭积木，各种特征就是积木中的木块。基础特征和附加特征创建完成之后，还可以根据实际需要对各种特征进行复制、阵列、修改等处理，通过这些处理而形成的特征又称为编辑特征。

Pro/E 4.0中的基础特征主要包括拉伸特征（Extrude）、旋转特征（Revolve）、扫描特征（Sweep）和混合特征（Blend）。创建这些特征的命令既可以通过菜单来选择，也可以使用工具栏中的命令图标，如图4.1所示。

 在Pro/E 野火4.0中文版联机帮助系统中，基础特征包括拉伸、旋转、可变截面扫描和混合。但据笔者看来，可变截面扫描是在普通的扫描操作基础上附加了相应的关系，使得扫描截面随路径而发生规律性的变化，其基础仍然是普通的扫描特征。因此本文将扫描特征列入基础特征，而将可变截面扫描列入了高级特征。

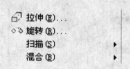

图4.1　创建基础特征使用的命令及图标

4.1　创建拉伸特征

拉伸特征实际是将二维的剖面图形沿着指定的方向（直线方向）和指定的高度伸长形成一个实体，所使用的剖面图是通过草绘环境绘制的。下面以支架零件为例来介绍拉伸操作的步骤。

1. 创建基础拉伸特征

支架零件的形状如图4.2所示。从图中可以看出，它在垂直于孔轴线方向的剖面形状是不变的，因此可以先绘出其垂直于孔轴线方向的剖面，然后通过拉伸操作来创建，步骤如下：

（1）设置工作目录

由于Pro/E在工作的过程中会生成许多中间文件，还有一些用于出错追踪的信息，因此设置工作目录有助于实现更有效的文件管理。

选择菜单命令"文件"➤"设置工作目录"，系统显示出"选取工作目录"对话框，从中选取合适的工作目录，再左键单击"确定"按钮，将此对话框关闭。

（2）新建零件文件

选择菜单命令"文件"➤"新建"或者左键单击命令图标□，在弹出的"新建"对话框中选择第二项"零件"，在下方的文本框中输入文件名"**Bracket**"，"子类型"一栏选中"实体"单选框，取消"使用缺省模板"复选框中的勾选标记，如图4.3所示，然后左键单击"确定"按钮。

图4.2　支架零件

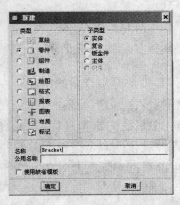

图4.3　新建名为"**Bracket**"的零件

（3）选取公制模板

在接下来弹出的"新文件选项"对话框内，在"模板"一栏的第二个文本列表框中选择"mmns_part_solid"项，即公制实体零件，再单击"确定"按钮，如图4.4所示。

（4）启动"拉伸"命令

这时系统将进入实体建模环境，如图4.5所示。

图4.4　"新文件选项"对话框

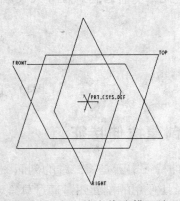

图4.5　空白的实体建模环境

屏幕上显示出三个互相垂直的参照基准平面，名称分别是"FRONT"、"TOP"和"RIGHT"，相当于前视图、顶视图和右视图的位置。使用工作区上方的工具栏可以控制是否显示出这些基准平面、基准轴、基准坐标系等。

左键单击图形工作区右侧工具栏中的命令图标 ，或者选择菜单命令"插入"➤"拉伸"，系统会在图形工作区与菜单栏之间显示出"拉伸"命令的操控板，如图4.6所示。

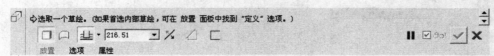

图4.6 "拉伸"命令操控板

 Pro/E野火4.0版将操控板及信息提示栏的默认位置设在了图形工作区与主菜单栏之间，以便于查看。这个位置也可以改变，方法是使用主菜单命令"工具" ➤ "定制屏幕"。

（5）选取草绘平面

从提示栏可以看出，接下来需要选取草绘平面。在操控板中，"放置"按钮显示为红色，表示接下来需要对该项进行设置。

左键单击红色的"放置"按钮，系统会显示出"放置"面板，如图4.7所示。

在"放置"面板中显示出"草绘"命令框，其中以红色圆点提示"选取一个项目"。左键单击该框右侧的"定义..."按钮，系统显示出"草绘"对话框，要求选择草绘平面，如图4.8所示。

实际还有一种操作办法可以简化上述过程，即在单击了命令图标 🗗 之后，在图形工作区按下（注意，不是单击）鼠标右键，屏幕上会弹出如图4.9所示的上下文相关菜单，从中选择第一项"定义内部草绘"，系统也会显示出"草绘"对话框。

图4.7 "放置"面板

图4.8 "草绘"对话框

图4.9 通过右键快捷菜单打开"草绘"对话框

本例中的草绘平面选的是基准平面"FRONT"，因此在图形工作区中移动光标，使之靠近"FRONT"字样或该平面的轮廓线，当系统将其加亮显示时左键单击即可选中。此时系统会自动加选基准平面"RIGHT"作为参照平面，用以确定草绘的视图方向，如图4.10所示。

如果某个平面选得不对，还可以在"草绘"对话框对应的文本框中左键单击该平面的名称，该名称会变成浅黄色，这时再到图形工作区选取需要的平面。需要注意的是，一定要左键单击对话框中需要更换的项目，待其背景色变为浅黄色后，再到图形工作区选取。

选定了草绘平面及参照平面之后，左键单击"草绘"按钮，系统会进入"草绘"环境。

（6）草绘截面图形

草绘环境中各命令的使用在第2章中已经有了详细的说明，本例中不再赘述。草绘截面图形的主要步骤如下：

• 由于此零件右侧对称，因此先绘制一条中心线。

• 利用系统中已有的参照基准面及中心线，粗略绘制二维截面图形，如图4.11所示。

图4.10　选取草绘平面及参照平面

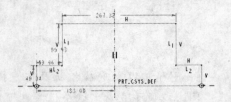

图4.11　粗略绘制的基本轮廓

・左键单击命令图标，系统打开"约束"对话框。左键单击命令图标，再分别左键单击顶部线段的左右端点，使之保持对称。

・标注尺寸，并将尺寸修改为正确的值，如图4.12所示。

・绘制两孔，利用系统的自动捕捉使之等高，施加对称约束使之相对于中心线对称，标注并修改其尺寸，如图4.13所示。

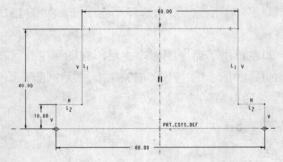

图4.12　标注尺寸，并修改尺寸值

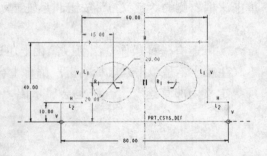

图4.13　绘制两孔

（7）拉伸成实体

完成二维截面的草绘之后，左键单击工作区右侧工具栏下方的命令图标，屏幕上会显示出如图4.14所示的黄色模型，要求用户指定拉伸的厚度。

双击模型中部表示厚度的数值，它会变成一个文本框，然后输入需要的厚度值。本例中输入的值是"40"，完成后左键单击屏幕右下角的命令图标，或者单击鼠标中键，这样就会得到如图4.15所示的零件模型。

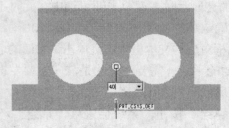

图4.14　指定拉伸的厚度

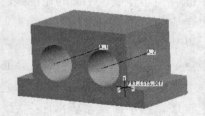

图4.15　拉伸生成的模型

注意

与图4.2相比，图4.15所示的模型缺少倒角。倒角是一种专门的工程特征，通常是在拉伸结束后专门创建的。即使通过草绘图形可以创建出相当于倒角的结构，建议大家通常不要这样做。尽量简化基本草绘图形是Pro/E系统创建复杂零件结构的基本原则，这样创建出的零件模型才具有更好的可靠性与灵活性。

2. 在已有零件的基础上再次拉伸

现在需要在如图4.2所示的支架零件顶面上创建一个直径为20mm的圆孔，它与支架零件现有两个孔之一的轴线垂直相交并且两孔贯通，如图4.16所示。做法是在前面得到的拉伸零件的基础上，以顶面作为草绘平面再做一次去除材料的拉伸以创建出这个孔，步骤如下：

（1）启动拉伸命令

左键单击工具栏中的命令图标，或者选择菜单命令"插入"➤"拉伸"，屏幕下方会显示出与拉伸操作相关的操控板。

（2）选取草绘平面

在工作区中按下鼠标右键，并且从弹出的上下文相关菜单中选择"定义内部草绘"命令，屏幕上会弹出"草绘"窗口，要求选定草绘平面及视图方向，如前文图4.10所示。

移动光标靠近支架零件的顶平面，使之显示为亮浅蓝色，再左键单击将它选中，这时"草绘"窗口中的"草绘平面"一栏会显示出名称"曲面：F5（拉伸_1）"，表示这是由曲面F5拉伸得到的表面；在参照一栏也显示出了同样的名称，在"方向"一栏显示"顶"，表示该曲面的正方向朝上，如图4.16所示。

（3）切换显示方式

左键单击"草绘"按钮，系统进入"草绘"环境。左键单击屏幕上方工具栏上的命令图标、和，将视图切换为显示隐藏线的方式，不显示基准平面，并且将基准轴显示出来，如图4.17所示。

  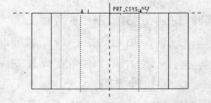

图4.16 选择支架零件的顶面作为草绘平面　　图4.17 将草绘视图切换为显示隐藏线的方式

（4）加选参照图元

上图中的虚线显示的就是前面创建出的孔的轮廓。顶部的竖直孔必须与左侧水平孔直径相等且轴线相交，为了利用系统的自动捕捉绘出准确的图形，需要加选参照图元。

使用主菜单命令"草绘"➤"参照"，系统会显示出"参照"对话框，然后在图形工作区分别左键单击以选中支架零件左侧孔的中心线和两条轮廓线，使之显示为虚线，如图4.18所示。

 在草绘工作中，可以随时根据需要打开"参照"对话框。灵活地使用参照可以有效地提高草绘的效率和准确性。

（5）绘制竖直孔

左键单击"参照"对话框的"关闭"按钮，将对话框关闭。

左键单击工具栏中用于画圆的命令图标〇，将圆心捕捉在孔轴线"A-1"上画圆，圆周与孔的两侧轮廓线形成相切捕捉后单击鼠标中键。

标注圆心到支架上边的距离尺寸，修改尺寸的值为20，如图4.19所示。

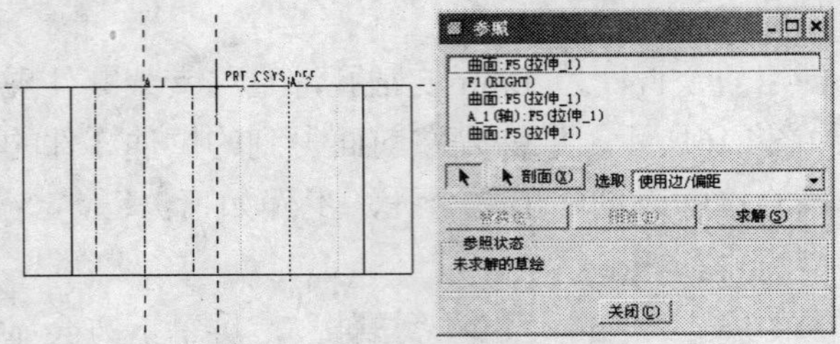

图4.18 加选参照图元

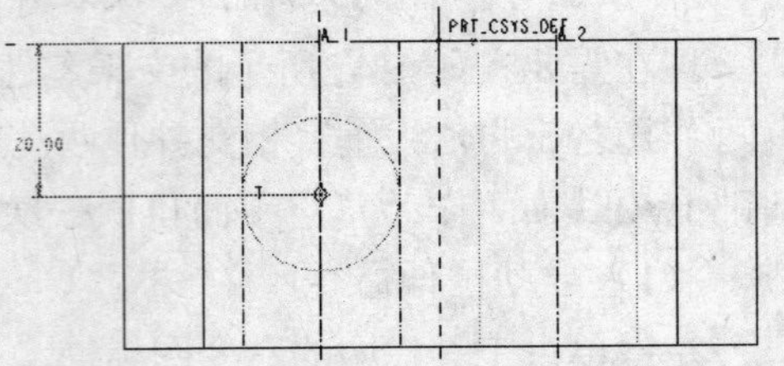

图4.19 绘制竖直孔并标注尺寸

（6）左键单击工具栏中的命令图标，屏幕显示如图4.20所示，要求指定孔拉伸的相关设置。

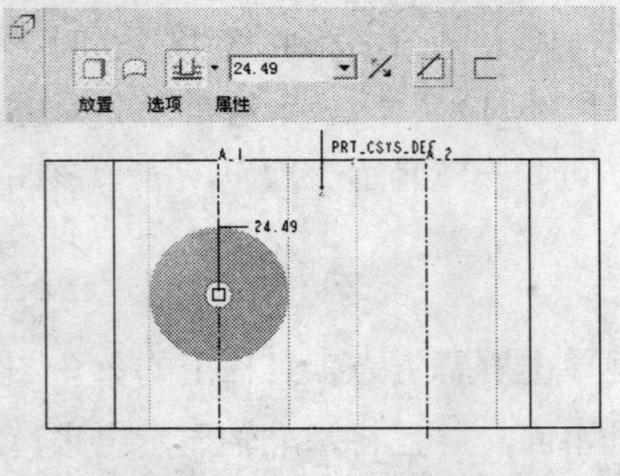

图4.20 指定孔拉伸的设置

操控板中主要图标的含义如下：

：表示拉伸后形成的是实体特征。

：表示拉伸后形成的是曲面特征。

：控制孔的深度，如果单击其右侧向下的尖括号图标，则会显示出该组中其他用于控制孔深度的图标。各图标的意义如下：

：拉伸至指定深度。

：从草绘平面向两侧对称拉伸至指定深度。

：拉伸至下一个曲面。

：拉伸穿透前方的所有表面，形成通孔。

：拉伸至与指定的曲面相交。

：拉伸至指定的点、线或者曲面。

5.000：表示拉伸的高度或孔的深度。

：切换拉伸方向。

：从基体上去除材料。

：将草绘图形加厚形成实体。

接下来需要对操控板中的各项进行设置，步骤如下：

· 由于本例要在零件实体上拉伸并通过去除材料形成孔特征，因此需要左键单击命令图标，表示要去除材料。

· 左键单击第一个命令图标，将拉伸方向切换为向下。

· 左键单击命令图标右侧方向朝下的尖括号按钮，使系统显示出控制孔深度的其他命令图标，从中左键单击命令图标，表示要拉伸至指定的点、线或者曲面。

· 在键盘上按组合键Ctrl+D，使零件显示为轴侧视角，并左键单击以选中左侧孔的轴线“A-1”，表示孔拉伸的深度为到此轴线为止，如图4.21所示。

左键单击屏幕右下角的命令图标，可以对将要形成的操作结果进行预览。左键单击旁边的命令按钮，可以退出预览，返回选项设置状态。预览模型无误后，左键单击操控板右侧的命令图标，孔拉伸完毕，最后得到的模型如图4.22所示。

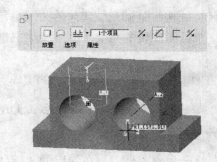

图4.21 设置操控板中的选项

图4.22 孔拉伸完成后得到的模型

 以拉伸的方式获得实体特征的过程中，绘制的二维图形中不能有彼此交叉通过的图元，否则Pro/E将报告出错，如图4.23所示；也不能有开放的线条，否则也会出错，如图4.24所示。

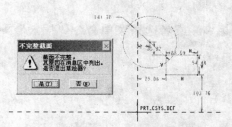

图4.23 草绘中有交叉通过的图元，拉伸出错

图4.24 草绘中有开放图元，拉伸出错

 Pro/E野火4.0版提供了用于检查草绘图形是否存在缺陷的工具，其中包括用于着色显示封闭图元的命令、用于加亮显示开放图元端点的命令、用于显示重叠图元的命令，以及全面检查草绘图形是否能满足当前特征创建要求的命令。关于这些命令按钮的详细说明请参见第2章"草绘"。

4.2 创建旋转特征

　　旋转特征主要用于创建实际生活中的各种回转体零件，以及零件上的回转表面，也就是在数学上可以由一条母线绕着一根固定的轴线旋转而形成的表面。

　　回转体零件在实际切削加工的过程中主要通过车削来完成，因此制造业中的大量车削加工表面反映到Pro/E三维造型中就是使用旋转特征来构建表面。当然，平面箱体类零件、六面体类零件、机身机座类零件，以及其他特殊零件中也可能有一部分表面可以采用旋转特征来构建。

　　与拉伸特征相同，旋转特征也是既可以采用增加材料的方法，又可以采用减少材料的方法。

　　1. 创建基础旋转特征

　　下面以球头螺栓为例来介绍基础旋转特征的构建过程，图4.25即为构建好的球头螺栓。

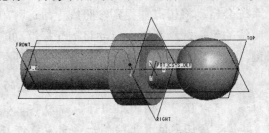

图4.25 球头螺栓零件模型

与使用拉伸特征构建三维实体模型相似，使用旋转特征构建基础三维实体的关键也是在于正确地草绘出二维剖面，即零件的轴截面，然后指定这个截面旋转的角度，即可生成三维回转体零件。下面详细介绍其步骤。

　　（1）启动Pro/E之后，左键单击"文件"➤"设置工作目录"命令，设置自己的工作目录。

　　在实际工作中，产品设计会包含很多零件，因此一定要养成每次启动之后设置适当的工作目录，再按照统一的命名规则取一个具有描述性文件名的好习惯。

　　（2）选择菜单命令"文件"➤"新建"或者左键单击命令图标□，在弹出的"新建"对话框中选择第二项"零件"，在下方的文本框中输入文件名"Ballheadbolt"，"子类型"一栏选中"实体"项，然后左键单击"确定"按钮。

　　（3）在屏幕上弹出的"新文件选项"对话框内，在"模板"一栏的第二个文本列表框中选择"mmns_part_solid"项，即公制实体零件，再单击"确定"按钮。这时系统将进入实体建模环境。

　　（4）左键单击工作区右侧工具栏中的命令图标❀，或者选择菜单命令"插入"➤"旋转"，屏幕上会显示出如图4.26所示的旋转特征操控板。

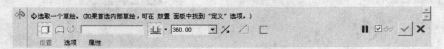

图4.26　旋转特征操控板

　　（5）屏幕下方的操控板内容及其作用都与创建拉伸特征时的操控板相似，只是在拉伸特征操控板中用于指定拉伸高度的控制项变成了在创建旋转特征时指定旋转角度的控制项。另外增加了用于指定旋转轴的旋转轴收集器。

　　在工作区中按下鼠标右键，从弹出的上下文相关菜单中选择"定义内部草绘"项，屏幕上会弹出如图4.27所示的"草绘"窗口，要求用户指定草绘平面及其视图方向。

　　与创建拉伸特征时相同，也可以通过左键单击操控板中红色的"放置"字样，再从弹出的"草绘"子面板中左键单击"定义"按钮来打开"草绘"对话框。

　　（6）在工作区左键单击以选中基准平面"FRONT"作为草绘平面，系统会默认选中基准平面"RIGHT"来确定视图方向，并且以其正方向朝右，如图4.27所示。

　　（7）左键单击"草绘"窗口中的"草绘"按钮，这时系统将进入旋转特征草绘环境。

　　（8）由于是创建旋转特征，因此首先应绘制一条旋转轴。左键单击工具栏中的命令图标╲旁边的"➤"符将这个命令组展开，从中左键单击命令图标┊，再移动光标靠近水平参照线，系统会自动将起点捕捉到参照线上，这时单击鼠标左键，横向移动鼠标，并使光标靠近水平参照线的另一端，系统会自动将随光标浮动的中心线捕捉到水平参照线上，这时再次单击鼠标左键，旋转轴线就绘制出来了，如图4.28所示。

　　系统显示出来的两条相互垂直的参照线实际上是由于系统自动选择了基准平面"TOP"和"RIGHT"作为参照后形成的。人们也可以不以参照线为旋转轴，而是在任意位置上绘制一条中心线作为旋转轴，然后再以其为基准绘制后续图元。如果能充分利用现有的基准要素作为参照，可以简化后续建模工作中关于基准的创建和

选用，从而起到事半功倍的效果。因此，大家在学习Pro/E的时候应该在一开始就养成正确利用现有基准作为参照的习惯。

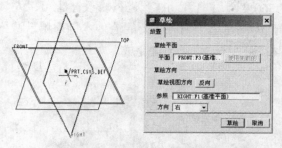

图4.27　指定草绘平面及视图方向　　　　图4.28　绘制一条与水平参照线重合的旋转轴线

（9）左键单击工具栏中的命令图标，使用任意尺寸在工作区绘制出如图4.29所示的直线部分零件轮廓，只要形状大体相似即可。

（10）左键单击工具栏中用于绘制圆弧的命令图标，绘制一个圆弧，其一个端点是前面所绘直线轮廓的右端点，另一个端点及圆心都在旋转轴上，如图4.30所示。

图4.29　用直线命令绘制零件轮廓的直线部分　　　　图4.30　绘制圆弧

（11）左键单击工具栏中的命令图标，沿着旋转轴线从最左端到最右端绘制一条线段，形成一个封闭的轮廓，如图4.31所示。

在绘制草图首尾相接的线条时，一定要利用系统的自动捕捉功能将端点自动找到，如图4.31所示。否则肉眼观察认为重合的端点其实并没有连接起来，这样的图形并没有封闭，是无法生成后续实体特征的。

（12）标注尺寸，并修改尺寸的值，如图4.32所示。

对于旋转特征，应该在草绘的二维截面图上标注直径尺寸和长度尺寸。直径尺寸的标注是：先左键单击要标注直径的外沿点，然后左键单击旋转中心线，再左键重复单击前面那样直径的外沿点，然后将光标移到希望尺寸显示出来的位置，单击鼠标中键。具体说明参见第2章"草绘"中的第2.5节"标草绘尺寸"。

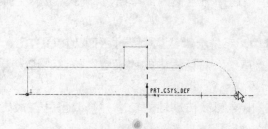
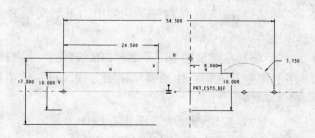

图4.31　绘制直线，使轮廓封闭　　　　图4.32　标注尺寸，并修改尺寸的值

（13）左键单击屏幕右下角的命令图标☑，屏幕上显示出黄色透明的工件三维实体模型，如图4.33所示。

（14）屏幕左下角显示当前默认的旋转角度为360度，用户可以在此进行修改，也可以左键双击黄色模型中部显示的"360.000"字样，在弹出的文本框中输入需要的值。本例采用默认值。左键单击屏幕右下角的命令图标☑，则球头螺栓零件基础特征创建完成，如图4.34所示。

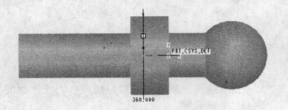 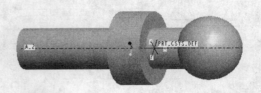

图4.33　完成草绘后形成的三维实体　　　　图4.34　完成的球头螺栓旋转特征

2. 创建局部旋转特征

在有些情况下旋转特征构成的并不是一个零件的基础部分，而只是零件的一个局部特征。在这种情况下，在构建完毕零件的基础部分模型之后，可以选择零件上相应的表面作为草绘平面，或者构建一个专门的基准平面作为草绘平面，然后生成这个局部的旋转特征。

图4.35　带半圆键的传动轴

如图4.35所示的传动轴，在其中间的圆柱面上有一个半圆键，这个特征在创建基础旋转特征的时候是无法直接形成的，需要在基础旋转特征创建完成后，再叠加一个局部旋转特征。

下面介绍这个零件的创建步骤。

（1）启动Pro/E之后，左键单击"文件"➤"设置工作目录"命令，设置工作目录。

（2）选择菜单命令"文件"➤"新建"或者左键单击命令图标▯，在弹出的"新建"对话框中选择第二项"零件"，在下方的文本框中输入文件名"woodruffkeyshaft"，在"子类型"一栏选中"实体"，然后左键单击"确定"按钮。

（3）在屏幕上弹出的"新文件选项"对话框内，在"模板"一栏的第二个文本列表框中选择"mmns_part_solid"项，即公制实体零件，再单击"确定"按钮。这时系统将进入实体建模环境。

（4）左键单击工作区右侧工具栏中的命令图标▥，或者选择菜单命令"插入"➤"旋转"，屏幕上显示出旋转特征的操控板。

（5）按下鼠标右键，从弹出的上下文相关菜单中选择"定义内部草绘"命令，屏幕上弹出"草绘"对话框。

（6）左键单击基准平面"FRONT"，使之被选中，系统会默认选中基准平面"RIGHT"，并令其正方向朝右作为参考视图方向，再左键单击"草绘"对话框中的"确定"按钮，进入草绘工作环境。

（7）先绘制一条水平中心线作为旋转轴，再绘出半圆键传动轴的轮廓并修改尺寸，最终得到如图4.36所示的轴截面草绘图形。

提示 本例中的草绘图形利用了基准平面"RIGHT"产生的参照作为对称线，绘出的图形是左右对称的。这样做是为了后面创建半圆键特征的时候，可以方便地选取基准平面"RIGHT"作为草绘平面。

（8）左键单击屏幕右下角的命令图标✔，以便完成草绘工作开始生成实体，然后再左键单击命令图标✔，获得如图4.37所示的半圆键传动轴基础模型。

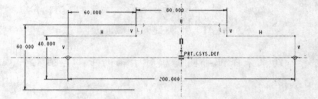

图4.36 半圆键传动轴的基本草绘截面图形

图4.37 半圆键传动轴基础模型

（9）左键单击工具栏中的命令图标❀，或者选择菜单命令"插入"➤"旋转"，开始构建局部旋转特征。

（10）在工作区按下鼠标右键，从弹出的上下文相关菜单中选择"定义内部草绘"命令，屏幕上弹出"草绘"对话框。

（11）选择基准平面"RIGHT"作为草绘平面，系统会默认选中基准平面"TOP"作为参照平面，并且令其正方向朝左，如图4.38所示。左键单击"草绘"窗口中的"确定"按钮，进入草绘环境。

（12）系统自动选取基准平面"FRONT"和"TOP"作为参照，显示出虚线作为其参照位置。

为了创建半圆键槽，需要从原有的轴实体材料中去除一部分材料，因此需要以轴轮廓的准确位置作为参照。左键单击主菜单命令"草绘"➤"参照"，系统显示出"参照"对话框，如图4.39所示。

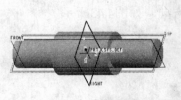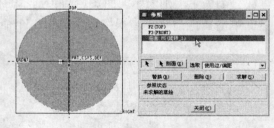

图4.38 选择草绘平面和参照方向   图4.39 "参照"对话框

左键单击以选取传动轴零件的最大圆周，使之成为一个绘图参照，这个圆周会显示为虚线；左键单击"参照"窗口中的"关闭"按钮，将此窗口关闭。

（13）通过参照圆周的最高点（即该圆周与竖直参照线的顶部交点）绘制一条水平中心线，作为创建半圆键槽的旋转轴，如图4.40所示。

（14）在与图形中部通过竖直参照线绘制一条竖直中心线，再绘制半圆键槽的轴截面图形，即一个矩形，并保证这个图形相对于竖直中心线左右对称，如图4.41所示。

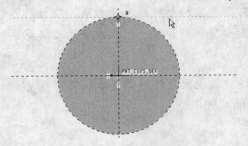

图4.40　绘制旋转轴

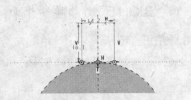

图4.41　半圆键的轴截面及尺寸

提示

绘制半圆键的轮廓线之后，可以通过增加约束来保证半圆键相对于轴的中心左右对称。方法是：

• 左键单击工具栏命令图标 ，以便打开"约束"窗口。

• 左键单击"约束"窗口中的命令图标 ，用于保证两点相对于中心线对称。

• 左键单击竖直中心线。

• 左键单击半圆键轮廓最左边的端点。

• 左键单击半圆键轮廓最右边的端点。

• 注意观察屏幕左下角的状态栏信息，如果显示"无效选取"，表明上述操作过程中没有选中必要的图元，需要再试一次。

• 操作成功后，系统会自动调整轮廓线的位置，使之与竖直中心线左右对称。

（15）对键槽轴截面标注尺寸，并修改尺寸的值，如图4.42所示。

（16）左键单击屏幕右下角的命令图标 ，这样就完成了草绘并且从草绘环境中退出。

（17）左键单击旋转特征操控板中的命令图标 ，表示要从基础零件上去除材料。

（18）观察半圆键所在的位置，这里会显示一个黄色的箭头，表示去除材料的方向。左键单击屏幕右下角的命令图标 进行预览，如果零件显示不正确，例如只剩下半圆键，零件主体部分消失了，则表示前面黄色箭头指示的材料去除方向错误，可以左键单击命令图标 ，再左键单击黄色箭头或者操控板中的第二个命令图标 ，以切换其方向，如图4.43所示。

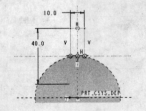

图4.42　标注键槽轴截面尺寸，并修改尺寸的值

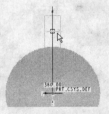

图4.43　左键单击以调整材料的去除方向

（19）调整至预览正确了，左键单击操控板中的命令图标 ，系统会生成最终的零件实体模型，如图4.44所示。

图4.44　生成半圆键槽后的传动轴

4.3 创建扫描特征

扫描特征是指由一个截面按照预定的轨迹移动而形成的实体。由此可以看出，决定扫描特征的两大因素就是扫描轨迹和截面。截面可以是闭合曲线，也可以是开放曲线。

实际生活中具备典型扫描特征的例子有钢轨、机床导轨、曲轴、柜子拉手等。下面举例说明创建扫描特征的步骤：

1. 开放轨迹封闭截面扫描

（1）新建一个文件，命名为"Crankshaft"，类型是"零件"，子类型是"实体"，模板是"mmns_part_solid"。

（2）从主菜单中选取命令"插入"➤"扫描"➤"伸出项"，如图4.45所示，系统会显示出如图4.46所示的对话框及菜单管理器。

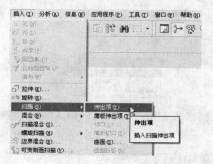

图4.45 "扫描"➤"伸出项"菜单命令　　　图4.46 "伸出项：扫描"对话框及菜单管理器

（3）在菜单管理器中显示的是"SWEEP TRAJ（扫描轨迹）"菜单，要求确定扫描的轨迹是通过草绘创建的轨迹，还是选取现有的曲线作为轨迹。在"菜单管理器"中左键单击"Sketch Traj（草绘轨迹）"命令，屏幕上显示出"SETUP SK PLN（设置草绘平面）"菜单，如图4.47所示，要求为草绘轨迹选择草绘平面。

（4）在绘图工作区左键单击以选中基准平面"FRONT"，则"FRONT"平面上会立刻显示出一个红色的箭头，并且屏幕上会弹出如图4.48所示的菜单。

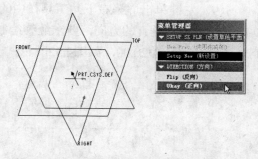

图4.47 为草绘轨迹选择草绘平面　　　图4.48 选择草绘平面的视图方向

（5）"菜单管理器"的"DIRECTION（方向）"子菜单中，"Flip（反向）"表示将当前箭头所指方向反转过来；"Okay（正向）"表示接受当前的箭头所指方向。左键单击"Okay（正向）"或者单击鼠标中键，屏幕上会弹出如图4.49所示的菜单。

（6）图4.49中所示的"**SKET VIEW（草绘视图）**"子菜单用于选择草绘视图的参照方向，其中各项含义如下：

- "**Top（顶）**"：所选平面的正方向朝上。
- "**Bottom（底部）**"：所选平面的正方向朝下。
- "**Right（右）**"：所选平面的正方向朝右。
- "**Left（左）**"：所选平面的正方向朝左。
- "**Default（缺省）**"：采用系统的默认设置。
- "**Quit（退出）**"：退出当前操作。

左键单击"**Right（右）**"，表示接下来要选择一个参照平面，其正方向将作为草绘环境中朝右的定位方向，屏幕上又会弹出如图4.50所示的"**SETUP PLANE（设置平面）**"子菜单。

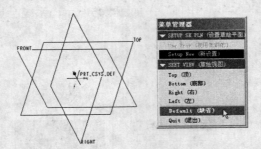

图4.49　选择参照视图及方向　　　　　　　图4.50　"**SETUP PLANE（设置平面）**"子菜单

（7）在"**SETUP PLANE（设置平面）**"子菜单中提供了如下选项：

"**Plane（平面）**"：选定一个已有的平面。

"**Make Datum（产生基准）**"：创建一个基准平面。

"**Quit Plane（放弃平面）**"：放弃当前选择定向平面的操作。

在工作区中移动光标靠近并左键单击以选中基准平面"**RIGHT**"，也就是以基准平面"**RIGHT**"的正方向为草绘环境的朝右方向（在上一菜单中选取了"**RIGHT（右）**"项）。

（8）系统进入草绘环境，在草绘环境中绘出如图4.51所示的扫描轨迹曲线，标注尺寸并修改尺寸的值。

（9）左键单击屏幕右下角工具栏中的命令图标✔，完成草绘轨迹，这时系统会将视图转换成与草绘轨迹垂直的方向，要求继续绘制扫描截面。以屏幕上十字形参照线的交点为圆心绘制一个圆，直径为**20.00**，如图4.52所示。

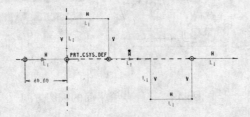

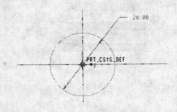

图4.51　草绘轨迹并标注和修改尺寸　　　　　图4.52　绘制扫描截面

（10）左键单击屏幕右下角的命令图标✔，再左键单击"伸出项：扫描"窗口中的"确定"按钮，屏幕上会显示出如图4.53所示的曲轴模型。

2. 封闭轨迹封闭截面扫描-无内部因素

无内部因素，指的是当扫描轨迹为封闭的环形时，仍然以扫描截面图形的轮廓确定实体模型的形状，得到的模型也将是环状。与此相对，如果增加了内部因素，那么获得的模型外侧轮廓将由截面图形决定，而环状轨迹的内部则连接起来，形成一个平台的形状。下面分别举例说明。

（1）新建一个文件，命名为"Rail"，类型是"零件"，子类型是"实体"，模板是"mmns_part_solid"。

（2）左键单击菜单命令"插入"➤"扫描"➤"伸出项"，屏幕上显示出"伸出项：扫描"对话框及"SWEEP TRAJ（扫描轨迹）"菜单管理器。

（3）在"菜单管理器"中左键单击"Sketch Traj（草绘轨迹）"命令，屏幕上显示出"SETUP SK PLN（设置草绘平面）"菜单及"SETUP PLANE（设置平面）"菜单，要求为草绘轨迹选择草绘平面。

（4）在绘图工作区左键单击以选中基准平面"FRONT"，则"FRONT"平面上立刻会显示出一个红色的箭头，并且屏幕上会弹出"DIRECTION（方向）"子菜单。

（5）左键单击"DIRECTION（方向）"子菜单中的"Okay（正向）"或者单击鼠标中键，屏幕上会弹出"SKET VIEW（草绘视图）"子菜单。

（6）左键单击"Right（右）"项，表示接下来要选择一个参照平面，其正方向将作为草绘环境中朝右的定位方向，屏幕上会弹出"SETUP PLANE（设置平面）"子菜单。

（7）在工作区中移动光标靠近并左键单击以选中基准平面"RIGHT"，也就是以基准平面"RIGHT"的正方向为草绘环境的朝右的定位方向。

（8）系统进入草绘环境，在草绘环境中绘出如图4.54所示的曲线，标注尺寸并修改尺寸的值。

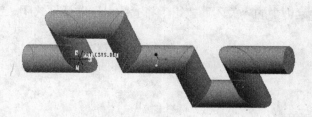

图4.53　扫描得到的曲轴模型

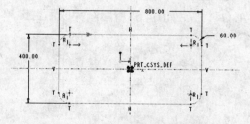

图4.54　草绘封闭扫描轨迹曲线

提示

绘制这个轨迹的时候，可以按照下列步骤操作：

- 绘制两条与参照线重合的中心线。
- 绘制一个矩形。
- 绘制四个圆角。
- 施加约束，使图形四个圆角半径相等。
- 施加约束，使图形相对于两条中心线左右、上下对称。
- 标注尺寸。
- 修改尺寸的值。

（9）左键单击屏幕右下角的蓝色对钩状命令图标✔以完成轨迹的绘制，系统弹出"ATTRIBUTES（属性）"子菜单，如图4.55所示。

菜单中各项的含义如下：

· "Add Inn Fcs（增加内部因素）"：扫描轨迹的内侧形成一个填充的实体。

· "No Inn Fcs（无内部因素）"：扫描轨迹的内侧按照截面轮廓形成环状扫描表面。

系统默认选中的是第二项，本例也采用第二项，即"No Inn Fcs（无内部因素）"，表示扫描成环形，不在环的内侧填充实体。左键单击"Done（完成）"命令，系统会转换视图方向，要求绘制扫描截面图形。

（10）绘制截面图形的步骤如下：

· 左键单击命令图标＼，粗略绘制直线轮廓，如图4.56所示，绘制时尽量使用系统的自动捕捉，使图形保持匀称。

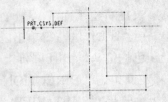

图4.55　扫描截面属性菜单　　　　　　图4.56　绘制直线轮廓

· 左键单击命令图标，绘制圆角，如图4.57所示。

· 左键单击命令图标，绘制一条与中央参照线重合的竖直中心线。

· 左键单击命令图标，再从弹出的"约束"对话框中左键单击表示相等的命令图标 =，左键依次单击各圆角，使它们的半径都相等，此时图形上各圆弧处都会显示出"R1"标志。

· 从"约束"对话框中左键单击表示对称的命令图标，然后依次施加约束，使整个图形左右对称，如图4.58所示；完成后左键单击对话框中的"关闭"按钮，将"约束"对话框关闭。

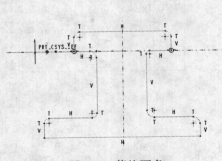

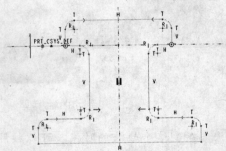

图4.57　草绘圆角　　　　　　图4.58　施加约束使各圆弧半径相
　　　　　　　　　　　　　　　　　等，并且图形左右对称

· 标注尺寸，并修改尺寸的值，如图4.59所示。

（11）左键单击命令图标✔，表示截面草绘完成；再左键单击"伸出项：扫描"窗口中的"确定"按钮，系统会生成如图4.60所示的实体模型。

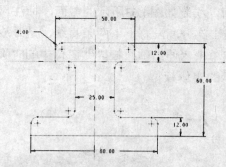

图4.59　标注尺寸，并修改尺寸的值

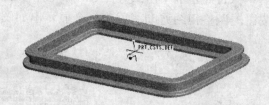

图4.60　扫描生成的环形轨道模型

3. 封闭轨迹开放截面扫描-增加内部因素

（1）新建一个文件，命名为"Flatbase"，类型是"零件"，子类型是"实体"，模板是"mmns_part_solid"。

（2）使用菜单命令"插入"▶"扫描"▶"伸出项"，屏幕上显示出"伸出项：扫描"对话框及菜单管理器。

（3）在"菜单管理器"中左键单击"Sketch Traj（草绘轨迹）"命令，屏幕上显示出"SETUP SK PLN（设置草绘平面）"子菜单，要求为草绘轨迹选择草绘平面。

（4）在绘图工作区左键单击以选中基准平面"FRONT"，则"FRONT"平面上立刻会显示出一个红色的箭头，并且屏幕上会弹出"DIRECTION（方向）"子菜单。

（5）左键单击"DIRECTION（方向）"子菜单中的"Okay（正向）"命令或者单击鼠标中键，屏幕上会弹出"SKET VIEW（草绘视图）"子菜单。

（6）左键单击"Right（右）"项，表示接下来要选择一个参照平面，其正方向将作为草绘环境中朝右的定位方向，屏幕上又会弹出"SETUP PLANE（设置平面）"子菜单。

（7）在工作区中移动光标靠近并左键单击以选中基准平面"RIGHT"，也就是以基准平面"RIGHT"的正方向为草绘视图的朝右方向。

（8）系统进入了草绘环境，在此绘出如图4.61所示的开放图形，标注尺寸并修改尺寸的值。

（9）左键单击命令图标✔，完成轨迹的草绘工作，系统会弹出如图4.62所示的菜单。从中选择"Add Inn Fcs（增加内部因素）"项，再左键单击"Done（完成）"命令。

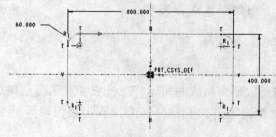

图4.61　草绘扫描轨迹图形

图4.62　选取"Add Inn Fcs（增加内部因素）"项

（10）系统会转换视图方向，要求绘制扫描截面。绘制如图4.63所示的截面，标注尺寸并修改尺寸的值。注意，这个截面相当于上例截面的右半部分，没有上下两条直线，是开放的。

（11）左键单击工具栏中的命令图标✔，再左键单击"伸出项：扫描"窗口中的"确定"按钮，调整视图方向，屏幕上会显示出如图4.64所示的实体模型。

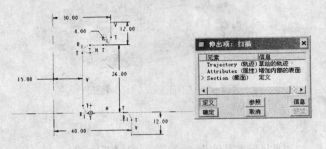

图4.63　开放的扫描截面

图4.64　封闭轨迹开放截面扫
描-增加内部因素

扫描轨迹的起点及扫描方向是由绘制轨迹时的顺序确定的。可以从草绘环境中显示的系统默认坐标系的相对位置来判断实体模型的左右关系。

4. 扫描薄壁件

如果需要扫描形成的是具有均匀壁厚的薄板件，那么可以使用菜单命令"插入"▶"扫描"▶"薄板伸出项"。其操作过程与扫描实体零件基本相同，只是在定义完截面之后，系统会提示用户输入薄板的壁厚，以及在哪一侧增加材料，如图4.65所示。做出相应的选择之后，系统就会形成扫描薄壁零件的实体模型，如图4.66所示。

图4.65　选取在哪一侧增加材料

图4.66　使用"薄板伸出项"扫描
形成薄壁实体零件

在使用封闭曲线轨迹创建扫描特征的过程中，应掌握好扫描截面的尺寸，不要使其在扫描的过程中左右两部分材料相交，否则模型生成会失败。

4.4　创建混合特征

混合特征是指由两个以上不同的剖面沿空间一定距离构成的实体特征。它非常适合创建沿轴线方向截面逐渐变化的直线型实体模型，如键槽拉刀、扩孔钻、铰刀、直齿锥齿轮等。

1. 创建键槽拉刀基础模型

下面以拉削加工中使用的键槽拉刀为例，说明创建混合特征的步骤。

（1）打开Pro/E，设置工作目录，新建一个文件，其类型为"零件"，子类型为"实体"，模板为"mmns_part_solid"，名称为"Broachingcutter"，进入实体建模环境。

（2）选择菜单命令"插入"➤"混合"➤"伸出项"，屏幕上出现如图4.67所示的"BLEND OPTS（混合选项）"菜单。

"混合选项"菜单中各菜单项的含义如下：

· "Parallel（平行）"：所有混合截面都位于截面草绘中的多个平行平面上。

· "Rotational（旋转的）"：混合截面绕Y轴旋转，最大角度可达120度。每个截面都单独草绘并用截面坐标系对齐。

· "General（一般）"：一般混合截面可以绕X轴、Y轴和Z轴旋转，也可以沿这三个轴平移。每个截面都单独草绘，并用截面坐标系对齐。

· "Regular Sec（规则截面）"：特征使用草绘平面。

· "Project Sec（投影截面）"：特征使用选定曲面上的截面投影。该选项只用于平行混合。

· "Select Sec（选取截面）"：选取截面图元。该选项对平行混合无效。

· "Sketch Sec（草绘截面）"：草绘截面图元。

（3）选用菜单中的默认选项，即"Parallel（平行）"、"Regular Sec（规则截面）"、"Sketch Sec（草绘截面）"，左键单击"Done（完成）"命令，屏幕上显示出如图4.68所示的菜单及对话框。

图4.67 "BLEND OPTS（混合选项）"菜单　　图4.68 "伸出项：混合，平行…"对话框及菜单

"菜单管理器"中"属性"的各项含义如下：

· Straight（直的）：表示使用直线形成的直纹曲面来连接各截面。

· Smooth（光滑）：表示使用样条线形成的光滑曲面来连接各截面。

 如果可以使用直线构成模型，那么就不必使用样条曲线。这样构成的模型更简单、可靠，系统对模型的处理速度也更快。

（4）采用默认设置，即选中"Straight（直的）"项，左键单击"Done（完成）"命令，则菜单管理器变成屏幕上显示出的如图4.69所示的"设置草绘平面"子菜单。

（5）这里的各项含义与前文扫描操作时的对应菜单项相同。选择默认选项，即"Plane（平面）"，从屏幕左下角的提示中可以看到，系统要求选取或创建一个草绘平面。左键单击以选中基准平面"RIGHT"，则屏幕上的"RIGHT"平面立刻显示出一个红色的箭头，表示默认的视图方向，并且在菜单管理器中也显示出"DIRECTION（方向）"菜单，用于调整视图方向，如图4.70所示。

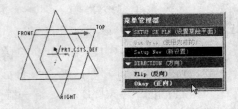

图4.69　"设置草绘平面"子菜单　　　　　图4.70　调整视图方向的菜单项及红色箭头

（6）左键单击"Okay（正向）"项或者单击鼠标中键（表示"确定"），菜单管理器的内容会变成如图4.71所示，要求选取参照视图方向。

（7）上述菜单中的各项并不是现有基准平面的名称，而是指方向。左键单击以选中其中的"Top（顶）"项，意思是接下来要选择一个平面，并且以它的正方向为草绘视图朝上的视图方向。屏幕上立刻弹出"SETUP PLANE（设置平面）"子菜单，询问是选取现有的平面，还是创建新的基准平面，如图4.72所示。

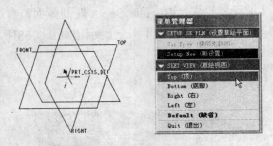

图4.71　选取参照视图方向　　　　　图4.72　"SETUP PLANE（设置平面）"子菜单

（8）在工作区左键单击以选中基准平面**TOP**，系统会进入草绘环境。绘制如图4.73所示的草绘图形，标注并修改尺寸。

（9）这个截面是拉刀工作部分最大的轮廓及尺寸。接下来需要绘制拉刀工作部分最小的轮廓截面。从主菜单中选择命令"草绘"▶"特征工具"▶"切换剖面"，如图4.74所示，屏幕上原来黄色的图形变成灰色，这时可以绘制第二个截面。

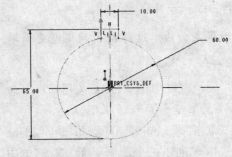

图4.73　草绘的第一个截面　　　　　图4.74　"切换剖面"命令

（10）按下列步骤绘制第二个截面：

· 分别通过灰色截面的圆心及键槽部分的四个顶点绘制四条中心线，如图4.75所示。

· 以灰色截面的圆心为圆心，绘制与灰色截面半径相同的四段圆弧，这四段圆弧的分界线即为刚刚绘制的四条中心线，如图4.76所示。

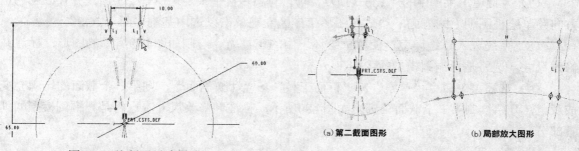

图4.75　绘制圆弧分界线　　　　　　　　　　图4.76　绘制四段圆弧

（11）左键单击右下角工具栏中的命令图标✔，再左键单击"伸出项：混合……"对话框中的"确定"按钮，表示草绘截面完成，开始生成实体模型，系统会在屏幕下方要求指定两个截面之间的距离，即混合扫描的深度，输入300，再左键单击命令图标✔，则系统会生成如图4.77所示的拉刀基础模型。

2．创建多截面混合特征

上面的例子中只有两个截面，有时零件结构比较复杂，需要使用多个截面，例如图4.78所示的青铜剑模型。这样的形状采用其他方法创建实体三维模型是比较困难的，下面通过多截面混合的方法来创建。

图4.77　生成的拉刀基础模型

图4.78　青铜剑模型

（1）新建一个文件，其类型为"零件"，子类型为"实体"，模板为"mmns_part_solid"，名称为"Bronzesword"。

（2）选择菜单命令"插入"▶"混合"▶"伸出项"，屏幕上显示出"BLEND OPTS（混合选项）"菜单。

（3）使用菜单中的默认选项，即"Parallel（平行）"、"Regular Sec（规则截面）"、"Sketch Sec（草绘截面）"，左键单击"Done（完成）"命令，屏幕上显示出"伸出项：混合，平行……"对话框及"Attributes（属性）"菜单。

（4）从菜单中选取"Stright（直的）"项，左键单击"Done（完成）"命令，则菜单管理器变成屏幕上显示出的"SETUP SK PLN（设置草绘平面）"菜单组。

（5）使用默认选项，即"Plane（平面）"，从系统的提示栏可以看到，接下来需要选取或创建一个草绘平面。在图形工作区左键单击以选取基准平面"RIGHT"，则屏幕上的"RIGHT"平面立刻显示出一个红色的箭头，表示默认的视图方向，同时在菜单管理器中显示出"DIRECTION（方向）"子菜单。

（6）左键单击"Okay（正向）"项或单击鼠标中键（表示"确定"），系统会显示出"SKET VIEW（草绘视图）"子菜单，要求选取参照视图方向。

（7）左键单击菜单中的"Top（顶）"项，意思是接下来要选择一个平面，并且以它的正方向为草绘视图朝上的方向，然后在图形工作区左键单击以选中基准平面"TOP"。

（8）系统进入草绘环境。使用草绘环境中的工具命令绘制如图4.79所示的图形，标注并修改尺寸，这将是青铜剑模型的尖端。

（9）选择菜单命令"草绘"➤"特征工具"➤"切换剖面"，则第一个截面的轮廓会变成灰色，开始绘制第二个截面轮廓，如图4.80所示，标注并修改尺寸，这将是青铜剑模型的剑首部分。

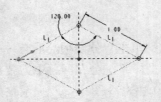

图4.79　青铜剑模型的第一个草绘截面——剑尖

图4.80　青铜剑模型的第二个草绘截面——剑首

图4.81　青铜剑模型的第三个草绘
截面——剑身末端

（10）选择菜单命令"草绘"➤"特征工具"➤"切换剖面"，则第二个截面的轮廓会变成灰色，开始绘制第三个截面轮廓，各线段分别与第二个截面中的对应线段平行，如图4.81所示，标注并修改尺寸。

（11）选择菜单命令"草绘"➤"特征工具"➤"切换剖面"，则前三个截面的轮廓都会变成灰色，开始绘制第四个截面轮廓，其各线段分别与上一截面平行，边长为20，如图4.82所示，标注并修改尺寸。

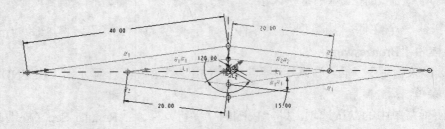

图4.82　青铜剑模型的第四个草绘截面——剑柄首部

（12）重复上一步，绘制第五个截面轮廓，它与图4.82中的图形完全相同，注意绘制这个截面的时候可以沿用前面绘制的线条进行捕捉。

（13）选择菜单命令"草绘"➤"特征工具"➤"切换剖面"，则前述截面图形都会变成灰色，开始绘制第六个截面轮廓，其各线段分别与上一截面平行，边长为30，标注并修改尺寸。

完成所有五个剖面的绘制之后，最好使用菜单命令"草绘"➤"特征工具"➤"切换剖面"将所有截面图形都检查一遍。尤其是它们带黄色箭头的起始点位置必须基本相同，否则生成的模型会扭曲。如果发现某个截面的起始点与其他截面不同，可以左键单击以选中正确的点，再使用菜单命令"草绘"➤"特征工具"➤"起始点"将起始点切换过来。

（14）左键单击屏幕右侧工具栏中的命令图标✔，表示所有截面均已绘制完毕，可以生成混合特征了。这时系统会显示出如图4.83所示的输入栏，要求用户分别指定各截面之间的距离，分别指定为100、600、10、150、10，输入值之后按回车键，系统会生成如图4.84所示的青铜剑模型。

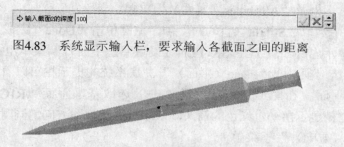

图4.83　系统显示输入栏，要求输入各截面之间的距离

图4.84　最终生成的青铜剑模型

 生成三维实体模型之后，用户还可以左键单击以选中整个模型，再按下鼠标右键，从弹出的菜单中选择"编辑定义"，这样又可以回到前面定义的各个步骤进行修改。或者也可以从右键菜单中选择"编辑"命令，这样可以编辑其中的主要尺寸。修改之后注意左键单击工具栏上的命令图标，以便于按照修改后的尺寸重新生成模型。

3. 使用混合顶点

从前面的例子可以看出，创建混合特征模型的时候，系统要求：

- 各截面的顶点数相等，否则无法生成特征模型。
- 各截面的起始点位置要对正，否则生成的模型会扭曲，如图4.85所示。

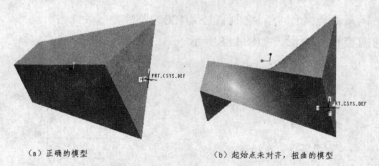

（a）正确的模型　　　　　　　（b）起始点未对齐，扭曲的模型

图4.85　起始点未对齐，引起模型扭曲

但是如果模型中不同位置的截面形状顶点数本身就不同，那么就需要定义混合顶点，才能生成混合特征。下面以正三角形与五边形的混合模型为例进行说明，如图4.86所示。

（1）新建一个文件，其类型为"零件"，子类型为"实体"，模板为"mmns_part_ solid"，名称为"Tri-penta-tower"。

图4.86　正三角形与正五边形
混合形成的模型

（2）选择菜单命令"插入"➤"混合"➤"伸出项"，屏幕上显示出"BLEND OPTS（混合选项）"菜单。

（3）使用菜单中的默认选项，即"Parallel（平行）"、"Regular Sec（规则截面）"、"Sketch Sec（草绘截面）"，左键单击"Done（完成）"命令，屏幕上显示出"伸出项：混合，平行……"对话框及"Attributes（属性）"菜单。

（4）从菜单中选取"Stright（直的）"项，左键单击"Done（完成）"命令，则菜单管理器变成屏幕上显示出的"SETUP SK PLN（设置草绘平面）"菜单组。

（5）使用默认选项，即"Plane（平面）"，从系统的提示栏可以看到，接下来需要选取或创建一个草绘平面。在图形工作区左键单击以选取基准平面"RIGHT"，则屏幕上的"RIGHT"平面立刻显示出一个红色的箭头，表示默认的视图方向，同时在菜单管理器中显示出"DIRECTION（方向）"子菜单。

（6）左键单击"Okay（正向）"项，系统会显示出"SKET VIEW（草绘视图）"子菜单，要求选取参照视图方向。

（7）左键单击菜单中的"Top（顶）"项，意思是接下来要选择一个平面，并且以它的正方向为草绘视图朝上的方向，然后在图形工作区左键单击以选中基准平面"TOP"。

（8）系统进入草绘环境。为了保证两个截面几何中心对正，按照下列步骤绘制第一个截面：

- 以默认坐标系原点为原点，绘制直径为60的圆。
- 绘制圆的内接正三角形，如图4.87所示。
- 删除外面的圆，只剩下三角形，即为第一个截面图形。

（9）选取菜单命令"草绘"➤"特征工具"➤"切换剖面"，按下列步骤绘制第二个截面：

- 以默认坐标系原点为原点，绘制直径为100的圆。
- 绘制圆的内接正五边形，如图4.88所示。

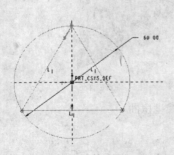

图4.87 绘制圆及其内接正三角形

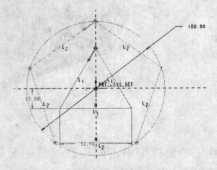

图4.88 绘制圆及其内接正五边形

- 删除外面的圆，只剩下正五边形，即为第二个截面图形。

（10）左键单击右侧工具栏中的命令按钮 ✓ ，系统会提示：每个截面的图元数必须相等。

可以看出，第一个截面有三个线段，三个顶点；第二个截面有五个线段，五个顶点。因此需要在第一个截面中定义混合顶点，步骤如下：

- 使用菜单命令"草绘"➤"特征工具"➤"切换剖面"两次，切换到第一个截面的编辑状态。

• 左键单击三角形左下角的顶点将其选中，然后使用菜单命令"草绘"➤"特征工具"➤"混合顶点"，该顶点会显示出一个小圆圈，表示已经成为一个混合顶点。

• 用同样的方法将三角形右下角的顶点指定为混合顶点，如图4.89所示。

（11）左键单击右侧工具栏中的命令按钮 ☑，系统要求指定截面之间的距离，输入值"100"然后按回车键。

（12）左键单击"伸出项：混合，平行……"对话框中的"确定"按钮，系统会生成第一个截面为三角形，第二个截面为五边形的混合模型。

> 特征创建成功后，如果又想修改其中的主要尺寸，可以在图形工作区中将该特征选中，使之显示为红色线框，然后按下鼠标右键，从弹出的上下文相关菜单中选取"编辑"命令，即可修改其中的主要尺寸；使用"编辑定义"命令，系统又会显示出"伸出项：混合，平行……"对话框，在此能够重新定义模型。

4. 薄板混合特征

图4.90所示的卡车排气管是薄壁管型零件，不是实心的。在创建混合特征的过程中可以很方便地创建这种薄壁管型零件，只要在开始的时候选择菜单命令"插入"➤"混合"➤"薄板伸出项"即可，其他步骤与前述例子相同。在绘制完所有的截面并且左键单击命令图标 ☑ 之后，系统会提示用户指定薄板的壁厚，以及截面之间的距离，然后就会生成需要的模型。下面简述创建的步骤。

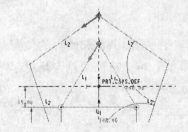

图4.89 混合顶点会显示出一个小圆圈　　图4.90 使用薄板伸出项创建的排气管混合特征

（1）新建一个文件，其类型为"零件"，子类型为"实体"，模板为"mmns_part_solid"，名称为"Tailpipe"。

（2）选择菜单命令"插入"➤"混合"➤"薄板伸出项"，屏幕上显示出"BLEND OPTS（混合选项）"菜单。

（3）使用菜单中的默认选项，即"Parallel（平行）"、"Regular Sec（规则截面）"、"Sketch Sec（草绘截面）"，左键单击"Done（完成）"命令，屏幕上显示出"伸出项：混合，薄板……"对话框及"Attributes（属性）"菜单。

（4）从菜单中选取"Smooth（光滑）"项，左键单击"Done（完成）"命令，如图4.91所示，则菜单管理器变成屏幕上显示出的"SETUP SK PLN（设置草绘平面）"菜单组。

（5）使用默认选项，即"Plane（平面）"，从系统的提示栏中可以看到，接下来需要选取或创建一个草绘平面。在图形工作区左键单击以选取基准平面"RIGHT"，在菜单管理器中显示出"DIRECTION（方向）"子菜单。

（6）左键单击"Okay（正向）"项，系统会显示出"SKET VIEW（草绘视图）"子菜单，要求选取参照视图方向。

（7）左键单击菜单中的"Top（顶）"项，然后在图形工作区左键单击以选中基准平面"TOP"。

（8）系统进入草绘环境。绘制如图4.92所示的截面图形，注意要保证其相对于默认坐标系对称。

图4.91 "Attributes（属性）"菜单及其选项　　　图4.92 排气管的第一个截面图形

（9）使用菜单命令"草绘"➤"特征工具"➤"切换剖面"进入第二个截面草绘环境，绘制四条中心线及八段圆弧组成的圆，标注尺寸并修改尺寸的值，如图4.93所示。

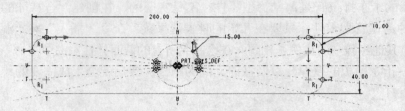

图4.93 绘制八段圆弧组成的圆

（10）由于第二个截面的起始点与第一个截面不同，因此需要调整起始点的位置。左键单击上方大圆弧的左端点将其选中，然后使用菜单命令"草绘"➤"特征工具"➤"起始点"，则起始点会转换到与上一截面对应的位置，如图4.94所示。

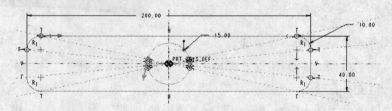

图4.94 调整起始点

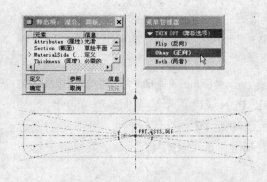

图4.95 指定材料增长的方向

（11）左键单击命令图标✓，系统会在图形工作区显示出红色的箭头，表示材料将向该方向增长，同时显示出"THIN OPT（薄板选项）"菜单，如图4.95所示。

（12）本例中左键单击"Okay（正向）"命令。

（13）系统要求输入薄板的厚度，在输入栏中输入厚度值"1"，并按回车键。

（14）左键单击"伸出项：混合，薄板……"对话框中的"确定"按钮，系统即会生成卡车排气管模型，如图4.96所示。

图4.96 最终生成的卡车排气管模型

 不论是创建普通混合特征还是以薄板伸出项的方式创建混合特征，基本截面形状都不宜太复杂，否则很可能会由于截面出错而导致模型创建失败。

小结

基础特征主要包括拉伸、旋转、扫描、混合。这些特征都是创建基础实体常用的方式，既可以用于增加实体，也可以用于去除实体。

在各种基础特征的创建过程中，草绘都是至关重要的步骤。草绘图形不宜太复杂，否则在创建扫描、混合等特征的时候可能会失败。应该对零件结构进行合理的划分，就像搭积木，重要的是要有适当的结构。

第5章 高级特征的创建与应用

学习重点：

➡ 扫描混合、螺旋扫描、可变剖面扫描特征的区别

➡ 扫描混合、螺旋扫描、可变剖面扫描特征的创建步骤

高级特征主要是一些由多个不同的截面沿指定的轨迹按照指定的方式构成的较复杂特征，主要包括可变剖面扫描（Variable Section Sweep）、螺旋扫描（Helical Sweep）、边界混合（Boundary Blend）、扫描混合（Swept Blend）等。边界混合主要用于创建曲面，将在第10章"基本曲面与高级曲面"中介绍。

 Pro/E野火4.0版的联机帮助系统将扫描（Sweep）列为高级特征，而将可变剖面扫描（Variable Section Sweep）列为基础特征，本书将两者的位置交换了一下，因为扫描特征操作相对简单一些，应用范围也更广。

5.1 创建扫描混合特征

扫描混合（Swept Blend）特征是指由多个截面沿指定的轨迹扫描形成的模型。顾名思义，扫描混合特征既包含扫描特征沿指定轨迹曲线生成模型的特点，也包含混合特征的多截面合成的特点。

下面以图5.1所示的公交车扶手模型为例，说明创建扫描混合特征的步骤。

1. 绘制扫描混合轨迹曲线

扫描混合特征与普通混合特征的主要区别在于前者是沿指定曲线轨迹利用轨迹上不同位置的截面形状来创建特征，而后者是沿着系统默认的直线轨迹生成混合特征。轨迹曲线绘制的好坏对于造型结果的好坏会造成显著的影响。

（1）使用菜单命令新建一个文件，命名为"Handrail"，类型是"零件"，子类型是"实体"，模板是"mmns_part_solid"。

（2）左键单击菜单命令"插入"➤"扫描混合"，屏幕上显示出扫描混合特征的操控板，如图5.2所示。

图5.1　公交车扶手模型　　　　　　　　　图5.2　扫描混合特征的操控板

（3）操控板中默认选中的通常是命令图标▢，表示创建曲面特征。本例要创建的是实体，因此左键单击操控板中的命令图标▢，使之处于被按下的状态。

（4）此时可以选取事先创建的曲线，也可以开始绘制新的曲线。本例中重新绘制轨迹曲

线，步骤如下：

· 左键单击右侧工具栏中的命令图标 ，表示用草绘器绘制一条轨迹曲线，系统会弹出"草绘"对话框，要求选取草绘平面。

· 在图形工作区左键单击基准平面"FRONT"作为草绘平面，使用系统默认选取的视图方向，然后左键单击对话框中的"确定"按钮。

· 系统进入了草绘环境。绘制一个椭圆，其半长轴为400，半短轴为100，如图5.3所示。

· 删除椭圆的下半部分，然后在其两端各绘制一条长度为30的直线，形成最终的轨迹曲线，如图5.4所示。

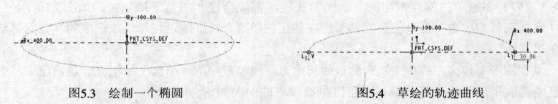

图5.3 绘制一个椭圆　　　　　　　　　　　图5.4 草绘的轨迹曲线

· 左键单击草绘器中的命令图标 退出草绘器。

（5）左键单击特征操控板右端的命令图标 ，表示继续创建特征。系统会自动将刚刚绘制的轨迹曲线选中，显示为红色，在其端点处显示白色的小方块，起始端点处显示一个黄色的箭头，如图5.5所示。

（6）左键单击操控板中的"参照"字样，系统会打开其子控制板，如图5.6所示。

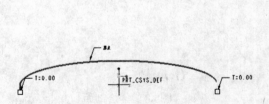

图5.5 系统选中了草绘的轨迹曲线

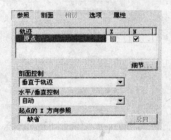

图5.6 "参照"子控制板

"参照"子控制板中有"轨迹"栏、"剖面控制"栏、"水平/垂直控制"栏和"起点的X方向参照"栏，其含义如下：

· "轨迹"栏：收集最多两条链作为扫描混合的轨迹。截面垂直于在N栏中选中的轨迹。

· "细节"按钮：单击可打开"链"（Chain）集合对话框。

· "剖面控制"：控制剖面的选项列表：

- "垂直于轨迹"：草绘平面垂直于指定的轨迹（在第N列被选中）。此项为缺省设置。

- "垂直于投影"：Z轴与指定方向上的"原点轨迹"投影相切。"方向参照"（Direction reference）收集器激活，提示选择方向参照。不需要水平/垂直控制。

- "恒定法向"：Z轴平行于指定方向向量，此时会激活"方向参照"（Direction reference）收集器，提示选择方向参照。

· "水平/垂直控制"：设置水平或垂直控制。

- "垂直于曲面"：Y轴指向选定曲面的方向，垂直于与"原点轨迹"相关的所有曲面。当原点轨迹至少具有一个相关曲面时，此项为缺省设置。单击"下一个"（Next）按钮可切换可能的曲面。

- "X轴迹"：有两个轨迹时显示。X轴迹为第二轨迹而且必须比"原点"轨迹要长。

- "自动"：X轴位置沿原点轨迹确定。当没有与原点轨迹相关的曲面时，这是缺省设置。

• "起点的X方向参照"：通过单击激活收集器来指定轨迹起始处的X轴方向。选取方向参照。方向参照可以是基准平面、基准轴、坐标系轴或任何线性图元。当收集器为空时，系统会自动确定扫描混合起始处的"缺省"（Default）X轴方向。

- "反向"：单击此按钮可使参照方向反向。

本例中采取此控制板中各选项的默认设置。

（7）左键单击操控板中的"剖面"按钮，系统会显示一个子控制板，如图5.7所示。

此面板用于定义各个位置的剖面。在创建扫描混合特征的过程草绘或选取的各截面都会列在"剖面"列表中。

在图形工作区左键单击轨迹曲线的起始点，控制板中的"草绘"按钮就会显示出来，表示已经选取了剖面的位置，接下来可以草绘该点的剖面图形。

（8）左键单击"草绘"按钮，系统进入草绘环境，注意原来位于轨迹曲线中央的默认坐标系也会显示出来，以便于人们判断视图方向。

草绘一个椭圆形剖面，尺寸及方向如图5.8所示。

图5.7　"剖面"子控制板

图5.8　草绘剖面1

（9）左键单击草绘环境中的命令图标✔，从草绘环境中退出，"剖面"子控制板又会有几个按钮处于可用状态，如图5.9所示。

其中各主要按钮及选项的作用如下：

• "草绘截面"：在轨迹上选取一点，并单击"草绘"（Sketch）可定义扫描混合的剖面。

"剖面"：扫描混合定义的剖面列表。每次只有一个剖面是活动的，在表格中以蓝色加亮方式显示。将新的剖面添加到此列表时，系统会按时间顺序对其进行编号和排序。标记为"#"列中显示的是该剖面草绘图形的图元数。

- "插入"：单击此按钮可以激活新的剖面位置收集器，用于定义新的剖面。

- "移除"：单击此按钮可以删除表格中选定的剖面和扫描混合。

- "草绘"：打开"草绘器"，定义新的剖面图形。

• "截面位置"：用于收集曲线链的端点、顶点或基准点确定剖面的位置。

- "旋转"：相对于定义剖面位置的各顶点或基准点指定其剖面相对Z轴的旋转角度（在-120和+120度之间）。

• "截面X轴方向"：为活动剖面设置X轴方向。只有在为X/Y轴控制选中"自动"时，此选项才可用。当选中"参照"面板中的"水平/垂直"控制时，"截面"面板中的截面X轴方向与起始处X轴方向参照同步。

左键单击"插入"按钮，开始插入第二个剖面。这时系统又会在图形工作区显示出轨迹曲线，并且在"剖面"列表中显示出一个带红点的"剖面2"字样，在"截面位置"栏中显示"选取项目"字样，表示接下来需要选取剖面在轨迹曲线中的位置。

（10）左键单击以选取起始剖面后方直线段与椭圆曲线的交点，如图5.10所示。

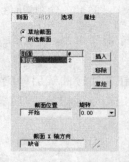

图5.9　"剖面"子控制板　　　　　　　　图5.10　选取第二个剖面的位置

（11）左键单击"剖面"控制板中的"草绘"按钮，系统进入草绘环境，绘制一个直径为40的圆，注意一定要以系统默认显示的黄色十字叉线为中心绘制剖面图形，如图5.11所示。

（12）完成后左键单击命令图标 ✔，从草绘环境返回控制板状态。按键盘上的组合键 **Ctrl+D**，使模型恢复到默认的视角状态，将起始点位置放大，可以看到系统已经生成了一部分三维模型，如图5.12所示。

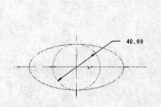

图5.11　绘制剖面2

图5.12　前两个剖面形成的模型局部

（13）接下来需要在椭圆曲线的中点绘制剖面。左键单击"剖面"控制板中的"插入"按钮，系统显示出轨迹曲线。但是由于椭圆曲线中点位置本来没有顶点，因此需要添加一个基准点，步骤如下：

• 左键单击右侧工具栏中的命令图标 🔧，系统显示出"基准点"对话框。

• 左键单击椭圆曲线靠近中点的位置，然后在"基准点"对话框的"偏移"一栏中输入"0.5"，如图5.13所示。

• 左键单击"基准点"对话框中的"确定"按钮，将对话框关闭。

（14）左键单击"扫描混合"操控板右端的命令图标 ▶，表示继续前面的操作。

（15）左键单击操控板中的"剖面"按钮，打开"剖面"子控制板。

（16）可以看到"剖面"列表中显示出一个红点及"剖面3"字样，左键单击旁边的"草绘"按钮。

（17）系统进入了草绘环境，以系统能够自动捕捉到的黄色十字叉线交点为圆心，再绘制一个直径为40的圆，如图5.14所示。

图5.13　在椭圆曲线中间位置添加基准点　　　　　　　　图5.14　绘制剖面3

（18）完成后左键单击草绘环境中的命令图标✔，从草绘器中退出，系统生成的临时模型如图5.15所示。

（19）用同样的方法，使用"插入"按钮及"草绘"按钮在轨迹曲线另一侧椭圆曲线与直线段相交的位置绘制剖面4，仍然是直径为40的圆；完成后使用命令图标✔，从草绘器中退出，系统生成的临时模型如图5.16所示。

图5.15　定义剖面3后生成的模型　　　　　　　图5.16　定义剖面4后生成的模型

（20）最后在轨迹曲线的终点定义剖面5，其形状与位于起始点的剖面1相同，如图5.17所示。

图5.17　在草绘环境中定义剖面5

（21）完成后使用命令图标✔，从草绘器中退出，系统生成的临时模型如图5.18所示。

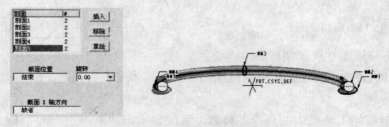

图5.18　定义剖面5后生成的临时模型

（22）使用特征操控板右端的命令图标👓可以预览即将生成的模型。预览无误后，左键单击命令图标✔可以生成最终的扶手模型。

在扫描混合特征的操控板中，还有"相切"、"选项"和"属性"三个子控制板，其作用如下。

"相切"：此面板用于在由开始或终止截面图元和元件曲面生成的几何间定义相切关系。在"条件"下拉列表中提供了下列选项。

· "自由"：开始或终止截面是自由端。

- "相切"：选取相切曲面。"图元"收集器会自动前进到下一个图元。
- "垂直"：扫描混合的起点或终点垂直于剖面。此时不能使用"图元"收集器并且无需参照。

如果草绘的终止截面包含单个点，则可用的选项包括"清晰"-不相切（缺省设置），和"平滑"-相切。此时不能使用图元表。

"选项"：此面板可以启用特定设置选项，用于控制扫描混合的截面之间部分的形状（可将"封闭端点"应用到所有选项）。

- "封闭端点"：用曲面将端点处封闭。
- "无混合控制"：未设置混合控制。
- "设置周长控制"：将混合的周长设置为在截面之间线性地变化。打开"通过折弯中心创建曲线"可将曲线放置在扫描混合的中心。
- "设置剖面区域控制"：在扫描混合的指定位置指定剖面区域。
  - "区域位置"：显示剖面位置和区域的表格。预定义剖面显示在不可编辑的行中。在表格中单击可将其激活。在轨迹上选取点并输入剖面面积。

"属性"：此面板中的主要项目是"名称"，用于指定扫描混合特征的名称。命令图标 用于显示当前特征的相关信息。

5.2 创建螺旋扫描特征

螺旋扫描特征是指沿着螺旋轨迹扫描截面而创建的特征。

 在Pro/E野火简体中文版4.0系统中，对于"剖面"和"截面"两个词是互换使用的，二者没有区别，其英文说法都是"section"。

螺旋扫描的轨迹通过"轮廓"（指轨迹上各点对应的螺旋特征截面原点到其旋转轴之间的距离）和"螺距"（螺旋线之间的距离）来定义。

1. 创建固定节距的螺旋扫描特征

螺旋扫描特征最典型的应用就是创建弹簧，也可以用来创建螺纹、蜗杆等零件的螺旋面。下面以图5.19所示的塔形弹簧为例介绍创建螺旋扫描特征的步骤。

（1）使用菜单命令"文件"➤"新建"，创建一个新文件，文件名为"SpringTower"，类型为"零件"，子类型为"实体"，模板为"mmns_part_solid"。

（2）选择菜单命令"插入"➤"螺旋扫描"➤"伸出项"，屏幕上会显示出如图5.20所示的对话框及菜单管理器。

图5.19 用螺旋扫描创建的塔形弹簧　　　　图5.20 螺旋扫描对话框及菜单管理器

（3）"伸出项：螺旋扫描"对话框中显示的是创建螺旋扫描特征的总体进度；菜单管理器中显示的是当前正在进行的操作。

"Constant（常数）"表示扫描轨迹的螺距不变；

"Variable（可变的）"表示扫描轨迹的螺距可变；

"Thru Axis（穿过轴）"表示横截面位于穿过旋转轴的平面内；

"Norm To Traj（轨迹法向）"：表示横截面的方向垂直于轨迹（或旋转面）；

"Right Handed（右手定则）"表示使用右手规则定义轨迹的旋向；

"Left Handed（左手定则）"表示使用左手规则定义轨迹。

选择默认选项，如图5.21所示，左键单击"Done（完成）"命令，屏幕上会显示出如图5.21所示的菜单，要求设置草绘平面。

（4）在工作区左键单击以选中基准平面"FRONT"，屏幕上会显示出"DIRECTION（方向）"子菜单，要求选择视图方向；单击鼠标中键，表示选择默认方向。

（5）屏幕上显示出"草绘视图"菜单，要求选择视图的参照方向。左键单击菜单中的"Right（右）"项，然后在工作区中左键单击基准平面"RIGHT"，意思是以基准平面"RIGHT"的正方向为视图的朝右方向，系统会进入轨迹轮廓草绘环境。

（6）草绘如图5.22所示的图形，标注尺寸并修改尺寸的值。注意，其中还有一条竖直中心线，表示螺旋扫描轨迹的旋转轴。

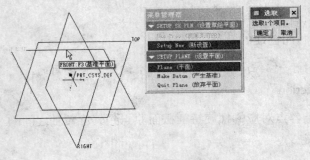

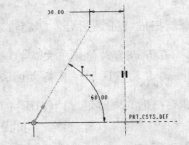

图5.21 设置螺旋扫描轨迹草绘平面的菜单　　　　图5.22 草绘的螺旋扫描轨迹轮廓

（7）左键单击工具箱中的命令图标✓，完成轨迹轮廓的草绘。系统在提示栏中要求输入螺旋扫描轨迹的节距值，输入20，如图5.23所示。

（8）左键单击命令图标✓，系统会显示出另一个草绘环境，要求草绘螺旋扫描的截面。绘制如图5.24所示的截面图形，这是个直径为10的圆。注意观察绘图的中心点，即系统能够捕捉到的十字叉线与轨迹轮廓线的交点。

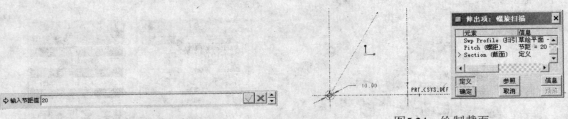

图5.23 输入节距值　　　　　　　　　　图5.24 绘制截面

（9）左键单击命令图标✔，再左键单击"伸出项：螺旋扫描"对话框中的"确定"按钮，系统即会生成如图5.19所示的塔形弹簧模型。

2. 修改成可变节距

如果希望对上面创建出来的螺旋扫描进行修改，例如将塔形弹簧改成变节距弹簧，可以按照下面的步骤进行操作。

（1）打开练习文件"SpringTower.prt"，使之在图形工作区显示出来。

（2）左键单击以选中整个弹簧模型，按下鼠标右键，从弹出的上下文相关菜单中选择"编辑定义"项，如图5.25所示。

（3）屏幕上会显示出"伸出项：螺旋扫描"对话框。左键单击以选中"Attribute（属性）不变的螺距，右旋，穿过轴线"项，再左键单击对话框中的"定义"按钮，如图5.26所示。

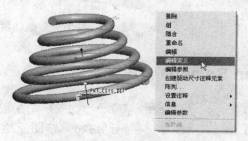

图5.25 从上下文相关菜单中选择"编辑定义"项 　　图5.26 "伸出项：螺旋扫描"对话框

（4）屏幕上弹出"ATTRIBUTES（属性）"菜单。在其中左键单击以选中"Variable（可变的）"项，如果需要修改其他属性，也可以选中其他菜单项，然后左键单击"Done（完成）"命令，如图5.27所示。

（5）系统会提示输入轨迹起始位置的螺距值，输入20，左键单击右侧的命令图标✔，如图5.28所示。

⇨ 在轨迹起始输入节距值 20 　　　　　　　　　　　　✔×⬍

图5.27 修改节距类型 　　　　　　　 图5.28 输入轨迹起始位置的螺距值

（6）按回车键，系统提示输入轨迹末端的节距值，输入10，再按回车键。

（7）屏幕上显示出如图5.29所示的节距控制线图及菜单。如果在轨迹轮廓控制线中还有其他顶点，那么可以在此菜单中左键单击"增加点"，再选择相应的顶点，并输入螺距值。本例中由于轨迹轮廓线由一条直线构成，只有起点和终点，因此左键单击"Done/Return（完成/返回）"命令。

（8）在弹出的菜单管理器"GRAPH（控制曲线）"菜单中左键单击"Done（完成）"命令，再左键单击"伸出项：螺旋扫描"对话框中的"确定"按钮。

（9）系统会自动生成新的弹簧模型，如图5.30所示，可见它的节距由上到下均匀增大了。

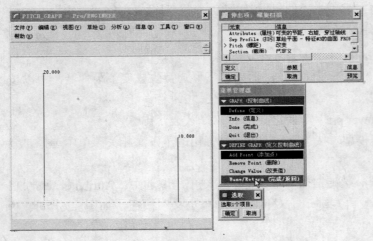

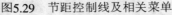

图5.29　节距控制线及相关菜单　　　　　　　　图5.30　均匀变节距弹簧

5.3　可变剖面扫描（Variable Section Sweep）

使用"可变剖面扫描"特征可创建实体或曲面特征。该特征可以在沿一个或多个选定的轨迹扫描剖面时，通过控制剖面的方向、旋转和几何来添加或移除材料。通过将草绘图元约束到其他轨迹（中心平面或现有几何），或者在草绘环境中使用菜单命令"工具"➤"关系"，并指定包含"trajpar"参数的尺寸关系来使草绘截面可变。草绘所约束到的参照可改变截面形状。草绘在轨迹点处再生，并相应更新其形状，如图5.31所示的正四面体模型。

下面以高为100的正四面体模型为例，说明可变剖面扫描特征的创建步骤。

1. 新建实体模型文件

使用菜单命令"文件"➤"新建"，创建一个新文件，文件名为"Regular-tetrahedron"，类型为"零件"，子类型为"实体"，模板为"mmns_part_solid"。

2. 开始创建可变剖面扫描特征

使用菜单命令"插入"➤"可变剖面扫描"，系统显示出该特征的操控板，如图5.32所示。系统的默认选项是扫描为曲面，本例需要扫描生成实体，因此左键单击操控板中的命令图标□。

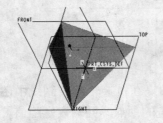

图5.31　可变剖面扫描示例：　　　　　　　　图5.32　可变剖面扫描特征的操控板
　　　　　正四面体模型

3. 创建并选取轨迹曲线

左键单击"参照"按钮，系统会显示出"参照"子控制板，如图5.33所示。

从子控制板中可以看出，接下来需要选取或者创建轨迹曲线，其步骤如下：

（1）左键单击右侧工具栏中的命令图标 ，表示用草绘器来绘制轨迹曲线。

（2）系统显示出"草绘"对话框。选取基准平面"**FRONT**"作为草绘平面，使用默认的视图方向，左键单击"确定"按钮，进入草绘环境。

（3）绘制一条直线，长度为100，如图5.34所示。

（4）左键单击命令图标 ，退出草绘环境。

（5）系统返回创建可变剖面扫描特征的操控板环境。左键单击操控板中的命令图标 ，表示继续前面的操作，系统会自动选取刚刚创建的轨迹曲线，将其显示为亮红色，并且在端点处显示白色的控制柄，如图5.35所示。

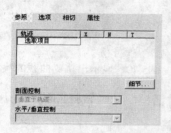
图5.33 "参照"子控制板

图5.34 草绘轨迹曲线

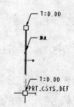
图5.35 系统选取了轨迹曲线

4. 绘制基本扫描剖面

左键单击操控板中的命令图标 ，或者在图形工作区中按下鼠标右键，从弹出的上下文相关菜单中选取"草绘"命令，如图5.36所示。

在草绘器中按照下列步骤绘制一个等边三角形：

（1）左键单击命令图标 ，绘制一个三角形，其中一条边保持在水平位置。

（2）左键单击命令图标 ，打开"约束"对话框，再使用"相等"命令，使三角形的三条边等长，如图5.37所示。

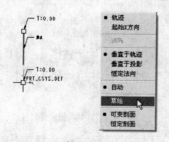
图5.36 使用右键快捷菜单进入草绘环境

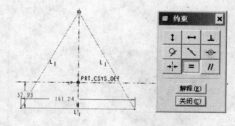
图5.37 草绘等边三角形

（3）标注尺寸，但不需要修改尺寸的值，如图5.38所示。

5. 设置尺寸关系

本操作在创建可变剖面扫描特征的过程中占有极其重要的地位，也是实现扫描剖面变化的关键步骤。本例的操作步骤如下：

（1）左键单击命令图标 ，从草绘环境中退出，系统显示出黄色透明的临时模型，如图5.39所示。

（2）可以看出，这并不是我们想要的正四面体，而是个普通的三棱柱，原因是没有在其截面尺寸与轨迹曲线之间建立关系。

左键单击操控板中的命令图标 ，退出可变剖面扫描特征的创建过程。

（3）在左侧"模型树"栏中左键单击草绘的轨迹曲线，即长度为100的直线，将其选中。

（4）在图形工作区按下鼠标右键，从弹出的上下文相关菜单中选取"编辑"命令，以显示出其尺寸，如图5.40所示。

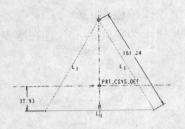

图5.38　标注尺寸

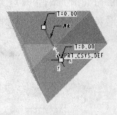

图5.39　临时模型

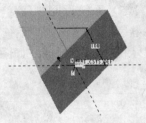

图5.40　显示出轨迹曲线的尺寸

（5）使用主菜单命令"工具" ➤ "关系"打开"关系"对话框，此时轨迹曲线上的尺寸值会切换成尺寸的名称，如图5.41所示。

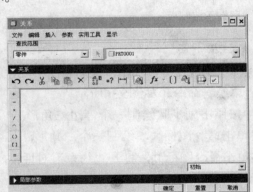

图5.41　查看轨迹曲线的尺寸名称

图5.42　编辑定义

（6）将尺寸名称"d0"记录下来，左键单击"关系"对话框中的"确定"按钮，将对话框关闭。

（7）左键单击以选中刚刚生成的特征，在图形工作区按下鼠标右键，从弹出的上下文相关菜单中选取"编辑定义"命令，如图5.42所示。

（8）系统又会显示出"可变剖面扫描"特征的操控板，左键单击命令图标 ，进入草绘环境。

（9）使用主菜单命令"工具" ➤ "关系"，打开关系对话框，根据草绘器中三角形的边长尺寸名称及水平边到黄色十字叉线中点的尺寸名称，输入下列关系，如图5.43所示。

- sd12=d0*sqrt(3)/sqrt(2)*(1-trajpar)
- sd10=sd12/2*sqrt(3)

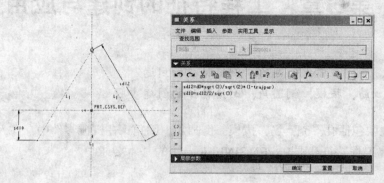

图5.43 输入尺寸关系

- 正四面体的边长=高度×$\sqrt{3}/\sqrt{2}$
- 正四面体中心到底边的距离=边长$/2\sqrt{3}$
- trajpar是个0~1之间的值，表示沿轨迹曲线的位置百分比

（10）完成后左键单击"确定"按钮，关闭"关系"对话框，再左键单击命令图标 ✓，退出草绘器。

（11）系统生成了黄色的临时模型，如图5.44所示。可以看出，现在的模型已经是正四面体了。

（12）左键单击操控板上的命令图标 ✓，生成最终的正四面体模型。

图5.44 正四面体临时模型

小结

螺旋扫描的特点是扫描轨迹为一条螺旋线，并且允许设定螺旋线的外侧轮廓，扫描使用的截面形状是不变的。

扫描混合则是由多个不同的截面沿着指定的轨迹进行扫描而形成实体或者曲面。需要注意的是各截面必须具有相同的图元数，而且顶点要对齐，否则可能无法创建特征，或者生成意外的结果。

可变剖面扫描的截面可以变化，但其变化是在一个现有剖面的基础上通过关系参数或者其他绑定设置实现的，不是普通意义上变化成任何截面，这是它与扫描混合的根本区别。

第6章 工程特征的创建与应用

学习重点:

➡ 孔、壳、筋、拔模、倒圆角、倒角特征的用途

➡ 孔、壳、筋、拔模、倒圆角、倒角特征的创建步骤

工程特征主要包括孔、壳、筋、拔模、倒圆角、倒角。在机械零件中存在大量的工程特征,因此学习和掌握工程特征也是Pro/ENGINEER入门的基本要求。

6.1 创建孔特征

创建孔特征的过程实际上是从零件实体上去除材料的过程。孔特征具体又分为三种:简单孔、草绘孔和标准孔。

创建孔特征的时候,根据孔在零件上位置的不同,人们往往需要使用不同的方法来确定孔的位置。根据确定孔位置的方法,又可以将孔分为三类:线性孔、同轴孔和径向孔。

 线性孔、同轴孔和径向孔是根据确定孔在零件上位置的方式而划分的类别,每一类孔都既可以是简单孔,也可以是草绘孔或者标准孔。

1. 孔的定位方式及简单孔的创建

简单孔就是圆柱形孔,可以使用菜单命令"插入" ➤ "孔"来创建,也可以使用右侧工具栏中的命令图标 。下面以创建简单孔为例,介绍孔创建的步骤及各种孔定位方式。

(1) 以线性孔定位方式创建简单孔

线性孔是指通过两个线性尺寸分别指出孔轴线到相互垂直的两个参照的距离,来确定孔轴线位置的方式。其创建步骤如下:

· 启动Pro/E之后,设置工作目录,然后打开本章的练习文件"cuboid.prt",如图6.1所示。

· 左键单击右侧工具栏中的命令图标 ,或者使用菜单命令"插入" ➤ "孔",屏幕上会显示出如图6.2所示的简单孔操控板。

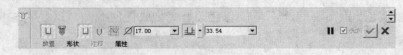

图6.1 打开练习文件   图6.2 创建孔时需要使用的操控板
　　　"cuboid.prt"

· 可以看到,系统默认选取的是命令图标 ,即创建简单孔。操控板的中部列表框显示的是孔的默认直径与深度。左键单击操控板中的"放置"字样,系统会弹出"放置"子控制板,如图6.3所示。

• 左键单击零件模型上需要放置孔的表面,该表面会显示为红色,并显示出孔特征控制柄,即白色和绿色的小方块,如图6.4所示。

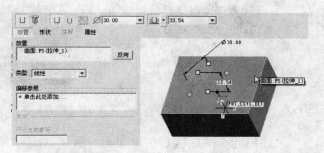

图6.3 "放置"子控制板   图6.4 选取孔的起始表面

• 从"放置"操控板可以看出,红色的表面成为确定孔位置的主参照;白色控制柄用于指定孔的直径、深度及轴线位置;绿色控制柄用于确定孔沿互相垂直的两方向到参照几何的距离,例如可以是孔的轴线到长方体两个侧面的距离。

移动光标靠近孔上表面的一个绿色控制柄,系统会将它显示为黑色,如图6.5所示。

• 按下鼠标左键,拖动这个控制柄使之靠近长方体最左边的侧面,使该侧面被加亮显示,如图6.6所示。

• 释放鼠标左键,这时该控制柄会与左侧面连接起来,控制柄中显示出一个黑点,而且在左侧面到孔轴线之间出现了一个尺寸,如图6.7所示。

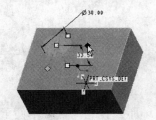

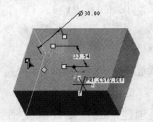

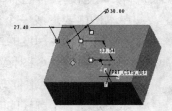

图6.5 移动光标靠近一个绿色   图6.6 拖动控制柄靠近   图6.7 确定一个定位尺寸
　　　控制柄,使之变成黑色　　　　　长方体的左侧面

• 用同样的方法将孔外围的另一个绿色控制柄选中,并且将它拖动到长方体的上侧面,形成第二个定位尺寸,如图6.8所示。

• 左键双击工作区中表示孔轴线位置的左侧尺寸值,在弹出的文本框中将其值改为70;再左键双击孔轴线到上侧面的尺寸值,将其值改为50,如图6.8所示,完成后按回车键。

• 指定孔的直径尺寸值40,方法有三种:

　a. 在操控板的"Φ"列表框中输入孔的直径。

　b. 双击工作区中孔的直径尺寸值,在弹出的文本框中将其值修改为40,如图6.9所示,完成后按回车键。

　c. 拖动孔圆周上的控制柄,使直径值变为40。

• 最后需要确定孔的深度。左键单击操控板命令图标 旁边的"v"符,在该图标上方会弹出如图6.11所示的孔深控制板。

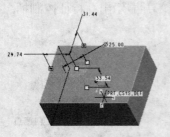
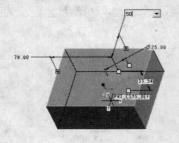
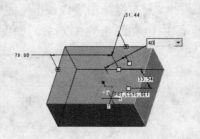

图6.8　产生另一个定位尺寸　　　图6.9　修改孔的位置尺寸　　　图6.10　修改孔的直径值

· 如果此孔的深度是一个固定的值，与长方体的厚度没有关系，那么可以在命令图标 旁边的文本框中直接输入孔的深度值；如果此孔是个通孔，那么需要保证今后修改长方体的尺寸之后它仍然是个通孔，就需要使用如图6.11所示的对应图标进行控制。各图标的含义如下：

　　 ：孔延伸至指定深度，即通过文本框中的值来确定孔的深度。

　　 ：从主参照平面向两侧对称延伸至指定深度。

　　 ：从主参照平面延伸至下一个曲面。

　　 ：延伸穿透前方的所有表面，形成通孔。

　　 ：延伸至与指定的曲面相交。

　　 ：延伸至指定的点、线或者曲面。

这些命令图标不仅用于创建孔特征，还可以用于创建拉伸特征、旋转特征等，从实体中减除材料。在创建拉伸特征时其含义参见第4章。

在本例中要形成一个通孔，因此左键单击以选中命令图标 。

· 这时表示孔深度的控制柄中也显示出一个黑点，并且与长方体的底面连接在一起。左键单击操控板中的命令图标 ，得到如图6.12所示的孔特征。

（2）以径向孔定位方式创建简单孔

如果是在一个圆柱的圆柱面上创建与圆柱轴线垂直相交的孔特征，那么孔的位置就不便于再通过两个互相垂直方向的线性尺寸来确定，而是需要通过孔轴线到圆柱端面的距离、孔轴线与指定轴截面的夹角来确定，如图6.13所示，这就是径向孔定位方式。

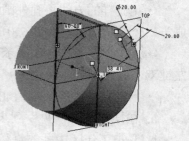

图6.11　孔深度控制板　　　图6.12　完成的孔特征　　　图6.13　在圆柱面上创建的孔特征

另外，有些孔特征虽然是创建在圆柱的端面上，或者是在长方体上，但是尺寸必须标注孔到某轴线的距离，以及孔轴线与某个平面的夹角，那么也必须采用径向孔的方式来创建，如图6.14所示。

下面先介绍在圆柱面上以径向孔的方式创建简单孔特征的步骤。

- 打开本章的练习文件"cylinder.prt"，系统会显示出如图6.15所示的圆柱体模型。

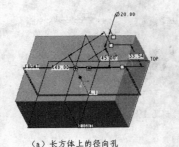 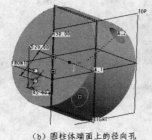

（a）长方体上的径向孔　　　（b）圆柱体端面上的径向孔

图6.14　长方体和圆柱体端面上的径向孔　　　　　图6.15　练习文件中的圆柱体模型

- 左键单击右侧工具栏中的命令图标 ，或使用菜单命令"插入" ➤ "孔"，系统会显示出孔特征操控板。
- 在工作区中左键单击以选中圆柱右上角的侧面，屏幕上会显示出黄色的浮动孔，如图6.16所示。
- 左键单击操控板中红色的"放置"按钮，系统会打开子控制板，从中可以看到"类型"一栏的默认定位方式是"径向"。
- 移动光标靠近其中一个浮动的绿色控制柄，按下左键将它拖动到圆柱的上端面，使之与该端面连接并显示出孔轴线到端面的距离尺寸，将尺寸值修改为20，如图6.17所示。

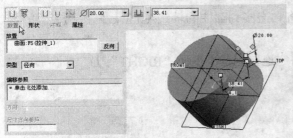 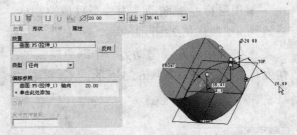

图6.16　圆柱侧面上显示出黄色的浮动孔　　　　图6.17　拖动控制柄与圆柱端面连接，修改尺寸值

- 观察"放置"操控板中的"偏移参照"栏，可以看到上一步操作实际上是为确定孔的位置设置了一个参照。

移动光标靠近另一个浮动的绿色控制柄，按下鼠标左键将它拖动到基准平面"FRONT"上，使之与"FRONT"平面连接并且显示出孔轴线与"FRONT"平面的夹角，修改夹角值为45，如图6.18所示。

- 左键单击孔深度控制命令图标旁的"➤"符，从子控制板中选择命令图标 ，以便创建通孔，如图6.19所示。
- 左键单击操控板中的命令图标 ，完成圆柱面上径向简单孔的创建。

下面介绍在圆柱端面上以径向孔方式定位创建简单孔的步骤。

- 接着在上例模型中操作。左键单击命令图标 ，或者使用菜单命令"插入" ➤ "孔"，然后左键单击圆柱的上端面，屏幕上显示出如图6.20所示黄色的浮动孔，再左键单击"放置"按钮，使系统显示出子控制板。

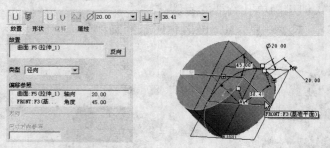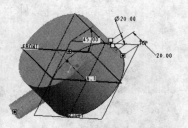

图6.18 拖动另一个控制柄与基准平面
"FRONT"连接，修改尺寸值

图6.19 指定孔的深度

・从"放置"子控制板中可以看到，系统在"类型"栏中默认的定位方式是"线性"，即线性孔定位方式。左键单击"线性"下拉列表，从中选择"径向"，如图6.21所示。

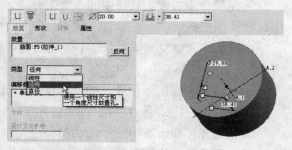

图6.20 端面上显示出黄色的浮动孔

图6.21 将定位方式改为"径向"

・用鼠标左键拖动其中一个绿色控制柄，将它连接到圆柱的轴线A-1上，修改两者间的尺寸值为30，如图6.22所示。

・按下鼠标左键拖动另一个绿色控制柄，将它连接到基准平面"RIGHT"上，修改形成的角度尺寸值为45，如图6.23所示。

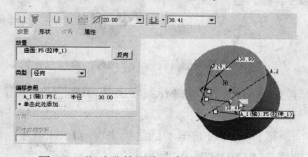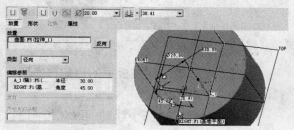

图6.22 拖动孔外围的一个控制柄到圆柱的
轴线A-1上，修改两者间的尺寸值

图6.23 拖动控制柄附连到"RIGHT"
平面，修改角度尺寸

根据具体操作的需要，灵活使用命令图标 ⧄ 、⧄ 、⧄ 来控制是否在模型中显示这些基本要素。

・左键单击命令图标 ⧩，将孔的深度设为通孔，然后左键单击操控板中的命令图标 ✓，完成孔的创建，如图6.24所示。

（3）以同轴孔定位方式创建简单孔

有时模型上已经有了一个轴线，需要创建与该轴线同轴的孔，这时需要采用同轴孔的方法来创建，下面举例说明创建的步骤。

· 打开本章的练习文件"cylinder.prt"，屏幕上会显示出一个圆柱体。

· 左键单击工作区上方工具栏中的命令图标 ，使屏幕显示基准轴线，如图6.25所示。

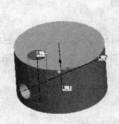

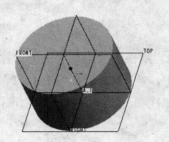

图6.24　完成后的两个径向简单孔　　　　　　图6.25　新建一个零件，创建一个
　　　　　　　　　　　　　　　　　　　　　　　　　　圆柱，显示出基准轴线

· 左键单击右侧工具栏中的命令图标 或者使用菜单命令"插入"➤"孔"，然后左键单击以选中圆柱的轴线"A-1"，屏幕上会显示出如图6.26所示的黄色浮动孔。

· 以同轴孔的方式确定孔的位置时，仅指出孔的轴线是不够的，还要指出孔的起始端面。从"放置"操控板的"放置"栏中可以看到"选取一个项目"字样，以及红色圆点的提示。按下键盘上的Ctrl键，再左键单击以选中圆柱体的上端面，表示孔的起始位置。

· 屏幕显示如图6.27所示，圆柱的上表面显示为红色。将孔深度值改为40，再左键单击屏幕右下角的命令图标 ，即可完成同轴孔的创建。

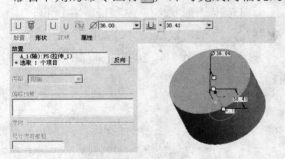

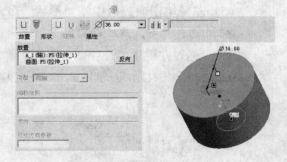

图6.26　浮动的同轴孔及其"放置"操控板　　　图6.27　选定孔的起始表面

2. 创建标准螺纹孔

标准螺纹孔就是尺寸符合相关标准的螺纹孔，主要的标准有ISO、UNC粗牙螺纹和UNF细牙螺纹。创建标准孔时，孔位置的确定方式与创建简单孔的方式相同，也分为线性孔、径向孔和同轴孔；不同点在于标准螺纹孔还允许用户在一个图形界面中调整沉头孔、螺纹深度等尺寸，从而很容易就能够创建出符合相应标准的螺纹孔。

下面通过示例来介绍创建标准螺纹孔的步骤。

（1）打开本章的练习文件"cuboid.prt"，这是个长100、宽80、高40的长方体模型。

（2）左键单击右侧工具栏中的命令图标 ，或者使用菜单命令"插入"➤"孔"，屏幕上显示出用于创建孔特征的操控板。

（3）左键单击操控板上的命令图标，操控板中会显示出与标准螺纹孔相关的内容，如图6.28所示。

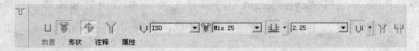

图6.28　标准螺纹孔操控板

（4）从操控板中部第一个下拉列表中选择"ISO"，再在右侧的文本框中选择螺纹公称直径及螺距，本例中选择"M18×1"；孔深度控制图标输入孔的总深度，本例中输入"30"，再左键单击命令图标和，如图6.29所示。

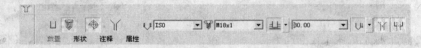

图6.29　输入标准螺纹孔的主要参数

提示

操控板右侧的命令图标含义如下。

•命令图标 中又包括两个子图标：
表示前面指定的孔深度为不包括钻孔锥窝的尺寸。
表示前面指定的孔深度为包括钻孔锥窝的总长尺寸。

•命令图标 表示孔起始位置具有锥形特征；命令图标 表示孔的起始位置具有圆柱沉孔特征。两者可以被同时选中。

（5）左键单击操控板中的"形状"命令，系统会显示出"形状"子控制板，在这里可以输入具体的锪孔角度、螺纹深度等参数，做进一步定制，本例采用默认尺寸，如图6.30a所示。

如果只通过左键单击选中命令图标和之一，那么在"形状"控制板中显示出来的标准螺纹孔形状也会发生相应的改变，如图6.30b和6.30c所示。

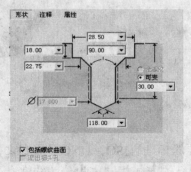

图6.30a　创建标准孔特征时的
"形状"子控制板

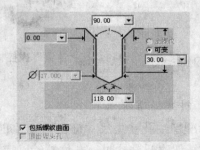

图6.30b　只选中了命令图标 时的
"形状"子控制板

（6）左键单击操控板中红色的"放置"命令，系统打开"放置"子控制板。

（7）按照线性孔定位的方式确定孔的位置，尺寸如图6.31所示。

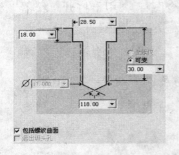

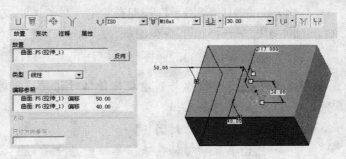

图6.30c　只选中命令图标 ᵀ 时　　　　　　图6.31　指定孔的位置
　　　　　的"形状"控制板

（8）左键单击操控板中的命令图标 ☑，完成标准螺纹孔特征的创建，生成的模型如图6.32所示。

3. 创建带锥窝的盲孔

孔特征操控板中的命令图标 ∪ 用于创建带锥窝的圆柱形盲孔，如图6.33所示。创建此特征的时候，可以配合使用命令图标 ∪ 和 ∪ 来指定孔的深度，以及使用命令图标 ᵀ 和 ᵀ 来指定孔口形状。具体创建的步骤与前述示例基本相同，本文不再赘述。

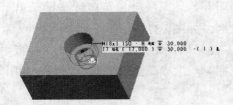

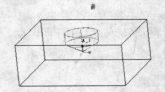

图6.32　标准孔特征创建完毕　　　　　　图6.33　带锥窝的圆柱形盲孔

4. 创建草绘孔

有时需要创建的截面形状比较特殊，如带环槽的孔，这时需要使用草绘器绘制其截面图形，然后再旋转并减除材料，这样形成的就是草绘孔。下面以齿轮孔中的环形槽为例介绍其操作步骤。

（1）打开本章练习文件"Gear-wp.prt"，系统会显示出如图6.34所示的齿轮坯模型。

（2）左键单击命令图标 ᵀ，或者使用菜单命令"插入" ➤ "孔"，屏幕上显示出孔特征操控板。

（3）左键单击屏幕上方的命令图标 ✗，以便显示出基准轴线。左键单击操控板上的命令图标 ▨，表示要通过草绘来确定孔的剖面形状。操控板中会显示出两个新的命令图标，如图6.35所示。

图6.34　齿轮坯模型　　　　　　　　　图6.35　草绘孔操控板

（4）命令图标 用于打开现有的剖面草绘图形文件；命令图标 用于打开草绘器以绘制孔的剖面图形。左键单击命令图标 ，系统会进入草绘环境。

（5）绘制草绘孔的剖面图形，标注尺寸并修改尺寸的值，如图6.36所示。

> **注意**
>
> 草绘图形的操作与创建旋转特征时相同，同时需要满足以下条件：
> - 包含几何图元。
> - 无相交图元的封闭环。
> - 包含垂直旋转轴（必须草绘一条中心线）。
> - 使所有图元位于旋转轴（中心线）的一侧，并且使至少一个图元垂直于旋转轴。
>
> 实际上，创建草绘孔的过程相当于创建了一个旋转特征，并且以它来去除母体的材料。

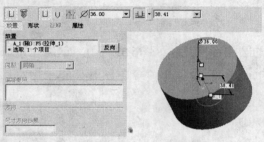

图6.36　草绘孔的剖面图形

（6）左键单击草绘器中的命令图标 ，完成草绘并退出。

（7）左键单击操控板中的"放置"命令，打开子控制板。采用同轴孔的方式确定孔的位置，即与基准轴"A-1"同轴，从齿轮坯模型的左端面开始。系统会用黄色线条显示出草绘孔的轮廓，如图6.37所示。

（8）检查无误后，左键单击操控板中的命令图标 ，生成草绘孔特征，如图6.38所示。

图6.37　以同轴孔方式确定草绘孔的位置，
　　　　系统会显示出草绘孔的轮廓

图6.38　完成后的草绘孔

6.2　创建筋特征

"筋"主要指的是机械设计中的筋板或者加强盘，用于对一些悬空、伸出等薄弱的结构进行辅助支撑，例如图6.39所示的弯板支撑结构，当然也可以用于创建其他类似的结构。下面以此弯板为例，介绍筋特征的创建步骤。

1. 新建一个文件，类型为"零件"，子类型为"实体"，模板为"mmns_part_solid"，名称为"Rib"。

2. 创建一个拉伸特征，构成弯板主体部分相互垂直的两个板面。拉伸时使用的草绘平面为基准平面"FRONT"，采用默认视图方向；草绘图形及尺寸如图6.40所示。

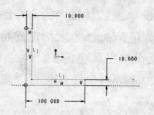

图6.39　弯板支撑采用了筋特征　　　　　图6.40　弯板拉伸的草绘截面图形

3. 草绘截面完成之后，左键单击命令图标✔退出草绘环境，然后左键单击操控板中的拉伸深度控制图标旁边的符号"v"，从列表中选择命令图标，表示向两侧对称拉伸，输入深度值80，如图6.41所示。

　这里采用两侧对称拉伸创建弯板基础模型并不是说筋特征必须在基础模型的中间位置，但这样一来在下面创建筋特征的时候仍然沿用基准平面"FRONT"就能够在弯板的中央创建出筋特征。否则必须在需要创建筋特征的地方再创建基准平面。

4. 左键单击屏幕右下角的命令图标✔，弯板的拉伸特征创建完毕。

5. 左键单击工具栏中的命令图标，或者使用菜单命令"插入"➤"筋"，并左键单击操控板中红色的"参照"命令，这时会显示出如图6.42所示的操控板。

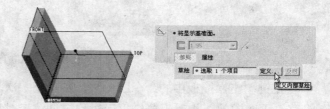

图6.41　向草绘平面的两侧对称拉伸　　　　图6.42　筋特征的操控板

6. 从操控板中的提示可以看出，下面需要指定筋特征的草绘平面。左键单击操控板中的"定义…"按钮，屏幕上会弹出"草绘"对话框，要求选择草绘平面及参照；左键单击以选中基准平面"FRONT"，视图方向参照为默认的基准平面RIGHT，如图6.43所示。

7. 左键单击"草绘"对话框中的"草绘"按钮，系统进入草绘环境。使用主菜单命令"草绘"➤"参照"，系统显示出"参照"对话框，然后分别左键单击以选取弯板的顶边、底边和一条垂直边作为参照，如图6.44所示。

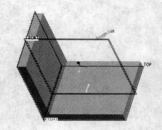

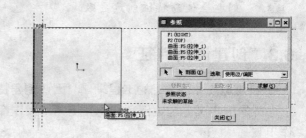

图6.43　指定筋特征的草绘平面　　　　　图6.44　加选草绘参照

8. 左键单击"参照"窗口的"关闭"按钮，将它关闭。绘制一条斜线，即筋在这个草绘平面中的投影线，尺寸如图6.45所示。

9. 左键单击工具栏中的命令图标✓，完成草绘并退出，屏幕上会显示出如图6.46所示的临时模型及黄色箭头，要求指定筋特征创建的方向和厚度。

10. 左键单击黄色箭头，使之指向弯板；再左键双击工作区显示的小方块及数字，指定筋的厚度为20。这两个操作也可以通过操控板来设置，如图6.47所示。

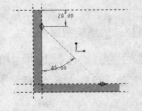 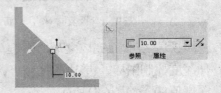

图6.45 绘制筋在草绘平面中的投影线   图6.46 选择创建筋特征的方向和厚度   图6.47 在操控板中指定筋的方向及厚度

11. 左键单击操控板右侧的命令图标∞进行预览，有时发现筋的位置并没有在对称中心，而是偏向了一侧，如图6.48所示。

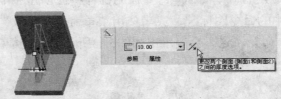

图6.48 筋的位置偏移了

左键单击操控板中的命令图标✗，每单击一次，筋的位置会依次改变为沿草绘平面向后、沿草绘平面向前、相对于草绘平面对称。调整至对称位置后，左键单击命令图标✓，即可完成筋特征的创建。

12. 使用菜单命令"文件"➤"保存"，将模型存盘。

 创建筋特征时，初学者常犯的错误是选择的草绘平面位置不正确，造成筋特征超出了基础特征的范围之外，导致筋特征创建失败。要记住，草绘平面的位置就是筋特征所在的位置。

 草绘筋特征的投影线时，应该加选适当的参照，以便使系统捕捉到正确的图元，否则也会使筋特征创建失败。

6.3 创建倒角特征

倒角是一种很常见的工程设计，因此倒角特征在零件设计中也有大量的应用。在实体模型上进行的倒角又分为边倒角和拐角倒角，操作都很简单，下面通过示例介绍创建倒角特征的操作步骤。

1. 创建边倒角特征

（1）打开前文创建的弯板文件"Rib.prt"，使之显示在屏幕上。

（2）左键单击工具栏中的命令图标，或者使用菜单命令"插入"▶"倒角"▶"边倒角"，屏幕左下角会显示出如图6.49所示的操控板及提示。

（3）与其他特征操控板相似，"集"、"过渡"、"段"、"选项"、"属性"都有对应的子控制板，左键单击后可以打开，查看及调整其中的内容。在一般创建倒角的操作中，常用"集"控制板。

左键单击模型上需要倒角的边，该边会显示为红色，并且显示出白色方块状控制柄，如图6.50所示。

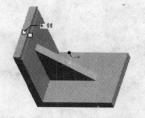

图6.49　边倒角特征的操控板　　　　　　图6.50　选中一条边后显示出倒角控制柄

（4）在操控板的第一个下拉文本框中可以选择所需的倒角标注形式。其中各种形式的含义如下：

D×D：标注倒角到切掉的边的距离，两侧距离相同。

D1×D2：标注倒角到切掉的边的距离，两侧距离不同。

角度×D：标注倒角与相邻表面的夹角及在该表面上与切掉的边之间的距离。

45×D：倒角与相邻表面的夹角为45度，在该表面上与切掉的边之间的距离为D。

O×O：倒角的两条边分别为切掉的曲线边沿两侧面偏移距离O获得。

O1×O2：倒角的两条边分别为切掉的曲线边沿两侧面偏移距离O1和O2获得。

本例中选择的标注形式为45×D，D值为4，如图6.51所示。

（5）左键单击操控板中的命令图标或者单击鼠标中键，即可完成倒角操作。

2. 创建拐角倒角特征

拐角倒角就是将一个顶点切掉而形成的倒角，如图6.52所示。

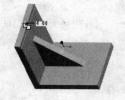

图6.51　指定倒角的标注形式及数值　　　　　图6.52　拐角倒角

下面仍然在弯板的基础上介绍拐角倒角的创建步骤。

（1）打开文件"Rib.prt"，系统显示出前文创建的弯板及筋特征。

（2）选择菜单命令"插入"▶"倒角"▶"拐角倒角"，屏幕上会显示出如图6.53所示的"倒角（拐角）：顶角"对话框。

（3）根据系统操控板中的提示，左键单击以选取创建拐角特征的顶点所在的一条边，屏幕上会立刻显示出如图6.54所示的提示及菜单。

图6.53 "倒角（拐角）：顶角"对话框

图6.54 指定拐角边的尺寸

（4）左键单击"菜单管理器"中的"Enter-input（输入）"项，屏幕下方会出现文本框，在其中输入拐角边长的值"5"，然后左键单击命令图标 ✓，或按回车键。

（5）系统会分别提示输入另外两条边的边长，如图6.55所示，输入或者指定边长的值。

注意：在选取一条边之后，系统会提示[在绿色边上选择尺寸位置，或从菜单选择"输入"。]，但此时系统提示的边显示为蓝黑色，如图6.56所示。

图6.55 输入倒角切掉部分的长度

图6.56 系统以蓝黑色显示接下来需要输入值的边

（6）指定了拐角的三条边及边长之后，"倒角（拐角）：顶角"窗口会显示"已定义"字样，此时左键单击"确定"按钮，系统就会创建出拐角倒角特征。

图6.57 编辑拐角倒角特征的主要尺寸

（7）如果大家想检查一下拐角各边的数值是否正确，可以选中拐角特征，在工作区按下鼠标右键，从弹出的上下文相关菜单中选择"编辑"命令，屏幕上就会显示出拐角倒角特征的各边的主要尺寸，如图6.57所示。

6.4 创建倒圆角特征

与倒角相似，工程中也大量使用了倒圆角特征。常见的倒圆角特征创建步骤很简单，下面仍然以弯板模型为基础，介绍创建倒圆角特征的步骤。

1. 打开文件"Rib.prt"，使之显示在屏幕上。

2. 左键单击命令图标 ，或者使用菜单命令"插入" ➤ "倒圆角"，屏幕上会显示出倒圆角特征的操控板，左键单击以选中需要创建倒圆角特征的边，屏幕上会显示出黄色的动态圆角，如图6.58所示。

3. 一般倒圆角操作可以不用如图6.58所示的操控板，只要输入倒圆角的半径，再单击鼠标中键或者命令图标✓就可以完成。如果需要将多个边倒成同样半径的圆角，只要按下键盘上的Ctrl键，然后左键单击以选中这些边，再修改圆角半径，然后单击中键就行了，如图6.59所示。

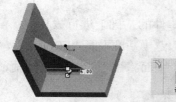

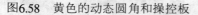

图6.58　黄色的动态圆角和操控板　　　　　图6.59　选中多个边，创建同样半径的圆角

倒圆角可以有不同的截面形状。

圆形：创建圆形截面。系统缺省状态下选取此选项。

圆锥：创建圆锥截面。使用圆锥参数（0.05～0.95）可控制圆锥顶角的锐度。"圆锥"倒圆角有两种类型。

- 圆锥：只需要修改一条边的倒圆角长度，对应边会自动捕捉至相同长度。
- D1xD2圆锥：分别修改每一边的倒圆角长度。

6.5　创建拔模特征

在制造业中，铸造、锻压等成形工艺大量使用了拔模技术，因而在Pro/E中也出现了"拔模"特征。但是作为造型与加工一体化的软件系统，其拔模特征不仅适用于需要采用热加工成形工艺的零件设计，还可以灵活地用于创建一些特殊的形状。

根据Pro/E野火4.0版的定义，拔模特征既可以作用于一个单独曲面，也可以作用于一系列曲面，使之从一个指定的位置开始沿特定的方向倾斜介于-30°和+30°之间的拔模角度。

只有当曲面是直纹柱面或平面时，才可以进行拔模。曲面边的边界周围有圆角时不能拔模。不过，可以首先拔模，然后对边进行圆角过渡。

在创建拔模特征的过程中，需要使用以下术语：

- 拔模曲面：指模型上需要产生拔模斜角的曲面。
- 拔模枢轴：指一系列的线或曲线（也称做中立曲线），拔模曲面正是分布在其四周上。可通过选取平面（在此情况下拔模曲面围绕它们与此平面的交线放置）或选取拔模曲面上的单个曲线链来定义拔模枢轴。
- 拖动方向（又称拔模方向）：用于测量拔模角度的方向。通常为模具开模的方向。可通过选取平面（在这种情况下拖动方向垂直于此平面）、直边、基准轴或坐标系的轴来定义。
- 拔模角度：拔模方向与生成的拔模曲面之间的角度。如果拔模曲面被分割，则可为拔模曲面的每侧定义独立的角度。拔模角度必须在-30°到+30°范围内。

拔模曲面可按拔模枢轴或不同的曲线进行分割，如与面组或草绘曲线的交线。如果使用不在拔模曲面上的草绘分割，系统会以垂直于草绘平面的方向将其投影到拔模曲面上。如果对拔模曲面进行了分割，那么可以进行下列操作：

- 为拔模曲面的每一侧指定独立的拔模角度
- 指定一个拔模角度，第二侧以相反的方向拔模
- 仅对曲面的一侧进行拔模（两侧均可），另一侧仍位于中性位置

具体的拔模操作还有其他一些变化形式，下面通过两个简单的例子来介绍基本的拔模操作。

1. **创建以拔模枢轴为分割的基本拔模**

（1）打开本章的练习文件"BearingPed.prt"，以便在这个零件的基础上进行拔模。

（2）左键单击屏幕右侧工具栏中的命令图标▱，再左键单击以选中基准平面"FRONT"，指定偏移量为50，生成一个基准平面DTM1，如图6.60所示，这个平面将用于定义拔模枢轴。

图6.60　生成基准平面DTM1

（3）左键单击"基准平面"对话框中的"确定"按钮，再左键单击屏幕右侧工具栏中的命令图标◩，或者使用菜单命令"插入"➤"拔模"，系统显示出如图6.61所示的操控板。

（4）左键单击依次选中围绕在轴承座中央大孔四周的平面及曲面，如图6.62所示。

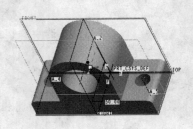

图6.61　拔模操控板

图6.62　选中拔模曲面

（5）左键单击操控板左侧的文本框，使其背景显示为黄色，操控板中显示出提示信息："选取一个平面或曲线链以定义拔模枢轴。"左键单击以选中基准平面DTM1，意思是以DTM1与拔模曲面的交线作为拔模枢轴，如图6.63所示。

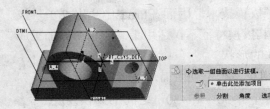

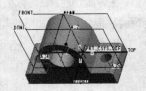

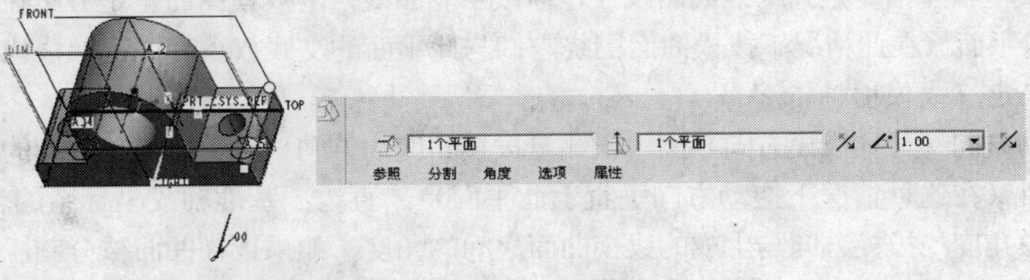

图6.63　指定拔模枢轴

（6）系统默认选中了轴承座模型的下表面作为拔模方向，并且以黄色箭头显示出来。用鼠标左键拖动模型上的白色方块控制柄，可以看到黄色的动态拔模曲面和拔模角度都会随之而

变化。用户可以在屏幕上左键双击并修改拔模角度的值，也可以在操控板的第三个文本框中输入具体的拔模角度。左键单击操控板中的"分割"命令，屏幕上会弹出如图6.64所示的控制板。

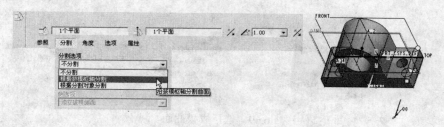

图6.64 "分割"控制板

（7）在"分割选项"下拉列表中，选择"根据拔模枢轴分割"，在"侧选项"下拉列表中，选择"独立拔模侧面"，并且分别输入拔模角度5°和3°，如图6.65所示。

（8）仔细观察拔模曲面的上下两侧，可以看到下方的曲面拔模方向不正确，因为目前的模型是越远离拔模枢轴的方向，截面尺寸越大。左键单击操控板中"5.00"列表框右侧的命令图标，可以看到下方曲面变成了外小里大的状态，如图6.66所示。

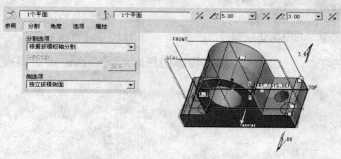

图6.65 分别输入两侧的拔模角度

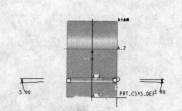

图6.66 调整拔模角度的方向

（9）左键单击操控板右侧的命令图标，观察到能够正确生成拔模特征后，再左键单击命令图标，这样就完成了此次分割拔模操作，最终得到的模型如图6.67所示。

2. 创建以曲线为分割的可变拔模

有时需要创建的拔模比较特殊，其拔模枢轴不在一个平面上，而是由一条空间曲线确定，并且这个拔模枢轴上不同的位置拔模角度也不相同，这时需要创建以曲线为分割的可变拔模。下面通过一个例子来介绍创建的步骤。

（1）打开本章练习文件"CurveDraft.prt"，使之显示在屏幕上，如图6.68所示。

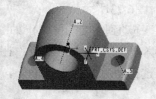

图6.67 拔模后的轴承座

图6.68 包含自由曲线的拉伸柱面

（2）左键单击命令图标，或者使用菜单命令"插入"➤"拔模"，屏幕上显示出拔模操控板。

（3）按下Ctrl键，左键单击以分别选中构成此柱面的两部分曲面作为拔模曲面，如图6.69所示。

图6.69　选择拔模曲面

（4）左键单击操控板中的第一个文本框，再左键单击以选取模型中部蓝色的自由曲线，将它作为拔模枢轴，如图6.70所示。

图6.70　选择模型中的空间曲线作为拔模枢轴

（5）左键单击屏幕下方操控板中的第二个文本框，再左键单击柱面的上表面以指定拔模方向，如图6.71所示。

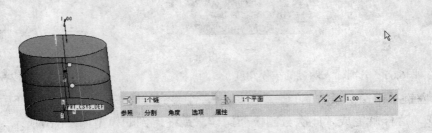

图6.71　指定拔模方向

（6）移动光标，使之靠近拔模枢轴上的白色小圆圈，当白色小圆圈中间显示出黑色时，按下鼠标右键，屏幕上会弹出上下文相关菜单，选择其中的"添加角度"命令，如图6.72所示。

（7）从右键弹出的上下文相关菜单中选择了"添加角度"命令后，在拔模枢轴上会增加一个白色的小圆圈，并且有两个控制拔模角度的白色小方框控制柄与之相连。移动光标靠近这个白色小圆圈，按下鼠标左键将它拖动到需要的位置，如图6.73所示。

（8）重复上一步操作，继续添加新的控制柄，并将它们拖动到需要的位置，如图6.74所示。

（9）左键单击操控板上的"分割"按钮，屏幕上会弹出"分割"控制板，在其中的"分割选项"中选择"根据拔模枢轴分割"，在"侧选项"中选择"独立拔模侧面"，然后输入各控制控制柄处的拔模角度值，如图6.75所示。

（10）左键单击屏幕右下角的命令图标∞∞，观察到能够正确生成拔模特征后，再左键单击命令图标✓，这样就完成了此次可变角度分割拔模的操作，最终得到的模型如图6.76所示。

图6.72 添加拔模角度

图6.73 将新增的拔模角度控制
控制柄拖到需要的位置

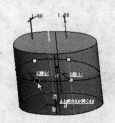

图6.74 继续添加拔模角
度控制控制柄

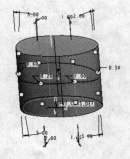

图6.75 输入各控制控制柄处的拔模角度

图6.76 可变角度分割拔模

6.6 创建壳特征

"壳"特征可将实体内部掏空，只留一个指定壁厚的壳。创建壳特征的时候，人们可以将实体上指定的一个或多个曲面移除；如果未选取要移除的曲面，则会创建一个"封闭"壳，也就是将零件的整个内部都掏空，且没有入口。如果将壳的厚度侧反向（例如，通过输入负值或在操控板中单击）），将在零件的外部添加指定厚度的壳。

定义壳特征的时候，人们也可使不同曲面具有不同的厚度，并指定单独的厚度值。但是，此类曲面的厚度值不能为负，即其加厚的方向不能反向。厚度所在的侧由壳特征的默认设置确定。

当Pro/E创建壳特征时，在创建"壳"特征之前添加到实体的所有特征都将被掏空。因此，创建壳特征之前各相关特征创建的次序非常重要。

下面通过示例分别介绍创建等厚度壳特征及多种不同厚度壳特征的步骤。

1. 创建等厚度壳特征

（1）打开本章练习文件"cuboid.prt"，屏幕上显示出一个长方体。

（2）左键单击工具栏中的命令图标，或者使用菜单命令"插入" ➤ "壳"，模型中显示出黄色的抽壳轮廓线，屏幕下方显示出壳特征的操控板，如图6.77所示。

（3）在模型上左键单击以选中其中的一个表面，这个表面在后面创建壳特征的时候将会被删除。本例中左键单击长方体的上表面，该平面会显示为红色，如图6.78所示。

（4）将光标靠近模型中显示的白色方块形控制柄，再按下鼠标左键拖动它来改变壳的厚度；也可以双击模型中表示壳厚度的数字，并输入适当的厚度值；还可以左键单击屏幕左下角的"厚度"文本框，并在其中输入需要的厚度值。将厚度值指定为2，如图6.78所示。

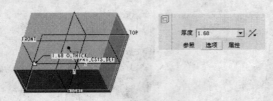

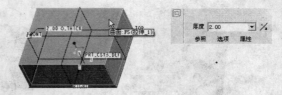

图6.77　壳特征操控板　　　　　　　　　图6.78　选取要删除的表面，指定壳的厚度

（5）左键单击操控板中的命令图标☑或者单击鼠标中键，完成壳特征的创建，如图6.79所示。

2. 创建各表面具有不同厚度的壳特征

有时需要创建的壳特征在不同的位置需要有不同的厚度，这时可以将具有不同厚度的部分对应的曲面设置不同的厚度值，下面仍然以长方体模型为基础，创建各边具有不同壁厚的壳特征。

（1）打开文件"cuboid.prt"，使屏幕上显示出长方体模型，当然读者也可以自己创建一个长方体。

（2）左键单击工具栏中的命令图标⬜，或者使用菜单命令"插入"➤"壳"，模型中显示出黄色的抽壳轮廓线，屏幕下方显示出壳特征的操控板。

（3）左键单击以选取长方体的顶面，表示要将该表面移除。

（4）左键单击操控板中的"参照"命令，屏幕上会弹出其控制板，如图6.80所示。

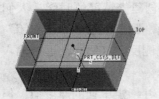

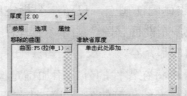

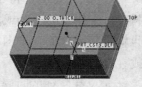

图6.79　完成的壳特征　　　　　　　　　图6.80　壳特征的"参照"控制板

（5）在"参照"控制板中，左键单击"非缺省厚度"文本框中的"单击此处添加…"字样，再按下Ctrl键依次单击长方体上下两个侧面，这些表面的名称都会出现在"非缺省厚度"文本框中，并且显示出其默认的厚度，将其厚度值修改为4，如图6.81所示。

（6）现在已经完成了所有设置，左键单击命令图标👓，观察创建壳特征的结果，如果结果正确，再左键单击命令图标☑，这样就完成具有不同厚度的壳特征的创建，最终得到的模型如图6.82所示。

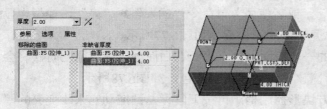

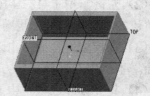

图6.81　选中需要改变厚度的表面　　　　　图6.82　具有不同厚度的壳特征

小结

本章介绍了各种工程特征的含义及创建步骤。孔特征包含简单孔、标准孔和草绘孔，具体的放置方式又分为线性孔、径向孔和同轴孔，各种不同放置方式的要点和区别是学习及掌握的重点。

筋特征在工程中主要用于对零件的薄弱环节进行辅助支撑和加固，其结构比较简单。创建筋特征的关键在于使用正确的草绘平面，草绘平面的位置决定了筋特征的位置。

倒角和倒圆角的操作都很简单，在实际机械加工的过程中，这些特征一般是在收尾工序中进行的；在零件建模的过程中，一般也放在最后去创建，否则将给以后创建其他特征带来麻烦，如无法拔模等。

拔模特征相对复杂一些，尤其是在一个拔模特征中包含多个不同的角度、表面分割的时候。拔模特征关键在于选择正确的拔模表面、拔模枢轴、拔模方向，并且要注意有些表面是不能进行拔模处理的；有些拔模操作对角度也有相应的要求，这些都需要大家通过实践来掌握。

第7章 编辑特征的创建与应用

学习重点：

➡ 主要实体编辑特征的作用

➡ 主要实体编辑特征创建的步骤及注意事项

编辑特征是指对现有的特征进行一系列的传统编辑操作，例如复制粘贴、镜像、移动、合并、修剪、阵列、投影、包络、延伸、相交、填充、偏移、加厚、实体化等，从而形成的新特征。

编辑特征是Pro/E野火4.0版实现全参数化设计思想的一个重要方式。在创建零件基础特征的时候，一般不宜使之过于复杂，而是适当地将相关几何元素从基础特征中分离出来，使基础特征尽量简化，然后再将必要的几何元素添加到基础特征上。这样既可以保证各特征都比较简洁，又能够实现一个比较清晰的设计结构，能更好地适应以后可能出现的设计变更，以及加工实践的要求。

在目前Pro/E野火4.0版提供的编辑特征中，合并、修剪、投影、包络、延伸、相交、填充、偏移、加厚和实体化主要用于处理曲面和曲线，关于这些特征的讨论将在本书第二篇"曲面造型"中介绍。

7.1 复制和粘贴特征

复制和粘贴特征的操作实际上包括两个主要步骤，即复制和粘贴。创建复制和粘贴特征的过程实质上是将现有的特征使用重新定义的基准参照再生成一个。不同的特征由于其创建方法不同，在具体粘贴的过程中指定的参照也不同，因此操作步骤并不相同。下面以常见的特征为例，介绍复制、粘贴操作的步骤。

1. 基础特征的复制和粘贴

这种复制和粘贴操作在应用中不是很多见，但它也是编辑特征能够实现的功能。下面以支架零件为例介绍基础特征的复制和粘贴操作步骤。在本例中，我们将支架零件的主体复制下来，通过粘贴将它接在原有模型的背面。

（1）打开本章练习文件"Bracket.prt"，使之显示在屏幕上，如图7.1所示。

（2）在工作区左键单击支架零件的主体，使之被选中，或者也可以在左侧的模型树窗格中左键单击以选中"主体"，如图7.2所示。

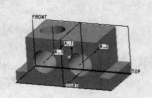

图7.1 打开支架零件

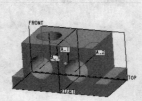

图7.2 将支架零件的主体选中

（3）使用菜单命令"编辑"➤"复制"，或者在键盘上按组合键**Ctrl+C**（先按下**Ctrl**键不要松开，再按**C**键，然后释放两键），或者左键单击屏幕上方的命令图标，这时选取的特征会被复制到内存中，但屏幕上没有任何变化。

（4）使用菜单命令"编辑"➤"粘贴"，或者使用键盘组合键**Ctrl+V**，屏幕下方出现了如图7.3所示的操控板。

（5）从系统的提示可以看出，当前需要选择草绘平面。原因很简单，粘贴的特征是通过草绘生成的拉伸特征，因此在粘贴的时候必须指定一个草绘平面才能确定粘贴结果的位置及相关参数。

左键单击操控板中的"放置"按钮，这样会弹出"放置"子控制板，如图7.4所示。

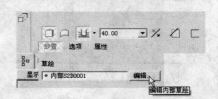

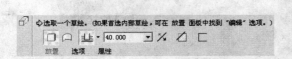

图7.3　粘贴拉伸零件时的操控板　　　　　　　图7.4　"放置"子控制板

（6）左键单击"放置"子控制板中的"编辑…"按钮，屏幕上弹出"草绘"窗口，要求指定草绘平面及视图方向，如图7.5所示。

（7）左键单击基准平面"FRONT"，系统会默认选中基准平面"TOP"作为参照草绘方向，并以其正方向朝右，如图7.6所示。

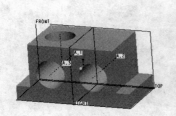

图7.5　指定草绘平面及视图方向　　　　　　　图7.6　选取草绘平面

（8）左键单击"草绘"窗口中的"草绘"按钮，进入草绘环境，如图7.7所示。

（9）屏幕上显示出浮动的红色草绘截面，以及原有的支架模型。将红色的截面放在与原支架模型基本重合的位置，左键单击将它固定，该图形会显示为正常的黄色线条，并且显示出原有的尺寸，如图7.8所示。

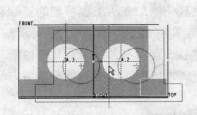
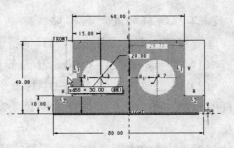

图7.7　进入粘贴草绘环境　　　　　　　图7.8　暂时固定新截面图形的位置

（10）注意，在草绘图形中又出现几个灰色的弱尺寸，表示当前草绘图形与原有模型相关图元之间的距离。本例中需要将两个特征对齐，因此左键单击草绘工具箱中的命令图标 ，再从弹出的"约束"对话框中左键单击命令图标 ，然后左键单击支架零件的底边及水平中心线，使新截面的底边与原有的模型底边对齐，如图7.9所示。

（11）这时也可以修改截面图形，或者其中的尺寸，具体操作与第2章"草绘"相同，本文不再赘述。左键单击工具箱中的命令图标 ，完成草绘操作并从草绘环境中退出，屏幕显示如图7.10所示的动态模型。

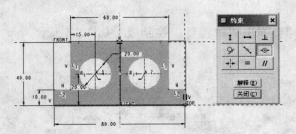

图7.9　施加约束，将截面图形与原有模型对齐

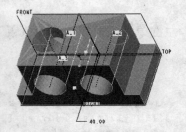

图7.10　完成草绘，生成动态模型

（12）可以看到，这个模型与原有的模型完全重合。现在需要将它接在原有模型背面，因此左键单击模型中部的黄色箭头，改变粘贴特征的拉伸方向，如图7.11所示。

（13）根据需要调整拉伸的高度。本例中将深度值改为60，左键单击操控板中的命令图标 ，得到如图7.12所示的结果。

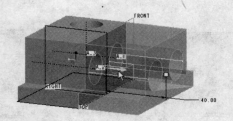

图7.11　改变粘贴特征的拉伸方向

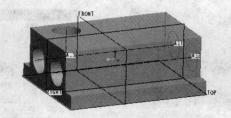

图7.12　复制和粘贴得到的特征

> 复制粘贴得到的模型中缺少了垂直于顶面的孔。这是因为该孔属于另一个拉伸特征，需要单独复制和粘贴。

（14）使用主菜单命令"文件"➤"保存副本"，将此文件保存到名为"Bracket-paste.prt"的文件中。

2. 工程特征的复制和粘贴

基础特征上面总是附加各种其他特征，下面以简单孔为例，介绍工程特征的复制和粘贴。

（1）打开零件文件"Bracket-paste.prt"，使之显示在屏幕上，如图7.12所示。

（2）左键单击右侧工具栏中的命令图标 ，创建一个简单孔，尺寸如图7.13所示。该孔的直径为20，孔中心到前端面的距离为20，到侧面的距离为15，孔深度为到与其下方的水平孔相交。

（3）左键单击以选中刚刚创建的位于顶面右侧的简单孔，或者也可以在左侧的模型树窗格中左键单击以选中"孔1"（默认名称），使之显示为红色，如图7.14所示。

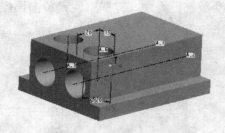

图7.13 创建一个简单孔

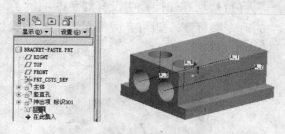

图7.14 左键单击以选中顶面的简单孔

（4）选中菜单命令"编辑"➤"复制"，再选中菜单命令"编辑"➤"粘贴"，屏幕中显示出孔特征的操控板，如图7.15所示。

（5）左键单击操控板中的"放置"按钮，这样会弹出"放置"子控制板，如图7.16所示。

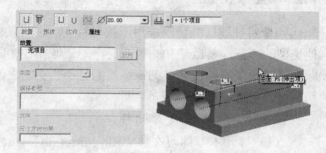

图7.15 粘贴时出现孔特征操控板

图7.16 "放置"子控制板

（6）在图形工作区左键单击模型的顶面，表示粘贴孔的初始位置在顶面上。

（7）"类型"栏显示"线性孔"，这是系统的默认设置；在"偏移参照"栏中显示出一个红点及"单击此处添加"字样，意思是接下来需要确定孔中心的位置。

左键单击"偏移参照"栏，栏的背景会显示为黄色，并且提示"·选取2个项目"，如图7.17所示。

（8）在图形工作区左键单击与水平孔平行的右侧面以将其选中，再按下键盘上的Ctrl键左键单击模型的后端面，两个图元的名称会显示在"偏移参照"栏中，修改偏移值分别为30和20，如图7.18所示。

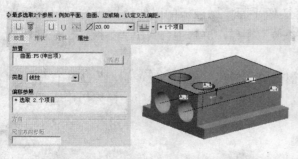

图7.17 "放置"控制板中显示出新的项目

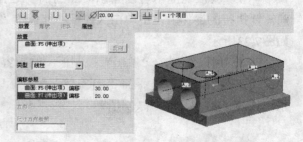

图7.18 选取偏移参照

（9）左键单击操控板中的孔深度控制图标，从中选取命令图标，表示通孔。

（10）系统显示出粘贴孔的各项尺寸，如图7.19所示。

（11）现在操控板中没有红色的项目了，表示所有参数都已经定义完毕。左键单击操控板中的命令图标☑，即可完成简单孔的粘贴操作，结果如图7.20所示。

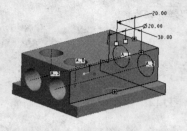
图7.19 系统显示出粘贴孔的各项尺寸

图7.20 复制-粘贴后得到第三个孔

7.2 镜像特征

镜像特征同样既可以应用于基础特征，也可以应用于工程特征、高级特征、曲面特征等其他类型的特征，其原理和一般意义上的镜像操作相同。镜像得到的特征可以从属于原始特征，即如果修改了原始特征，则镜像后的特征也会随之改变；也可以不保持这种从属关系。下面以筋特征为例介绍镜像特征的创建步骤。

1. 镜像特征从属于原始特征

（1）打开本章练习文件"Rib-Mirror.prt"，如图7.21所示。

（2）在图形工作区中按下键盘上的**Ctrl**键再左键单击筋和弯板特征，使两者被选中并显示出红色的轮廓线。左键单击屏幕右侧工具箱中的命令图标，或者使用菜单命令"编辑" ➤ "镜像"，开始进行创建镜像特征，系统会显示出镜像特征的操控板，如图7.22所示。

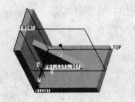
图7.21 打开练习文件"Rib-Mirror.prt"

图7.22 镜像操控板

（3）从系统提示可以看出，当前需要选择镜像平面。操控板中以红色显示的项目表示当前需要执行的操作。左键单击操控板中红色的"参照"字样，屏幕上会弹出"参照"子控制板，如图7.23所示。

（4）可以看到，"参照"控制板中的内容很简单，与其上方的"镜像平面"提示栏相同。左键单击模型中的基准平面"**RIGHT**"，表示以"**RIGHT**"作为镜像平面，操控板中立即会显示出选择的结果，如图7.24所示。

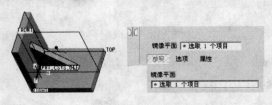
图7.23 镜像特征的"参照"控制板

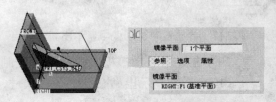
图7.24 选取**RIGHT**为镜像平面

（5）左键单击操控板中的"选项"字样，屏幕上会显示出"选项"子控制板，如图7.25所示。

（6）"选项"子控制板中的"复制为从属项"复选框默认被选中，表示镜像得到的特征将保持与原始特征的关联，会随着原始特征的变化而变化。

（7）左键单击屏幕右下角的命令图标，镜像操作完成，得到如图7.26所示的模型。

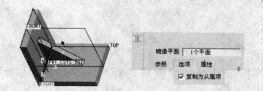

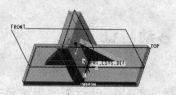

图7.25　镜像特征的"选项"子控制板　　　　图7.26　镜像生成的结果

 如果在前文步骤（2）只选取了筋特征，那么在镜像时会出现错误。因为筋特征必须有与之依托的实体，否则将无法创建。

（8）下面验证一下镜像特征与原始特征之间的关联。左键单击右侧的原始筋特征，在工作区按下鼠标右键，从弹出的上下文相关菜单中选择"编辑"，模型上会显示出筋特征的主要尺寸，如图7.27所示。

（9）将原始筋特征的厚度由10改为30，然后左键单击屏幕上方工具栏中的命令图标，进行模型的再生，再生后的模型如图7.28所示。

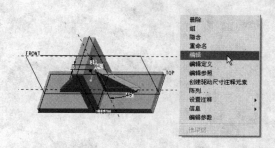

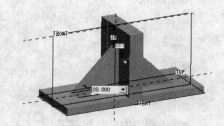

图7.27　"编辑"命令显示出原始筋特征的尺寸　　　图7.28　修改原始筋特征的尺寸并再生模型

可见，两侧的筋特征尺寸都做了同样的变化，仍然保持相同。

2. 镜像特征不从属于原始特征

（1）仍然以上面的例子为基础进行讨论。前面的步骤（1）到步骤（5）都相同，这时打开了"选项"子控制板，系统默认选中了"复制为从属项"复选框。左键单击该复选框，取消其方框中的选中标记，如图7.29所示。

（2）左键单击操控板中的命令图标，生成镜像特征，如图7.28所示。

（3）仍然按照前面的步骤（8）～（9）两步对原始的筋特征进行尺寸编辑，并左键单击命令图标对修改尺寸后的模型进行再生，得到如图7.30所示的结果。

 左键单击屏幕顶部工具栏中的命令图标，可以将模型显示为线框；左键单击命令图标，可以选取标准的视图方向。

可见，镜像得到的特征并没有随着原始筋特征尺寸的变化而变化。

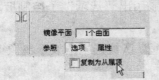
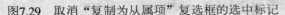

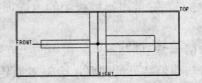

图7.29　取消"复制为从属项"复选框的选中标记　　　　图7.30　再生模型后的结果

7.3　移动特征

移动特征本身并不创建新特征，而是将现有的特征从一个位置移动到另一个位置，同时还可以对操作的特征进行缩放、旋转等处理。

系统中没有"移动"命令，而是通过菜单命令"编辑"➤"复制"结合"选择性粘贴（Paste Special）"功能来调用"移动"工具。利用"移动"工具可以进行下列操作：

- 沿指定的方向平移特征、曲面、面组、基准曲线和轴。
- 绕某个现有轴、线性边、曲线，或绕坐标系的某个轴旋转特征、曲面、面组、基准曲线和轴。
- 在一次移动操作中可以应用多个平移及旋转变换。
- 可以使用"移动"工具创建和移动现有曲面或曲线的副本，原始特征则被原样保留。

在进行平移和旋转时，可以使用下列几何要素作为方向参照：

在"平移"模式中可选择：

- 线性曲线
- 线性边
- 平面
- 基准轴
- 基准平面
- 基准坐标系的轴

在"旋转"模式中可选择：

- 线性曲线
- 线性边
- 基准轴
- 基准坐标系的轴

如果要对阵列处理得到的特征进行移动，那么只能针对整个阵列，不能只移动阵列中的某些成员。

下面仍然以前面的弯板及筋特征为例介绍移动处理的步骤。

（1）打开本章练习文件"Rib-mirror.prt"。

（2）左键单击以选中筋特征，或者从屏幕左侧的模型树中左键单击以选中名为"筋1"的特征，选择菜单命令"编辑"➤"复制"，再选择菜单命令"编辑"➤"选择性粘贴"，屏幕上会显示出一个对话框，如图7.31所示。

（3）在"选择性粘贴"对话框中，左键单击以选中复选框"从属副本"，以及"对副本应用移动/旋转变换（A）"，再左键单击"确定"按钮，屏幕下方会显示出如图7.32所示的移动旋转操控板。

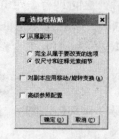

图7.31　选中筋特征，并使用菜单命令"编辑"➤"复制"和"选择性粘贴"

图7.32　移动和旋转操控板

（4）如果选中的是一条直线或者直边，那么将沿着该直线或直边移动；如果选中的是一个平面，那么将沿其法向移动。现在左键单击以选中平行于筋特征厚度方向的直边，再输入移动的量为20，如图7.33所示。

（5）左键单击操控板中的"变换"字样，系统会显示出"变换"子控制板，其中会显示出选择的结果及当前的设置，如图7.34所示。

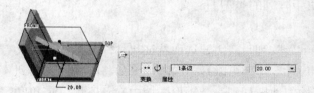

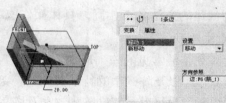

图7.33　选中一条直线边作为移动的方向

图7.34　"变换"子控制板

（6）左键单击"变换"子控制板中的"设置"下拉列表框，可以看到其中的"旋转"项。如果选取了此项，右侧的文本框就会显示出旋转的角度，同时操控板下方的命令图标也会被选中。在本例中不要进行旋转，否则筋特征会由于找不到相交图元而再生失败。

（7）左键单击操控板中的命令图标，完成移动处理，得到的特征如图7.35所示。

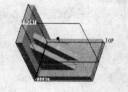

图7.35　移动特征创建完毕

注意

"移动"特征与传统意义上的移动不同，因为它只是创建一个从属于原始特征或者图元的副本，并且允许对副本进行一些改变。原始特征或图元是不变的。一旦原始特征或图元改变或者被删除，则"移动"产生的副本也会发生相应的改变或被删除。

7.4 阵列特征

产品设计中经常会有多个相同的特征，或者多个特征之间具有一定的规律，例如法兰盘四周的螺栓孔。在Pro/E野火4.0版中，可以先创建其中的一个或者几个特征，然后再通过阵列的方式创建其他特征。这样既可以提高建模速度，又可以充分利用Pro/E全参数化的特性，在以后需要进行设计变更的时候提高工作效率。

阵列有多种类型。

·尺寸阵列：通过使用驱动尺寸并指定阵列的增量变化来控制阵列。尺寸阵列可以为单向或双向。

·方向阵列：通过指定方向并使用拖动控制滑块设置阵列增长的方向和增量来创建自由形式阵列。方向阵列可以为单向或双向。

·轴阵列：通过使用拖动控制滑块设置阵列的角增量和径向增量来创建自由形式径向阵列。也可将阵列拖动成为螺旋形。

·表阵列：通过使用阵列表并为每一阵列实例指定尺寸值来控制阵列。

·参照阵列：通过参照另一阵列来控制阵列。

·填充阵列：根据选定栅格用实例填充区域来控制阵列。

阵列创建的方法各不相同，具体操作取决于阵列的类型。

1. 尺寸阵列

尺寸阵列是最常见的阵列形式。创建"尺寸"阵列时，需要选取特征尺寸，并指定这些尺寸的增量变化，以及阵列中的特征实例数。"尺寸"阵列可以是单向阵列（如将阵列的孔排列成一条直线），也可以是双向阵列（如孔阵列均匀地排列到一个矩形区域中），还可以是角度阵列。

下面分别举例介绍这几种阵列的操作步骤。

（1）单向线性阵列

A. 打开本章练习文件"pattern-linear.prt"，使之显示在屏幕上，这是一个长方体，上面有一个圆孔，如图7.36所示。

B. 左键单击圆孔，使之显示出红色轮廓线，然后左键单击右侧工具箱中的命令图标▦，或者使用菜单命令"编辑"➤"阵列"，屏幕上会显示出如图7.37所示的阵列操控板。

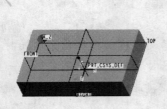

图7.36 打开练习文件"pattern-linear.prt"

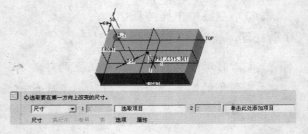

图7.37 阵列操控板

C. 从系统提示可以看出，系统默认选取的阵列类型是"尺寸阵列"，需要选择一个阵列尺寸。左键单击以选中沿长方体长度方向的尺寸60。

D. 操控板中从左边数第三个文本框中会显示出"1个项目"，表示当前选中了一个尺寸；在模型上尺寸60的位置也会弹出一个文本框，要求输入尺寸的增量，输入100，如图7.38所示。

E. 在操控板中从左边数第二个文本框中输入阵列成员数5，按回车键，系统会显示出将要阵列出的孔的位置，如图7.39所示。

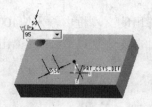

图7.38　输入尺寸增量

图7.39　阵列孔的位置

F. 模型中的黑色圆点表示阵列孔将出现的位置。左键单击操控板中的"尺寸"按钮（不是下拉列表中的"尺寸"），屏幕上会显示出"尺寸"子控制板，如图7.40所示。从中可以查看及修改前面设置的参数。

G. 左键单击操控板中的命令图标☑，系统会生成如图7.41所示的阵列结果。

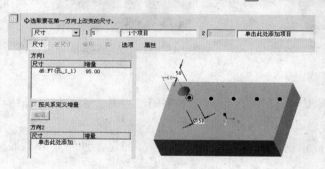

图7.40　"尺寸"子控制板

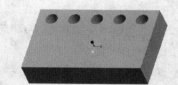

图7.41　单向线性阵列的结果

（2）双向线性阵列

A. 接着上面的例子讨论。现在已经生成了单方向（沿长方体长度方向）的阵列，下面将它改为双向（沿长和宽两个方向）的阵列，以便使孔均布在长方体上表面中。在左侧窗格的模型树中左键单击以选中"阵列1"，如图7.42所示。

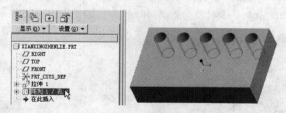

图7.42　选中阵列成员

B. 在工作区按下鼠标右键，从弹出的上下文相关菜单中选择命令"编辑定义"，屏幕上又会显示出阵列操控板。

C. 左键单击操控板最右侧的文本框，当前其中显示的文字是"单击此处添加"，左键单击后它会变成"选取项目"，表示接着应该选择一个尺寸，如图7.43所示。

图7.43　单击最右侧的文本框

D. 左键单击模型中沿长方体宽度方向的尺寸50；在弹出的文本框中输入值100；在操控板底部从右侧数倒数第二个文本框中，输入第二个方向阵列的成员数3，再左键单击"尺寸"按钮以打开"尺寸"子控制板，如图7.44所示。

E. 屏幕上的黑点表示阵列后各孔的位置。左键单击操控板中的命令图标✓，完成阵列，得到的结果如图7.45所示。

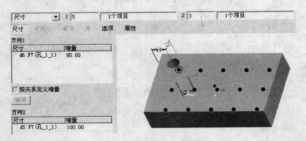

图7.44　选择第二个尺寸并输入参数后的"尺寸"子控制板　　　　图7.45　双向线性阵列的结果

（3）在阵列中改变成员的基本尺寸

阵列的过程中可以按照一种简单的关系改变成员的尺寸，接下来仍然接着上面的例子介绍改变孔直径的步骤。

A. 在上次阵列得到的模型基础上，左键单击以选中模型树中的"阵列1"，使整个阵列显示为红色。

B. 在工作区按下鼠标右键，从弹出的上下文相关菜单中选择命令"编辑定义"，屏幕显示出阵列操控板。

C. 左键单击操控板底部从左边数第三个文本框，当前其中显示为"1个项目"，表示选中了一个尺寸，然后按下键盘上的**Ctrl**键，再左键单击圆孔的直径尺寸"Φ50"，并输入增量值10，左键单击操控板中的"尺寸"按钮，打开"尺寸"子控制板，如图7.46所示。

D. 左键单击操控板中的命令图标✓，阵列结果如图7.47所示。

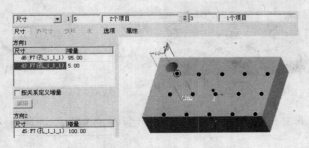

图7.46　选取直径尺寸，并输入尺寸增量　　　　　　图7.47　双向阵列，并改变成员的尺寸

（4）角度阵列

生成阵列特征的时候，如果选择的是线性尺寸，那么得到的是线性阵列，如前文所述；如果选择的是角度尺寸，那么得到的就是角度阵列。需要注意的是，角度阵列的对象在创建的时候本身必须带有角度尺寸，在阵列的过程中是不能添加尺寸的。下面举例说明角度阵列的操作步骤。

A. 打开本章练习文件"pattern-ang.prt"，屏幕的工作区会显示出如图7.48所示的模型。

B. 左键单击以选中模型上的孔，使之显示为红色。

C. 左键单击命令图标▦，或者使用菜单命令"编辑"➤"阵列"，屏幕上显示出阵列操控板，如图7.49所示。

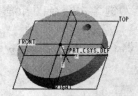

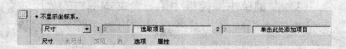

图7.48　打开文件pattern-ang.prt　　　　　　　图7.49　角度阵列操控板

D. 左键单击模型中的角度"45°"，在弹出的文本框中输入角度增量值"45"，如图7.50所示。

E. 左键单击操控板左侧第二个文本框，输入值8，表示沿圆周成员数为8，如图7.51所示。

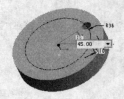

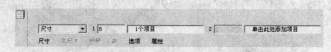

图7.50　输入角度增量值45　　　　　　　图7.51　输入第一个尺寸阵列的成员数

F. 左键单击操控板最右侧的文本框"单击此处添加项目"，其中的文字会变成黄色背景的"选取项目"字样，然后在图形工作区中左键单击尺寸"R36"，在弹出的文本框中输入数值"-15"，如图7.52所示。

G. 在操控板倒数第二个文本框中输入数值"2"，表示阵列生成2列成员，每次输入数值后都按回车键，完成时的尺寸控制板及模型如图7.53所示。

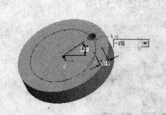

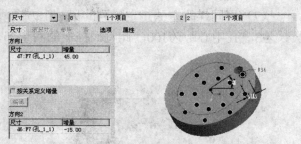

图7.52　输入半径尺寸增量-15　　　　　　　图7.53　角度阵列的全部参数

图7.54 角度阵列完成

H. 左键单击操控板中的命令图标☑，系统生成的模型如图7.54所示。

2. 方向阵列

方向阵列与尺寸阵列类似，只是它不需要选择具体的尺寸，而是选择需要阵列的方向。方向可以由一条直边、线性曲线或者平面（指法向）来表示；阵列成员之间的距离可以由拖动白色方块控制柄来确定，也可以直接输入数值；成员数由用户直接指定；下面举例说明。

（1）打开文件"pattern-linear.prt"，使之显示在屏幕上。

（2）左键单击以选中模型上的孔，使之显示出红色轮廓线，然后左键单击命令图标▦，或者使用菜单命令"编辑"➤"阵列"，屏幕上显示出阵列操控板。

（3）左键单击操控板中第一个文本框中的"尺寸"，从打开的下拉列表中选择"方向"，意思是进行方向阵列，系统会显示出方向阵列操控板，如图7.55所示。

图7.55 方向阵列操控板

（4）根据操控板中的系统提示，左键单击以选中长方体的一条长边，模型上会显示出控制柄及表示阵列位置的黑点，如图7.56所示。

（5）在操控板中命令图标▨右边的文本框中输入长度方向阵列的成员数5，在接着的文本框中输入相邻两孔的中心距95，完成后按回车键，如图7.57所示。

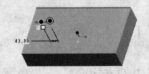

图7.56 选择方向参照后，系统
显示出阵列控制柄

图7.57 指定长度方向的阵列参数

（6）输入参数后，有时会发现阵列生成的方向不对，如图7.58所示。此时可以左键单击该方向阵列成员数文本框左侧的命令图标▨，将阵列方向调整到正确的方向。

（7）用同样的方法指定阵列的另一个方向，即宽度方向及相关参数。宽度方向阵列的成员数为3，孔中心距为100，此时操控板的右半部分及零件模型如图7.59所示。

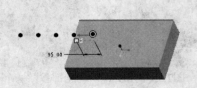

图7.58 阵列方向不对

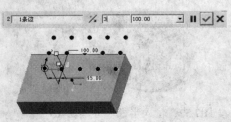

图7.59 指定了两个阵列方向及其参数

（8）使用操控板中宽度方向的命令图标 ⚿ 调整阵列方向，完成后左键单击命令图标 ✓，得到最终的方向阵列模型，如图7.60所示。

3. 轴阵列

如果说方向阵列类似于前文所述的线性尺寸阵列的话，那么轴阵列就类似于前文所述的角度尺寸阵列，下面通过示例说明轴阵列的操作步骤。

（1）打开文件"pattern-ang.prt"。

（2）左键单击以选中孔特征，使之显示出红色轮廓线；左键单击命令图标 ▦，或者使用菜单命令"编辑" ➤ "阵列"，系统显示出阵列操控板。

（3）左键单击操控板中默认显示为"尺寸"的下拉列表，从中选择"轴"，表示要创建轴阵列特征，操控板会变成如图7.61所示的那样。

图7.60　方向阵列的结果

图7.61　轴阵列操控板及零件

（4）根据系统的提示，左键单击以选中零件的基准轴A-1（注意应将屏幕上方的命令图标 ⚿ 选中，才能显示出基准轴线），操控板中的内容立即会更新，如图7.62所示；并且在模型中显示出默认设置的阵列成员位置及角度，如图7.63所示。

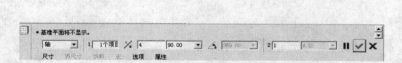

图7.62　默认的轴阵列成员及操控板

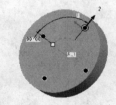

图7.63　默认的轴阵列位置

（5）拖动白色方块控制柄，或者直接输入数据，将角度增量改为45度；在操控板的第三个文本框中输入成员数8。

（6）在最右侧的白色文本框中输入径向成员数2，系统立刻显示出径向阵列控制柄，并且最右侧的文本框也显示为白色，在其中输入径向阵列尺寸增量15，如图7.64所示。

（7）拖动径向阵列控制柄，使径向生成的方向指向圆心，如图7.65所示。

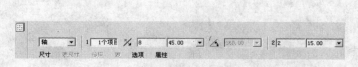

图7.64　输入角度增量及径向参数

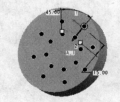

图7.65　改变径向阵列的方向

（8）如果左键单击表示阵列成员位置的某个黑色圆点，它会显示为白色圆圈，这时该位置将不生成阵列成员。左键单击操控板中的命令图标 ✓，生成的轴阵列结果如图7.66所示。

图7.66 轴阵列完成

　　阵列的方法还有很多，如表阵列、参照阵列、填充阵列等，本章不再详细讨论，需要时用户可以查阅Pro/ENGINEER的联机帮助系统。

小结

　　本章详细介绍了复制粘贴、移动、镜像、阵列特征的特点及实现。这些编辑方法都是Pro/E野火4.0零件设计的重要组成部分，每一种方法都有多种不同的实现形式，每一种实现形式又有各自的特点。掌握主要编辑特征的特点和应用、每一种编辑特征不同实现方式之间的联系和区别并且熟悉常用实现方式的操作步骤是学习本章内容的核心。

第8章 模型树、层与零件的属性

学习重点：
- ➡ 模型树的作用及操作
- ➡ 层树的作用及操作
- ➡ 零件模型的属性
- ➡ 零件模型属性的设置

8.1 模型树

　　一般情况下，每次启动Pro/E野火4.0系统并且打开或者新建一个零件、组件、制造的时候，在屏幕左侧显示出来的窗格就是模型树，其中会显示一个树状的结构，反映的是该零件、组件或者制造的主要对象，如图8.1所示。

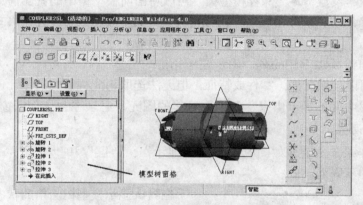

图8.1　Pro/E野火4.0系统初始界面及"模型树"窗口

　　如果初始界面中没有显示模型树或层树，可以左键单击屏幕左侧的命令图标；如果左侧窗格显示出的是层树，如图8.2所示，那么可以左键单击此窗口上方的"显示"按钮，并从打开的下拉菜单中选择"模型树"项。

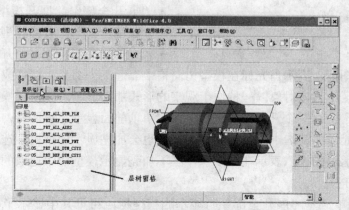

图8.2　由层树显示切换为模型树显示

1. 模型树综述

模型树以树的形式显示当前活动模型中的所有特征或零件。在树的顶部显示的是根对象，然后按照零件或者特征创建的顺序逐层显示各从属对象。如果在Pro/E中通过多个窗口打开了多个文件（包括零件、装配或者绘图），那么模型树只反映当前处于激活状态的文件。

在零件文件中，模型树就像一个包含所有特征的列表，其中包括基准和坐标系。模型树根部显示的是当前零件文件的名称，其下是按照创建的顺序逐个显示每个特征。在组件（装配）文件中，模型树在根部显示当前组件文件的名称，然后按照装配的顺序逐个显示当前装配进来的所有零件或其他组件。

如果当前处于活动状态的是零件文件，则模型树中只列出当前文件中的特征，而不列出构成特征的图元（如边、曲面、曲线等）；如果当前处于活动状态的是组件（装配）文件，则模型树中只列出当前装配中的零件，而不列出构成该零件的特征。

每个模型树项目包含一个反映其对象类型的图标，如隐藏、组件、零件、特征或基准。该图标还可以显示特征、零件或组件的显示或再生状态（如是否隐含或未再生），具体设定可以通过图8.1中模型树窗格上方的"设置"下拉菜单进行选择。

使用菜单命令"设置"➤"保存模型树"可以将当前模型树中的全部信息保存到一个文本（.txt）文件中，当然还可以打印该文件或将其输入到文本编辑器中并进行格式处理，以及其他处理。

在模型树中可以添加专门的列，用于显示指定的信息。

在模型树中可以选取元件、零件或特征，但无法选取构成特征的具体几何（图元），因为这些图元在模型树中并不显示出来。要选取具体的图元，必须在主工作区窗口中进行。

2. 模型树的设置

模型树的操作菜单主要是如图8.2所示的"显示"、"层"和"设置"。具体的菜单项随当前的设置状态的不同而不同。

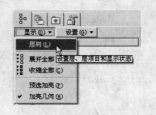

图8.3　默认显示模型树时的菜单

在默认显示模型树窗格的状态下，模型树的菜单如图8.3所示。

各菜单项的含义如下：

· "层树"：由模型树显示状态转换为层树显示状态。

· "展开全部"：展开模型树的所有分支。

· "收缩全部"：收缩模型树中的所有分支。

· "预选加亮"：这是个开关选项，如果此菜单项前面显示了✔图标，表示当光标在模型树窗格中靠近某个图元、特征或零件的名称时，系统即会在图形工作区中将该对象以一种便于观察的形式加亮显示，以便于操作者观察和选取。

· "加亮几何"：这是个开关选项，如果此菜单项前面显示了✔图标，表示在模型树窗格中左键单击某个图元以将其选中时，在图形工作区也会加亮显示模型树中选取的项目；如果此菜单项前面没有显示✔图标，表示在图形工作区不加亮显示模型树中选取的项目，而只将它们在模型树窗格中加亮显示。

图8.4是使用菜单命令"展开全部"时显示的模型树，可见其中显示了模型树中的所有子对象。

图8.5所示为使用菜单命令"收缩全部"之后模型树的显示，可见其中只显示了模型树的根对象。

左键单击模型树窗口上方的"设置"菜单，系统会显示出如图8.6所示的下拉菜单。

图8.4　使用"展开全部"命令后显示的模型树

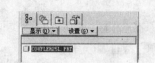

图8.5　使用菜单命令"收缩全部"之后的模型树

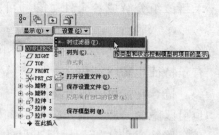

图8.6　模型树的"设置"菜单

各菜单项的含义如下：

- "树过滤器"：通过一些具体的规则来控制模型树中各项目的显示状态。
- "树列"：控制模型树窗口中显示哪些列。
- "打开设置文件"：打开已有的模型树设置文件。
- "保存设置文件"：将模型树设置保存到文件中。
- "应用来自窗口的设置"：应用其他窗口的设置。
- "保存模型树"：将模型树中显示的内容保存到文本文件中。

上述菜单项中，使用最多的是"树过滤器"命令。选择菜单命令"设置"➤"树过滤器"之后，系统会显示出如图8.7所示的"模型树项目"窗口。

从图8.7中可以看到许多复选框，前面带有绿色选中标记☑的项目将在模型树中显示出来，反之将不显示。下方的命令图标☒表示选中其上的全部选项，命令图标☐表示将其上方的所有选项取消。

3. 模型树的作用

模型树的作用主要是集中组织和显示当前项目中的主要对象，同时它也是选取对象和进行部分对象操作的场所。当项目变得越来越复杂的时候，从图形工作区选取对象有时会比较困难，而在模型树中左键单击相关的名称就可以方便地选中相应的对象，使用右键菜单还可以进行删除、隐含、隐藏等处理，如图8.8所示。

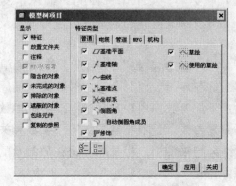

图8.7　"模型树项目"窗口

图8.8　在模型树中使用右键菜单

模型树中可以使用的主要右键菜单命令如下：

- "删除"：将当前项目删除。
- "组"：用当前选中的一个或多个项目构成一个组，组合在一起的对象可以作为一个整体进行处理；如果是右键单击了一个已有的组，那么在右键菜单中会出现"分解组"命令，用于将该组分解成各个独立的项目。
- "隐含"：用于将当前选中的项目从模型再生中暂时删除，已经隐含的特征可以随时解除隐含（即恢复）。隐含操作不仅会使当前特征暂时消失，还会像删除了该特征一样，使其所有子特征也暂时消失。

隐含功能可以用于简化零件模型以减少再生时间。与此类似，当处理一个复杂组件的时候，也可以隐含一些当前不需要详细显示的特征和元件。

隐含功能主要用于以下目的：

- 隐含不重要的区域以便集中精力处理当前工作。
- 由于需要系统更新的对象减少了加快了再生速度。
- 由于显示内容较少而加速了显示过程。
- 暂时删除一些特征以尝试不同的替代设计。

 基本特征不能隐含。

- "隐藏"：在图形工作区中暂时不显示选定的特征或元件。

完成相关的模型操作之后应该立即将隐藏的特征或元件还原出来。如果需要在较长时间内不让相关对象在图形窗口中显示出来，应该使用层。在模型再生的过程中仍然会处理隐藏的项目，因此它并不能加快模型再生的速度。

- "设置注释"：注释是可以附加到对象的文本字符串。对于模型中的任意对象都可以附加任意数量的注释。

注释具有如下作用：

- 告诉工作组中其他成员如何查看或使用你所创建的模型。
- 说明如何在定义模型特征时处理或解决设计问题。
- 说明对模型超时的特征所做的更改。
- "信息"：用于查看关于当前特征、模型及父子关系方面的信息，如图8.9所示。
- "编辑定义"：其作用相当于在图形工作区选中相关特征，然后按下鼠标右键，从弹出的上下文相关菜单中选择的"编辑定义"命令，可以对该特征的定义进行各种修改及重定义。
- "编辑参数"：相当于使用菜单命令"工具"➤"参数"命令。参数又包括局部参数、外部参数、用户定义参数、系统参数、注释元素参数、受限制值参数等。参数和关系经常结合起来使用，相关内容将在后面专门的章节中讨论。

图8.9　在模型树中查看模型信息

8.2　查找

在处理复杂零件、组件的过程中，经常需要按照一定的规则搜索、过滤及选取特征和元件，这时可以使用"搜索"功能。使用菜单命令"编辑"➤"查找"，或者在屏幕上方的工具栏中左键单击命令图标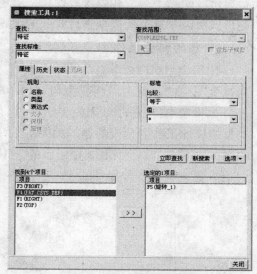，系统会弹出如图8.10所示的对话框。在这个对话框中可以通过设定一些规则来进行搜索。

在这个窗口中，可以按名称、类型、表达式、大小、说明等属性选取项目，可以使用通配符。

搜索结果会在对话框的"找到的项目"中列出，也会在模型树和图形工作区加亮显示。要选取找到的项目，可以使用命令图标>>将需要的项目从"找到的项目"转移到"选定的项目"部分。

在"搜索工具"窗口中，用过的规则和值会得到记忆，以便在执行新搜索时供选用。

"搜索工具"对话框包含下列选项卡和按钮：

"属性"：根据属性（"名称"、"类型"、"参数"、"大小"、"说明"或"属性"）进行搜索。

图8.10　"搜索工具"窗口

"历史"：根据创建顺序或标识搜索项目（在特定条件下还会包括"上一特征"、"失败特征"和"所有"项）。

"状态"：根据状态（"再生"、"层"、"显示"、"父项/子项"、"复制参照"）搜索项目。

"几何"：根据几何关系（"区域"、"距离"、"外部元件"）搜索项目。

"查找"：指定要查找的项目的类型（例如，特征、元件、尺寸等）。

"查找标准"：创建一个更详细的查询。例如，将"查找"设置为"特征"，将"查找标准"设置为"尺寸"，这样可以根据指定的尺寸找到拥有该尺寸的特征。

"查找范围"：（仅可用于"组件"和"绘图"模式）选取活动模型。如果已经定义了选择范围，则不显示该字段。使用箭头按钮，可从图形窗口或模型树中选取所需模型。选中"包括子模型"复选框可搜索在"查找范围"中选定模型的子模型。

"立即查找"：按确定的规则进行搜索，并在"找到的项目"窗口中显示结果。如果在找到的列表中只有一个项目，则会在找到的项目列表中自动加亮显示该项目。如果只选取一个项目，可以从列表中左键单击以选取该项目，然后单击命令图标>>将其添加到选取查询范围中，或双击该项目；也可以中键单击将其添加到选取查询范围中，然后关闭该对话框。

"新搜索"：开始新的搜索。

"选项"：设置选项，建立并保存查询。使用"保存查询"选项，可将按一个或一组规则聚合在一起的元件保存到一个层中。执行此操作时，系统会提示输入新层名称，并在层树上创建一个新层。可以使用布尔操作符"AND"、"OR"将多个规则组合起来建立一个查询。

8.3 层

1. 层的基本概念

Pro/E提供了一种组织模型和管理诸如基准轴线、基准平面、特征、装配中的元件等对象的有效手段，这就是"层"。通过以"层"的形式来组织，可以对同一层中的所有要素同时进行显示、隐藏、选取和隐含等操作。层还可以嵌套，这样就形成了层次化的多层结构。通过层的形式可以对复杂的模型进行有效的组织和管理，这样可以提高可视化程度，提高工作效率。

2. 层的相关操作

使用模型树窗口上方的菜单命令"显示"➤"层树"，或者在屏幕上方的工具栏中左键单击命令图标 ，就可以将模型树窗口中的项目以层树的方式显示，如图8.11所示。

如果使用Pro/E的模板进行工作，那么打开"层树"显示之后都会看到由PTC公司根据不同类型的设计工作而预设的层，如图8.11所示，这些层都是预设层。在层树中右键单击需要操作的层，屏幕上会弹出如图8.12所示的上下文相关菜单，在这里可以进行新建层、将对象添加到层中、删除层等多种操作。

图8.11 "层树"显示窗口	图8.12 层的操作

大部分右键菜单中的命令很直观，不需要做多余的解释。其中的"隐藏"命令表示将层中的对象隐藏；"层属性"命令可以用来查看层中的所有对象及各对象的状态；"搜索"命令会启动类似于图8.10的窗口，可以设置一定的规则在层中进行对象查找。

需要注意的是，由于层树也是一个多层次的结构，因此在进行一些层操作的时候，如新建层，一定要指出该操作在层树中的位置。指出当前层操作位置实际上就是选定"活动层对象"。在零件设计工作中可以不必选取活动层对象，因为活动层对象就是当前设计的零件模型；但在装配、制造等环境中会包含多个零件，因此在进行层操作的时候需要选定当前活动层对象，如图8.13所示的制造模型。

（1）创建新层

创建新层的步骤很简单，只要使用层树窗口上方的菜单命令"层"➤"新建层"，或者在层树窗口中右键单击，再从上下文相关菜单中选择"新建层"命令，屏幕上会显示出如图8.14所示的"层属性"窗口。

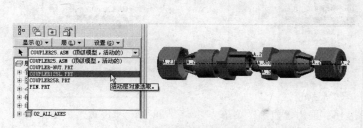

图8.13　在制造模型中选定活动层对象　　　　图8.14　"层属性"窗口

在这里可以指定层的名称、层ID（标识）、包括的对象等内容。层ID主要用于在与其他支持图层的软件如IGES进行数据交换的时候便于对层进行识别。左键单击窗口中的"包括"或"排除"按钮，再左键单击层树或者图形工作区中的相关对象，就可以将这些对象包括到层中，或者从层中排除。完成层中的相关设置后，左键单击窗口中的"确定"按钮，即可完成层的创建。

（2）在层中添加对象

如果需要在已有的层中添加对象，那么可以在层树窗口中右键单击该层，并且从上下文相关菜单中选择命令"层属性"，这样又会打开如图8.14所示的窗口，利用其中的"包括"、"排除"按钮即可将对象添加到层中，或者从中删除、排除对象；使用"移除"命令可以删除"项目"列表中的对象。

（3）设置层的隐藏

右键单击需要隐藏的层，再从弹出的上下文相关菜单中选择"隐藏"命令，即可将该层中的对象从图形工作区中隐藏。隐藏操作可以简化图形的显示，以便于进行其他选取及处理操作。但并不缩短模型再生的时间。设置隐藏的层在层树中的图标会显示为浅灰色，如图8.15所示。

3. 层树的显示控制

左键单击层树窗口上方的菜单中的"显示"按钮，可以打开层树"显示"菜单，如图8.16所示。

- "模型树"：用于切换到模型树显示窗口。
- "选定的过滤器"：按照过滤器设置来显示选中的对象。
- "未选定的过滤器"：按照过滤器设置来显示未选中的对象。
- "取消过滤全部"：取消过滤器设置，显示全部对象。
- "预选加亮"：在图形工作区加亮显示光标在层树窗格中经过的项目。
- "查找"：可以查找项目、包含项目的层、控制项目的层，以及在层树中进行搜索。

4. 层树的设置

左键单击层树窗格上方的"设置"命令，系统会显示出如图8.17所示的"设置"下拉菜单。其中主要命令前面都有图标 ✔，表示该项处于选中状态。各项的含义如下：

- "显示层"：控制在层树中是否显示未被隐藏的层。
- "隐藏层"：控制在层树中是否显示设为隐藏的层。
- "孤立层"：控制在层树中是否显示孤立的层。
- "以隐藏线方式显示的层"：控制在层树中是否显示以隐藏线方式显示的层。

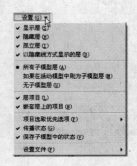

图8.15　隐藏的层　　　　　图8.16　层树"显示"菜单　　　　图8.17　"设置"下拉菜单

- "如果在活动模型中则为子模型层"：显示所有相关子模型中的活动对象层。
- "无子模型层"：仅显示活动对象的各层。
- "层项目"：控制是否在层树中列出层中包含的项目。
- "嵌套层上的项目"：在层树中显示所有嵌套层中的项目。
- "项目选取优先选项"：设置选取项目时优先选取的规则，又包含忽略、添加、自动、提示、当前偏好层等子项。
- "传播状态"：控制是否将用户对当前层可视性的设置应用到子层。
- "保存子模型中的状态"：控制是将元件级层显示设置保存在子模型文件中，还是顶级组件文件中。默认设置为选中，表示元件级层显示设置保存在子模型文件中。
- "设置文件"：用于将当前的层树显示设置保存到一个文本配置文件、打开或编辑文本配置文件，以及显示当前的层树设置，如图8.18所示。

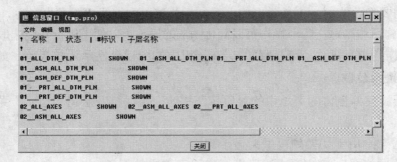

图8.18　使用菜单命令"设置"➤"设置文件"➤"显示"看到的当前层树设置

8.4　零件的属性

在使用文件类型"零件"进行零件设计的过程中，使用菜单命令"编辑"➤"设置"可以打开如图8.19所示的菜单管理器，在这里可以管理零件的多方面设置。

其中主要菜单项的含义如下：

- "Material（材料）"：设置零件模型的材料属性。
- "Accuracy（精度）"：设置零件模型在Pro/E中的计算精度。
- "Units（单位）"：设置当前模型的度量单位，包括长度、质量、力、时间。
- "Name（名称）"：修改模型中选定特征或基准的名称。
- "Mass Props（质量属性）"：定义模型的质量属性，如密度等。

· "Dim Bound（尺寸边界）"：定义Pro/E生成模型时使用的尺寸为既定尺寸边界中的何种尺寸，如上限尺寸、下限尺寸或者公称尺寸。

· "Shrinkage（收缩）"：定义模具设计中使用的收缩率。

· "Grid（网格）"：定义并使用三维（模型）网格。

· "Tol Setup（公差设置）"：设置模型的公差，包括公差标准、公差表等。

图8.19 "PART SETUP（零件设置）"菜单

 注意 这里设置的公差是模型公差，不是真正零件设计中需要反映到图纸上的尺寸及形位公差。

· "Interchange（替换）"：用于在组件装配中设置替换元件，获得替换组的信息或删除关系参考。

· "Ref Control（参照控制）"：在组件装配或仿真中进行外部参照控制。

· "Designate（指定）"：将参数、特征和几何传递到BOM（物料清单）及PDM（产品数据管理）系统。

· "Flexibility（挠性）"：定义零件的挠性。

· "Done（完成）"：完成相关设置。

下面具体讨论零件设计中常用的设置项目。

1. 设置零件模型的材料属性

设置零件模型材料属性的步骤很简单，主要包括材料属性的定义、将材料属性写入磁盘文件，以及将定义好的材料分配给零件模型三步，下面举例说明。

（1）打开本章文件"\coupler\coupler25L.prt"，屏幕上会显示出一个联轴器左半部分零件模型。

（2）选择菜单命令"编辑"➤"设置"，系统会显示出"PART SETUP（零件设置）"菜单，如图8.19所示。

（3）从"零件设置"菜单中选择"Material（材料）"命令，屏幕上会弹出如图8.20所示的"材料"对话框。

（4）从"材料目录"下面的列表中选取需要的材料文件，例如"brass.mtl"表示黄铜，再左键单击命令图标▶▶▶，该材料会显示在对话框右侧的"模型中的材料"栏中，如图8.21所示，左键单击对话框右下角的"确定"按钮，即可完成材料的指定。

（5）如果目前的"材料目录"栏中没有与之对应的材料文件，那么可以新建对应的材料文件。左键单击对话框中的命令图标▢，或者使用菜单命令"文件"➤"新建"，系统会显示如图8.22所示的"材料定义"对话框。

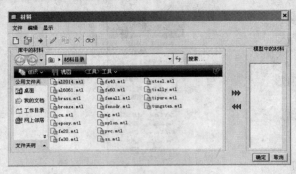
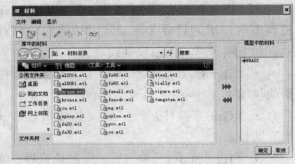

图8.20　"材料"对话框　　　　　　　　　　图8.21　输入材料名称

（6）在对话框中指定相关的参数，包括杨氏模量、泊松比、剪切模量、密度、热膨胀率、结构减震系数等许多项目。输入项目的值，然后左键单击"保存到库……"按钮，可以将该材料以库文件的形式保存到Pro/E当前的工作目录中；使用"保存到模型"按钮可以将此材料定义与模型文件保存在一起。

（7）如果在"模型中的材料"栏中显示了多种材料，那么可以右键单击需要指定给模型的材料，从弹出的上下文相关菜单中选取"指定"命令，即可将材料指定给当前的零件模型，如图8.23所示。

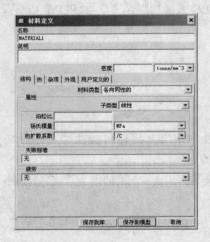

图8.22　"材料定义"对话框　　　　　　　图8.23　将材料指定给模型

2. 设置零件模型的单位属性

每个模型都有一个基本的度量单位体系，以保证其中的所有材料属性具有测量和定义的一致性。Pro/E野火4.0提供了一些预置的单位系统，有公制系统，也有非公制系统。用户可以定义自己的单位和单位系统（称为定制单位和定制单位系统）。在进行产品设计之前，应该使产品中的各元件使用相同的单位系统。

使用菜单命令"编辑"➤"设置"➤"Units（单位）"可以设置、创建、更改、复制或者删除模型的单位系统或定制单位。

如果需要修改当前模型中的单位系统，或者创建自定义的单位，可以按照下列步骤进行操作：

（1）在"零件"或"装配"环境中，使用菜单命令"编辑"➤"设置"，这样会打开"PART SETUP（零件设置）"菜单管理器，从中选择"Units（单位）"。

（2）系统会弹出如图8.24所示的"单位管理器"对话框，从中选择"单位制"选项卡，红色箭头指出的就是当前模型使用的单位系统。用户可以使用此列表中的任何一个单位系统，也可以创建自定义的单位系统。如果单击了其中一个单位系统，那么在"说明"区域会显示出对该单位系统的说明。

"单位管理器"对话框中各按钮的作用如下：

- "设置"：从单位制列表中选取一个单位制后，再单击此按钮可以将选取的单位制应用到当前模型中。
- "新建"：用于建立自己定义的单位制。
- "复制"：用于重命名自定义的单位系统。只有在以前保存了定制单位系统，或者在单位系统中改变了某个单位时，此按钮才可用。对于预置的单位系统，此按钮可以用新名称创建它的一个副本。
- "编辑"：只能用于编辑现有的自定义单位系统，不能用于编辑Pro/E预置的单位系统。
- "删除"：只能用于删除用户定制的单位系统。
- "信息"：单击此按钮后会弹出"信息"对话框，其中会显示出关于当前单位系统的基本单位和尺寸信息，以及关于当前单位系统衍生的单位的信息，如图8.25所示。在这个对话框中可以保存、复制或编辑所显示的信息。

图8.24　"单位管理器"对话框

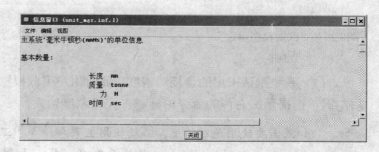

图8.25　单位系统信息

（3）如果需要改变单位系统，那么必须先选取将要使用的单位系统，然后单击"设置"按钮，这时系统会弹出如图8.26所示的"改变模型单位"对话框，从中选择需要的单选按钮，再左键单击"确定"按钮。

这个对话框中的两个单选按钮的含义如下：

- "转换尺寸（例如1英寸变为25.4mm）"：系统将按照既定的转换关系换算尺寸的值，模型的实际大小不变。如果有自定义参数，则必须由用户自己修改。角度尺寸不进行转换，因为Pro/E中的默认角度统一使用度、分、秒来表示。选中此按钮并单击"确定"按钮后，模型将会再生。
- "解译尺寸（例如1英寸变为1mm）"：系统将不改变模型中的尺寸数值，而是按照原有尺寸数值更换成新的单位以后改变模型的大小。选中此按钮并单击"确定"按钮后，模型将会再生。

（4）完成单位的设置后，左键单击"关闭"按钮，即可完成单位制的设置。

3. 设置零件的精度属性

"编辑"▶"设置"▶"Accuracy（精度）"命令可以修改零件模型进行几何计算的计算精度。零件精度和零件的大小有关，其取值范围从0.0001到0.01，缺省值为 0.0012。如果减小了零件的精度值，模型再生的时间就会增加。

一般情况下工作中应该使用缺省零件精度，除非必须提高精度值。设置的精度值通常应该小于零件的最小边长与零件外形最大边长的比例值。

在下列情况下，有时需要改变零件精度：

· 在大零件上放置一个非常小的特征。

· 对两个尺寸相差很大的零件求交（通过合并切除）。

零件的精度分为绝对精度和相对精度。绝对精度是 **Pro/E**能识别的最小尺寸（以当前单位衡量）。

设置零件精度属性的步骤如下：

（1）使用菜单命令"编辑"➤"设置"，系统会打开"**PART SETUP**（零件设置）"菜单管理器。

（2）在菜单中左键单击"精度（Accuracy）"项，系统会显示提示栏，要求输入精度值，如图8.27所示。

图8.26 "改变模型单位"　　　　　　　　　　　　图8.27 精度输入栏
　　　　对话框

（3）系统默认采用的是相对精度，此时用户可以根据零件设计的需要输入精度的值，然后左键单击提示栏右侧的命令图标✅，完成精度输入。

 如果需要使用绝对精度，必须使用主菜单命令"工具"➤"选项"，然后将系统变量enable_absolute_accuracy的值设为"yes"，如图8.28所示。

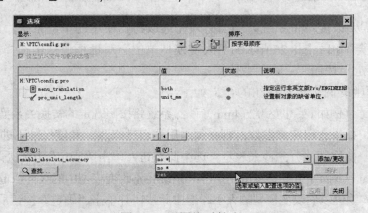

图8.28 设置绝对精度

 一般情况下应该使用相对精度设置，这样系统可以根据不同零件的尺寸保证其具有相应的设计精度。像机械工程中的ΙΤ公差等级一样，零件精度是允许的尺寸变动量与零件基本尺寸相结合的产物。

4. 设置名称

使用菜单管理器"PART SETUP（零件设置）"中的"Name（名称）"命令可以打开"NAME SETUP（名称设置）"子菜单，系统默认选取了"Feature（特征）"项，提示用户选取一个特征，如图8.29所示。

"NAME SETUP（名称设置）"子菜单中各菜单项的含义如下：

· Component（元件）：用于修改组件（装配）环境中的元件（零件）名称。

· Feature（特征）：用于修改零件模型中具体特征的名称。也可以在"模型树"中直接修改特征的名称。

· Other（其他）：用于修改基准轴、曲线、坐标系、点、边、曲面等的名称。

在模型树或者图形工作区中左键单击以选取一个特征，系统会显示出输入栏，要求输入新的名称，如图8.30所示。名称可以用中文。

图8.29 "名称设置"子菜
单及提示栏

图8.30 输入特征的名称

输入名称后，左键单击输入栏右侧的命令图标 ✓，即可完成。

其他几个菜单项的使用方法与此相同，本文不再赘述。

5. 设置质量属性

使用菜单管理器"PART SETUP（零件设置）"中的"Mass Props（质量属性）"命令，系统会显示出"质量属性"对话框，如图8.31所示。

在"源"栏的下拉列表中有"几何"、"几何和参数"、"文件"三个选项。系统的默认选项是"几何"。各选项的基本作用如下：

· "几何"：直接指定零件模型的密度属性。

· "几何和参数"：除了指定零件模型的密度以外，还可以使用下面的"编辑"按钮指定其他质量属性参数，如体积、曲面面积、重心、转动惯量等，如图8.32所示。

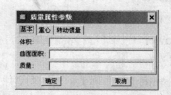

图8.31 "质量属性"对话框

图8.32 指定其他质量属性参数

· "文件"：通过一个文本文件来指定相关质量参数。系统会打开一个文本文件，其中已经填入了相关参数的变量名称及格式，如图8.33所示。

6. 设置尺寸边界

在零件设计工作中，人们最终需要指定实际零件的尺寸，这就需要指出尺寸的上下偏差。设置了上下偏差或者尺寸公差等级后的尺寸将不再是一个具体的值，而是一个尺寸范围。

在Pro/E野火4.0系统中，设置尺寸边界就是指定了当前模型采用这样的尺寸范围中何种类型的尺寸来生成。系统可以根据具体的设置，分别使用尺寸的公称值、上、下尺寸边界来创建零件或组件模型，再使用这个新模型进行各种分析。

设置尺寸边界的步骤如下：

（1）单击菜单命令"编辑"➤"设置"，再从弹出的菜单管理器中选择"Dim Bound（尺寸边界）"命令。系统会显示出如图8.34所示的"**DIM BOUNDS（尺寸边界）**"菜单。

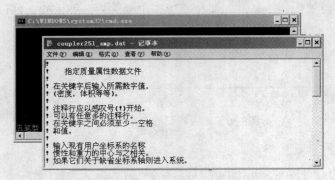

图8.33　使用文本文件指定参数

图8.34　"DIM BOUNDS（尺寸边界）"菜单

（2）"DIM BOUNDS（尺寸边界）菜单中有两个选项：

· **Set All**（全部）：接下来的操作将应用于当前零件的所有尺寸（在"组件"模式中需要指定零件或子组件）。

· **Set Selected**（选取）：接下来的操作仅影响选定的尺寸。

根据设计的需要选择适当的选项。一般情况下都应该使用"**Set Selected**（选取）"命令。

（3）尺寸边界可以通过下列命令项指定：

· **Upper**（上限）：将模型尺寸设置为尺寸范围中的最大值（基于公称尺寸值加上公差来生成几何）。

· **Middle**（中间）：将模型尺寸设置为尺寸范围中的中间值，即模型使用的尺寸值为公称值与上、下偏差平均值之和。

· **Lower**（下限）：将模型尺寸设置为尺寸范围中的最小值（基于公称尺寸值减去公差来生成几何）。

· **Nominal**（公称）：设置尺寸值为公称值（基于精确的理想尺寸生成几何体）。

（4）选取零件特征以显示必须设置边界的尺寸。

（5）选取尺寸。

（6）单击"**Done**（完成）"命令接受该尺寸边界设定，或单击"**Quit**（退出）"命令放弃该值。

（7）如果需要将零件恢复为其初始状态，可以使用菜单管理器中的命令"**DIM BOUND**（尺寸边界）"➤"**Set All**（所有）"➤"**Nominal**（公称）"。

修改了尺寸边界之后，系统会根据新的尺寸设定生成模型。

通过使用菜单命令"Dim Bnd Table（尺寸边界表）"及其弹出的子菜单可以打开当前系统使用的尺寸边界表，在这里可以查看、编辑、删除相关尺寸设置，如图8.35所示。

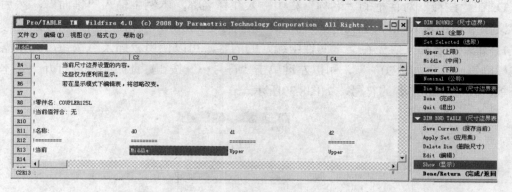

图8.35 "尺寸边界"菜单及尺寸边界表

7. 添加模型注释

模型注释是可以附加到对象的文本字符串。对于模型中的任意一个对象都可以附加任意数量的注释。模型注释具有下列作用：

- 告诉工作组中的其他成员如何查看或使用当前模型。
- 说明如何在定义模型特征时处理或解决设计问题。
- 说明对模型超时的特征所做的更改。

注释特征中可以包含模型注释。在一些企业应用中还可以定义公司专用的注释库，然后以适当的方式将其添加到各种设计模型中。

使用菜单命令"插入"▶"注释"▶"注释特征"即可打开"注释特征"对话框和"添加注释"对话框，如图8.36所示。

在"添加注释"对话框中可以选择具体添加的特征类别，例如是文本形式的注释信息还是特殊图形符号、标准表面粗糙度符号、形位公差、基准标签、纵坐标基线及从动尺寸等。下面介绍其中常用的几种注释操作。

（1）添加"注释"

此类"注释"内容以文字为主，用于指出在零件设计或模型创建过程中需要说明的问题。其形式通常是一段简短的文字，通过指引线指向模型上的具体表面或者图元。下面举例说明其创建步骤。

图8.36 "注释特征"和"添加注释"对话框

A. 打开本章的练习文件"sample-coup.prt"，屏幕上会显示出一个零件模型，如图8.37所示。

B. 使用菜单命令"插入"➤"注释"➤"注释特征"，系统会显示出"注释特征"和"添加注释"两个对话框。在"添加注释"对话框中默认选中了"注释"项。

C. 左键单击"添加注释"对话框中的"确定"按钮，系统显示出"注释"对话框，如图8.38所示。

D. 在"注释"对话框的"名称"栏中输入注释名称，本例中输入"锥面"，然后在其下的"文字"栏中输入注释内容。

E. 如果需要插入事先在文本文件中编好的内容，可以使用"插入"按钮；如果需要添加一些标准符号，例如"20°"，可以左键单击"符号…"按钮，此时系统会打开"文本符号"调色板，从中选取需要的符号，如图8.39所示。

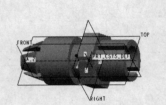

图8.37 本章练习文件 "sample-coup.prt"　　　图8.38 "注释"对话框　　　图8.39 "文本符号"调色板

F. 左键单击"放置"栏中的"放置…"按钮，系统显示出"**NOTE TYPES（注释类型）**"菜单。本例使用其中的默认选项，即带引出线的标准注释，如图8.40所示。

G. 左键单击"Done（完成）"命令，系统显示出"**ATTACH TYPE（依附类型）**"菜单，默认选取的项是"**On Surface（在曲面上）**"，并且要求选取模型上的对象。

H. 在零件模型上左键单击以选取锥面，如图8.41所示。

图8.40 "NOTE TYPES（注释类型）"菜单　　　图8.41 "依附类型"菜单及选取的依附对象

I. 左键单击"ATTACH TYPE（依附类型）"菜单中的"Done（完成）"命令，该菜单会消失，并且光标变成特殊的形状。此时在图形工作区中左键单击希望注释文字显示出来的位置，注释特征即可生成，如图8.42所示。

J. 这样直接生成的注释特征大小和位置往往不是很理想。调整位置的方法如下：

·左键单击"放置"栏中的"移动文本"按钮，然后将光标移到图形工作区中，可以看到注释特征会随着光标的移动而左右移动，单击左键，即可确定文本的位置。

·左键单击"放置"栏中的"修改附件"按钮，系统会显示出"MOD OPTIONS（修改附件）"菜单，允许修改注释特征依附的对象及依附类型，如图8.43所示。

·左键单击"放置"栏中的"移动"按钮，将光标移到图形工作区，则注释特征会变成橡筋线随着光标移动，单击左键即可固定到当前光标所在的位置。

如果感觉注释特征文字的大小不合适，可以左键单击"样式"按钮，系统会显示出"文本样式"对话框，从中可以调整文字的大小，如图8.44所示。

完成对注释特征大小及位置的调整后，左键单击各对话框中的"确定"按钮，将上述对话框分别关闭即可。

图8.42　创建完成的注释特征

图8.43　"MOD OPTIONS（修改附件）"菜单

图8.44　"文本样式"对话框

（2）添加符号

除了添加文字注释信息以外，还可以添加符号。添加的步骤如下：

·使用菜单命令"插入"▶"注释"▶"注释特征"，系统会显示出"注释特征"和"添加注释"两个对话框。

·在"添加注释"对话框中选取"符号"项，然后左键单击"确定"按钮。

·系统显示出"3D SYMBOL（3D符号）"菜单，如图8.45所示。

其中的"Custom（定制）"项用于插入用户自己创建的符号。左键单击"From Palette（从调色板）"项，系统显示出"符号实例调色板"菜单，如图8.46所示。

图8.45　"3D SYMBOL（3D符号）"菜单

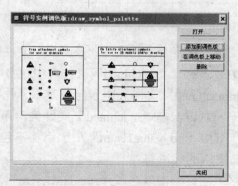

图8.46　"符号实例调色板"菜单

· 转动鼠标滚轮，则该调色板中的图形会随之而放大或缩小。从中左键单击以选取需要的符号，然后将光标移到图形工作区中希望显示该符号的位置，左键单击即可将图形符号固定在光标当前的位置。

· 完成符号的添加后，左键单击"关闭"按钮，将对话框关闭。

 对于已创建的注释或符号，在图形工作区中无法直接选取。需要选取的时候，可以在模型树中左键单击其名称；需要编辑的时候，可以使用菜单命令"插入"▶"注释"▶"注释特征"，在打开的"注释特征"对话框中进行选取、删除或编辑。

（3）添加表面粗糙度符号

表面粗糙度又称表面光洁度，是一项重要的技术指标，对于产品的装配精度、耐腐蚀性、疲劳强度等方面都有重要的影响。完整的零件设计需要标注适当的表面粗糙度值。

诸如尺寸、公差、表面粗糙度等技术参数多数是在二维工程图中标注，即 Pro/E 的"绘图"模块生成的工程图中实现。但有时一些重要的设计思想也需要在模型中标识出来，这时就需要直接在三维模型上做适当的标注。添加表面粗糙度符号的步骤如下：

· 使用菜单命令"插入"▶"注释"▶"注释特征"，系统会显示出"注释特征"和"添加注释"两个对话框。

· 在"添加注释"对话框中选取"曲面精加工"项，然后左键单击"确定"按钮，将"添加注释"对话框关闭。

· 系统显示出"表面光洁度"对话框，如图8.47所示。

在"定义"栏中左键单击"浏览…"按钮，系统显示出"打开"对话框，如图8.48所示。

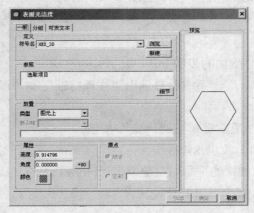

图8.47　"表面光洁度"对话框

图8.48　"打开"对话框

这里有三个文件夹："generic"文件夹中包含的是表示用任意加工的方法获得指定表面粗糙度的符号；"machined"文件夹中包含的是表示用切削加工的方法获得表面粗糙度的符号；"unmachined"文件夹中包含的是表示用非切削加工的方法获得表面粗糙度的符号。

· 左键双击"machined"文件夹，系统显示出两个文件，如图8.49所示。

其中"no_value1.sym"用于添加不包含数值的符号；"standard1.sym"用于添加包含表面粗糙度值的标准符号。

· 左键单击以选取"standard1.sym"，再左键单击"打开"按钮，在"表面光洁度"对话框的"符号名"栏中会显示出"Standard1"字样。

· 在图形工作区中左键单击以选取模型左侧的圆柱面，如图8.50所示。

图8.49　"machined"文件夹包含的文件

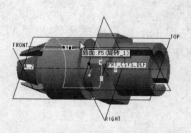

图8.50　选取标注表面粗糙度的曲面

· 左键单击"表面光洁度"对话框中的"可变文本"选项卡，在"roughness_height"栏中输入表面粗糙度值，如"3.2"，如图8.51所示。

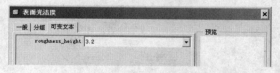

图8.51　输入表面粗糙度值

· 左键单击"表面光洁度"对话框中部"放置"栏中的黄色框，表示要指定表面粗糙度符号放置的位置，如图8.52所示。

在图形工作区中左键单击放置表面粗糙度符号的位置，如图8.53所示。

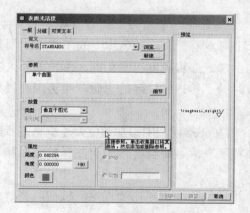

图8.52　激活放置参照

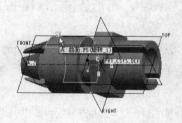

图8.53　指定放置表面粗糙度符号的位置

· 在图形工作区中单击鼠标中键，然后左键单击"表面光洁度"对话框底部的"确定"按钮。

指定表面粗糙度符号放置的位置后，一定要在图形工作区中空白的位置单击鼠标中键，不能在对话框中，否则"确定"按钮不会正常显示出来。

· 左键单击"注释特征"对话框中的"确定"按钮，即可最终完成表面粗糙度符号的创建。

（4）设置基准标签

如果要在模型中指定位置公差，如平行度、垂直度、圆跳动、同轴度等，首先必须指定基准。因此在Pro/E野火4.0中提供了"设置基准标签"的功能。设置基准标签的步骤如下：

· 使用菜单命令"插入"▶"注释"▶"注释特征"，系统会显示出"注释特征"和"添加注释"两个对话框。

・在"添加注释"对话框中选取"设置基准标签"项，然后左键单击"确定"按钮，将"添加注释"对话框关闭。

・系统显示出"设置基准标签"对话框。在"名称"栏中输入基准的名称，如"A"，如图8.54所示。

・左键单击模型中需要作为"A"的基准图元，例如零件"Sample-coup.prt"中的轴线，如图8.55所示。

图8.54　输入基准名称

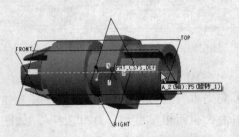

图8.55　选取要作为基准A的图元

・左键单击"设置基准标签"对话框中的"确定"按钮，再左键单击"注释特征"对话框中的"确定"按钮，基准标签即设置完毕。切换到线框显示模式，仔细观察基准A的左端，会看到如图8.56所示的基准标签。

（5）添加形位公差

国家标准的形位公差在Pro/E野火4.0中称为"几何公差"，这种名称上的不统一主要是由于其汉化工作者遵循的标准的不统一而造成的。与添加表面粗糙度符号相同，形位公差大多数标注在二维工程图中，而不是在三维模型中。但有时为了传达设计者的思想，也可以在模型中进行标注。

下面仍然以练习文件"Sample-coup.prt"为例介绍在三维模型中添加形位公差框格的步骤。

・使用菜单命令"插入"➤"注释"➤"注释特征"，系统会显示出"注释特征"和"添加注释"两个对话框；

・在"添加注释"对话框中选取"几何公差"项，然后左键单击"确定"按钮，将"添加注释"对话框关闭；

・系统显示出"几何公差"对话框，如图8.57所示。

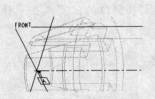

图8.56　生成的基准标签

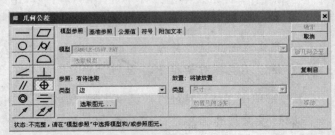

图8.57　"几何公差"对话框

本例以添加位置公差"圆跳动"为例。

・左键单击对话框左侧的圆跳动命令图标；

· 系统默认打开的是"模型参照"选项卡。在"参照"栏的"类型"下拉列表中选取"曲面";

· 左键单击"选取图元…"按钮，然后在图形工作区中左键单击以选取模型左侧的外锥面，如图8.58所示；

· 左键单击"放置几何公差…". 按钮上方的"类型"下拉列表，从中选取"带引线"项；

· 左键单击"放置几何公差…"按钮，系统显示出"ATTACH TYPE（依附类型）"菜单，从中选取"On Surface（曲面）"项；

· 在图形工作区中左键单击前面选取的外锥面，表示公差框格将连接到单击的位置；

· 在"ATTACH TYPE（依附类型）"菜单中左键单击"Done（完成）"命令；

· 在图形工作区中希望显示公差框格的位置单击鼠标左键，系统即会显示出一个圆跳动公差框格，如图8.59所示。

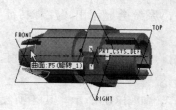
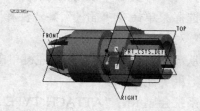

图8.58 选取外锥面   图8.59 系统显示出一个公差框格

· 这个公差框格的内容并不完整。还需要为其设置基准和公差值，必要的时候还有其他符号。左键单击"几何公差"对话框中的"基准参照"选项卡，从"基本"下拉列表中选取前文中设置过的基准标签"A"，如图8.60所示。

根据需要还可以设置第二、第三基准。

· 左键单击"几何公差"对话框中的"公差值"选项卡，在其中的"总公差"栏中输入公差值，本例中输入"0.01"，如图8.61所示。

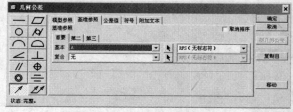
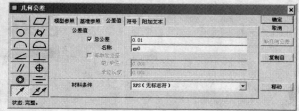

图8.60 选取基准符号   图8.61 输入公差值

根据需要还可以设置其他符号及附加文本。

· 左键单击"确定"按钮，完成形位公差的创建，结果如图8.62所示。

Pro/E中所谓的"几何公差"实际包含我国标准的形状公差和位置公差。形状公差有六项，即直线度、平面度、圆度、圆柱度、线轮廓度、面轮廓度，符号为"几何公差"对话框中的上部三排，共六个；位置公差有八项，分别是倾斜度、垂直度、平行度、位置度、同轴度、对称度、圆跳动和全跳动，符号为对话框中下面的四排。

虽然在Pro/E中没有规定，但是在工程技术中对于形状公差不指定基准参照，对于位置公差则必须指定基准参照。

（6）创建从动尺寸

从动尺寸用于测量模型内特征的尺寸和形状。修改特征的尺寸和形状时，从动尺寸的值会相应更改。从动尺寸可以有公差，制造的元件可以接受或拒绝其公差。

对从动尺寸的公差可以进行类似于常规尺寸公差的操作，如可以更改公差值并修改其格式。差别在于从动尺寸不能设置上限或下限，因为从动尺寸的公差值是由常规尺寸决定的，其值由两个参照图元之间的测量结果生成。

从动尺寸可包括在"注释"特征中。

下面仍以零件"Sample-coup.prt"为例说明从动尺寸的创建和删除步骤。

• 打开零件文件"Sample-coup.prt"，使模型在工作区显示出来。

• 选择菜单命令"插入"➤"注释"➤"注释特征"，系统会显示出"注释特征"和"添加注释"对话框。

• 从"添加注释"对话框中左键单击以选取"从动尺寸"项，然后左键单击"确定"按钮，将此对话框关闭。

• 系统会显示出"ATTACH TYPE（依附类型）"菜单，如图8.63所示，其各项含义如下：

- "On Entity（图元上）"：标注线、点等基本图元与其他对象之间的尺寸。

- "On Surface（在曲面上）"：标注曲面与其他对象之间的尺寸。

- "Midpoint（中点）"：标注选定图元的中点与其他对象之间的尺寸。

- "Center（中心）"：标注选定图元（主要是圆弧）中心与其他对象之间的尺寸。

- "Intersect（求交）"：显示两个图元之间最近的交点。

- "Make Line（做线）"：通过两个顶点做线段，或者显示选定点的水平线或垂直线。

本例中左键单击"Midpoint（中点）"项，接着在模型中左键单击左侧锥面，以便选取其中点，如图8.64所示。

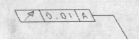

图8.62　最终生成的圆跳
　　　　动公差框格

图8.63　标注从动尺寸的"ATTACH
　　　　TYPE（依附类型）"菜单

图8.64　选取锥面轮廓的中
　　　　点作为尺寸的起点

• 然后左键单击菜单中的"On Entity（图元上）"项，再左键单击模型中部圆柱的左侧轮廓线，如图8.65所示。

• 将光标移到模型上方适合显示尺寸的位置，单击鼠标中键，系统会标出锥面中点到圆柱左侧面之间的距离，如图8.66所示。

• 根据需要添加、编辑或移除（即删除）注释特征，完成后左键单击"确定"按钮将"注释特征"对话框关闭。

（7）参考尺寸

参考尺寸与从动尺寸相似，只用于在模型或绘图中显示有关信息，是只读的，并且不可以用于修改模型；在模型修改的过程中参考尺寸会自动更新。从动尺寸和参照尺寸可以用于关系式中，使关系式的描述得到简化。

在零件、组件和草绘器模式中可以创建参考尺寸。

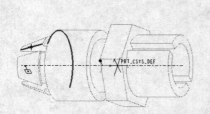

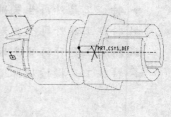

图8.65　选取圆柱轮廓线作为尺寸的终点　　　　　　图8.66　创建出的从动尺寸

参考尺寸后面总是有REF符号，其标注方式与从动尺寸相似，如图8.67所示，其中的"12 REF"就是参考尺寸。

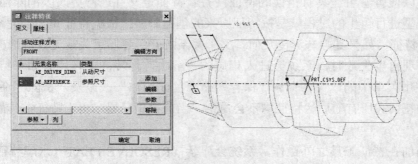

图8.67　从动尺寸和参考尺寸

小结

本章详细介绍了模型树、层树、零件的常见属性及注释特征。模型树和层树是Pro/E对于工作对象的两种组织方式。随着产品设计、分析、制造等工作的不断深入，产品中涉及的对象会越来越复杂。因此大家需要熟练掌握这两种重要的组织方式，以便于提高工作效率。

本章还详细地介绍了Pro/E为产品设计提供的多方面属性及其操作步骤。其中大多数属性都与零件设计有关，如材料、单位、公差、表面粗糙度等，任何产品设计都不能缺少这些内容。大家需要掌握这些属性的本质，并且能够熟练使用相关的菜单命令设置这些属性。

第9章 特征生成失败的解决

学习重点:

➡ 特征生成失败的原因
➡ 特征工具外再生失败的快速修复
➡ 特征工具外再生失败的调查
➡ 特征工具外再生失败的正常修复
➡ 特征工具操控板环境中失败的修复

9.1 特征失败综述

在创建模型,以及对模型进行修改之后,Pro/E需要对模型进行再生。为避免再生出现问题,系统要检查所有几何要素是否存在错误。必要时还会自动激活"Geom Check(几何检查)"命令,以便查看可能具有错误的特征、查看特征定义并进行更改以消除潜在问题。

系统对模型进行再生的过程就是按特征原来的创建顺序、根据特征间父子关系的层次逐个重新创建模型特征。如果其中有不良几何、父子关系断开、参照丢失或无效等情况,都会导致再生失败。出现再生失败时,系统会进入相应的"解决"环境,此环境有如下特点:

· 不能使用菜单中的"文件"➤"保存"、"关闭窗口",以及"拭除"命令。

· 失败的特征和所有随后的特征均不会再生。当前模型只显示再生特征在其最后一次成功再生时的状态。

· 如果当前在特征工具之外操作,系统会显示"RESOLVE FEAT(求解特征)"菜单及"诊断失败"窗口。

· 如果当前是在特征工具操控板环境中,那么系统会打开"Troubleshooter(故障排除器)"对话框,在此获得故障的相关信息。

下面举例说明产生特征生成失败的情况,以及解决办法。

(1)打开本章练习文件"Spinner.prt",图形工作区会显示出如图9.1所示的飞机螺旋桨整流罩模型。

(2)为了便于观察各特征的标识,需要在模型树中将特征编号显示出来。具体做法是:

· 左键单击模型树中的"设置"按钮,系统会显示一个下拉菜单,从中选取"树列"命令,系统会显示出如图9.2所示的对话框。

(3)左键单击"不显示"栏中的"特征#"项,然后左键单击左右两栏之间的按钮 »,使该项出现在"显示"栏中,然后左键单击"确定"按钮,将对话框关闭。

(4)现在模型树中显示出了"特征#"列。在图形工作区左键单击以选中整流罩中部挖掉的半圆,也可以在模型树中左键单击以选取"切剪 标识474",按下鼠标右键,从弹出的上下文相关菜单中选择"编辑"命令,如图9.3所示。

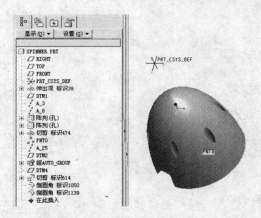

图9.1 打开练习文件Spinner.prt

图9.2 "模型树列"对话框

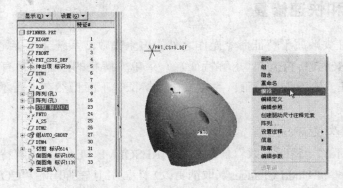

图9.3 选中一个特征，并编辑其尺寸

（5）系统会显示出如图9.4所示的模型尺寸，双击尺寸"R15"，在弹出的文本框中将尺寸"R15"改为"R10"，左键单击屏幕上方的命令图标，对模型进行再生。

（6）系统开始再生模型。稍候会看到模型再生失败，系统显示出如图9.5所示的"诊断失败"消息框及"RESOLVE FEAT（求解特征）"菜单。

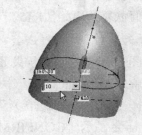

图9.4 将半径尺寸改为10

查看模型树，可以看到特征#33（倒圆角）实际上是图9.6所示的部分。这个特征再生失败是因为修改了整流罩中心挖空部分的半径后形成了多个锐角相交的状态，引起Pro/E倒角运算失败。

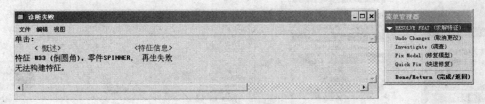

图9.5 模型再生失败

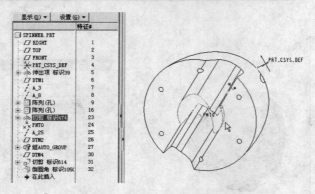

图9.6　再生失败的原因

9.2　取消更改和快速修复

上例所示的特征失败属于特征命令操作之外的再生失败，系统会直接显示出"诊断失败"信息框，以及"RESOLVE FEAT（求解特征）"菜单。解决的办法通常有四种：取消所做的改变、隐含失败特征、删除失败特征、重定义失败特征。下面仍然在上面示例的基础上介绍这四种解决方法的步骤。

1. 取消所做的改变

出现如图9.5所示的"诊断失败"信息框及"RESOLVE FEAT（求解特征）"菜单后，选择菜单管理器中的命令"Undo Changes（取消更改）"，并且在弹出的"CONFIRMATION（确认）"子菜单中选择"Confirm（确认）"命令，如图9.7所示。

系统一般会取消上一步所做的更改，将零件恢复到以前的状态。在本例中，系统会将挖空部分的半径值恢复为原始值R15。

2. 隐含失败特征

出现如图9.5所示的"诊断失败"信息框及"RESOLVE FEAT（求解特征）"菜单后，也可以选择菜单命令"Quick Fix（快速修复）"，并且从弹出的"QUICK FIX（快速修复）"子菜单中选择"Suppress（隐含）"命令，如图9.8所示。

系统同样会显示"CONFIRMATION（确认）"子菜单，要求进行确认。选择其中的"Confirm（确认）"命令，系统立即将失败的特征隐含，在提示栏询问"失败特征已解决。是否退出"解决特征模式"？"，显示出"YES/NO"菜单，如图9.9所示。

图9.7　取消更改
　　　　并确认

图9.8　隐含失败
　　　　的特征

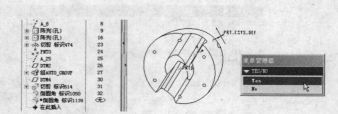

图9.9　失败的特征已被隐含

从图9.9的模型树中可以看出，"倒圆角 标识1139"名称前显示了一个黑点，表示该特征当前被隐含。如果用户对这种结果满意，可以左键单击"YES/NO"菜单中的"Yes"；否则可以单击"No"，继续尝试其他解决办法。

3. 删除失败特征

删除失败特征的步骤与隐含失败特征相似，不同点在于出现"RESOLVE FEAT（求解特征）"菜单后，从中选择"Quick Fix（快速修复）"项，再从"QUICK FIX（快速修复）"菜单中选择"Delete（删除）"命令。系统又会弹出"CONFIRMATION（确认）"菜单，要求进行确认。选择其中的"Confirm（确认）"命令，系统立即将失败的特征删除，在提示栏询问"失败特征已解决。是否退出解决特征模式？"，并且显示出"YES/NO"菜单。选择"Yes"命令，即可将失败的特征删除并退出"解决特征模式"。

4. 重定义失败特征

如果特征失败的原因就是该特征自身的定义错误，那么可以从"QUICK FIX（快速修复）"菜单中选择"Redefine（重定义）"命令。系统会进入出错特征的特征定义状态，并且要求用户修改特征的定义，如图9.10所示。

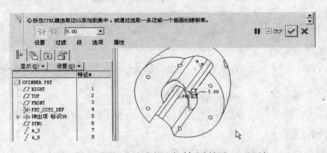

图9.10　系统进入倒圆角特征的定义环境

在这里用户可以改变倒圆角操作的对象、圆角半径等，直到能够生成正确的倒圆角为止。

 不能将原有的倒圆角取消，那样系统会重新回到前面的"求解特征"状态。

 倒圆角失败故障的原因通常不在倒圆角操作本身，而在由于创建了圆角特征之后又将其前导特征做了不适当的修改。因此在这种情况下最好的解决办法是先从"QUICK FIX（快速修复）"菜单中选取"Suppress（隐含）"命令将失败的特征隐含，然后再将前面修改过的特征调整到适当的状态，最后再恢复被隐含的特征。

9.3　失败调查

Pro/E野火4.0系统提供了查找失败原因的手段，这就是"RESOLVE FEAT（求解特征）"菜单中的"Investigate（调查）"命令。选择此命令后，系统会显示出"INVESTIGATE（检测）"子菜单，如图9.11所示。

 Pro/E中文菜单中存在个别不一致的地方。在菜单管理器中显示的"Investigate（调查）"命令，在子菜单中显示为"INVESTIGATE（检测）"。这种情况在其他一些地方也存在，因此大家在使用Pro/E的时候要习惯于中英文对照的方式。

INVESTIGATE（检测）子菜单中的选项的作用如下：

· Current Modl（当前模型）：使用当前活动（失败的）模型执行操作。

· Backup Modl（备份模型）：使用在单独窗口（系统在活动窗口中显示当前模型）中显示的备份模型进行操作。

· Diagnostics（诊断）：如果此选项前面的复选框中有对钩标记，则显示"诊断失败"窗口，如图9.5所示；如果前面没有对钩标记，则不显示该窗口。

· List Changes（列出修改）：通过"信息窗口"显示在特征失败之前修改操作的列表，如图9.12所示。

图9.11 "INVESTIGATE（检测）"子菜单

图9.12 "List Changes（列出修改）"命令显示的"信息窗口"

· Show Ref（显示参考）：此命令会打开"参考查看器"对话框，其中列出了当前特征的父项和子项，如图9.13所示。

在对话框中以图形的方式直观地显示了当前特征的父项和子项，以及其间的关系。

· Failed Geom（失败几何形状）：显示失败特征的无效几何。

· Roll Model（转回模型）：将模型恢复为"ROLL MDL TO（模型滚动目标）"子菜单所选的选项，如图9.14所示。

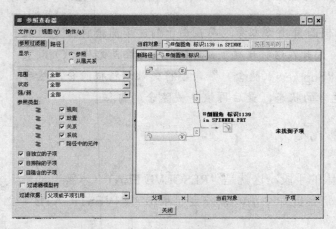

图9.13 "Show Ref（显示参考）"命令打开的"参照查看器"

图9.14 "ROLL MDL TO（模型滚动目标）"子菜单

其中各选项的含义如下：

- "Failed Feat（失败特征）"：将模型恢复到失败特征（只对备份模型适用）。
- "Before Fail（失败之前）"：将模型恢复到失败特征之前的特征。
- "Last Success（上一次成功）"：将模型恢复为上一次特征成功再生结束时的状态。
- "Specify（指定）"：将模型恢复为指定特征。

9.4 修复模型

简单的特征失败可以使用"Undo Changes（取消更改）"的方法回溯，或者使用"Quick Fix（快速修复）"中的重定义、隐含或者删除失败特征来解决。较复杂的特征失败一般需要经过失败调查，然后使用"Fix Model（修复模型）"命令来解决。

在"RESOLVE FEAT（求解特征）"菜单中选择了"Fix Model（修复模型）"命令后，系统会接着显示出级联的子菜单"FIX MODEL（修复模型）"，如图9.15所示。

下面分别介绍各主要命令的含义及用法。

- "Current Modl（当前模型）"：对当前的活动（失败的）模型执行操作。
- "Backup Modl（备份模型）"：对备份模型执行操作，系统将在另一个单独的窗口中显示备份模型，并且将它激活。
- "Feature（特征）"：用标准的"FEAT（特征）"菜单对模型执行特征操作，如图9.16所示。

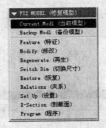

图9.15 "FIX MODEL（修复模型）"子菜单

图9.16 "FEAT（特征）"菜单

此菜单中各命令的含义如下：

- "Pattern（阵列）"：生成阵列。
- "Copy（复制）"：复制特征。
- "Delete（删除）"：删除特征。
- "Del Pattern（删除阵列）"：删除阵列。
- "UDF Library（UDF库）"：创建、修改、查看、管理用户定义的库。
- "Group（组）"：组操作。
- "Suppress（隐含）"：隐含指定的对象。
- "Resume（恢复）"：接着进行前面的操作。
- "Reorder（重新排序）"：在模型树中重新排列特征创建的顺序。
- "Read Only（只读）"：设置特征属性为只读。

- "Redefine（重定义）"：重定义指定特征。
- "Reroute（重定参照）"：重新指定相关特征的参照。
- "Mirror Geom（镜像几何形状）"：对非实体几何参照如面组、曲线或轴进行镜像操作。
- "Insert Mode（插入模式）"：在模型树上的任意点插入新特征。
- "Modify（修改）"：用标准的"MODIFY（修改）"菜单修改尺寸，如图9.17所示。
- "Regenerate（再生）"：再生模型。
- "Switch Dim（切换尺寸）"：将尺寸显示由符号切换到数值或者从数值切换到符号。
- "Restore（恢复）"：显示恢复菜单，如图9.18所示，用于将指定的尺寸、参数、关系或所有这些对象恢复为失败前的值。

"RESTORE（恢复）"菜单中各选项的含义如下：

- "All Changes（全部改变）"：恢复全部改变的项目。
- "Dimensions（尺寸）"：恢复尺寸。
- "Parameters（参数）"：恢复参数。
- "Relations（关系）"：恢复关系。
- "Relations（关系）"：必要时可以使用如图9.19所示的"关系"窗口添加、删除或修改尺寸及参数关系，以便于顺利地再生模型。

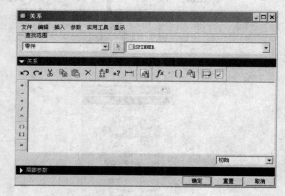

图9.17　"MODIFY（修　　图9.18　级联的"RESTORE　　图9.19　"关系"对话框
　　改）"菜单　　　　　（恢复）"子菜单

- "Set Up（设置）"：此命令会打开标准的"PART SETUP（零件设置）"菜单，与主菜单命令"编辑"➤"设置"的作用相同，可以设置零件的多种属性。
- "X-Section（剖截面）"：使用如图9.20所示的"视图管理器"窗口来创建、修改或删除剖截面视图。
- "Program（程序）"：用"PROGRAM（程序）"菜单访问 Pro/PROGRAM 功能，如图9.21所示。

下面分别举例说明如何使用"FIX MODEL（修复模型）"菜单中的命令解决特征失败的问题。

1. 使用"Feature（特征）"命令

在如图9.15所示"FIX MODEL（修复模型）"菜单中左键单击"Feature（特征）"命令，

系统会显示出"FEAT（特征）"子菜单。

通过前文的失败调查不难发现，造成此次特征再生失败的原因是修改了23#特征"剪切 标识474"的半径尺寸，使33#特征"倒圆角 标识1139"形成了不良几何。观察"FEAT（特征）"子菜单中的命令可以看出，其中只有命令"Delete（删除）"、"Suppress（隐含）"和"Redefine（重定义）"与解决此故障有关。下面分别介绍具体步骤。

（1）使用"Delete（删除）"命令解决特征失败

·左键单击"Delete（删除）"命令，系统会显示出如图9.22所示的"DELETE/SUPP（删除/隐含）"子菜单。

图9.20 "视图管理器"窗口　　图9.21 "PROGRAM（程序）"菜单　　图9.22 "Delete/Supp（删除/隐含）"子菜单

其中各项命令的含义如下：

·"Normal（常规）"：按照一般做法删除或隐含选中的特征。

·"Clip（修剪）"：删除或隐含所选的特征及其以后的特征。

·"Unrelated（无关系特征）"：将选中的特征及其父特征保留，而将其余所有特征删除或隐含。

·"Quit Del/Sup（退出删除/隐含）"：退出删除/隐含操作。

接下来的"SELECT FEAT（选取特征）"子菜单用于选取相关的特征。

·在模型树中左键单击以选中33#特征"倒圆角 标识1139"，然后选择"SELECT FEAT（选取特征）"子菜单中的"Done（完成）"命令，系统会在屏幕左下角显示"失败已经解决。是否退出"解决特征模式"？"，并且在屏幕右上角显示如图9.23所示的确认窗口。

·左键单击"Yes"命令，系统会立即将选中的特征删除，并且返回正常的模型显示状态。

（2）使用"Suppress（隐含）"命令

在上例中，如果使用"Suppress（隐含）"命令，则所有操作菜单及步骤均与上述相同，只是最终是将选中的特征隐含，达到解决特征失败的目的。

（3）使用"Redefine（重定义）"命令解决特征失败

·出现33#特征"倒圆角 标识1139"特征再生失败现象之后，依次选择菜单命令"Fix Model（修复模型）"➤"Feature（特征）"➤"Redefine（重定义）"，系统会显示出如图9.24所示的"SELECT（选取特征）"菜单。

·由于这里出现的倒圆角再生失败不是由于倒圆角本身造成的，因此需要重定义的特征不是倒圆角，而是特征"剪切 标识474"，即将整流罩模型中部挖空的半圆部分。从图形工作区或者模型树中左键单击以选中该特征，如图9.25所示。

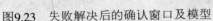

图9.23　失败解决后的确认窗口及模型　　　　图9.24　"SELECT FEAT（选取特征）"菜单

- 这里只显示了特征的旋转角度，没有显示出半径，因为半径是在草绘器中定义的。

在工作区按下鼠标右键，从弹出的上下文相关菜单中选择命令"编辑内部草绘"，系统进入了如图9.26所示的特征草绘环境。

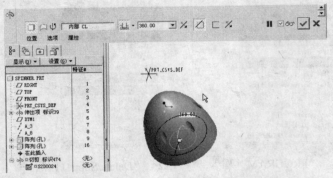

图9.25　选中特征"剪切 标识474"

图9.26　重定义特征的内部草绘

- 双击黄色的圆弧线半径尺寸，将其改为15，并按回车键。
- 左键单击右侧工具栏中的命令图标✔，完成草绘编辑并返回操控板环境。
- 左键单击操控板右侧的命令图标✔，系统开始再生模型，报告失败已经解决，要求确认，如图9.27所示。
- 左键单击"Yes"命令，完成特征解决操作。

2. 使用"Modify（修改）"命令

使用"FIX MODEL（修复模型）"菜单中的"Modify（修改）"命令也可以修改引起失败的尺寸，而且操作起来更简单。下面介绍其步骤。

（1）出现33#特征"倒圆角 标识1139"特征再生失败现象之后，依次选择菜单命令"Fix Model（修复模型）"➤"Modify（修改）"，系统会显示出"MODIFY（修改）"子菜单。

（2）在"MODIFY（修改）"子菜单中左键单击"Value（值）"命令，如图9.28所示。系统会在提示栏显示"选取特征或尺寸"。

图9.27　重定义完成后，失败解决　　　　　　图9.28　选取要修改的特征或尺寸

（3）在模型树中或者在图形工作区左键单击以选中特征"剪切 标识474"，系统会显示出该特征的尺寸，如图9.29所示。

（4）左键单击尺寸"R10"，在弹出的文本框中输入新的尺寸值15，如图9.30所示。

（5）左键单击"Modify（修改）"菜单中的"Done（完成）"命令，再左键单击"Fix Model（修复特征）"菜单中的"Regenerate（再生）"命令，系统会对模型成功再生，并且报告失败已经解决，要求确认。

（6）左键单击"Yes"命令，特征解决完毕。

在上述第（2）步操作中，也可以选择菜单命令"Dimension（尺寸）"，然后再选取需要修改其尺寸的特征并修改其尺寸，其余操作均相同。

3. 使用"Restore（恢复）"命令

"Restore（恢复）"命令用于将模型恢复到指定的阶段，其中也提供了十分灵活的选项。下面仍然以前面的整流罩模型为例，介绍"Restore（恢复）"命令的使用步骤。

（1）出现33#特征"倒圆角 标识1139"特征再生失败现象之后，依次选择菜单命令"Fix Model（修复模型）"➤"Restore（恢复）"，系统显示出如图9.31所示的"RESTORE（恢复）"菜单。

图9.29 选中特征后，系统会显示出允许修改的尺寸

图9.30 将尺寸"R10"修改为"15"，并按回车键

图9.31 "RESTORE（恢复）"菜单

（2）选择"All Changes（全部改变）"命令，系统会弹出"CONFIRMATION（确认信息）"子菜单，要求确认。

（3）左键单击"Confirm（确认）"命令，系统会显示出如图9.32所示的模型及尺寸。

此时剪切圆弧的半径值"R10"实际上已经恢复成原始尺寸"R15.00"。

图9.32 系统显示出可供修改的尺寸

（4）左键单击"FIX MODEL（修复模型）"菜单中的命令"Regenerate（再生）"，系统对模型进行成功再生，报告失败已经解决，要求确认。

（5）左键单击"Yes"命令，特征失败解决完毕。

　　在上述步骤（2），也可以在"RESTORE（恢复）"菜单中使用系统默认选中的命令"Dimensions（尺寸）"，并且在其子菜单"选取模型大小"中左键单击以选中复选框"d34（10.000-▶15.000）"，意思是将该尺寸由10.000恢复成15.000，然后左键单击"Done Sel（完成选取）"命令，再接着进行步骤（4）～步骤（5）操作，如前文图9.31所示。

9.5　特征工具操控板环境中失败的修复

　　在使用特征工具如倒圆角、拔模等命令的操控板环境中，由于对象选择不当或者尺寸选择不当，也有可能造成特征生成失败。下面以倒圆角和拔模为例介绍特征生成失败的出现及其解决办法。

　　1. 倒圆角特征的失败及解决

　　（1）打开本章练习文件"Spinner-unchamfer.prt"，如图9.33所示。

　　（2）使用模型树"设置"菜单中的"树列"命令打开"特征#"列的显示。

　　（3）左键单击右侧工具栏中的命令图标 ，或者使用菜单命令"插入"▶"倒圆角"，系统显示出倒圆角特征的操控板。

　　（4）按下键盘上的Ctrl键，鼠标左键依次单击以选中整流罩中部的多条棱边，如图9.34所示，以便使它们具有相同的圆角半径。

　　图9.33　练习文件"Spinner-unchamfer.prt"

　　图9.34　按下Ctrl键再左键单击需
　　　　　　要倒圆角的棱边

　　（5）左键单击屏幕右下角的预览命令图标 或者建造特征命令图标 ，系统生成倒圆角特征失败，倒圆角操控板右侧显示出如图9.35所示的命令图标及对话框。

　目前仍然处于倒圆角特征工具的使用过程中，只是由于特征生成失败而暂停下来了。图中命令图标 用于退出暂停模式，继续使用当前的特征工具调整相关参数及设置；命令图标 用于进入特征工具外的特征解决环境。单击命令图标 后会打开"RESOLVE FEAT（求解特征）"菜单，相关内容在前文已经讨论过。

　　（6）左键单击命令图标 ，系统又会恢复到刚才选中各棱边的状态，如图9.36所示，可以先选取一部分棱边，并将倒圆角半径调整为2mm。

　　（7）左键单击操控板中的命令图标 ，该部分倒圆角会成功创建。

　　（8）再次左键单击右侧工具栏中的命令图标 ，接着在其余棱边上创建倒圆角特征，如图9.37所示。

图9.35 倒圆角特征生成失败后显 图9.36 继续调整倒圆角的设置 图9.37 接着创建倒圆角特征
示的命令图标及对话框

（9）左键单击操控板右侧的命令图标☑，系统成功地生成了第二部分倒圆角特征，如图9.38所示。

2. 拔模特征的失败及解决

拔模特征的创建比其他工程特征稍复杂一些，也比较容易出现特征失败的情况。下面以轴承座零件为例，介绍拔模特征失败时的处理步骤。

（1）在Pro/E中打开零件文件"Bearing-ped.prt"，模型显示如图9.39所示。

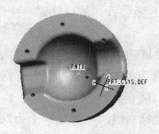

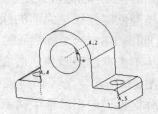

图9.38 全部棱边倒圆角成功

图9.39 轴承座零件模型

（2）左键单击屏幕右侧工具栏中的拔模命令图标，系统显示出如图9.40所示的操控板。

（3）首先选择拔模曲面。这个轴承座在铸造的时候位置与图9.39相同，即底面朝下，因此拔模曲面应该是轴承座四周的表面。左键单击以选取这四个表面，如图9.41所示。

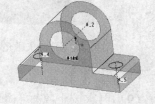

图9.40 拔模操控板

图9.41 选取拔模曲面

（4）接下来定义拔模枢轴。左键单击屏幕下方操控板中的左侧第一个文本框，其中显示的是"·单击此处添加项目"，单击后它会变成"·选取1个项目"，并且在操控板上方的提示栏中显示"选取一个平面或曲线链以定义拔模枢轴"。左键单击以选中轴承座零件的底平面，以其周围的四条边作为拔模枢轴。在文本框中会显示出"1个平面"，表示当前选中了一个作为拔模枢轴的平面，如图9.42所示。

（5）系统会默认地在第二个文本框中选中一个项目，如图9.42所示，这是默认的拔模方向。左键单击图形工作区中表示拔模方向的黄色箭头，使之方向朝上。

（6）左键单击操控板右侧的预览命令图标 ∞，系统提示拔模失败，并且显示出如图9.43所示的故障排除器。

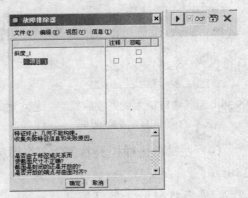

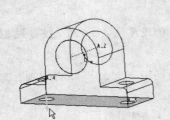

图9.42　选取拔模枢轴，系统同时
默认选取了拔模方向

图9.43　故障排除器

（7）左键单击操控板右侧的命令图标 ⊡，系统显示出"RESOLVE FEAT（求解特征）"菜单，选择其中的"Undo Changes（取消更改）"命令，在系统弹出的确认窗口中选择"Yes"命令，将模型恢复到拔模之前的状态。

（8）回顾第6章"工程特征的创建与应用"中关于拔模的内容可知，拔模曲面必须是直纹曲面，并且不能有过渡圆角。造成此次故障的原因在于选取的4个拔模曲面中有两个带有过渡圆角，如图9.44所示。为了创建拔模特征，必须将这两个圆角删除。

在工作区左键单击以选中轴承座零件的主体，按下鼠标右键，从弹出的上下文相关菜单中选择"编辑定义"命令，零件会变成黄色透明的模型，如图9.45所示。

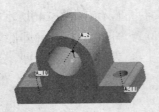

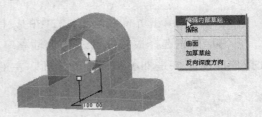

图9.44　引起失败的过渡曲面

图9.45　零件变成黄色透明模型，
再编辑内部草绘

（9）再次按下鼠标右键，从弹出的上下文相关菜单中选择"编辑内部草绘"命令，系统进入轴承座主体的草绘环境，如图9.44所示。

（10）修改草绘图形，将两个圆角改成直角，如图9.46所示。

修改草绘的时候，不要简单地将两个圆弧删除，然后再接上两个线段，否则系统会要求为每个线段都标尺寸，因为每个线段都是一个图元。正确的做法是将圆弧和与其相接的线段都删除，然后重新绘制，最后重新标尺寸，如图9.46所示。

（11）左键单击右侧工具栏中的命令图标✔，完成修改从草绘环境中退出。

（12）左键单击屏幕右下角的预览命令图标👓，查看模型的预览，如图9.47所示。

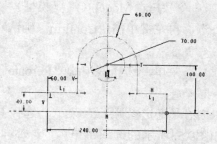

图9.46 进入草绘环境，将两个圆角改成直角

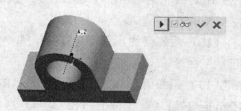

图9.47 模型预览

（13）从预览中发现，轴承座两侧的孔不见了，但系统并没有报告错误。这是因为"编辑定义"命令直接影响的是拉伸特征，而拉伸特征再生成功了。左键单击操控板右侧的命令图标✔，系统再生模型失败，显示出"诊断失败"窗口和"RESOLVE FEAT（求解特征）"菜单管理器，如图9.48所示。

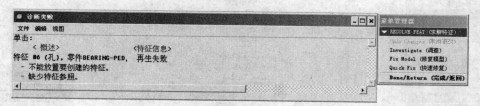

图9.48 模型再生失败

（14）从"诊断失败"信息窗口中可以看出，6#特征，即轴承座左侧的孔由于缺少参照而再生失败。回顾前面的编辑操作不难发现，前面在草绘环境中删除了带圆弧的两个线段，然后绘制了两个新的线段，生成孔的定位面的几何要素都发生了改变，从而造成孔特征丢失参照。这一点也可以使用"RESOLVE FEAT（求解特征）"菜单中的"Investigate（调查）"▶"Show Ref（显示参考）"获悉。该命令会打开如图9.49所示的"参照查看器"窗口。

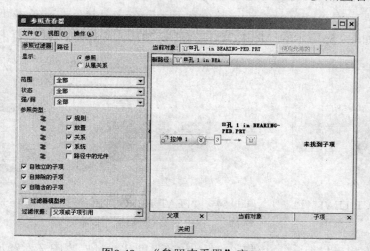

图9.49 "参照查看器"窗口

（15）解决的办法可以采用将失败特征隐含或删除，也可以重定义失败特征缺少的参照。关于隐含或删除失败特征的内容前文已经介绍过，本例采用重定义参照来求解特征。

在"RESOLVE FEAT（求解特征）"菜单中选择命令"Fix Model（修复模型）"，然后在弹出的级联菜单中依次选取命令"Feature（特征）"，再左键单击"Confirm（确认）"命令，如图9.50所示。

（16）系统会弹出如图9.51所示的"FEAT（特征）"菜单，选择其中的"Reroute（重定参照）"命令。

（17）系统弹出如图9.52所示的"REROUTE REFS（重定参照）"菜单，选择其中的"Reroute Feat（重定特征路径）"命令，系统弹出如图9.53所示的选取菜单。

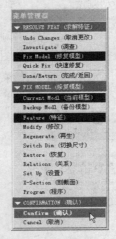

图9.50　修复模型菜单命令

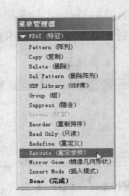

图9.51　从"FEAT（特征）"菜单
中选择"Reroute（重定义
参照）"命令

图9.52　"REROUTE REFS
（重定参照）"菜单

（18）从"SELECT FEAT（选取特征）"菜单中选择命令"Failed Feat（失败特征）"，系统弹出如图9.54所示的"FEAT REROUTE（特征重定参照）"菜单。

（19）选择其中的"Missing Refs（缺少参考）"命令，然后左键单击"Done（完成）"命令，系统弹出如图9.55所示的"REROUTE（重定参照）"菜单，并且要求选取替换用的参照几何。

图9.53　"SELECT FEAT（选
取特征）"菜单

图9.54　"FEAT REROUTE（特
征重定参照）"菜单

图9.55　"REROUTE（重
定参照）"菜单

（20）系统在提示栏显示："选取一个替代边、曲线或轴"。因为在轴承座两侧创建孔特征的时候，其中一个参照必然是轴承座的短边，因此在图形工作区左键单击轴承座的短边，使之显示为红色。系统立刻弹出"REROUTE FEAT（重定特征路径）"子菜单，如图9.56所示。

（21）系统在提示栏显示："为特征选取选项重定参照"，要求从"REROUTE FEAT（重定特征路径）"子菜单中指定该参照是应用于当前特征，还是应用于所有子特征。由于轴承座右侧的孔是由左侧的孔镜像形成，是子特征，因此选取菜单命令"All Children（所有子项）"。

（22）系统又弹出"REROUTE（重定参照）"菜单，并且在提示栏显示"选取一个替代曲面"。由于这一次要选取的是曲面，因此命令"Make Datum（产生基准）"也突显出来了，如图9.57所示。

图9.56 选取轴承座的短边及同时显示的菜单

图9.57 选取一个曲面

（23）要创建孔特征，必须指定孔的起始平面，这就是此处需要指定的曲面的作用。左键单击以选中轴承座左侧的小平面，如图9.57所示，系统又一次在提示栏显示："为特征选取选项重定参照"，要求从"REROUTE FEAT（重定特征路径）"子菜单中指定该参照是应用于当前特征，还是应用于所有子特征。

（24）选取菜单命令"All Children（所有子项）"。系统在提示栏显示"失败特征已经解决。是否退出"解决特征模式"？"，并且显示出确认菜单，如图9.58所示。

（25）选择菜单命令"Yes"，系统恢复正常的模型显示状态。

（26）重复前面的步骤（3）到步骤（5），创建拔模特征，并且将拔模角度设为3°，如图9.59所示。

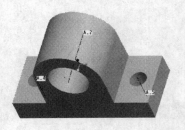

图9.58 失败特征已解决

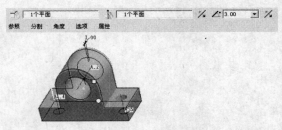

图9.59 第二次创建拔模特征

（27）左键单击操控板右侧的命令图标☑，模型再生成功，得到如图9.60所示的模型。

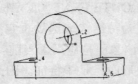

图9.60　拔模成功

小结

本章详细介绍了引起特征再生失败的原因和解决办法。诸如不良几何、丢失参照、尺寸错误等情况都可能造成特征再生失败。

一旦出现特征失败，系统就会进入专门的特征解决环境，主要可以分为特征工具外的"求解特征"环境和特征工具内的特征重定义环境两种。在解决故障之前，系统不允许进行存盘退出、关闭窗口等操作。

系统提供了专门的调查工具来调查特征失败的原因，又提供了取消更改、快速修复和专门的修复模型命令。本章还介绍了两个典型的实例。实际工作中遇到特征失败的情况是难免的，因此大家应该熟悉这些命令的作用，并且使用这些命令求解特征。

第二篇　曲面造型

  曲面造型是用曲面来表达物体形状的造型方法。在机械产品设计中，曲面造型一般不单独使用，而是与实体造型结合起来。模型的基础部分往往采用第一篇介绍的实体造型方法建立，然后在此基础上以曲面造型方法构成模型中形状较复杂的部分，其中往往包括多个以不同方式生成的曲面，然后根据需要对这些曲面进行编辑、合并、裁剪，最后通过实体化命令形成实体模型。与前文所述的实体造型方法相比，曲面造型具有控制更加灵活、能够按照既定的数学公式形成复杂的空间几何形状等优点，这些都是对实体造型方法的重要补充。

  在本篇的第10章中，将介绍采用拉伸、旋转、扫描、混合的方式建立基本曲面，以及采用可变截面扫描、螺旋扫描、扫描混合、边界曲线及倒圆角的方式建立高级曲面；在第11章中，将介绍空间曲线、曲面的创建方法，以及基本编辑处理；第12章将介绍采用编辑菜单中的命令对曲面进行各种编辑，以及对曲面进行实体化的操作。

第10章 基本曲面与高级曲面

学习重点：

➡ 通过拉伸、旋转、扫描、混合创建基本曲面

➡ 使用拉伸、旋转、扫描、混合创建曲面与创建实体的区别

➡ 采用可变剖面扫描、螺旋扫描、扫描混合的方式创建曲面

➡ 采用边界混合的方式创建曲面

➡ 创建高阶曲面

本文中所谓的基本曲面是指采用拉伸、旋转、扫描、混合四种基本特征创建的方式生成的曲面，其生成过程与第一篇所述的过程相似，只是前文所述生成的是实体特征，本章生成的是曲面特征。由于实体特征与曲面特征存在很多差异，例如曲面特征是没有厚度的，因此特征生成的过程也有所不同。

高级曲面指的是使用可变剖面扫描、螺旋扫描、扫描混合的方法创建的曲面，以及通过先绘制边界曲线，再生成曲面的方法来构建的不规则曲面；为了在两个或多个曲面之间形成过渡，可以使用高阶曲面。

实体造型中使用的大多数造型方法都可以用来创建曲面特征。与实体造型相似，常见的曲面也有拉伸曲面（图10.1）、旋转曲面（图10.2）、扫描曲面（图10.3）、混合曲面（图10.4）、可变截面扫描曲面（图10.5）、扫描混合曲面（图10.6）等类型。此外，还可以通过几条适当的空间曲线来灵活地构造曲面特征，如图10.7所示。

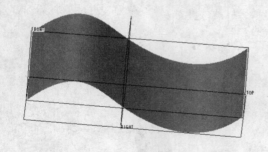

图10.1 拉伸曲面

图10.2 旋转曲面

图10.3 扫描曲面

图10.4 混合曲面

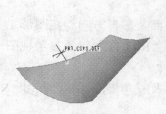
图10.5　可变截面扫描曲面

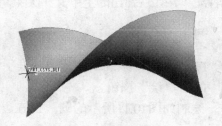
图10.6　扫描混合曲面

图10.7　由空间曲线构成的曲面

10.1　创建拉伸曲面

拉伸曲面的创建过程很简单。由于拉伸曲面可以是封闭的也可以是开放的，因此形成拉伸曲面的草绘图形既可以是封闭图形，也可以是开放的线条，而且线条可以相交。但是在拉伸曲面的草绘器中不能输入文本。下面举例说明。

1. 打开Pro/E，从"文件"菜单中选择"新建"命令，或者左键单击屏幕顶部工具栏中的命令图标 。

2. 系统会显示出"新建"窗口。在"名称"文本框中输入文件名"Quilt-ex"，文件类型选择"零件"，子类型选择"实体"。需要注意的是，"新建"窗口下方往往会自动选中复选框"使用缺省模板"，这时将使用模板"inlbs_part_solid"，即以英寸-磅为单位的实体模型。如果需要使用公制单位，则取消此复选框，如图10.8所示，左键单击"确定"按钮。

3. 系统会显示"新文件选项"窗口，从中选择需要的模板"mmns_part_solid"，并且左键单击"确定"按钮。

4. 系统显示出模型树窗格和图形工作区窗格，与前文所述相同。左键单击右侧工具栏中的命令图标 ，或者使用菜单命令"插入" ➤ "拉伸"，系统左下角会显示出如图10.9所示的"拉伸"特征操控板。

图10.8　新建一个文件，注意
　　　　取消其中的复选框

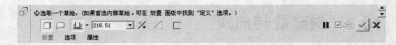
图10.9　"拉伸"特征操控板

5. 从图10.9中可见，系统默认选中的是图标 ，表示要创建的是实体特征。由于下面创建的是曲面特征，因此左键单击操控板中的命令图标 ，使之处于选中状态。

6. 在图形工作区按下鼠标右键，并且从弹出的上下文相关菜单中选择"定义内部草绘"命令。

7. 系统显示出如图 10.10 所示的"草绘"窗口，要求选择草绘平面及参考方向。在图形工作区左键单击以选中基准平面"FRONT"，系统默认选中基准平面"RIGHT"作为参考视图方向，左键单击"草绘"窗口中的"草绘"按钮。

8. 系统进入草绘工作环境。绘制如图 10.11 所示的圆、正五边形及五角星，并标注尺寸。

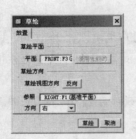

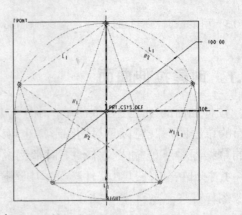

图 10.10 "草绘"窗口   图 10.11 绘制草绘，并标注尺寸

9. 这种草绘图形不能用于拉伸实体模型，因为其中有相交的图元；但是可以用于拉伸曲面。左键单击右侧工具栏中的命令图标，完成草绘。

10. 系统显示如图 10.12 所示的图形，并且要求指定拉伸的深度。在图形工作区中用鼠标左键拖动白色方块状控制柄可以改变深度值，也可以直接输入深度值 30，左键单击右侧工具栏中的命令图标，系统生成如图 10.13 所示的拉伸曲面。

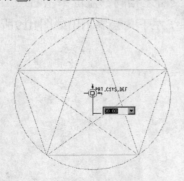

图 10.12 指定拉伸曲面的深度   图 10.13 最终形成的拉伸曲面

10.2 创建旋转曲面

创建旋转曲面特征的过程与创建旋转实体特征的过程相似，由于创建的是没有厚度的曲面特征，因此在生成草绘的时候可以更灵活一些，下面举例说明。

1. 使用菜单命令"文件"➤"新建"或者工具栏上的命令图标建立一个新文件，系统显示出"新建"窗口。

2. 指定文件的名称"Quilt-rotate"，文件类型为"零件"，子类型为"实体"，取消"新建"窗口下方的"使用缺省模板"复选框的选中标记，然后左键单击"新建"窗口中的"确定"按钮。

3. 系统显示出如图10.14所示的"新文件选项"窗口，从中选择模板"mmns_part_solid"，然后左键单击"确定"按钮。

4. 系统显示出模型树窗格和图形工作区窗格。左键单击右侧工具栏中的命令图标 ，或者使用菜单命令"插入" ➤ "旋转"，系统左下角会显示出如图10.15所示的"旋转"特征操控板。

图10.14 "新文件选项"窗口

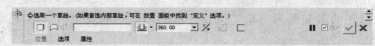

图10.15 "旋转"特征操控板

5. 左键单击以选中操控板中的命令图标 ，使之处于被按下去（选中）的状态，表示接下来要创建的是曲面特征而不是实体特征。

6. 左键单击操控板中的"位置"按钮，系统会显示出如图10.16所示的子面板。

7. 左键单击"·选取1个项目"文字旁边的"定义…"按钮，或者在图形工作区按下鼠标右键，再从弹出的上下文相关菜单中选择"定义内部草绘"命令，系统会弹出如图10.10所示的窗口，要求指定草绘平面及草绘视图方向。

8. 在图形工作区左键单击以选中基准平面"FRONT"作为草绘平面，系统会自动选中基准平面"RIGHT"作为参考视图方向。左键单击"草绘"窗口下方的"草绘"按钮。

9. 系统进入旋转特征的草绘环境。绘制如图10.17所示的草绘图形，标注尺寸。

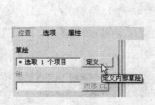

图10.16 "位置"子面板

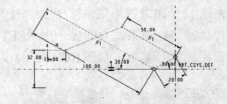

图10.17 旋转曲面特征的草绘图形

10. 这种开放又自相交的图形在创建实体旋转特征的时候系统是不接受的，但是可以用来创建旋转曲面。左键单击右侧工具栏中的命令图标 ，完成草绘，系统要求指定旋转的角度，如图10.18所示。

11. 左键双击图形中的"360"字样，系统会弹出一个数值输入框，输入曲面旋转的角度；也可以在操控板的角度值文本框中输入需要的角度。

12. 左键单击屏幕右下角的命令图标 ✅，系统显示出如图10.19所示的曲面特征。旋转曲面创建完毕。

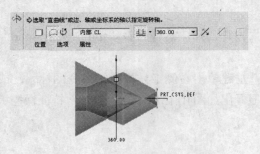

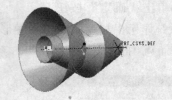

图10.18 完成草绘，指定旋转角度   图10.19 完成的旋转曲面特征

10.3 创建扫描曲面

创建扫描曲面是创建曲面的一种重要方式，它是将一条母线或者截面沿着一条轨迹线扫描，扫描经过的区域即形成扫描曲面。与拉伸曲面和旋转曲面相同，扫描曲面的草绘图形既可以是封闭的截面图形，也可以是开放的图形，而且可以自相交，下面分别举例说明。

10.3.1 以开放曲线作为截面扫描

1. 使用菜单命令"文件" ➤ "新建"或者工具栏上的命令图标 □ 建立一个新文件，系统显示出 "新建"窗口。

2. 指定文件的名称"Quilt-swp"，文件类型为"零件"，子类型为"实体"，取消"新建"窗口下方"使用缺省模板"复选框的选中标记，然后左键单击"新建"窗口中的"确定"按钮。

3. 系统显示出 "新文件选项"窗口，从中选择模板"mmns_part_solid"，然后左键单击"确定"按钮。

4. 系统显示出新的零件造型环境。使用菜单命令"插入" ➤ "扫描" ➤ "曲面"，系统会在右上角显示出如图10.20所示的"曲面：扫描"对话框及"SWEEP TRAJ（扫描轨迹）"菜单管理器。

5. 左键单击以选中菜单管理器中的"Sketch Traj（草绘轨迹）"命令，表示要通过草绘生成扫描轨迹。这时系统立即显示出"SETUP SK PLN（设置草绘平面）"和"SETUP PLANE（设置平面）"菜单，如图10.21所示。

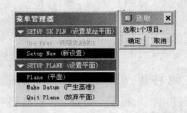

图10.20 "曲面：扫描"对话框及   图10.21 "SETUP SK PLN（设置草绘
        "SWEEP TRAJ（扫描轨   平面）"和"SETUP PLANE
        迹）"菜单管理器   （设置平面）"菜单

6. 系统默认选中的是"Setup New（新设置）"项和"Plane（平面）"项，并且在提示栏中显示"选取或创建一个草绘平面"，即要求指定草绘使用的平面。在图形工作区左键单击以选中基准平面"FRONT"。

7. 系统显示出"DIRECTION（方向）"菜单，要求指定视图方向，如图10.22所示。左键单击"Okay（正向）"命令或者单击鼠标中键。

8. 系统显示出"SKET VIEW（草绘视图）"菜单，要求指定参考视图方向，如图10.23所示。左键单击菜单中的"Right（右）"项，然后在图形工作区左键单击以选中基准平面"RIGHT"，表示以基准平面"RIGHT"的正方向为视图的右侧方向。

9. 系统进入了草绘环境，并且在屏幕右上角仍然显示出"曲面：扫描"对话框，以指示创建扫描曲面的进度。在这个草绘环境中，用样条曲线命令绘制如图10.24所示的草绘图形。

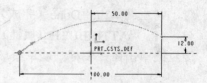

图10.22 "DIRECTION（方向）"菜单　　图10.23 "SKET VIEW（草绘视图）"菜单　　图10.24 绘制轨迹草绘曲线

10. 完成草绘图形后，左键单击右侧工具栏中的命令图标，系统会弹出如图10.25所示的"ATTRIBUTES（属性）"菜单，要求指定终点属性。

11. "Open Ends（开放终点）"的意思是扫描后只由截面扫过的区域形成曲面，两端不形成端曲面；"Capped Ends（封闭端）"的意思与上述相反，指扫描轨迹的两端形成两个端面。下面先采用系统默认的选项，即"Open Ends（开放终点）"，左键单击菜单中的"Done（完成）"命令，系统立刻进入草绘环境，要求绘制扫描的截面图形。

12. 绘制如图10.26所示的曲线，标注尺寸。注意：两条黄色中心线相交的位置就是当前轨迹的起点。

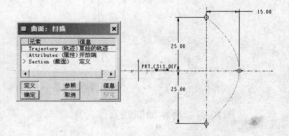

图10.25 "ATTRIBUTES（属性）"菜单　　图10.26 草绘的扫描截面曲线

13. 左键单击右侧工具栏中的命令图标，完成截面的草绘，系统会显示出如图10.27所示的对话框，要求选择下一步操作。

14. 左键单击"曲面：扫描"对话框中的"确定"按钮，系统会显示出如图10.28所示的扫描结果。

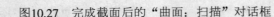

图10.27　完成截面后的"曲面：扫描"对话框　　　　图10.28　扫描形成的曲面

15. 从图中可以看出，这个曲面的两端是开放的，没有封闭。下面观察一下两端封闭的曲面。在工作区将曲面选中，再按下鼠标右键，从弹出的上下文相关菜单中选择"编辑定义"命令，系统又会显示出如图10.27所示的"曲面：扫描"对话框。

16. 从对话框中左键单击第二项"属性"，使之显示为蓝色，再左键单击"定义"按钮，如图10.29所示，系统会再次弹出图10.25所示的"ATTRIBUTES（属性）"菜单。

17. 从"ATTRIBUTES（属性）"菜单中左键单击以选中"Capped Ends（封闭端）"命令，并左键单击"Done（完成）"命令。

18. "ATTRIBUTE（属性）"菜单消失，系统再次进入草绘环境。如果不做任何修改，直接左键单击命令图标□从草绘环境中退出，系统会显示出错消息，如图10.30所示。

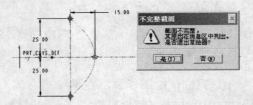

图10.29　重新定义扫描曲面的属性　　　　图10.30　草绘器显示出错消息

观察系统提示栏，其中指出"此特征的截面必须闭合"。因此在草绘器中再画一条线段，将样条曲线的两个端点连接，形成一个闭合截面，如图10.31所示。

19. 左键单击草绘器中的命令图标□，再左键单击"曲面：扫描"对话框中的"确定"按钮，系统会显示出如图10.32所示的曲面模型。可见，在扫描轨迹的两端形成了两个端盖。

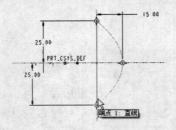

图10.31　将截面曲线修改为闭合图形　　　　图10.32　端点封闭的扫描曲面

10.3.2　以自相交曲线作为截面扫描

以扫描的方式生成曲面时，其草绘的截面图形可以是自相交的曲线，当然这种扫描曲面的端点不能具有封闭的属性，如前文所述。

1. 打开本章练习文件"Quilt-swp-cr.prt"，系统会显示出一个完成的扫描曲面。

2. 左键单击形成的曲面模型，使之处于被选中的状态。按下鼠标右键，从弹出的上下文相关菜单中选择"编辑定义"命令。

3. 系统显示"曲面：扫描"对话框。在对话框中左键单击以选中"截面"项，使之显示为深蓝色，再左键单击"定义"按钮，如图10.33所示。

图10.33 修改曲面模型的扫描截面

4. 系统进入草绘环境。添加两条相交直线并标注尺寸，如图10.34所示。

5. 左键单击右侧工具栏中的命令图标，再左键单击"曲面：扫描"对话框中的"确定"按钮，系统会生成如图10.35所示的自相交截面扫描曲面。

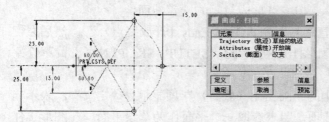

图10.34 编辑截面图形

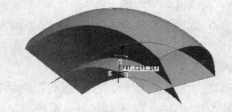

图10.35 自相交截面线扫描生成的曲面

10.4 创建混合曲面

混合曲面特征是创建曲面的一种重要方式，它可以沿着既定轨迹，在不同位置采用不同的截面来形成过渡曲面，下面举例说明。

10.4.1 平行截面混合曲面

1. 使用菜单命令"文件"➤"新建"或者工具栏上的命令图标建立一个新文件，系统显示出如图10.8所示的"新建"窗口。

2. 指定文件的名称"Quilt-blend"，文件类型为"零件"，子类型为"实体"，取消"新建"窗口下方"使用缺省模板"复选框的选中标记，然后左键单击"新建"窗口中的"确定"按钮。

3. 系统显示出"新文件选项"窗口，从中选择模板"mmns_part_solid"，然后左键单击"确定"按钮。

4. 系统显示出模型树窗格和图形工作区窗格。使用菜单命令"插入"➤"混合"➤"曲面"，系统会显示出如图10.36所示的"BLEND OPTS（混合选项）"菜单管理器。

菜单中各项的功能与创建混合实体模型时的相同，参见第4章4.4节"创建混合特征"中的介绍。

5. 采用默认的菜单设置，左键单击菜单中的"Done（完成）"命令，系统会显示出如图10.37所示的"曲面：混合，平行，…"对话框及"ATTRIBUTES（属性）"菜单管理器。

"ATTRIBUTES（属性）"菜单中各项的含义如下：

· Straight（直的）：表示使用直线形成的直纹曲面来连接各截面。

· Smooth（光滑）：表示使用样条线形成的光滑曲面来连接各截面。

· Open Ends（开放终点）：表示起始点和终点不形成封闭的端盖曲面。

图10.36 "BLEND OPTS（混合
选项）"菜单管理器

图10.37 "曲面：混合，平行，…"对话框及
"ATTRIBUTES（属性）"菜单管理器

·Capped Ends（封闭端）：表示起始点和终点形成封闭的端盖曲面。

6. 选择默认的菜单项，即"Straight（直的）"和"Open Ends（开放终点）"，然后左键单击"Done（完成）"命令，系统显示出如图10.38所示的"SETUP SK PLN（设置草绘平面）"菜单。

7. "曲面：混合，平行截面"对话框中的"Section（截面）"项显示为"定义"，表示当前定义的是混合特征的截面。系统默认的选项是要求选取一个平面作为草绘平面。在图形工作区左键单击以选中基准平面"TOP"，系统显示出如图10.39所示的"DIRECTION（方向）"菜单。

图10.38 "SETUP SK PLN（设
置草绘平面）"菜单

图10.39 "DIRECTION（方向）"菜单

8. 在图形工作区中，基准平面"TOP"上显示出一个红色的箭头，指出当前默认的视图方向。如果需要改变视图方向，那么左键单击"DIRECTION（方向）"菜单中的"Flip（反向）"项。获得需要的方向后，左键单击"Okay（正向）"命令。系统显示出如图10.40所示的"SKET VIEW（草绘视图）"菜单，用于确定视图的参照方向。

9. 左键单击菜单命令"Right（右）"，再从图形工作区中左键单击以选中基准平面"RIGHT"，意思是以基准平面"RIGHT"的正方向作为视图的朝右方向。系统进入了混合截面的草绘环境。

10. 在草绘环境中，绘制如图10.41所示的圆弧曲线，并标注尺寸。

11. 在图形工作区按下鼠标右键，从弹出的上下文相关菜单中选择"切换剖面"命令，如图10.42所示，也可以使用主菜单中的命令"草绘" ➤ "切换剖面"。

12. 刚才绘制的草绘截面会变成灰色，进入不活动状态。绘制圆弧曲线并标注尺寸，如图10.43所示，这是第二个截面。

13. 再次使用"切换剖面"命令，并绘制如图10.44所示的圆弧曲线，这是第三个截面。该截面图形实际上与第一个截面完全相同并重合。

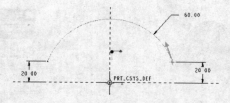

图10.40　"SKET VIEW（草绘视图）"菜单　　　　图10.41　草绘截面1　　　　图10.42　从右键菜单中选择切换剖面命令

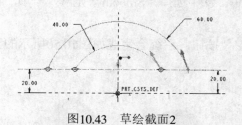

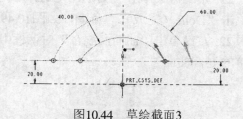

图10.43　草绘截面2　　　　　　　　　　图10.44　草绘截面3

> **注意**　草绘图形中的黄色箭头表示图形的起始点。不同截面图形的起始点位置要大体一致，否则混合后往往会生成不良结果。关于如何切换起始点位置的内容，请参见第4章。

14. 左键单击右侧工具栏中的命令图标□，表示完成截面草绘。系统显示出如图10.45所示的对话框及"DEPTH（深度）"菜单。

15. 对话框中显示了定义混合曲面特征的进度情况。"DEPTH（深度）"菜单中的各深度控制选项与指定孔深度的选项相同，只是这里表示成了菜单命令的形式。左键单击菜单中的"Done（完成）"命令，操控板中显示出提示栏，要求指定截面1到截面2之间的距离，如图10.46所示。

图10.45　曲面混合对话框及"DEPTH（深度）"菜单　　　　图10.46　指定截面1到截面2之间的距离

16. 在输入栏中输入深度值20，然后左键单击提示栏右侧的绿色对钩图标 。

17. 系统又显示输入栏，要求指定截面2到截面3之间的深度值，输入值"25"，然后左键单击提示栏右侧的绿色对钩图标 。

18. 左键单击"曲面：混合"对话框中的"确定"按钮，系统会显示出如图10.47所示的混合曲面。

19. 从图中可以看出，各截面之间是用直线连接的。下面修改截面间的过渡方式，使之以光滑的样条曲线连接。在图形工作区左键单击以选中生成的曲面，然后按下鼠标右键，从弹出的上下文相关菜单中选择"编辑定义"项。

20. 系统又显示出"曲面：混合"对话框。左键单击以选中其中的"属性"项，再单击"定义"按钮，如图10.48所示。

图10.47 混合曲面完成　　　　　　　　　图10.48 编辑曲面的定义

21. 系统再次弹出"ATTRIBUTE（属性）"菜单，从中选择"Smooth（光滑）"项，再左键单击"Done（完成）"命令，如图10.49所示。

22. 左键单击"曲面：混合"对话框中的"确定"按钮，系统会生成如图10.50所示的光滑过渡的混合曲面。

图10.49 选取"Smooth（光滑）"项　　　　图10.50 光滑过渡的混合曲面

10.4.2 用不平行的截面生成混合曲面

在上面的例子中，所有的截面的草绘平面都是彼此平行的。有时需要在混合曲面的不同位置使用不平行的截面，这时可以使用菜单"BLEND OPTS（混合选项）"中的"General（一般）"命令，下面举例说明。

1. 使用菜单命令"文件" ➤ "新建"或者工具栏上的命令图标□建立一个新文件，系统显示出"新建"窗口。

2. 指定文件的名称"Quilt-blend-np"，文件类型为"零件"，子类型为"实体"，取消"新建"窗口下方"使用缺省模板"复选框的选中标记，然后左键单击"新建"窗口中的"确定"按钮。

3. 系统显示出"新文件选项"窗口，从中选择模板"mmns_part_solid"，然后左键单击"确定"按钮。

4. 系统显示出模型树窗格和图形工作区窗格。使用菜单命令"插入" ➤ "混合" ➤ "曲面"，系统会显示出"BLEND OPTS（混合选项）"菜单管理器。

5. 从菜单中左键单击以选中"General（一般）"项，其余采用默认选项，然后左键单击"Done（完成）"命令，如图10.51所示。

6. 系统显示出"曲面：混合"对话框及"ATTRIBUTE（属性）"菜单。使用默认选中的菜单项"Straight（直的）"和"Open Ends（开放终点）"，左键单击"Done（完成）"命令。

7. 系统显示出"SETUP SK PLN（设置草绘平面）"菜单。在图形工作区中左键单击以选中基准平面"FRONT"，该平面下方立刻会显示出一个红色的箭头，并且显示出"DIRECT-ION（方向）"菜单。

8. 左键单击"Okay（正向）"命令，系统显示出"SKET VIEW（草绘视图）"子菜单，要求选择草绘视图的参考方向。

9. 左键单击菜单命令"Right（右）"，并且在图形工作区左键单击以选中基准平面"RIGHT"。系统进入草绘环境。

10. 绘制一个矩形并且标注尺寸，如图10.52所示，此为第一个混合截面。

11. 左键单击右侧工具栏中的命令图标 □，系统会显示错误信息："截面不完整，是否退出草绘器？"，并且在提示栏指出"缺少坐标系"，如图10.53所示。这是由于采用"General（一般）"命令创建截面彼此不平行的混合曲面时，要求对每个截面都指定一个坐标系，用以实现各截面位置的对齐、确定旋转角度等。

图10.51 从"BLEND OPTS（混合选项）"菜单中选取"General（一般）"项

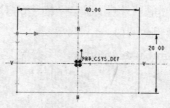

图10.52 不平行截面1

图10.53 "不完整截面"对话框

12. 左键单击"不完整截面"对话框中的"否"按钮，然后在右侧工具栏中左键单击命令图标 × 旁边的"➤"号，这里会显示出一组图标 ×·× ⊥，从中选择命令图标 ⊥，在草绘的截面图形中心绘制一个坐标系。

13. 再次左键单击右侧工具栏中的命令图标 □，系统会显示出如图10.54所示的输入栏。在其中分别为 X、Y 和 Z 轴输入旋转角度30°。

14. 为 Z 轴输入了角度并且按回车键或者左键单击了输入栏右侧的绿色对钩图标 ✔ 后，系统又会进入草绘环境，但这个草绘环境是空白的，其中没有基准平面，也没有其他参照。

15. 在草绘器的图形工作区中先绘制一个坐标系，再绘制两条中心线和第二个截面图形，标注尺寸，如图10.55所示。

16. 左键单击右侧工具栏中的命令图标 □，完成草绘。系统会显示出如图10.56所示的提示栏。

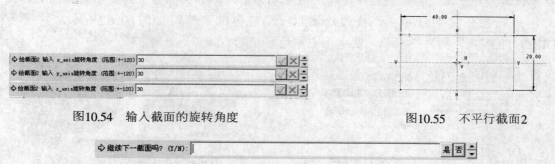

图10.54 输入截面的旋转角度

图10.55 不平行截面2

图10.56 提示栏

17. 左键单击"否"按钮，系统会要求输入截面深度，如图10.57所示。

18. 在文本框中输入深度值40，并左键单击输入栏右侧的绿色对钩图标 ，再左键单击"曲面：混合"对话框中的"确定"按钮，系统会生成如图10.58所示的不平行截面混合曲面。

图10.57　指定截面深度　　　　　　　　　　图10.58　不平行截面混合曲面

10.4.3　用投影截面生成混合曲面

采用投影截面生成混合曲面的时候，必须先有一个基本的实体模型。所谓用投影截面生成混合曲面，实际上就是将草绘的图形投影到实体模型的对应表面上，将实体模型对应的部分贯穿并切除其中的材料。下面举例说明。

1. 打开本章练习文件"TurnCutter45.prt"，系统会显示出如图10.59所示的45°车刀模型。

2. 选择菜单命令"插入"▶"混合"▶"曲面"，系统会显示出"BLEND OPTS（混合选项）"菜单管理器。

3. 从菜单管理器中选择命令"Project Sec（投影截面）"使之显示为黑色，如图10.60所示，再左键单击"Done（完成）"命令。

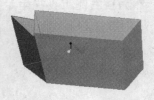

图10.59　打开文件"TurnCutter45.prt"　　　图10.60　选中命令"Project Sec（投影截面）"

4. 系统显示出如图10.61所示的"曲面：混合，平行，…"对话框及"ATTRIBUTES（属性）"菜单。左键单击"Done（完成）"命令。

5. 系统显示出"SETUP SK PLN（设置草绘平面）"菜单和"SETUP PLANE（设置平面）"菜单。在图形工作区左键单击车刀的主后刀面（即刀尖部分下面显示为深色阴影的平面），系统会在该平面的左侧棱边处显示一个红色的箭头，如图10.62所示，并显示出"DIRECTION（方向）"菜单，要求指定草绘平面的方向。

图10.61　"曲面：混合，平行，…"　　　　图10.62　选中主后刀面，系统显示
　　　　　对话框及"ATTRIBUTES　　　　　　　　　　一个红色的箭头
　　　　　（属性）"菜单

6. 单击鼠标中键，表示采用当前箭头指出的方向作为草绘视图的正方向。系统会显示出如图10.63所示的"SKET VIEW（草绘视图）"菜单，要求指定参考视图方向。

7. 左键单击"Default（缺省）"命令，系统会进入草绘环境，并显示出"参照"对话框，要求加选参照，如图10.64所示。

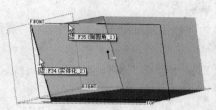

图10.63 "SKET VIEW（草绘视图）"菜单

图10.64 加选草绘参照

8. 在图形工作区分别左键单击选中刀尖下方的蓝色棱边和上部的棱边，这两个边的名称会显示在"参照"对话框中，单击"关闭"按钮，将"参照"对话框关闭。

9. 绘制如图10.65所示的截面1草绘图形，并标注尺寸。

10. 选择菜单命令"草绘"➤"特征工具"➤"切换剖面"，再绘制草绘截面2，如图10.66所示。

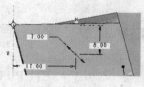

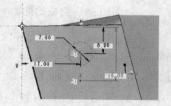

图10.65 草绘截面1

图10.66 草绘截面2

11. 左键单击右侧工具栏中的命令图标□，完成草绘，系统显示出如图10.67所示的菜单，并且在提示栏中显示"选取两曲面为交截边界"，即要求选择将草绘截面投影到的表面。

12. 按下键盘上的Ctrl键，左键依次单击以选中车刀模型左侧的平面及右侧的侧面，如图10.68所示。

（a）交截面1

（b）交截面2

图10.67 选择交截边界曲面菜单

图10.68 选取交截边界

13. 左键单击"曲面：混合，平行，…"对话框中的"确定"按钮，系统会生成如图10.69所示的曲面。

10.4.4　使用 *Y* 轴旋转截面创建混合曲面

还有一种比较特殊的创建混合曲面的方法，这就是使用"BLEND OPTS（混合选项）"菜单中的"Rotational（旋转的）"命令。该命令创建混合曲面的特殊之处在于不是沿第一截面的法线方向确定第二截面的位置，而是根据草绘截面图形相对于局部坐标系指定的 *Y* 轴夹角来确定第二截面的位置。下面举例说明。

1. 新建一个文件，名称为"Quilt-blend-Y"，类型为"零件"，子类型为"实体"，模板为"mmns_part_solid"。

2. 使用菜单命令"插入"➤"混合"➤"曲面"，系统显示出"BLEND OPTS（混合选项）"菜单。

3. 在菜单中左键单击以选中"Rotational（旋转的）"命令，再左键单击"Done（完成）"命令，如图 10.70 所示。

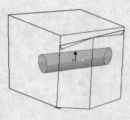

图10.69　生成的曲面

图10.70　左键单击"Rotational（旋转的）"命令

4. 系统显示出"曲面：混合"对话框及"ATTRIBUTES（属性）"菜单。使用默认的选项，左键单击"Done（完成）"命令，如图 10.71 所示。

5. 可以看到对话框中的内容与前文相比有了一些变化。系统弹出"SETUP PLN（设置草绘平面）"菜单，要求指定草绘平面。

6. 在图形工作区左键单击以选中基准平面"FRONT"，系统显示出"DIRECTION（方向）"菜单。单击鼠标中键或者左键单击菜单中的"Okay（正向）"命令。

7. 系统显示出"SKET VIEW（草绘视图）"菜单。左键单击菜单中的"Default（缺省）"项，系统会进入草绘环境。

8. 在草绘环境中左键单击右侧工具栏中的命令图标×旁边的"➤"号，这里会显示出一组图标×·×·↓，从中选择命令图标↓，在草绘环境默认的十字线交点处绘制一个局部坐标系，其中会显示出 *X* 轴和 *Y* 轴。

9. 绘制一个圆，尺寸如图 10.72 所示。

10. 左键单击右侧工具栏中的命令图标□，完成第一个截面的草绘。系统显示出如图 10.73 所示的提示栏，要求输入第二个截面绕 *Y* 轴旋转的角度。

11. 输入 45°，左键单击输入栏右侧的绿色对钩图标 。

12. 系统进入第二个截面的草绘环境。这个环境是空白的，其中既没有参考平面，也没有坐标系。采用与上述相同的方法绘制坐标系及轴线，然后以坐标系原点为圆心绘制一个直径为80的圆，如图 10.74 所示。

图10.71 "曲面：混合"对话框及
"ATTRIBUTES（属性）"菜单

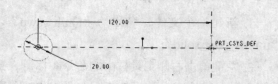

图10.72 第一截面草绘

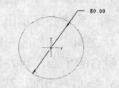

图10.74 第二个截面

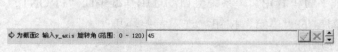

图10.73 输入Y轴旋转角度

13. 左键单击右侧工具栏中的命令图标口，完成第二个截面的草绘。系统显示出提示栏，询问是否继续绘制截面。左键单击提示栏右侧的命令按钮"是"，系统显示出如图10.75所示的提示栏，要求输入第三个截面绕Y轴旋转的角度。

14. 输入角度值30°，左键单击输入栏右侧的绿色对钩图标。

15. 系统进入草绘环境，这里也是空白的。绘制一个局部坐标系、坐标轴线，并绘制如图10.76所示的图形，标注尺寸。

图10.75 输入第三个截面绕Y轴旋转的角度

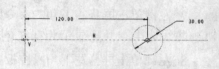

图10.76 第三截面

16. 左键单击右侧工具栏中的命令图标口，完成第三个截面的草绘。系统显示出提示栏，询问是否继续绘制截面。左键单击提示栏右侧的命令按钮"否"，再左键单击"曲面：混合"对话框中的"确定"按钮，系统会显示出如图10.77所示的曲面。

图10.77 截成绕Y轴旋转生成的混合曲面

10.5 可变剖面扫描曲面

通过可变剖面扫描来创建曲面的步骤与创建实体的扫描的步骤有相似之处，也有区别。相似之处在于两者都是沿选取的或者草绘的轨迹使用剖面进行扫描；区别在于前者可以使用轨迹参数trajpar来控制剖面的各个尺寸。另外，可变剖面扫描还可以使用多条轨迹线来控制剖面图形的变化，形成复杂的曲面。用可变剖面扫描的方法创建曲面与创建实体也有区别，主要在于创建曲面时可以使用开放的截面图形。下面分别举例说明。

10.5.1　用参数Trajpar来控制剖面的变化

1. 新建一个文件，名称为"Quilt-vswp"，类型为"零件"，子类型为"实体"，模板为"mmns_part_solid"。

2. 左键单击右侧工具栏中的命令图标，或者使用菜单命令"插入"➤"可变剖面扫描"，系统会显示出该工具的操控板，如图10.78所示。从图中可以看出，系统的默认选项是生成扫描曲面。

3. 下面需要在草绘环境绘制扫描轨迹曲线。在图形工作区右侧的工具栏中，左键单击命令图标，系统会显示出"草绘"对话框。

4. 在图形工作区左键单击以选中基准平面"TOP"，系统会自动选中基准平面"FRONT"作为朝右的平面，再左键单击"草绘"窗口的"草绘"按钮，进入草绘环境。

5. 绘制一个圆，标注尺寸，如图10.79所示。

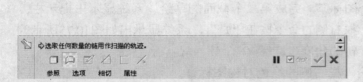

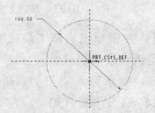

图10.78　可变剖面扫描操控板　　　　　　　图10.79　草绘的轨迹曲线

6. 左键单击右侧工具栏中的命令图标，完成草绘，系统会从草绘环境退出。

7. 左键单击屏幕右下角的命令图标，继续创建可变剖面扫描曲面。系统会将刚刚绘制的轨迹曲线选中，并且显示为亮红色，如图10.80所示。

8. 左键单击屏幕左下角操控板中的命令图标，进入剖面草绘环境。绘制两条长度相等、互相垂直的线段，再倒圆角，如图10.81所示，并标注尺寸。

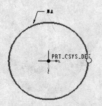

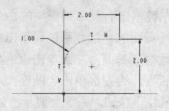

图10.80　系统默认选中刚刚绘制的曲线作为轨迹　　　　图10.81　草绘剖面曲线

9. 选择菜单命令"工具"➤"关系"，系统会显示出"关系"对话框，并且图形工作区的尺寸也从数值显示状态改为名称显示状态，如图10.82所示。

10. 左键单击任意一个值为2.00的尺寸，使其名称显示在"关系"对话框中，然后输入下列关系式：

```
sd8=2+abs(10*sin(1440*trajpar))
sd9=sd8
sd7=0.5*sd8
```

这里的尺寸名称可能与大家练习时使用的不同。注意本例中的sd8指的是图10.81中两个数值为2.0的尺寸之一，sd7指的是圆弧半径尺寸。

11. 使用"关系"对话框中的菜单命令"实用工具"➤"校验"，如果系统显示"已成功校验了关系。"，则左键单击消息框的"确定"按钮，再左键单击"关系"对话框的"确定"按钮；如果显示有错误，则改正错误之后再左键单击"关系"对话框的"确定"按钮，将此对话框关闭。

12. 左键单击草绘环境右侧工具栏中的命令图标⬜，完成草绘，系统会显示黄色透明的扫描曲面。左键单击屏幕右下角的命令图标✓，系统会形成最终的可变剖面扫描曲面，如图10.83所示。

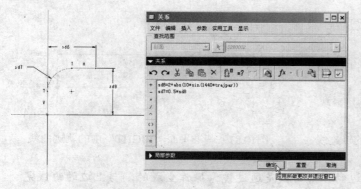

图10.82　输入尺寸关系式

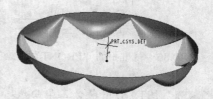

图10.83　采用可变剖面扫描生成的曲面

在上述例子中，剖面草绘图形是在轨迹线的端点创建的，这是所有类似操作的默认方式。实际上也可以在轨迹线上的任意点处创建草绘剖面，方法如下：

- 在完成上述第7步后，左键单击操控板中的"选项"按钮，然后在子面板中左键单击"草绘放置点"下的"原点"字样，使之显示为黄色，如图10.84所示。

· 在图形工作区中左键单击需要放置草绘剖面的基准点。如果轨迹线上当前没有基准点，可以左键单击右侧工具栏中的命令图标✲，创建基准点之后，再左键单击操控板右侧的命令图标▶，然后再左键单击以选中创建的基准点，使之在"选项"子面板中显示出来，如图10.85所示。

图10.84　左键单击"原点"字样，使之显示为黄色

图10.85　改变草绘放置的位置

· 左键单击操控板中的命令图标📝，开始草绘剖面。
· 接着上例中第8步进行其余的操作。

10.5.2　用多条轨迹线来控制剖面的变化

1. 新建一个文件，名称为"Quilt-vswp-curves"，类型为"零件"，子类型为"实体"，模板为"mmns_part_solid"。

2. 左键单击右侧工具栏中的命令图标，左键单击基准平面"FRONT"，以其为草绘平面进入草绘环境，创建如图10.86所示的基准曲线，标注尺寸。

3. 左键单击右侧工具栏中的命令图标，完成草绘，并且从草绘器中退出。

4. 用同样的方法，在基准平面"RIGHT"中绘制如图10.87所示的轨迹曲线，标注尺寸。

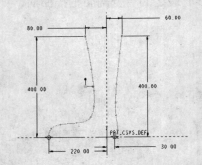

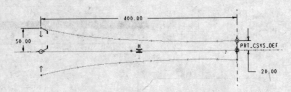

图10.86　基准平面"FRONT"中绘制的轨迹线　　　　图10.87　基准平面"RIGHT"中的轨迹曲线

　图10.87中包含三条曲线：下边的样条曲线是通过镜像操作生成的，与上边的曲线完全对称；中间轴线上还有一条直线，其长度为400，两端与样条曲线对齐。

5. 左键单击工具栏中的命令图标，完成草绘并退出草绘器。按组合键Ctrl+D，系统显示出如图10.88所示的轨迹线。

6. 左键单击右侧工具栏中的命令图标，或者使用菜单命令"插入" ➤ "可变剖面扫描"，系统显示出可变剖面扫描特征的操控板，并且在提示栏中显示"选取任何数量的链用作扫描轨迹"，如图10.89所示。

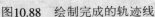

图10.88　绘制完成的轨迹线　　　　　　　　图10.89　可变剖面扫描操控板及提示栏

7. 在图形工作区首先左键单击中间的直线轨迹，然后按下键盘上的Ctrl键，从左到右依次左键单击相邻的各曲线，使之加亮显示，如图10.90所示。

　选取轨迹曲线时，一定要首先选取中间的直线，再按着Ctrl键选取其他曲线。否则无法进入草绘器。

8. 左键单击操控板中的命令图标，或者在图形工作区按下鼠标右键，再从弹出的上下文相关菜单中选择"草绘"命令，系统进入剖面草绘环境。

9. 在草绘器中绘制一个封闭的样条曲线，注意要经过外围4条曲线的端点，如图10.91所示。

 剖面图形也可以不封闭，那样会形成开放的曲面；剖面图形可以自相交。

10. 左键单击命令图标□，完成草绘并退出草绘器，再左键单击操控板中的命令图标☑，调整显示角度，系统会显示出如图10.92所示的可变剖面扫描曲面。

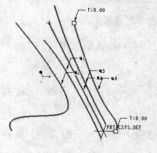
图10.90 选中各轨迹线

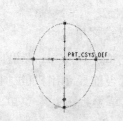
图10.91 绘制剖面图形

图10.92 完成的多轨迹线扫描曲面

10.6 螺旋扫描曲面

螺旋扫描曲面相当于将螺旋形轨迹与扫描方式结合起来的一种特征创建方式，也就是说，是扫描方法的一种特殊形式。

与螺旋扫描创建实体模型的操作要点相似，以螺旋扫描的方法创建曲面也可以分为等螺距曲面、变螺距曲面两类，这两类又都可以分为截面通过轴线、截面与扫描轨迹垂直两种形式，螺旋方向可以是右旋，也可以是左旋。可见，以螺旋扫描的方式形成曲面可以是上述条件的任意组合，下面分别举例说明。

10.6.1 等螺距截面通过轴线右螺旋扫描曲面

1. 新建一个文件，名称为"Quilt-sswp"，类型为"零件"，子类型为"实体"，模板为"mmns_part_solid"。

2. 使用菜单命令"插入"➤"螺旋扫描"➤"曲面"，系统显示出"曲面：螺旋扫描"对话框及"ATTRIBUTES（属性）"菜单，如图10.93所示。

3. "ATTRIBUTES"菜单中各项的含义如下：

· "Constant（常数）"：表示螺距为常数。

· "Variable（可变的）"：表示螺距可以变化。

· "Thru Axis（穿过轴）"：表示截面为穿过轴线的草绘图形。

· "Norm to Traj（轨迹法向）"：表示截面与扫描轨迹垂直。

· "Right Handed（右手定则）"：表示使用右旋轨迹曲线扫描。

· "Left Handed（左手定则）"：表示使用左旋轨迹曲线扫描。

从图中可见，系统默认选中的分别是"Constant（常数）"、"Thru Axis（穿过轴）"和"Right Handed（右手定则）"。左键单击"Done（完成）"命令。

4. 系统显示出如图10.94所示的菜单，要求选择草绘平面。在图形工作区左键单击基准平

面 "FRONT"。

 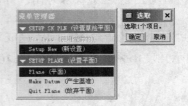

图10.93 "曲面：螺旋扫描"对话框及 　　　　图10.94 选取草绘平面
　　　　 "ATTRIBUTES（属性）"菜单

5. 系统显示出 "DIRECTION（方向）"菜单，如图10.95所示。单击鼠标中键，或者左键单击 "Okay（正向）"命令表示接受当前显示出来的方向。

6. 系统显示出 "SKET VIEW（草绘视图）"菜单，如图10.96所示。左键单击菜单中的 "Default（缺省）"项。

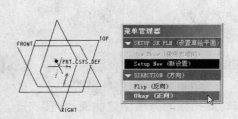 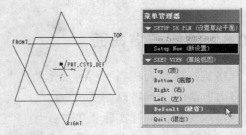

图10.95 "DIRECTION（方向）"菜单 　　　图10.96 "SKET VIEW（草绘视图）"菜单

7. 系统进入草绘器，接下来要绘制螺旋轨迹曲线的轮廓及旋转轴线。绘制如图10.97所示的图形，标注尺寸。

8. 左键单击右侧工具栏中的命令图标□，系统会显示出如图10.98所示的提示栏，要求输入螺距值。

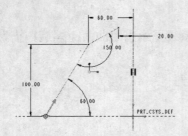 

图10.97 螺旋扫描轨迹的轮廓曲线 　　　图10.98 提示输入节距（螺距）值

9. 输入数值40，然后左键单击右侧的绿色对钩图标✓。

10. 系统仍然在草绘器中，显示出两条互相垂直的中心线。在中心线交点处绘制对称的样条曲线，如图10.99所示，标注尺寸。

11. 左键单击右侧工具栏中的命令图标□，再左键单击"曲面：螺旋扫描"对话框中的"确定"按钮，系统会生成如图10.100所示的螺旋扫描曲面。

10.6.2 变螺距截面垂直于轨迹的螺旋扫描

1. 新建一个文件，名称为"Quilt-svswp"，类型为"零件"，子类型为"实体"，模板为"mmns_part_solid"。

2. 使用菜单命令"插入"➤"螺旋扫描"➤"曲面"，系统显示出"曲面：螺旋扫描"对话框及"ATTRIBUTES（属性）"菜单。

3. 在"ATTRIBUTES（属性）"菜单中左键单击以选中"Variable（可变的）"、"Norm to Traj（轨迹法向）"，以及"Left Handed（左手定则）"项，然后左键单击"Done（完成）"命令，如图10.101所示。

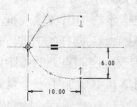
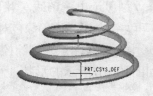
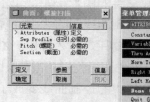

图10.99 绘制对称的截面图形　　图10.100 螺旋扫描形成的曲面　　图10.101 选取"Variable（可变的）"项

4. 系统显示出"曲面：螺旋扫描"对话框及"设置草绘平面"菜单，此对话框中显示的内容与前面的例子中的有所区别。在图形工作区左键单击以选取基准平面"FRONT"作为草绘平面。

5. 系统显示出"DIRECTION（方向）"菜单。单击鼠标中键，或者左键单击"Okay（正向）"命令表示接受当前显示的默认方向。

6. 系统显示出"SKET VIEW（草绘视图）"菜单。左键单击菜单中的"Default（缺省）"项。

7. 系统进入草绘器，接下来要绘制螺旋轨迹曲线的轮廓及旋转轴线。绘制如图10.102所示的图形，标注尺寸。

8. 左键单击右侧工具栏中的命令图标 □，完成轨迹轮廓曲线的草绘。系统会显示出如图10.103所示的提示栏，要求输入轨迹起始端的螺距（节距）值。

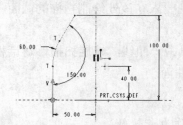

图10.102 草绘螺旋轨迹曲线的轮廓　　　　图10.103 输入轨迹起始端的螺距值

9. 输入10，再左键单击绿色的对钩命令图标 ☑。系统显示出如图10.104所示的提示栏，要求指定轨迹末端的螺距值，输入30，再左键单击绿色的对钩命令图标 ☑。

10. 系统显示出如图10.105所示的螺距控制曲线及菜单。菜单中的"Add Point（添加点）"、"Remove Point（删除）"分别用于在控制曲线上添加和删除控制点，在这些控制点处可以指定具体的螺距值。

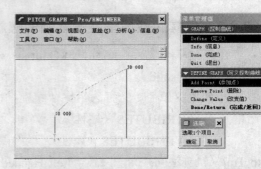

图10.104　输入轨迹末端的螺距值　　　　图10.105　螺距控制曲线及控制菜单

　　11. 在草绘的图形上左键单击以选中一个现有的端点，如图10.106所示。

　　12. 在控制曲线图的对应位置会立刻显示出一条线，并且在系统提示栏中出现输入框，要求指定该点的螺距。输入螺距值20，再左键单击右侧的绿色对钩命令图标 。同样的道理，也可以通过菜单命令配合左键单击草绘图形中的曲线端点来删除控制点或者改变控制点处的螺距值。

　　13. 窗口中的控制曲线变成了如图10.107所示的形状，可以看到，其中增加了一个螺距为20的控制点。

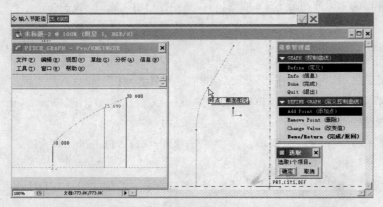

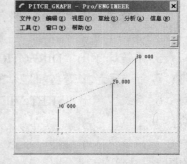

图10.106　左键单击轨迹轮廓图形，以添加螺距控制点　　图10.107　增加控制点之后的控制曲线

　　14. 左键单击菜单中的"Done/Return（完成/返回）"命令，控制曲线窗口会消失，草绘器中会在轨迹轮廓曲线的起点处显示出黄色的十字叉线和坐标系，要求在该处绘制扫描的截面。以十字线中点为圆心绘制一段圆弧，半径为4，如图10.108所示。

　　15. 左键单击工具栏中的命令图标 ，完成草绘，再左键单击"曲线：螺旋扫描"对话框中的"确定"按钮，系统会显示出如图10.109所示的螺旋扫描曲面。

在创建螺旋扫描的过程中，需要注意以下事项：
- 绘制轨迹轮廓曲线的时候，一定要绘制一条中心线作为旋转轴。
- 轨迹轮廓曲线中不能有尖角，彼此相接的线段之间必须采用圆弧过渡，否则系统会显示"截面不完整"的错误信息。
- 如果要使用变螺距扫描，并且希望通过螺距控制曲线图来增加控制点，那么前面绘制的轨迹轮廓曲线必须包含多个段，因为控制点只能是曲线的端点。样条曲线虽然本身包含多个点，但这些不是端点，不能作为螺距控制点使用。
- 扫描截面一定在轨迹线的端点处绘制，否则可能会产生一些异常结果。

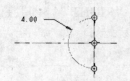

图10.108 扫描截面曲线　　　　　　　　　　图10.109 生成的变螺距左旋螺旋扫描曲面

10.7 扫描混合曲面

扫描混合实际上是将扫描与混合结合而成的方法，因此既可以按选取或者生成的扫描轨迹来生成曲面或实体，又可以定义多个不同的截面图形，例如图10.110所示的蛇模型。下面举例说明。

10.7.1 扫描混合的基本操作步骤

1. 新建一个文件，名为"Quilt-snake"，类型为"零件"，子类型为"实体"，模板为"mmns_part_solid"。

2. 使用菜单命令"插入"➤"扫描混合"，系统显示出如图10.111所示的扫描混合操控板及提示。

图10.110 用扫描混合创建的蛇形曲面　　　　图10.111 扫描混合特征的操控板

3. 下面开始绘制扫描轨迹曲线。本例介绍的是上图所示的蛇形曲面的创建过程，因此需要绘制一条蛇形曲线。

蛇形曲线通常是三维的，无法在一个草绘器中直接绘出。如果分别在两个草绘器中绘制，那么会形成两段轨迹曲线，这会给后面的扫描混合带来困难。解决的办法有三种：

（1）分别在两个草绘平面中绘制蛇形曲线的控制点，然后再使用创建基准曲线的工具 $\sim$ 来形成一条空间曲线。

（2）编辑一个IBL文件，其中包含了构成蛇形曲线的坐标，再使用命令 $\sim$ 的"From File（自文件）"子命令形成曲线。

（3）编辑一个IBL文件，其中包含了构成蛇形曲线的坐标，再使用命令 读入坐标，配合命令 $\sim$ 形成曲线。

由于本例中的蛇形曲面尺寸要求不严格，因此采用步骤（1）的方式来创建。

4. 左键单击工具栏中的命令图标 （位于命令图标 包含的组中），屏幕上显示出"草绘的基准点"窗口，在图形工作区左键单击以选中基准平面"TOP"，系统会默认选中基准平面"FRONT"作为参照，如图10.112所示。

5. 左键单击"草绘的基准点"窗口中的"草绘"按钮，进入草绘环境，并绘制如图10.113所示的6个基准点。注意，最右侧的基准点要靠近基准平面"RIGHT"，即竖直的中心线。标注尺寸是为了确定蛇横截面的尺寸水平。

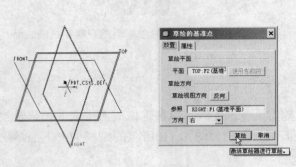

图10.112 选择草绘基准点的平面

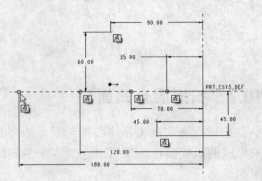

图10.113 草绘基准点

6. 左键单击草绘器的命令图标口，从草绘器退出，系统显示出各个基准点，如图10.114所示。

7. 再次左键单击工具栏中的命令图标▨（位于命令图标▨包含的组中），屏幕上显示出"草绘的基准点"窗口，在图形工作区左键单击以选中基准平面"FRONT"，系统会默认选中基准平面"RIGHT"作为参照，如图10.115所示。

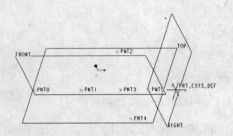

图10.114 在基准平面"TOP"中
绘制的基准点

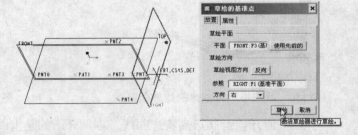

图10.115 选择基准平面"FRONT"作为草绘平面

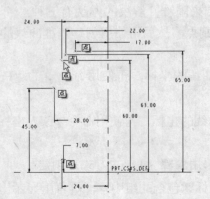

图10.116 基准平面"FRONT"中草绘的点

8. 左键单击"草绘基准点"窗口中的"草绘"按钮，进入草绘环境，并绘制如图10.116所示的5个点，标注尺寸。

9. 左键单击右侧工具栏中的命令图标口，完成草绘并退出草绘器。按组合键Ctrl+D，系统会显示出新绘制的点，如图10.117所示。

10. 左键单击右侧工具栏中的命令图标～，系统显示出"CRV OPTIONS（曲线选项）"菜单，如图10.118所示。

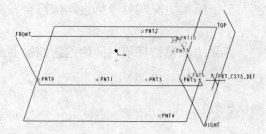

图10.117 基准平面"FRONT"中绘制的点   图10.118 "CRV OPTIONS(曲线选项)"菜单

11. 使用默认选项"Thru Points(经过点)",左键单击菜单中的"Done(完成)"命令,系统显示出"曲线:通过点"对话框及"CONNECT TYPE(连结类型)"菜单,如图10.119所示。

12. 依次左键单击以选中从PNT0到PNT10的各点,注意顺序不要错,如图10.120所示。

图10.119 "曲线:通过点"对话框及"CONNECT   图10.120 按顺序选中各点,形成曲线
                TYPE(连结类型)"菜单

13. 左键单击菜单中的"Done(完成)"命令,再左键单击"曲线:通过点"对话框中的"确定"按钮。刚刚绘制的曲线会显示为红色,表示当前被选中。

14. 左键单击操控板右侧的命令图标 ▶,表示继续扫描混合操作。系统会将该曲线选中作为扫描混合的轨迹曲线,如图10.121所示。

15. 左键单击屏幕左下角操控板中的"参照"按钮,系统会显示出如图10.122所示的子面板。

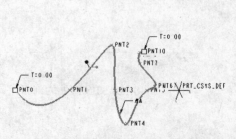

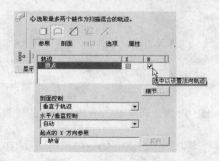

图10.121 系统选中了扫描混合的轨迹曲线   图10.122 "参照"子面板

其中,"原点"一栏"N"列下有个对钩标记,表示剖面垂直于轨迹。"剖面控制"栏中可以控制剖面的方位。采用系统默认的选项。

16. 左键单击操控板中的"剖面"按钮,系统显示出"剖面"子面板,如图10.123所示。

在图形工作区左键单击PNT0，使之显示在"剖面"子面板中，同时"草绘"按钮会显示出来，进入可用状态。

17. 左键单击"剖面"子面板中的"草绘"按钮，系统进入草绘环境，开始绘制扫描混合特征的剖面曲线，如图10.124所示。

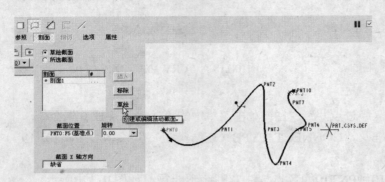

图10.123 "剖面"子面板　　　　　　　　　　图10.124 绘制第一个剖面

这个剖面实际上是个直径为1的圆，表示蛇的尾端。注意，圆心要与PNT0所在的十字中心重合。

18. 左键单击草绘器工具栏中的命令图标□，完成第一个剖面的草绘并且退出草绘器。系统又会显示出"剖面"子面板。

19. 现在的"剖面"子面板中，"插入"按钮已经可以使用了。左键单击"插入"按钮，然后在图形工作区左键单击基准点PNT1，如图10.125所示。

20. 再次左键单击"草绘"按钮，进入草绘器并绘制一个直径为8的圆，左键单击工具栏中的命令图标□，完成第二个剖面的草绘并且退出草绘器。系统又会显示出"剖面"子面板。

21. 重复上述操作，分别在PNT2、PNT3、PNT4、PNT5、PNT6处绘制直径为8的圆，作为剖面图形。

22. 在PNT7处，绘制一个椭圆作为剖面，表示蛇颈部膨胀扁平的部分，如图10.126所示。

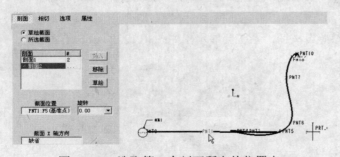

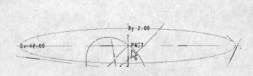

图10.125 选取第二个剖面所在的位置点　　　　　图10.126 PNT7处的剖面

这个椭圆的半长轴Rx=12，半短轴Ry=2。

随着剖面数量的增加，视图会变得越来越复杂，再生的速度也会明显变慢。要细心绘制，务必利用系统的自动捕捉功能在正确的十字形中心线处绘制剖面图形。

23. 与上面的方法相同，在PNT7处绘制椭圆，半长轴Rx=8，半短轴Ry=3。退出草绘器后，系统会形成临时的扫描混合曲面，如图10.127所示。

24. 用同样的方法，定义PNT8、PNT9处的剖面：

> PNT8：Rx=4 Ry=3
>
> PNT9：Rx=2 Ry=1
>
> PNT10：圆，R=1

25. 完成PNT10处的剖面后，系统会生成如图10.128所示的临时的蛇形扫描混合曲面。

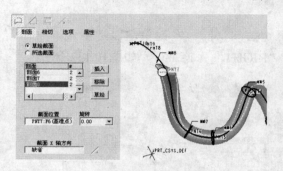

图10.127　定义完PNT7剖面时的扫描混合曲面

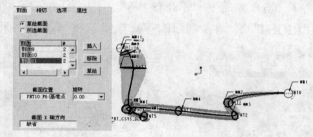

图10.128　临时的蛇形扫描混合曲面

26. 左键单击屏幕右下角的命令图标，系统生成最终的蛇形曲面。

10.7.2　扫描混合的其他选项

创建扫描混合曲面的时候，还可以使用其他一些选项。这些选项可以分为以下五类：

- 剖面方向控制
- 剖面位置控制
- 相切关系控制
- 封闭端点控制
- 混合控制

下面分别说明这些选项的作用。

1. 剖面方向控制

（1）打开模型文件"Quilt-snake.prt"，即上面刚刚完成的蛇形曲面。

（2）左键单击以选中整个曲面，按下鼠标右键，从弹出的上下文相关菜单中选择"编辑定义"命令，曲面变成了黄色透明的显示模式，其中显示出了各个截面当前的位置，如图10.129所示。

（3）左键单击操控板中的"参照"按钮，系统会显示出如图10.130所示的子面板。从这个面板中可以看到，"剖面控制"一栏中显示了"垂直于轨迹"。再观察图10.129中各剖面的方向，会发现各处的剖面总是与其所在位置的轨迹曲线保持垂直。

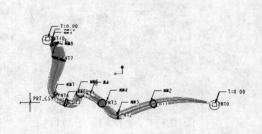

图12.129　编辑蛇形曲面的定义

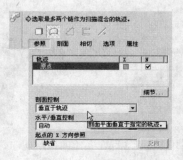

图10.130　"参照"子面板

（4）由于轨迹曲线在蛇头的位置有点向蛇的右侧倾斜，因此蛇头部曲面的剖面也向右倾斜。下面消除这种倾斜的情况。在"参照"子面板的"剖面控制"栏中，左键单击下拉列表，从中选择"垂直于投影"项，然后在图形工作区左键单击以选中基准平面"RIGHT"，如图10.131所示。

（5）从模型中可以看到，现在蛇形曲面的各剖面不再与轨迹曲线垂直，而是与轨迹曲线在基准曲面RIGHT中的投影线保持垂直。

（6）如果将"剖面控制"中的选项改为"恒定法向"，再左键单击以选中基准平面"RIGHT"，则各剖面的垂直向量都将与基准平面"RIGHT"保持平行，如图10.132所示。

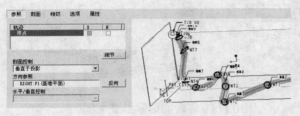 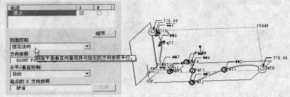

　图10.131　将"剖面控制"改为"垂直于投影"　　　　图10.132　将"剖面控制"改为"恒定法向"

2. 剖面位置控制

在使用"编辑定义"命令将曲面显示为黄色透明模式时，还可以使用"剖面"子面板来改变各剖面的位置。下面具体说明。

（1）左键单击操控板中的"剖面"按钮，系统显示出如图10.133所示的"剖面"子面板及曲面模型。

（2）在"剖面"列表框中，显示蓝条的为当前选中的剖面，在图形工作区中会以红色显示出该剖面所在位置基准点的名称；将光标停在列表框中的某个剖面名称上，图形工作区就会在该剖面的位置显示出黄色的十字中心线。

（3）左键单击"剖面"子面板中的"截面位置"栏，再在图形工作区中左键单击轨迹线上的一个基准点，则剖面列表框中当前选中的剖面就会改变到该基准点所在的位置。

（4）"旋转"栏中可以输入角度值，使当前选中的剖面绕局部坐标系的Z轴旋转指定的角度。

3. 相切关系控制

左键单击操控板中的"相切"按钮，系统会显示出"相切"子面板，如图10.134所示。

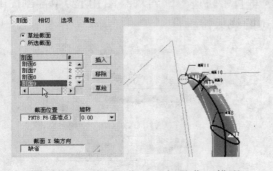 

　　图10.133　"剖面"子面板及曲面模型　　　　　图10.134　"相切"子面板

使用此面板可以在开始、终止位置的截面图元与元件其他曲面几何之间定义相切关系。左键单击"开始截面"右侧的"自由"字样，这里会变成下拉列表，从中选择"切线"，系统将提示用户"选取位于加亮边界元件上的曲面"。完成一个截面的相切定义后，系统会自动前进到下一个截面图元。

4. 封闭端点控制

扫描混合曲面的端点在默认状态下是开放的，即不会形成封盖，如图10.135所示。

如果想形成端部封闭的曲面，可以左键单击"选项"子面板中的"封闭端点"项，将该项选中，系统会自动在两端生成封闭曲面，如图10.136所示。

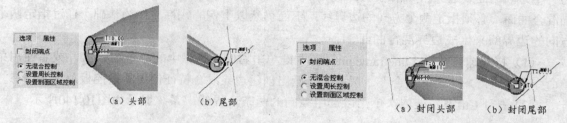

图10.135 默认的扫描混合曲面两端没有封闭

图10.136 两端形成封闭曲面

10.8 边界混合曲面

边界混合曲面是指利用一个或两个方向上的边界线生成的曲面。在很多情况下，曲面并不遵循某种简单的规律（如螺旋曲面），而是需要由不同形状的曲线边界之间的平滑过渡形成（例如飞机机翼曲面），这时就需要使用边界混合曲面特征。

边界混合曲面可以通过指定一个方向的边界线来生成，也可以指定两个方向的边界线。对边界混合曲面的形状进行控制的方法有很多，例如通过指定一条拟合曲线，设置不同的系数可以控制曲面逼近该拟合曲线的精度；选择边界线的顺序会影响生成的曲面形状；在已有的曲线上可以增加控制点以进一步控制曲面的形状等。下面举例说明。

10.8.1 沿一个方向创建边界混合曲面

（1）启动Pro/E 4.0之后，设置工作目录，然后使用"文件"➤"打开"命令将本章练习文件"lineframe.prt"打开，图形工作区会显示出如图10.137所示的线框模型。

（2）左键单击右侧工具栏中的命令图标 ，或者使用菜单命令"插入"➤"边界混合"，屏幕上会显示出创建边界混合特征使用的操控板，并且在提示栏中显示"选取两条或多条曲线或边链定义曲面第一方向。点或顶点可用来代替第一条或最后一条链。"，如图10.138所示。移动光标靠近图形工作区中的一条横向边界线，使之加亮显示，然后左键单击将它选中。

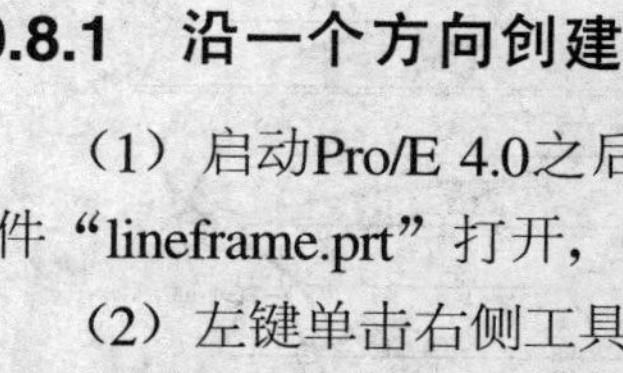

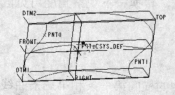

图10.137 打开的线框模型

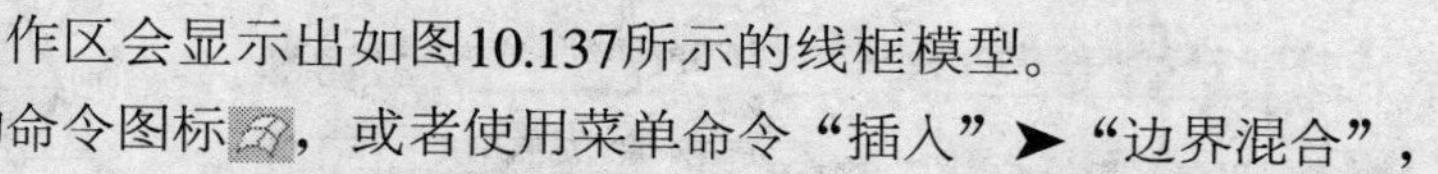

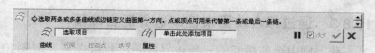

图10.138 系统显示出边界混合操控板

（3）选中的边界线会显示为红色，并且在两端显示出白色小方块形控制柄，在操控板中的第一个方框中也会显示出选取的结果。按下**Ctrl**键，再左键单击以选中横向的第二条和第三条边界线，如图10.139所示。

（4）现在操控板右下角的眼镜图标👓和绿色对钩按钮☑已经显示出来了，使用这两个命令按钮分别可以预览曲面和生成曲面。左键单击绿色的对钩按钮即可完成边界混合曲面的生成。

10.8.2　在两个方向上创建边界混合曲面

从图10.139中不难看出，只选取单一方向的边界生成的边界混合曲面往往不能很好地拟合另一个方向的曲线边界。如果想生成一个方向的边界线沿另一个方向的边界线移动而得到的扫描混合曲面，必须指定两个方向的边界线，下面仍然以上例的线框文件为基础，通过指定两个方向的边界线来生成边界混合曲面。

（1）打开练习文件"lineframe.prt"。左键单击右侧工具栏中的命令图标，或者使用菜单命令"插入"➤"边界混合"，屏幕上显示出创建边界混合特征使用的操控板及提示信息。

（2）按下**Ctrl**键左键依次单击以选中纵向的两条边界线，系统显示如图10.140所示。

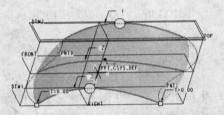

图10.139　选中同方向的三条边界线

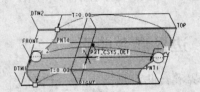

图10.140　选取纵向的两条边界线

（3）左键单击操控板中的第二方向收集器框，使框中的文字由"单击此处添加"变成"选取项目"，如图10.141所示。

（4）按下键盘上的**Ctrl**键，在图形工作区左键依次单击横向的三条边界线，系统会显示出如图10.142所示的黄色临时曲面。

图10.141　左键单击第二方向收集器

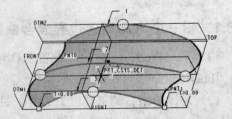

图10.142　选取两个方向的边界线
生成的黄色临时曲面

（5）左键单击绿色的对钩按钮即可完成边界混合曲面的生成，转换一下观察角度可见，这个曲面与两个方向的边界线都有良好的拟合。

10.8.3　通过拟合曲面来控制边界混合曲面

在上例中选取横向的三条边界线时，也可以只选取图10.142中的横向第一条和第三条曲线作为边界曲线，这时生成的边界混合曲面如图10.143所示。

　　可以看出，这个曲面与中间的曲线并没有很好地拟合。我们可以将横向中间的曲线定义为拟合曲线，并且指定曲面对该曲线拟合的精度，从而生成理想的曲面，具体步骤如下：

　　（1）在图形工作区中左键单击以选中刚刚生成的曲面，使其边界线显示为红色。按下鼠标右键，从弹出的快捷菜单中选择"编辑定义"命令。

 　　不要让曲面整个显示为粉红色，因为那样就不能使用"编辑定义"命令了。

　　（2）系统再次显示出黄色的临时曲面和操控板。在操控板中左键单击"选项"命令，系统弹出子面板，在其中单击"影响曲线"框，如图10.144所示。

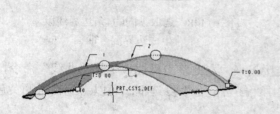

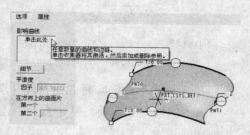

图10.143　两方向边界曲线生成的边界混合曲面　　图10.144　在"选项"子面板中单击"影响曲线"框

　　（3）左键单击后，"影响曲线"框中的"单击此处"字样会变成"选取项目"，这时在图形工作区左键单击以选中位于曲面中间的横向的曲线，如图10.145所示。

　　（4）在子面板中部有一个名为"平滑度因子"的文本框，在这里输入0到1之间的因子可以控制曲面与该影响曲线拟合的程度。输入的数值越大，曲面拟合曲线的误差就越小。输入因子0.1，然后左键单击屏幕右下角的绿色对钩命令图标，系统即会生成与该曲线拟合误差为0.1的边界混合曲面，如图10.146所示。

 　　在如图10.145所示的"选项"子面板中，"第一个"和"第二个"文本框用于指定该曲面分别在两个边界方向上生成的面片数量。这个数量越大，曲面与影响曲线显示的拟合准确度越高，但系统的计算量也越大。

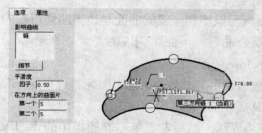

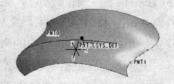

图10.145　选取影响曲线之后　　　　　图10.146　此曲面与中间曲线拟合度为0.1

10.8.4　生成首尾相接的边界混合曲面

　　沿单方向选取边界曲线生成边界混合曲面时，如果需要让曲面首尾相接形成一个筒形，则必须使用"曲线"子面板中的"闭合混合"复选框，下面举例说明。

　　（1）在Pro/E 4.0中打开本章练习文件"lineframe-closed.prt"，图形工作区会显示出如图10.147所示的线框模型。

（2）左键单击右侧工具栏中的命令图标 🗇 ，或者使用菜单命令"插入"➤"边界混合"，屏幕上显示出创建边界混合特征使用的操控板及提示信息。

（3）按下Ctrl键左键依次单击以选中纵向的4条边界线，如图10.148所示。

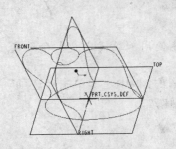

图10.147 打开练习文件"lineframe-closed.prt"

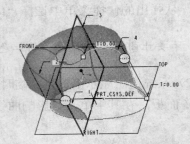

图10.148 选取纵向的4条边界线以生成边界混合曲面

4. 可见，这时形成的临时曲面首尾并没有连接起来。左键单击操控板中的"曲线"命令，系统会弹出"曲线"子面板，从中左键单击以选中"闭合混合"复选框，可以看到临时的黄色曲面立刻变成了首尾相接的形式，如图10.149所示。

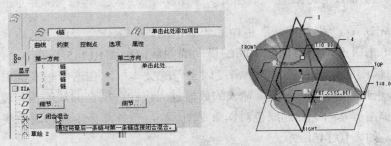

图10.149 选中"闭合混合"复选框

5. 左键单击操控板右侧的绿色对钩命令图标 ✓ ，系统即会生成首尾相接的边界混合曲面。

10.8.5 边界混合曲面的约束

在创建边界混合曲面的过程中，"约束"子面板可以控制生成的曲面与边界曲线所在的参照曲面之间保持何种关系，从而影响生成的边界混合曲面，下面举例说明。

（1）在Pro/E 4.0中打开练习文件"lineframe-closed.prt"。

（2）左键单击右侧工具栏中的命令图标 🗇 ，或者使用菜单命令"插入"➤"边界混合"，屏幕上显示出创建边界混合特征时使用的操控板及提示信息。

（3）按下Ctrl键依次左键单击选取纵向的2条边界线，然后左键单击操控板中的"约束"按钮，系统弹出"约束"子面板，如图10.150所示。

（4）左键单击"约束"子面板中的"自由"字样，系统会显示出一个下拉列表，其中有"自由"、"切线"、"曲率"和"垂直"四个选项。"自由"表示生成的曲面与边界曲线所在的曲面没有关系；"切线"表示生成的曲面与边界曲线所在的曲面保持相切关系；"曲率"表示生成的曲面与边界曲线所在的曲面保持曲率相等；"垂直"表示生成的曲面与边界曲线所在的曲面垂直，如图10.151所示。

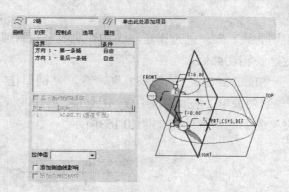

图10.150　"约束"子面板

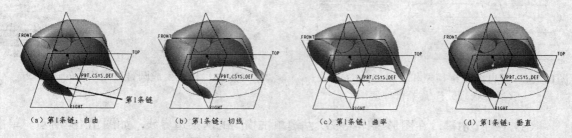

（a）第1条链：自由　（b）第1条链：切线　（c）第1条链：曲率　（d）第1条链：垂直

图10.151　设置不同的边界约束曲面形成的变化

 创建边界混合曲面时也可以使用现有实体的棱线，但一条实体棱线往往包含多个线段，这样的棱线不能直接作为边界曲线。如果需要让多个线段组成的一条棱线作为一条边界曲线，可以按下键盘上的Shift键，再左键单击以选中这些线段。

10.9　创建高阶曲面

在Pro/E野火4.0中文版的零件建模环境中，菜单"插入" ➤ "高级"下面还有一系列可以创建曲面的方法。由于这些曲面从数学分析的角度需要采用更高阶的微分方程来建立，因此称为高阶曲面。

10.9.1　圆锥近似过渡边界混合曲面

下面仍然以线框模型为基础，介绍圆锥近似过渡边界混合曲面的创建过程。

1. 指定肩曲线生成的圆锥近似过渡边界混合曲面

（1）启动Pro/E 4.0之后，设置工作目录，然后打开本章的练习文件"lineframe.prt"，使之显示出线框模型。

（2）使用菜单命令"插入" ➤ "高级" ➤ "圆锥曲面和N侧曲面片"，系统会显示出"BNDRS OPTS（边界选项）"菜单管理器，如图10.152所示。

（3）在菜单管理器"BNDRS OPTS（边界选项）"中，左键单击"Conic Surf（圆锥曲面）"命令，其下方原来处于灰色的"Shouldr Crv（肩曲线）"命令和"Tangent Crv（相切曲线）"命令立刻变成可用状态：

"Shouldr Crv（肩曲线）"，通过指定一条肩曲线控制圆锥近似过渡曲面的生成，形成的过渡曲面经过肩曲线。

"Tangent Crv（相切曲线）"，通过指定一条相切曲线来控制圆锥近似过渡曲面的生成，形成的过渡曲面不经过这条相切曲线。

系统默认选取的是"Shouldr Crv（肩曲线）"命令，左键单击"Done（完成）"命令。

（4）系统显示出一系列菜单，并且在提示栏中显示"选择曲线以定义相对曲面边界。"即要求指定生成圆锥过渡曲面的边界线，如图10.153所示。

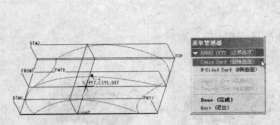

图10.152　打开的线框模型和"BNDRS OPTS（边界选项）"菜单管理器

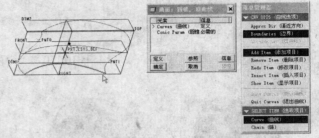

图10.153　指定生成圆锥过渡曲面的边界线

（5）按下Ctrl键，在图形工作区依次左键单击横向的两条边界线，如图10.154所示。单击第二条边界线后，系统会在提示栏显示"此方向需求的项目数目已经定义。"在"曲面：圆锥，肩曲线"对话框中，Curves（曲线）一栏也会显示出"定义"字样，表示完成了该方向边界曲线的定义。

（6）接下来需要指定肩曲线。在菜单管理器"CRV OPTS（曲线选项）"中左键单击"Shouldr Crv（肩曲线）"命令，然后在图形工作区左键单击位于两条边界线之间的横向曲线，如图10.155所示。

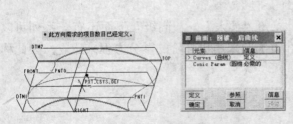

图10.154　选取横向的两条边界线

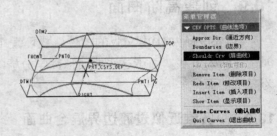

图10.155　选取肩曲线

（7）左键单击菜单管理器中的"Done Curves（确认曲线）"命令，系统在提示栏中会显示"输入圆锥曲线参数，从0.05（椭圆），到.95（双曲线）"及圆锥参数（Conic Param）输入框，如图10.156所示。

圆锥参数的含义如下：

0<参数<0.5　　　　椭圆

参数=0.5　　　　　抛物线

0.5<参数<0.95　　双曲线

本例中输入参数值0.3，然后左键单击屏幕右下角的绿色对钩图标 ，再左键单击"曲面：圆锥，肩曲线"对话框中的"确定"按钮，系统即会生成圆锥参数为0.3的肩曲线控制圆锥过渡曲面。转换一下视角，可以看到这个过渡曲线是一种椭圆曲面，如图10.157所示。

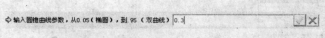

图10.156 圆锥参数输入栏

图10.157 肩曲线圆锥参数0.3生成
的圆锥过渡曲面

2. 指定相切曲线生成的圆锥近似过渡曲面

（1）使用菜单命令"文件"➤"拭除"将不需要的模型文件从内存中拭除。

（2）重新打开练习文件"lineframe.prt"，使用菜单命令"插入"➤"高级"➤"圆锥曲面和N侧曲面片"，系统会显示出"BNDRS OPTS（边界选项）"菜单管理器。

（3）在菜单管理器"BNDRS OPTS（边界选项）"中，左键单击"Conic Surf（圆锥曲面）"命令，其下方原来处于灰色状态的"Shouldr Crv（肩曲线）"命令和"Tangent Crv（相切曲线）"命令立刻变成可用状态。系统默认选取的是"Shouldr Crv（肩曲线）"命令，本例需要左键单击"Tangent Crv（相切曲线）"命令，然后再单击"Done（完成）"命令。

（4）系统显示出一系列菜单，并且在提示栏中显示"选择曲线以定义相对曲面边界。"即要求指定生成圆锥过渡曲面的边界线，如图10.158所示。

（5）在图形工作区左键依次单击横向的两条边界线，如图10.159所示。单击第二条边界线后，系统会在提示栏显示"此方向需求的项目数目已定义。"。在"曲面：圆锥，肩曲线"对话框中，Curves（曲线）一栏也会显示出"定义"字样，表示完成了该方向边界曲线的定义。

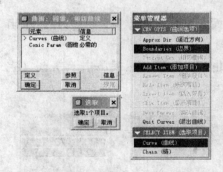

图10.158 左键单击"Tangent Crv（相
切曲线）"命令之后

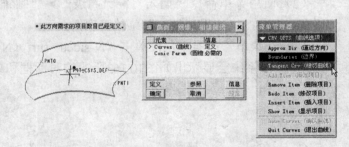

图10.159 选取两条横向边界线

（6）在菜单管理器"CRV OPTS（曲线选项）"中左键单击"Tangent Crv（相切曲线）"命令，然后在图形工作区左键单击以选中位于两条边界线之间的横向曲线作为相切曲线，如图10.160所示，再左键单击菜单管理器中的"Done Curves（确认曲线）"命令。

（7）系统显示出提示"输入圆锥曲线参数，从0.05（椭圆），到.95 （双曲线）"及圆锥参数（Conic Param）输入栏。圆锥参数的含义与前面所述相同。本例中输入参数值0.7，然后左键单击绿色对钩图标，再左键单击"曲面：圆锥，相切曲线"对话框中的"确定"按钮，系统即会生成圆锥参数为0.7的相切曲线控制圆锥过渡曲面。转换一下视角，可以看到这个过渡曲线是一种双曲面，如图10.161所示。

图10.160　选取相切曲线

图10.161　通过指定相切曲线生成圆锥
参数为0.7的圆锥过渡曲面

通过指定相切曲线来生成圆锥近似过渡曲面的物理意义如下：

曲面经过两条边界线，并且位于相切曲线两侧的曲面与中间过渡位置的曲面在延长线上相切；每个截面的渐近线交点经过选取的相切曲线。

10.9.2　N侧曲面近似过渡边界混合曲面

从上面的例子可知，除了用圆锥近似的方法创建边界混合曲面之外，在菜单管理器"BNDRS OPTS（边界选项）"中还有一种使用"N侧曲面"创建边界混合曲面的方法。在Pro/E 4.0中，这个命令主要用于由5条及以上的边界曲线生成边界混合曲面。下面举例说明创建的过程。

（1）使用菜单命令"文件"➤"拭除"将不需要的零件文件从内存中拭除，然后使用"文件"➤"打开"命令将示例文件"lineframe-multi.prt"打开，图形工作区会显示出如图10.162所示的线框模型。

（2）使用菜单命令"插入"➤"高级"➤"圆锥曲面和N侧曲面片"，系统会显示出"BNDRS OPTS（边界选项）"菜单管理器。

（3）在菜单管理器中左键单击"N-sided surf（N侧曲面）"项，然后单击"Done（完成）"命令，系统会显示出如图10.163所示的对话框和菜单。

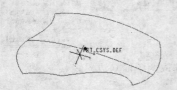

图10.162　由5条边界曲线构
成的线框模型

图10.163　由N侧曲面创建边界混合曲面的界面

（4）按下键盘上的Ctrl键，在图形工作区左键依次单击线框模型的5条边界线，然后左键单击菜单管理器中的"Done（完成）"命令，提示栏中显示"所有元素已定义。请从对话框中选取元素或动作。"菜单管理器消失，这时左键单击"曲面：N侧"对话框中的"确定"按钮。

（5）系统会生成包含5条边界线的曲面，如图10.164所示。

在生成由多条边界线形成的曲面时，选取的边界线必须是首尾相接的，形成一个封闭的环。

（6）对于上面生成的边界混合曲面，还可以设置边界条件。方法是在"曲面：N侧"对话框中左键单击以选中"Bndry Conds（边界条件）"字样，然后单击"定义"按钮，系统会显示出"边界"菜单，如图10.165所示。

（7）"边界"菜单中列出的是前面选取的边界曲线的代号。如果需要针对其中某个边界线相接的曲面设置边界条件，可以在此菜单中左键单击该边界曲线名称，系统会弹出"BNDRY COND（边界条件）"菜单，如图10.166所示。

图10.164　由5条边界曲线形成　　图10.165　设置边界条件　　　　图10.166　边界条件
　　　　　　的边界混合曲面

Free（自由）：表示本曲面与相邻曲面独立。
Tangent（相切）：表示本曲面与相邻曲面相切。
Normal（法向）：表示本曲面与相邻曲面垂直。

（8）选取需要的边界条件，然后左键单击"Done（完成）"命令，"BNDRY COND（边界条件）"菜单消失，再左键单击"BOUNDARY #1"对话框中的"确定"按钮，最后左键单击"曲面：N侧"对话框中的"确定"按钮，即可完成边界条件的设置。

10.9.3　由剖面线和曲面形成的混合曲面

Pro/E 4.0可以由一条封闭的剖面线和一个选定曲面生成两者之间的过渡曲面，该曲面经过剖面线，并且与选定曲面相切。下面举例说明。

（1）新建一个文件，类型为"零件"，子类型为"实体"，模板选取"mmns_part_solid"。

（2）使用右侧工具栏中的旋转特征命令 ，在操控板中左键单击命令图标 以便创建曲面。

（3）以基准平面"FRONT"为草绘平面在草绘器中绘制如图10.167所示的样条曲线及竖直旋转轴线。

（4）完成后依次左键单击命令图标 及 ，生成如图10.168所示的曲面。

（5）使用菜单命令"插入"➤"高级"➤"将剖面混合到曲面"➤"曲面"，系统显示出"曲面：截面到曲面混合"对话框和"选取"对话框，要求选择一个或多个曲面。在图形工作区左键单击以选中旋转曲面特征，如图10.169所示，然后单击鼠标中键。

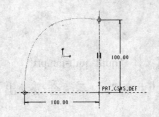
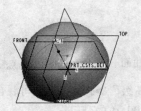
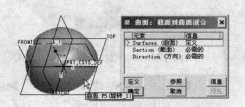

图10.167　绘制样条曲线　　　图10.168　创建的旋转曲面　　　图10.169　选取曲面

（6）系统显示出"SETUP SK PLN（设置草绘平面）"菜单，在图形工作区中左键单击基准平面"TOP"作为草绘平面，如图10.170所示。

（7）系统弹出"DIRECTION（方向）"子菜单，单击鼠标中键，接受默认的视图方向，如图10.171所示。

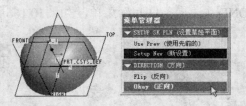

图10.170　选取草绘平面　　　　　　　　　图10.171　使用默认的视图方向

（8）系统弹出"SKT VIEW（草绘视图）"菜单，左键单击其中的"Default（缺省）"命令，如图10.172所示。

（9）系统进入了草绘环境。在这里绘制如图10.173所示的封闭样条曲线作为生成混合曲面时使用的剖面曲线。完成后左键单击右侧工具栏中的蓝色对钩命令图标，从草绘环境中退出。

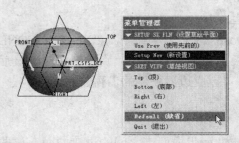
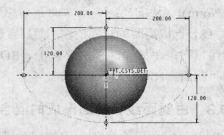

图10.172　左键单击其中的"Default（缺省）"命令　　　图10.173　草绘样条曲线作为剖面曲线

（10）左键单击"曲面：截面到曲面混合"对话框中的"确定"按钮，系统会生成与前面选取的曲面相切的过渡曲面，如图10.174所示。

10.9.4　在两个曲面之间生成相切过渡曲面

Pro/E 4.0可以根据两个曲面来生成其间的过渡曲面，并且与两个曲面都相切。下面举例说明。

（1）打开本章练习文件"quilt-quilt-tan.prt"，系统显示如图10.175所示。

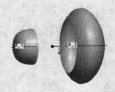

图10.174　由剖面线到曲面生成的相切曲面　　　图10.175　打开练习文件"quilt-quilt-tan.prt"

（2）使用菜单命令"插入"➤"高级"➤"在曲面间混合"➤"曲面"，系统会显示出"曲面：曲面到曲面混合"对话框，如图10.176所示。

（3）在图形工作区依次左键单击以选取两个旋转曲面特征，如图10.177所示。

图10.176　"曲面：曲面到曲面混合"对话框　　　图10.177　选取两个旋转曲面特征

（4）从对话框中可以看到，两个曲面都已经定义。左键单击对话框中的"确定"按钮，系统会在两个曲面之间生成与两者都相切的过渡曲面，如图10.178所示。

图10.178　两个曲面混合生成的公切曲面

小结

拉伸、旋转、扫描、混合等技术既是生成实体特征的基本方法，也是生成曲面的基本方式，应该熟练掌握，并且要注意生成实体的操作与生成曲面的操作之间的区别。

用可变剖面扫描的方法创建曲面特征主要有两种形式：一种是用参数**Trajpar**来控制截面曲线尺寸，使之随轨迹位置的不同而变化；另一种是使用多条轨迹曲线，保证截面曲线始终通过这些轨迹曲线，再按照由样条曲线的变化规律形成扫描曲面。

螺旋扫描实际上是扫描的一种特殊形式，也就是轨迹线为螺旋线的扫描。螺旋扫描可以是等螺距，也可以是变螺距；如果需要生成变螺距的扫描曲面，那么螺旋扫描轨迹的轮廓线必须包含多个段，而且段与段之间只能采用圆角过渡。

扫描混合实际上是将扫描与混合结合而成的方法，因此既可以按选取或者生成的扫描轨迹来生成曲面或实体，又可以定义多个不同的截面图形，因而可以形成很复杂的曲面。利用扫描混合创建曲面的时候，需要注意控制截面的位置、方向，还要注意各截面的顶点数必须相同，起始点位置要对应，否则可能造成特征生成失败。

边界混合是利用边界曲线来生成曲面，是在不太规则的复杂曲面造型中使用的重要方法。创建边界混合曲面时，需要注意按照正确的方式选取边界曲线，再正确地使用操控板中的各项约束、拟合条件。

高阶曲面主要用于生成各种过渡曲面，例如圆锥近似过渡曲面、**N**侧曲面、相切曲面等，是边界混合曲面的重要补充。

第11章 自由曲线与自由曲面

学习重点：

➡ 自由曲线的创建

➡ 自由曲线的编辑

➡ 自由曲线的品质

➡ 自由曲面的创建

➡ 自由曲面的修剪

➡ 自由曲面的连接

自由曲面功能在Pro/E 4.0中又称为ISDX，是产品结构设计与艺术创造的完美结合，使外观设计与结构设计能够在同一设计环境中实现，从而使两者能够紧密地结合起来。自由曲面还能够与原有的参数化设计技术相结合，其设计结果可以供数控加工、产品优化分析等环境使用。

11.1 自由曲面功能简介

Pro/E 4.0的自由曲线和自由曲面设计功能位于一个相对独立的模块中，统称为"造型（Style）"。

进入"造型"环境的方法很简单，只要在零件建模环境中使用菜单命令"插入"➤"造型"，或者左键单击右侧工具栏中的命令图标，系统即会进入如图11.1所示的造型环境。

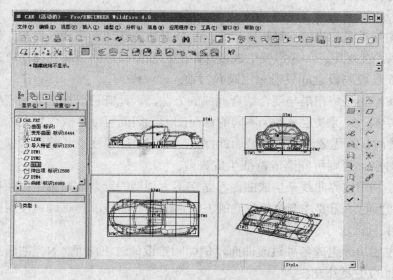

图11.1 自由曲面造型环境

11.1.1 工具栏说明

进入造型环境之后，系统增加了两个工具栏，分别位于屏幕上方和屏幕右侧。位于屏幕上方的工具栏中有下列命令图标：

重复命令，用于重复上一次的造型方法。

再生命令，用于在修改造型后对全部特征进行再生。

视窗切换命令，用于将环境显示为四窗口模式或者单一窗口模式。

曲率显示命令，用于显示当前选中的自由曲线的曲率。

剖面显示命令，用于对所选剖面曲线进行分析。

偏移命令，用于偏移所选曲线或曲面。

着色曲率命令，用于显示曲面的着色曲率。

反射命令，用于对曲面进行反射分析。

拔模检测命令，用于对曲面进行拔模分析。

斜率命令，用于分析曲面的斜率。

用于打开"保存的分析"对话框。

用于隐藏所有已保存的分析。

用于删除所有已保存的曲率分析。

用于删除所有已保存的截面分析。

　　注意　再生命令有三种状态：绿灯显示，表示模型再生成功；黄灯显示，表示模型需要再生；红灯显示，表示模型再生失败。

屏幕右侧的工具栏中新增了下列命令：

选取命令，用于选取造型环境中的各种特征。

设定活动平面，选取一个基准平面作为当前造型操作的工作平面。

创建活动平面，创建一个内部基准平面作为当前造型操作的工作平面。

创建曲线，打开创建自由曲线操控板。

创建圆，打开创建圆形自由曲线操控板。

创建圆弧，打开创建圆弧形自由曲线操控板。

编辑曲线，打开编辑自由曲线操控板。

曲线投影，通过投影来创建曲面上的曲线（COS）。

曲面交线，通过相交曲面来创建COS。

创建曲面，打开创建自由曲面操控板，通过指定边界线和内部控制线来创建自由曲面。

曲面连接，打开连接自由曲面操控板。

修剪面组，打开修剪面组操控板。

曲面编辑，用于直接编辑各种曲面。

完成，完成当前的造型工作，退出造型环境。

退出，撤消当前造型操作，退出造型环境。

11.1.2　"造型"菜单命令说明

　　屏幕右侧的工具栏命令也可以从主屏幕的"造型"菜单调用，如图11.2所示。"造型"菜单中各命令的作用如下：

- "优先选项"：设置"造型"环境的首选参数。
- "设置活动平面"：作用与命令图标相同，用于选取一个基准平面作为当前造型操作的工作平面。

· "**内部平面**"：作用与命令图标相同，用于创建一个内部基准平面作为当前造型操作的工作平面。

· "**跟踪草绘**"：参照已经完成的某个草绘图形来创建自由曲面。

· "**捕捉**"：打开自动捕捉功能。

· "**曲线**"：作用与命令图标相同，用于打开创建自由曲线操控板，以便于创建自由曲线。

· "**圆**"：作用与命令图标相同，用于打开创建圆形自由曲线操控板。

· "**弧**"：作用与命令图标相同，用于打开创建圆弧自由曲线操控板。

· "**下落曲线**"：作用与命令图标相同，用于将现有的曲线沿指定方向投影到指定曲面上，形成新的自由曲线。

· "**通过相交产生COS**"：作用与命令图标相同，用于通过指定相交的曲面，将其交线成为新的自由曲线。

· "**偏移曲线**"：作用与命令图标相同，用于将指定的曲线沿指定方向偏移以创建新的曲线。

· "**来自基准的曲线**"：将基准曲线转换为自由曲线。

· "**来自曲面的曲线**"：从曲面的isoparametric直线创建自由或COS曲线。

· "**曲线编辑**"：作用与命令图标相同，是强大而灵活的直接操作曲面的方法。它可用于编辑常规建模所用的曲面，并进行微调使问题区域变得平滑。

· "**曲面**"：作用与命令图标相同，用于打开"造型"环境，以便进行自由曲线及自由曲面的处理。

· "**曲面连接**"：作用与命令图标相同，用于将相邻的曲面连接起来。

· "**修剪**"：作用与命令图标相同，可以使用一组曲线来修剪曲面或面组。

· "**完成**"：作用与命令图标相同，用于完成当前的处理并退出"造型"环境。

· "**退出**"：作用与命令图标相同，用于中止当前的处理并退出"造型"环境。

11.1.3 "造型"环境优先选项的设置

使用菜单命令"造型"➤"优先选项"可以打开"造型优先选项"窗口，如图11.3所示。

图11.2 "造型"菜单中的命令   图11.3 "造型"环境的优先选项设置

"造型优先选项"窗口中包括5个区：

- "曲面"区

"缺省连接"复选框表示曲面的默认连接方式采用系统缺省的方式。

- "显示"区

"栅格"复选框表示在内部活动基准面上显示网格。

- "自动再生"区

"曲线"、"曲面"、"着色曲面"复选框分别表示系统自动对曲线、曲面及着色曲面进行再生。

- "栅格"区

"间隔"文本框用于输入网格显示的密度。

- "曲面网格"区

"开"：显示曲面网格。

"关"：不显示曲面网格。

"着色时关闭"：以着色方式显示时不显示曲面网格。

"质量"：通过滑块来设置曲面网格的光滑程度。

11.2 创建自由曲线

进入一个零件设计环境后，使用菜单命令"插入" ▶ "造型"即可进入造型环境。在这里可以进行自由曲线和自由曲面的设计。系统在任何时刻都有一个处于活动状态的基准平面，并以之为参照来创建特征。该平面显示有栅格，如图11.4所示。

左键单击屏幕右侧工具栏中的命令图标～即可开始创建自由曲线，系统会显示出如图11.5所示的操控板。

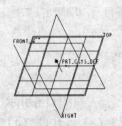

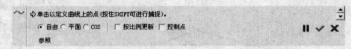

图11.4 "造型"环境默认　　　　　图11.5 创建自由曲线时出现的操控板
　　　　 的基准平面

在上述操控板中：

- "自由"表示创建三维自由曲线。
- "平面"表示在当前的活动基准平面中创建自由曲线。
- "COS"表示创建位于曲面上的曲线。
- "按比例更新"表示当系统重新计算曲线时，按比例来更新未约束的点。
- "控制点"表示通过创建和编辑控制点来创建自由曲线。

在图形工作区左键单击，系统即会创建一个点，这个点默认位于活动平面上；按鼠标中键转换视角，系统会显示一条通过该点的直线，这条直线与上一视角的视图方向平行，用于显示该点的高度。左键单击这条直线上的某个位置，系统会以这一次单击的位置作为该点在空间的高度；再按下鼠标左键并拖动，系统会创建连接上一点与光标的橡筋线。下面举例说明三维自由曲线的创建要领。

1. 创建"自由"型三维自由曲线

（1）在零件设计环境中，使用菜单命令"插入"➤"造型"进入造型环境。

（2）左键单击右侧工具栏中的命令图标，然后在图形工作区左键单击一个基准平面作为接下来绘制三维自由曲线的活动平面。本例以系统默认的基准平面TOP作为活动平面。

（3）左键单击屏幕上方的工具栏命令图标旁边的黑色小三角形，再从打开的下拉菜单中选择"TOP"，即将当前的视图方向转换为正对TOP平面。

（4）左键单击右侧工具栏中的命令图标，系统会显示出用于创建自由曲线的操控板。在图形工作区中左键单击，系统会显示出一个黄色的点，该点默认位于活动平面TOP上，如图11.6所示。

（5）按下鼠标中键并拖动鼠标以转换视角，刚刚创建的点上会显示出一条直线，如图11.7所示。这条直线用于表示该点的高度，与上一视角方向平行。

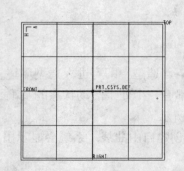

图11.6　创建一个点，该点默认位于活动平面TOP上

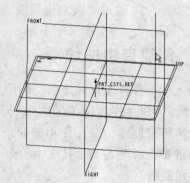

图11.7　转换视角后，刚刚创建的点上会显示出一条直线

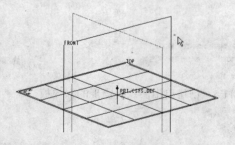

图11.8　创建的点位于活动平面TOP之上

（6）左键单击该直线上的某个位置即可确定当前点的高度，转换视角可以看到，这个点已经位于TOP平面之上了，如图11.8所示。

（7）重复上述步骤（3）、步骤（4）、步骤（5）和步骤（6），即先转换到正对TOP视图，再单击左键以确定下一个点在TOP平面上的相对位置，然后按鼠标中键转换视角，并左键单击表示其高度的直线上某个位置以确定第二点的高度，如图11.9所示。

（8）用同样的方法再创建其他5个点，并分别指定各点的高度，形成一组北斗星状的空间三维曲线，如图11.10所示。

（9）左键单击操控板右侧的绿色对钩按钮，即可完成自由曲线的创建。在图形工作区按下鼠标右键，系统会显示出快捷菜单，从中可以选择创建曲线、曲面、编辑当前曲线的定义等命令，如图11.11所示。

 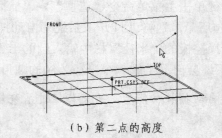

（a）第二点的位置　　　　　　　　（b）第二点的高度

图11.9　创建完成的第二个点

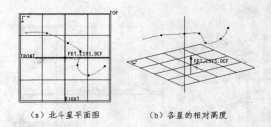 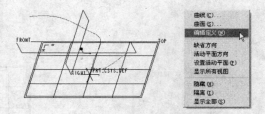

（a）北斗星平面图　　　（b）各星的相对高度

图11.10　北斗星形空间三维自由曲线　　　　　　图11.11　右键快捷菜单

2. 创建"平面"型自由曲线

如果在创建自由曲线时选取了操控板中的"平面"项，则只需要在二维空间绘制自由曲线，曲线会自动进入指定的活动平面上，不需要指定各点的高度。下面结合命令图标 ◎ 和 ⌐ 介绍"平面"型自由曲线的创建步骤。

（1）在零件设计环境中，使用菜单命令"插入"➤"造型"进入造型环境。

（2）左键单击右侧工具栏中的命令图标▨旁边的"➤"状小箭头按钮，从打开的小菜单中选取命令图标╱，以便于创建内部基准平面。

（3）在图形工作区左键单击基准平面"TOP"，系统显示出"基准平面"对话框，在"偏移"栏中输入新基准平面的偏移值"10"，然后左键单击"确定"按钮，如图11.12所示。

（4）现在活动平面变成了新定义的基准平面DTM1。左键单击右侧工具栏中的命令图标～旁边的黑色"➤"状图标，从打开的子菜单中选取命令图标◎，开始定义圆形曲线。

（5）系统显示出创建圆形曲线的操控板。从中左键单击单选按钮"平面"，如图11.13所示。

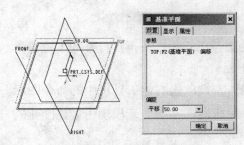

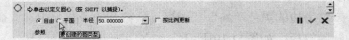

图11.12　定义内部基准平面　　　　　　　　　图11.13　圆形曲线操控板

（6）左键单击屏幕上方的工具栏命令图标▨旁边的黑色小三角形，再从打开的下拉菜单中选择"TOP"，即将当前的视图方向转换为正对TOP平面。

（7）左键单击主菜单命令"造型"➤"捕捉"，使"捕捉"项前出现一个黑色的对钩标记，如图11.14所示，这样就打开了系统的自动捕捉功能。

（8）在操控板的"半径"栏中输入圆的半径值"50"，在图形工作区左键单击屏幕中心作为圆心，系统会自动生成一个半径为50的圆形曲线，如图11.15所示。

 注意　打开自动捕捉功能后，当光标经过系统能够捕捉的对象时，光标会变成红色的十字叉线形状。

（9）如果需要动态地改变圆的半径，可以用光标拖动圆曲线边上的一个小方块，如图11.16所示。

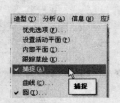　　　　　　　　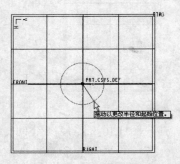

　　图11.14　打开自动捕捉功能　　　　图11.15　生成的圆形曲线　　　　图11.16　动态改变圆的半径

（10）如果需要改变圆心的位置，可以用光标拖动圆心，如图11.17所示。

（11）下面再创建一个内部基准平面，并在其上绘制圆弧。左键单击右侧工具栏中的命令图标，系统显示出"基准平面"对话框。

（12）在图形工作区左键单击基准平面"DTM1"，在"偏移"栏中输入新基准平面的偏移值"20"，如图11.18所示，然后左键单击"确定"按钮。

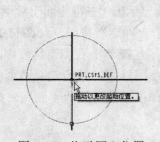　　　　　　　　　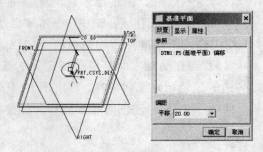

　　　　图11.17　拖动圆心位置　　　　　　　　　　图11.18　创建DTM2

（13）左键单击屏幕上方的工具栏命令图标旁边的黑色小三角形，再从打开的下拉菜单中选择"TOP"，即将当前的视图方向转换为正对TOP平面。

（14）现在活动平面变成了新定义的基准平面DTM2。左键单击右侧工具栏中的命令图标旁边的黑色"➤"状图标，从打开的子菜单中选取命令图标，系统显示出用于创建圆弧的操控板，如图11.19所示。

（15）选取操控板中的"平面"项，表示要在活动平面上绘制圆弧。在图形工作区中左键单击刚刚创建的圆形曲线的上顶点，系统会显示出一个圆弧，并自动捕捉到与圆相交的位置，如图11.20所示。

图11.19　圆弧曲线操控板

图11.20　生成了圆弧，并自动捕捉到交点

（16）与前面相同，如果用鼠标拖动圆弧起点、终点或者圆心的方块状控制柄，则可以动态地改变圆弧的起点、终点及圆心位置。按住鼠标中键并拖动，以转换视图方向，可以看到圆弧、圆分别位于基准平面DTM2和DTM1上，如图11.21所示。

（17）左键单击操控板中的绿色对钩按钮▣，即可完成圆及圆弧曲线的创建。

（18）左键单击右侧工具栏中的蓝色对钩命令图标▣，系统会将上述各内部基准平面的图形合成在最后一个基准平面（即DTM2）中，生成最终的造型特征，如图11.22所示。

3. 创建"COS"型自由曲线

创建"COS"型自由曲线时，需要选定一个曲面，接下来生成的自由曲线将始终位于这个曲面上。下面举例说明。

（1）启动Pro/E 4.0，设置工作目录，然后打开文件"Quilt.prt"，系统会显示出一个边界混合曲面。

（2）使用菜单命令"插入"➤"造型"进入造型环境。

（3）左键单击屏幕右侧工具栏中的命令图标～，系统会显示出操控板。左键单击操控板中的单选按钮"COS"，如图11.23所示。

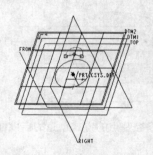

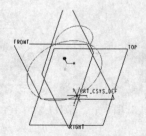

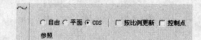

图11.21　圆弧和圆分别位于不同的平面上

图11.22　最终系统将各层图形合成

图11.23　准备绘制曲面上的曲线（COS）

（4）左键单击屏幕上方的工具栏命令图标▣旁边的黑色小三角形，再从打开的下拉菜单中选择"TOP"，即将当前的视图方向转换为正对TOP平面。

（5）在工作区左键单击以确定一系列节点的位置，系统将通过这些节点在曲面上绘制一条光滑的自由曲线，如图11.24所示。完成后左键单击屏幕左下角的绿色对钩按钮▣，曲线上的小方块形节点会消失，COS曲线创建完毕。

　　　　如果想绘制闭合曲线，那么最后要借助系统的自动捕捉功能并左键单击前面生成的任何一个节点。

（6）转换视角观察，可以看到这条曲线完全位于曲面上，如图11.25所示。

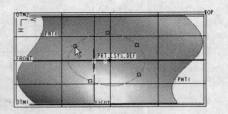

图11.24　在曲面上创建的自由曲线

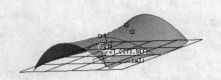

图11.25　转换视角观察COS曲线

4. 通过指定控制点来生成自由曲线

在创建及编辑自由曲线的时候，曲线上会显示出圆形的节点，也称为软点，它们确定了曲线的形状。这些节点可以添加、删除，也可以用鼠标拖动。节点可以直接位于曲线上，也可以作为控制点来控制自由曲线的形状，下面以"COS"型自由曲线为例来说明。

（1）启动Pro/E 4.0，设置工作目录，然后打开文件"Quilt.prt"，系统会显示出一个边界混合曲面。

（2）使用菜单命令"插入"➤"造型"进入造型环境。

（3）左键单击屏幕右侧工具栏中的命令图标～，系统显示出自由曲线操控板。左键单击操控板中的"COS"单选框，再左键单击以选中操控板中的"控制点"复选框，如图11.26所示。

（4）在工作区左键单击以确定一系列控制点的位置，系统将按照这些控制点在曲面上绘制一条光滑的自由曲线，曲线并不通过控制点，如图11.27所示。完成后左键单击操控板上的绿色对钩按钮，曲线上的小方块形节点会消失，COS曲线创建完毕。

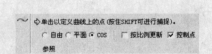

图11.26　选取"COS"项和"控制点"项

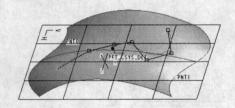

图11.27　在曲面上以控制点的方式创建的自由曲线

5. 以投影的方式创建曲面上的曲线

这种方式可以将基准曲线和"造型"环境中创建的自由曲线投影到指定的曲面上，形成COS曲线，下面举例说明。

（1）启动Pro/E 4.0，设置工作目录，然后打开文件"Quilt.prt"，系统会显示出一个边界混合曲面。使用菜单命令"插入"➤"造型"进入造型环境。

（2）从右侧工具栏中，左键单击命令图标～，然后在操控板中左键单击以选中"平面"，在系统默认的TOP平面内绘制一条二维的自由曲线，如图11.28所示。

完成后单击鼠标中键，曲线上的节点消失。

（3）转换视角观察，刚刚绘制的曲线确实位于基准平面TOP内，没有在曲面上，如图11.29所示。

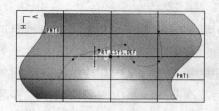

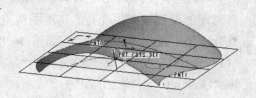

图11.28　在TOP平面内绘制一条自由曲线　　图11.29　转换视角观察TOP中的曲线

　　左键单击右侧工具栏中的命令图标 ，屏幕下方显示出投影曲线操控板。如果刚刚在TOP平面中绘制的曲线仍然处于被选中的状态（显示为红色），那么在操控板的左侧第一个选择框中会显示该曲线作为投影的对象，如图11.30所示。

　　（4）如果在第一个选取框中没有显示出刚刚在TOP平面中生成的曲线，那么其中应该显示一个红点和"选取项目"字样。移动光标，当光标经过图形区中的自由曲线或者基准曲线时，这些曲线分别会被加亮显示。左键单击以选取位于基准平面TOP上的自由曲线作为投影对象，如图11.31所示。

图11.30　下落曲线操控板　　　　　　　图11.31　选取TOP平面中的自由
　　　　　　　　　　　　　　　　　　　　　　　曲线进行投影

　　（5）左键单击操控板中的第二个选取框，使其显示为黄色，其中的字样由"单击此处添加项目"变成"选取项目"，然后在图形工作区左键单击边界混合曲面作为投影到的曲面，如图11.32所示。

　　（6）系统可能已经默认在第三个选取框中选取了基准平面TOP，表示以其法向作为投影方向。如果没有显示任何内容，那么可以左键单击该框使其显示为黄色，再在图形工作区左键单击基准平面TOP，如图11.33所示。

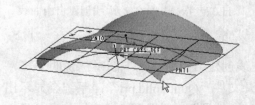

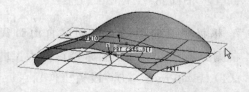

图11.32　选取投影到的曲面　　　　图11.33　选取TOP平面的法向作为投影方向

　　（7）现在各选项均已设定，左键单击操控板中的命令图标 即可将TOP平面中的曲线投影到边界混合曲面上，如图11.34所示。

　　通过投影方式生成的自由曲线与原来的曲线之间存在关联性。只要原始曲线发生了改变，通过投影生成的曲线也会发生相应的改变。

6. 根据基准曲线创建自由曲线

有时需要根据模型中现有的基准曲线直接创建自由曲线，以便于编辑和使用。这时可以在"造型"环境中使用菜单命令"造型"➤"来自基准的曲线"，下面举例说明。

（1）使用主菜单命令"文件"➤"拭除"将不用的零件文件从内存中拭除，然后重新打开文件"Quilt.prt"，使之恢复原始状态，这里有五条基准曲线，其中四条构成了边界混合曲面，另一条位于曲面中间。

（2）使用菜单命令"插入"➤"造型"进入造型环境。

（3）使用菜单命令"造型"➤"来自基准的曲线"，系统会显示出操控板，如图11.35所示。

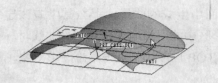

图11.34　投影生成的COS曲线

图11.35　根据基准曲线直接创建自由曲线操控板

（4）在图形工作区左键单击位于曲面中部的横向曲线，如图11.36所示。

在操控板的第一个选取框中会显示"1个链"字样。如果需要选取多条基准曲线，那么可以按下键盘上的Ctrl键，然后左键单击其他曲线。

（5）操控板中的"质量"滑块用于调整所创建的自由曲线逼近原基准曲线的程度。逼近程度越高，则计算量越大。左键单击命令图标✓或鼠标中键，即可完成自由曲线的创建。

这条命令不仅可以根据现有的基准曲线创建自由曲线，还可以根据实体、曲面的边界线、轮廓线创建自由曲线，如图11.37所示。

图11.36　选取中部的曲线

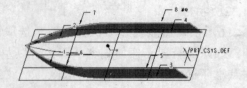

图11.37　根据实体的轮廓线创建自由曲线

7. 根据相交曲面的交线创建自由曲线

右侧工具栏中的命令图标❷可以根据曲面的交线创建自由曲线，下面举例说明。

（1）启动Pro/E 4.0，设置工作目录，然后打开文件"Quilt-solid.prt"，系统会显示出一个边界混合曲面及一个实体。使用菜单命令"插入"➤"造型"进入造型环境，如图11.38所示。

（2）在右侧工具栏中，左键单击命令图标❤旁边的"➤"状按钮，系统会显示出两个图标，从中选取❷，系统会显示出如图11.39所示的操控板。

图11.38　打开文件"Quilt-solid.prt"并进入造型环境

图11.39　根据相交曲面创建自由曲线的操控板

（3）按下键盘上的**Ctrl**键，然后在图形工作区依次左键单击以选中构成实体部分圆柱的两个圆柱面，如图11.40所示。

（4）左键单击操控板中的第二个选取框，使之显示为黄色，并且其中的文字变成"选取项目"，然后在图形工作区左键单击以选取相交的曲面，如图11.41所示。

图11.40 选取第一组曲面

（5）单击鼠标中键或者左键单击操控板中的绿色对钩图标☑，即可根据两组曲面的交线创建出自由曲线，如图11.42所示。

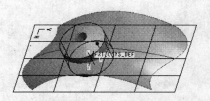

图11.41 选取相交的第二组曲面

图11.42 由曲面交线创建的自由曲线

11.3 编辑自由曲线

自由曲线创建完毕后，在使用过程中一般都需要进行编辑，才能逐步达到设计要求。编辑处理通过工具栏上的命令图标 来实现，下面分别进行具体说明。

 不能使用命令图标 来编辑通过命令图标 生成的下落曲线，以及使用命令图标 创建的自由曲线。这两种曲线的编辑只能通过编辑曲线的定义来完成。

11.3.1 控制自由曲线的形状

下面举例说明使用命令图标 控制自由曲线形状的方法。

（1）使用菜单命令"文件" ➤ "拭除"将不需要的文件从内存中删除。

（2）打开练习文件"Quilt.prt"。

（3）左键单击命令图标 ，进入"造型"环境。

（4）左键单击命令图标 ，在当前边界混合曲面上绘制COS曲线，如图11.43所示。

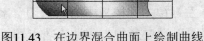

图11.43 在边界混合曲面上绘制曲线

（5）左键单击操控板中的绿色对钩命令图标☑，完成曲线的创建。

（6）左键单击右侧工具栏中的命令图标 ，系统会显示出编辑曲线的操控板，如图11.44所示。

操控板中的第一个选取框显示的是当前编辑的曲线名称；接着是表示曲线类型的单选框；其后是三个复选框。

图11.44　曲线编辑操控板

编辑方法1：拖动节点改变自由曲线的形状

自由曲线的形状可以通过拖动其节点的位置来改变。节点显示的颜色一般与其他点是不同的，如图11.45所示即为用鼠标拖动其中一个节点的情况。

编辑方法2：使用坐标控制节点位置

左键单击操控板中的命令按钮"点"，系统会显示出如图11.46所示的子控制板。

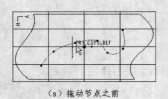

（a）拖动节点之前

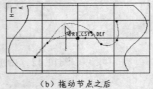

（b）拖动节点之后

图11.45　通过鼠标拖动节点来调整自由曲线的形状　　　图11.46　"点"子控制板

在"点"控制板中显示的是当前选取的节点的坐标。在这里可以设定点的准确坐标值。在控制板的下部，"拖动"下拉列表中有三个选项："自由"、"水平/垂直"和"垂直"，分别表示可以自由拖动、只能沿水平或垂直方向拖动，以及只能沿垂直于当前基准平面的方向（即法线方向）拖动。

编辑方法3：自由曲线延伸

在"点"子控制板的下方，"延伸"下拉列表中也有三个选项，分别是"自由"、"相切"和"曲率"。"自由"表示可以自由地将曲线延伸到鼠标左键单击的位置；"相切"表示将曲线沿当前端点的切线方向延伸；"曲率"表示将曲线按照当前端点的曲率进行延伸，如图11.47所示。进行延伸操作的时候，需要同时按下键盘上的Shift键和Alt键，然后配合鼠标的左键单击或者拖动操作。

编辑方法4：控制端点切线

左键单击自由曲线的端点，系统会显示出端点的切线，如图11.48所示。

左键单击操控板中的"相切"字样，系统会弹出"相切"子操控板，如图11.49所示。在这里可以通过多种方式调整端点切线的方位，从而进一步控制自由曲线在端部的形态。

上滑面板中的第一部分是"约束"，其中有两个下拉列表，下拉列表中有下列命令：

· 自然：自然形式，这是新建自由曲线的默认选项。

· 自由：自由形式，可以自由改变自由曲线端点切线的方位。

· 固定角度：保持切线当前的角度不变。

· 水平：将切线的方向保持为水平方向。

· 垂直：将切线的方向保持为垂直方向。

· 法向：将切线的方向设为与接下来选定的参考基准平面的方向垂直。

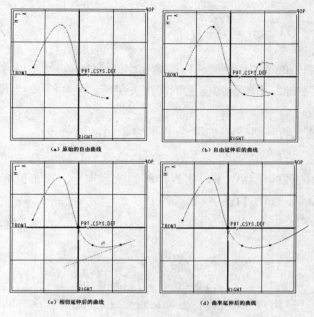

(a) 原始的自由曲线   (b) 自由延伸后的曲线

(c) 相切延伸后的曲线   (d) 曲率延伸后的曲线

图11.47 三种不同的曲线延伸方式示意

图11.48 左键单击自由曲线的端点，
系统会显示出端点的切线

图11.49 "相切"子操控板

- 对齐：将切线的方向设为与另一自由曲线上的参考位置对齐。
- 对称：与相邻自由曲线的斜率在端点处设为平均值。
- 相切：与相邻自由曲线的斜率在端点处设为相切。
- 曲率：与相邻自由曲线的斜率在端点处设为曲率相等。
- 曲面相切：与选定的曲面保持相切。
- 曲面曲率：与选定的曲面保持曲率相等。

 "曲面相切"和"曲面曲率"这两个命令只能用于曲线的一端位于某曲面上的时候。

　　用鼠标拖动端点切线即灵活地改变曲线末端的形状，在"相切"子操控板中的"属性"部分也会动态地显示出切线的"长度"、"角度"和"高度"，如图11.50所示。当列表框中显示的是"自然"以外的其他选项时，可以在"属性"部分的对应栏目中直接输入准确的数值。

　　编辑方法5：通过控制点改变曲线形状

　　自由曲线的形状也可以通过调节控制点的位置来改变。左键单击操控板中的"控制点"复选框，曲线上就会显示出一系列控制点。用鼠标拖动各控制点可以改变控制点的坐标值，从而达到控制曲线形状的目的，如图11.51所示。

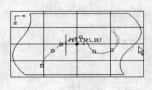

图11.50 拖动切线改变曲线端部形状

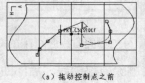

（a）拖动控制点之前

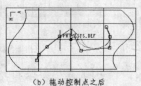

（b）拖动控制点之后

图11.51 通过控制点来改变自由曲线的形状

11.3.2 自由曲线节点的添加和删除

1. 添加节点

在编辑自由曲线的时候，有时需要添加额外的节点。这时可以在该自由曲线的编辑状态下，将光标移到需要添加节点的位置，按下鼠标右键，系统会弹出上下文相关菜单，从中选择"添加节点"命令，在曲线上就会添加一个节点。

菜单中的"添加中点"命令用于在当前光标所处区域的两个节点的中间添加节点。

2. 删除节点

如果想要删除多余的节点，可以在自由曲线编辑状态下，将光标移到该节点上，按下鼠标右键，从弹出的快捷菜单中选择"删除"命令，如图11.53所示。

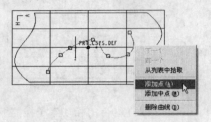

图11.52 使用右键菜单添加节点

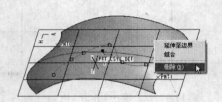

图11.53 删除节点

11.3.3 自由曲线的分割

如果需要将一条自由曲线从某个节点处分割为两段，可以在该曲线处于编辑状态的时候，将光标移到需要分割的节点处，按下鼠标右键，系统会弹出快捷菜单，从中选择"分割"命令。

分割以后的曲线会成为两部分：与原曲线起始点相连的前部和与原曲线终点相连的后部。前部曲线可以被鼠标拖到其他位置，但如果拖动后部曲线，其分割点会始终沿着前部曲线移动，如图11.54所示。

这表明分割后的两条曲线之间仍然存在关联性。存在这种关联性的情况下，如果对前部曲线进行了编辑，则后部曲线会与编辑后的曲线关联；如果要删除前部曲线，系统会显示图11.55所示的提示框，要求选择一种处理方式。

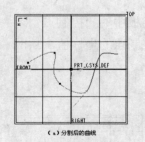
（a）分割后的曲线

（b）前部曲线可以自由拖动

（c）后部曲线与前部存在关联

图11.54 分割后的曲线之间存在关联性

图11.55 "删除"提示框

"删除"表示直接删除前部曲线，后部曲线将随之被删除；"断开链接"表示断开后部曲线与前部曲线的关联，只删除前部曲线；"挂起"表示忽略两者间的关联，它可能会导致曲线再生失败；"取消"表示取消删除操作。

如果想断开两者间的关联，可以在编辑后部曲线的时候，左键单击以选中后部曲线的分割点，再按下鼠标右键，系统会弹出如图11.56所示的快捷菜单，从中选择"断开链接"命令。这样分割后的曲线就成为两条彼此独立的曲线了。

11.3.4　自由曲线的组合

在同一个"造型"环境中创建的多段彼此不相关的自由曲线可以组合成一条完整的自由曲线。其操作要点如下：

（1）如图11.57所示为在同一个"造型"环境中创建的两条彼此不相关的自由曲线。通过右键快捷菜单中的"编辑定义"定义进入其"造型"环境，将两条曲线拖到一起，使之端点基本重合，如图11.58所示。

图11.56　选择"断开链接"命令

图11.57　"造型"环境中两条彼此不相关的自由曲线

图11.58　将需要组合的自由曲线拖到适当的位置

（2）打开曲线编辑功能，选取其中一条自由曲线进行编辑，使用菜单命令"造型"➤"捕捉"打开捕捉功能，再拖动其端点使之捕捉到另一条曲线的对应端点，如图11.59所示。

（3）按下鼠标右键，从弹出的快捷菜单中选择"组合"命令，两条自由曲线就会组合成一条完整的自由曲线，如图11.60所示。

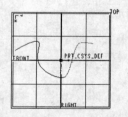

图11.59　将一个端点捕捉到另一条自由曲线对应的端点

图11.60　从右键菜单中选择"组合"命令之后

11.3.5　自由曲线的复制和移动

自由曲线可以很方便地复制和移动。在"造型"环境的"编辑"菜单中有"复制"、"按比例复制"、"移动"、"转换"、"断开链接"等命令，分别用于复制、移动自由曲线、转换自由曲线的类型、断开自由曲线之间的关联等操作。

使用"编辑"➤"复制"命令后，系统会显示如图11.61所示的操控板。

⇨选取要复制的曲线。拖动移动（按 SHIFT 进行捕捉，按 ALT 法向移动，按 CTRL+ALT 进行水平/垂直移动）。拖动拐角进行 3D 缩放，拖动边进行 2D 缩放

～｜ 造型：S6：曲线：CF-16 　转换 选取　▼ 　移动 自由 　▼ 　缩放 反向 　▼ 　□断开链接 　‖ ✓ ✗

参照 选项 控制杆

图11.61 "复制"操控板

第一个选取框显示的是当前选中的曲线名称；在"转换"下拉列表中显示的是当前的选取对象方式；"移动"下拉列表中显示移动的方式；"断开链接"复选框如果被选中，则复制生成的对象与原对象之间将不存在关联。

在复制或移动曲线时，可以对其进行平移、缩放或旋转操作。

1. 平移操作

· 复制或移动曲线时，可以通过鼠标拖动将曲线平移到图形窗口中的任意位置。

· 进行平移操作时，可以使用"移动"下拉列表中的选项来指定方向约束。

- "自由"：自由移动曲线。此为缺省设置。

- "H/V"：使曲线仅沿着水平方向或垂直方向平行于活动基准平面移动。在拖动曲线时的同时按住Ctrl键和Alt键，使其仅沿着水平方向或垂直方向平行于活动基准平面移动。

· 使用"选项"子控制板下的"移动"输入栏可以指定x、y和z坐标值，来确定平移或复制曲线的准确位置。必要的时候，可以单击"选项"子控制板中的"相对"复选框，这样输入的x、y和z数值就会被视为距曲线原始位置的偏距。

2. 缩放操作

复制或移动曲线时，可以使用罩框上的控制柄对其进行缩放。

· 拖动罩框任一拐角的控制柄可以进行三维缩放。

· 拖动罩框边上的控制柄可以进行二维缩放。

· 拖动边上的箭头可进行一维缩放。

操控板中的"缩放"下拉列表用于指定"缩放"的类型。

· "中心"：绕着罩框中心均匀地缩放。也可在拖动罩框的同时按住Shift键和Alt键，使曲线绕着中心轴均匀地缩放。

· "反向"：沿着选定拐角、边或面的反方向均匀地缩放。

也可以使用"选项"子控制板中的"比例"栏通过指定x、y和z数值来缩放移动或复制的曲线。

需要时可以单击命令图标◉来锁定x、y和z坐标的缩放值。

3. 旋转操作

复制或移动曲线时，可以使用旋转控制杆对曲线进行旋转操作。旋转方法如下：

· 拖动控制杆端点的操作柄来旋转曲线。

· 在"选项"子控制板的"旋转"栏中输入x、y和z坐标值，旋转被移动或被复制的曲线。旋转轴由控制杆的方向来确定。

改变旋转中心的方法如下：

· 单击控制杆上远离端点控制柄的任意位置，并将控制杆拖动到新位置。

· 右键单击旋转控制杆，然后选取"将控制杆置于中心"，将控制杆置于罩框中心。

· 单击操控板的"控制杆"（Jack）选项卡中"旋转"（Rotation）下的图。

· 右键单击旋转控制杆，然后选取"对齐控制杆"可以对齐控制杆。

• 单击操控板中的"控制杆"选项卡中的命令图标▣。

单击操控板中的命令图标▣即可完成对曲线的移动或复制操作。

在"造型"环境中直接按下鼠标左键拖动自由曲线，可以实现自由曲线的移动；如果按下键盘上的Ctrl键再拖动自由曲线，则会在拖动到的位置生成复制的曲线，该曲线与原始曲线并不关联，如图11.62所示。

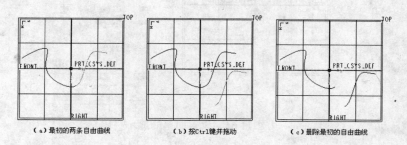

（a）最初的两条自由曲线　　　（b）按Ctrl键并拖动　　　（c）删除最初的自由曲线

图11.62　按Ctrl键再拖动自由曲线可以复制出不关联的自由曲线

11.3.6　自由曲线的品质

自由曲线是创建自由曲面的基础，自由曲面的品质在很大程度上取决于自由曲线的品质。自由曲线的品质主要通过曲率来反映。在Pro/E 4.0中，可以直接通过命令图标▣查看自由曲线上曲率的分布情况，如图11.63所示。

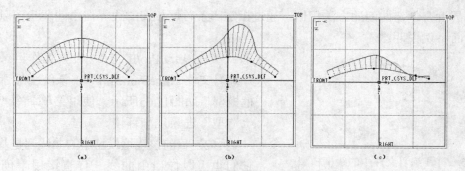

（a）　　　　　　　　（b）　　　　　　　　（c）

图11.63　具有不同曲率分布的自由曲线

一般认为，曲率分布均匀、过渡光滑的自由曲线具有较好的品质。在图11.63中，（a）图曲线具有最好的品质，（b）图次之，（c）图由于曲率在曲线两侧分布，因此品质最差。具有较高品质的曲线设计出来的产品往往具有较低的流体动力学阻力，漂亮的外观及光反射特性，在交变应力的作用下也具有更好的疲劳强度。自由曲线上的节点数量越小，则曲率变化越平滑。因此，在设计的过程中应该尽量减少曲线上节点的数量，以保证曲线的品质。

通过命令图标▣查看自由曲线上曲率的时候，有时曲率显示太小，无法看清，这时可以再次单击图标▣，系统会显示出"曲率"对话框，通过其中的"比例"值对曲率的显示进行设置，如图11.64所示。

在"曲率"对话框中，"出图"部分可以设定显示曲率、曲率半径或者切线；"示例"部分与下面的"质量"值配合，用于设置曲率线显示密度；"类型"用于设置曲率线显示的方式。

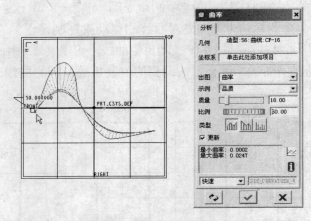

图11.64 设置曲率的显示

11.4 创建自由曲面

创建自由曲线的最终目标一般都是生成自由曲面。前面介绍的对自由曲线的各种编辑操作也都是为最终生成符合需要的自由曲面而服务的。

11.4.1 利用四条边界曲线和中间过渡曲线生成自由曲面

与边界混合创建曲面的方法相似，通过指定四条首尾相连的边界自由曲线也可以创建自由曲面，下面举例说明。

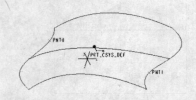

图11.65 打开练习文件中的线框模型

（1）启动Pro/E 4.0，设置工作目录，然后打开练习文件"lineframe.prt"，系统会显示出一个线框模型，如图11.65所示。使用菜单命令"插入" ▶ "造型"进入造型环境。

（2）目前该线框模型中的曲线都是基准曲线，它们也可以像自由曲线一样直接用于创建自由曲面。左键单击右侧工具栏中的命令图标 ，系统显示出自由曲面操控板，如图11.66所示。

图11.66 自由曲面操控板

然后按下键盘上的Ctrl键，依次左键单击以选取线框模型的4条边界曲线，如图11.67所示。

观察屏幕下方的操控板可以发现，在创建自由曲面的过程中，选取的边界曲面并不区分纵向和横向，而且选取的顺序也是随意的。这一点与边界混合曲面的创建是不同的。

（3）在操控板的第二个选取框中可以指定一条中间过渡曲线来辅助生成曲面。左键单击第二个选取框，使其显示为黄色，并且其中的文字显示为"选取项目"，然后在图形工作区左键单击以选中线框中部的过渡曲线，如图11.68所示。

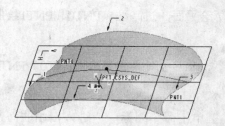

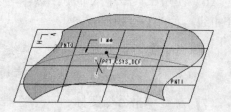

图11.67 选取4条边界基准曲线以创建自由曲面 　　　图11.68 选取中间的过渡曲线

（4）左键单击操控板中的绿色对钩图标✓，或者单击鼠标中键即可完成自由曲面的创建。

11.4.2 利用三条曲线创建自由曲面

除了可以利用四条自由曲线创建自由曲面之外，利用三条首尾相连的曲线也可以创建自由曲面，下面举例说明。

（1）启动Pro/E 4.0，设置工作目录，然后打开文件"lineframe-3.prt"，系统会显示出一个线框模型，如图11.69所示。使用菜单命令"插入"➤"造型"进入造型环境。

（2）目前该线框模型中的曲线也都是基准曲线，它们可以像自由曲线一样直接用于创建自由曲面。左键单击右侧工具栏中的命令图标，系统显示出自由曲面操控板，然后按下键盘上的**Ctrl**键，左键依次单击以选取线框模型的三条边界曲线，如图11.70所示。

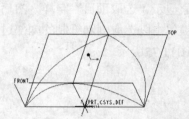

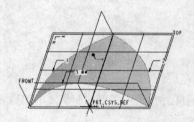

图11.69 由三条边界线构成的线框模型 　　　图11.70 选取三条边界基准曲线

（3）左键单击操控板右侧的绿色对钩命令图标✓，或者单击鼠标中键即可完成自由曲面的创建。

（4）三角形曲面也可以增加内部过渡曲线，但这条曲线不能通过三角形曲面的顶点。下面增加一条内部过渡曲线。左键单击工具栏中的命令图标▱，创建一个与基准平面**FRONT**的距离为100的基准平面**DTM1**，如图11.71所示。

（5）在基准曲线与基准平面**DTM1**相交的位置创建基准点，如图11.72所示。

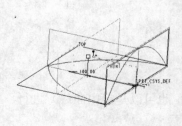

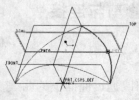

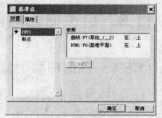

图11.71 创建基准平面**DTM1** 　　　图11.72 创建基准点

（6）使用工具栏中的命令图标 ，以DTM1为草绘平面，过基准点PNT0和PNT1绘制一条基准曲线，如图11.73所示。

> 草绘前需要使用菜单命令"草绘" ▶ "参照"，然后左键单击基准点PNT0和PNT1，将它们加选为参照。否则无法捕捉到这两个点。

（7）左键单击命令图标 从草绘器中退出。左键单击命令图标 ，进入自由曲面造型环境。

（8）再次左键单击命令图标 ，系统显示出用于创建自由曲面的操控板。

（9）在图形工作区首先左键单击与刚刚绘制的内部过渡曲线不相交的边界曲线，然后按下**Ctrl**键依次左键单击三角形曲面的另外两条边界曲线，如图11.74所示。

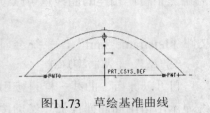

图11.73　草绘基准曲线

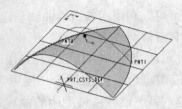

图11.74　选取了三角形曲面的三条边界曲线

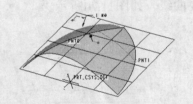

图11.75　为三角形曲面添加内部过渡曲线

（10）左键单击操控板中的第二个选取框，使之显示"选取项目"字样，然后在图形工作区左键单击以选取刚刚绘制的内部过渡自由曲线，如图11.75所示。

>
> 三角形曲面的内部过渡曲线可以有多条，但是不能与自然边相交、彼此不能交叉，也不能经过退化顶点。

>
> 选取边界曲线创建三角形曲面时，首先选取的边为自然边，与之相对的顶点就是退化顶点，因此选取边界曲线的顺序很重要。

（11）左键单击屏幕右下角的绿色对钩图标 ，或者单击鼠标中键即可完成自由曲面的创建。

11.5　自由曲面的修剪与连接

11.5.1　自由曲面的修剪

自由曲面生成后，可以通过曲面上的曲线（既可以是基准曲线，也可以是自由曲线）进行修剪，下面举例说明。

（1）启动Pro/E 4.0，设置工作目录，然后打开文件"lineframe.prt"，系统会显示出一个线框模型。使用菜单命令"插入" ▶ "造型"进入造型环境。

（2）左键单击右侧工具栏中的命令图标📖，系统显示出自由曲面操控板，然后按下键盘上的**Ctrl**键，左键依次单击以选取线框模型的4条边界曲线，如图11.76所示。

（3）左键单击第二个选取框，使其显示为黄色，并且其中的文字显示为"选取项目"，然后在图形工作区左键单击以选中线框中部的过渡曲线，如图11.77所示。

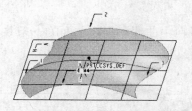
图11.76　选取边界曲线以创建曲面

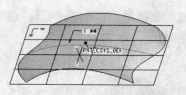
图11.77　选取过渡曲线

（4）左键单击屏幕右下角的绿色对钩图标✅完成自由曲面的创建。

（5）左键单击屏幕右侧工具栏中的命令图标🔲，屏幕下方显示出用于曲面修剪的操控板，如图11.78所示。

（6）由提示栏信息可以看到，接下来需要选取被修剪的曲面特征。观察操控板中的第一个选取框，如果曲面的名称还没有显示出来，就在图形工作区左键单击以选取刚刚生成的曲面。

（7）接下来需要选取用于修剪曲面的曲线。左键单击操控板中的第二个选取框，使之显示为黄色，并且其中的文字变成"选取项目"字样，然后在图形工作区左键单击以选取曲面中部的曲线，如图11.79所示。

图11.79　选取用于修剪的曲线

图11.78　用于修剪曲面的操控板

（8）在操控板中左键单击最后一个选取框，然后在图形工作区左键单击以选取被剪掉的部分，选中的部分会显示红色的线条，如图11.80所示。

（9）左键单击操控板右侧的绿色对钩图标✅，或者单击鼠标中键即可完成自由曲面的修剪，得到的自由曲面如图11.81所示。

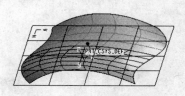
图11.80　指定要剪掉的部分

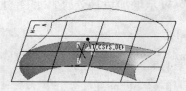
图11.81　修剪后的自由曲面

11.5.2　曲面的连接

自由曲面生成后，相邻的自由曲面可以创建连接。自由曲面连接的类型有三种：

G0：匹配连接，相邻曲面之间共用一个边界，但边界两侧曲面的切线和曲率并不相同。

G1：相切连接，相邻曲面之间共用一个边界，边界两侧曲面的切线重合。

G3：曲率连接：相邻曲面之间共用一个边界，边界两侧曲面的曲率相等。

下面举例说明。

（1）启动 Pro/E 4.0，设置工作目录，然后打开文件"Quilt-connect.prt"，系统会显示出如图11.82所示的曲面模型。这个模型在原有曲面的基础上增加了三条曲线，与现有曲面的一条边界线形成首尾相接的曲线链。

（2）左键单击命令图标■，利用右侧增加的三条自由曲线和现有曲面的一条共用边界线创建自由曲面，如图11.83所示。

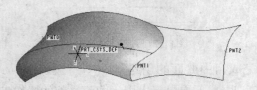

图11.82　打开的曲面模型

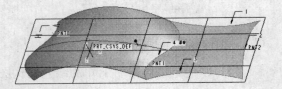

图11.83　利用新生成的3条自由曲线和
共用边界线生成自由曲面

（3）转换一下视角，可以看到这两个曲面只有共用边界线，并没有相切或者其他关系。左键单击右侧工具栏中的命令图标■，然后按下Ctrl键再左键单击相邻的两个曲面，系统会在两曲面相连的地方显示一条黄色的虚线，如图11.84所示。

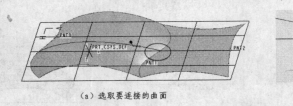

（a）选取要连接的曲面　　　　　　　　（b）局部放大

图11.84　相接曲面边界上显示出一条黄色虚线

这条黄色的虚线表明当前两个曲面属于G0连接。

（4）如果连接的两个曲面支持G1连接和G3连接，则右键单击公共边界线上的黄色虚线，系统会弹出快捷菜单，使用其中的选项可以改变曲面连接的类型，如图11.85所示。

右键菜单中的"位置"命令即表示G0连接；"切线"表示G1连接；"曲率"表示G3连接；"斜度"表示增加拔模处理。如图11.86所示为G3连接。

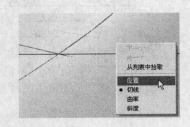

图11.85　通过右键菜单改变连接类型

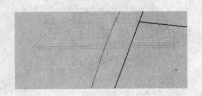

图11.86　单箭头变成了加粗的
箭头，表示G3连接

小结

　　自由曲面功能是Pro/E 4.0在曲面造型方面的重要补充，既可以用于灵活地创建兼具准确性和艺术性的造型，也可以用于曲面修补等处理。

　　自由曲面的基础是自由曲线，它既可以在"造型"环境中创建，也可以根据现有的基准曲线或者实体模型轮廓线创建。自由曲线有灵活的编辑方法，通过分析其曲率并进行适当的编辑，可以使自由曲线具有较高的品质。

　　构成自由曲面的曲线必须首尾相连，既可以是在"造型"环境中创建的自由曲线，也可以是现有的基准曲线。另外还可以为自由曲面指定多条内部过渡曲线，这些曲线的端点必须位于边界曲线上，并且内部过渡曲线之间不能相交。三角形曲面的内部过渡曲线通常不能经过退化顶点，而且一定要注意选取曲线的顺序。

　　邻接的自由曲面可以连接起来。曲面的连接有G0、G1和G2三种方式，在一定条件下它们之间可以相互转换。

第12章　曲面的编辑与实体化

学习重点：

- ➡ 曲面的复制
- ➡ 曲面的移动和旋转
- ➡ 曲面的镜像
- ➡ 曲面法向的变换
- ➡ 曲面的合并
- ➡ 曲面的相交

- ➡ 曲面的裁剪
- ➡ 曲面的延伸
- ➡ 曲面的偏置
- ➡ 曲面的加厚
- ➡ 曲面的实体化
- ➡ 曲面的展平

在实际工作中，创建的曲面经常需要进行各种编辑处理，有时还需要通过实体化，将封闭的曲面转换成三维实体，以适应复杂产品设计的需要。曲面编辑的主要操作包括复制、移动、镜像、裁剪、延伸、法向变换、合并等。

用于曲面编辑的命令位于零件建模环境中的"编辑"菜单中，很多命令通常显示为灰色，必须在选中曲面特征的情况下才能突显出来。

12.1　曲面的复制

复制曲面的方法有三种：复制选中的所有曲面，复制曲面上封闭区域内的部分曲面，复制曲面并填充曲面上的孔。下面分别举例说明。

12.1.1　原样复制选中的曲面

这种方法可以复制选中的所有曲面，包括实体的表面和自由曲面。

（1）打开Pro/E 4.0，设置工作目录，然后打开本章练习文件"Quilt-hole.prt"，系统会显示出如图12.1所示的带孔曲面模型。

（2）在图形工作区左键单击曲面两次（不是双击），使曲面整个显示为粉红色，如图12.2所示。

 想要选取整个曲面并使之显示为粉红色，可以先左键单击曲面中的某个位置，然后将光标移动到曲面上的另一个位置，此时曲面通常会亮闪一下，然后再左键单击。这样即可将曲面选取，并显示为粉红色。

图12.1　打开练习文件Quilt-hole.prt文件　　　图12.2　左键单击曲面两次以选中曲面

（3）选择主菜单中的命令"编辑"➤"复制"，系统会将选中的曲面复制到内存中。

如果只左键单击一次，曲面特征会显示出红色的轮廓线，此时选中的是曲面特征，关于其复制和粘贴操作的内容参见第7章"编辑特征的创建与应用"。

（4）选择主菜单中的命令"编辑"➤"粘贴"，系统会在屏幕下方显示出用于粘贴操作的操控板，如图12.3所示。

（5）在操控板中，"参照"子控制板用于查看及设置复制的对象；"选项"子控制板用于选择粘贴时的具体处理；"属性"子控制板用于设置粘贴后生成对象的名称。左键单击操控板中的"选项"，系统弹出"选项"子控制板，如图12.4所示。

图12.3 曲面粘贴操控板　　　　　　　　　图12.4 复制-粘贴操作的"选项"子控制板

"选项"子控制板中有下列三个选项，分别是"按原样复制所有曲面"、"排除曲面并填充孔"和"复制内部边界"。本例先采用默认选项。

（6）单击鼠标中键，或者左键单击操控板右侧的绿色对钩命令图标✓，即完成了曲面的原样复制和粘贴。由于粘贴后得到的特征与原特征完全一样，且位置也完全重合，因此从模型上看不出有什么变化。但观察模型树可以看到，其中又增加了名叫"复制1"的特征，如图12.5所示。

12.1.2 复制曲面并填充曲面上的孔

采用这种方法复制并粘贴曲面的时候，可以选择将曲面上存在的孔填充，使粘贴得到的曲面成为无孔或者少孔的曲面。下面举例说明。

（1）重复上例中的步骤（1）到步骤（4），这时系统已经显示出了用于复制-粘贴操作的操控板。

（2）左键单击操控板中的"选项"字样，系统弹出"选项"子控制板。

（3）左键单击以选中"选项"子控制板中的"排除曲面并填充孔"项，这时在其下方会立刻出现新的选项，如图12.6所示。

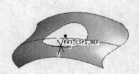　　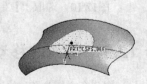

图12.5 复制-粘贴操作之后　　　　　　图12.6 "选项"子控制板中出现了新选项

（4）在图形工作区左键单击以选中孔的边界线，该线的名称会出现在"填充孔/曲面"框中，如图12.7所示。

（5）单击鼠标中键或者左键单击操控板右侧的绿色对钩命令图标✓，即完成了曲面的复制和粘贴，并且粘贴得到的曲面没有中间的孔，如图12.8所示。

图12.7 选取要填充的孔　　　　　　　图12.8 粘贴后的曲面填充了中间的孔

12.1.3 复制曲面上封闭曲线内的部分

有时并不需要复制整个曲面，而只是需要复制曲面中的某个部分。这时可以沿曲面上需要的部分绘制一个封闭的边界曲线，然后复制并粘贴这个边界曲线内的部分即可，下面举例说明。

（1）接着上面的例子进行操作。在图形工作区左键单击粘贴得到的曲面"复制1"，使该曲面整个显示为粉红色，如图12.9所示。

（2）选择主菜单中的命令"编辑"➤"复制"，系统会将选中的曲面复制到内存中。

（3）选择主菜单中的命令"编辑"➤"粘贴"，系统会在屏幕下方显示出用于粘贴操作的操控板。

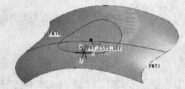

图12.9 复制曲面

（4）在操控板中，左键单击"选项"字样，系统弹出"选项"子控制板，左键单击以选中其中的"复制内部边界"单选框。

（5）在图形工作区按下**Ctrl**键，再左键单击曲面上的内部边界曲线，曲线内会显示出黄色的网格，如图12.10所示。

（6）单击鼠标中键或者左键单击操控板右侧的绿色对钩命令图标，即完成了曲面指定边界线之内的部分进行粘贴的操作。在模型树中出现一个名叫"复制2"的特征，为便于观察，其他曲面被隐藏，如图12.11所示。

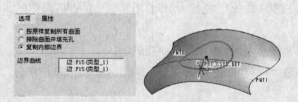

图12.10 选取"复制内部边界"单选框　　　　图12.11 粘贴后得到的曲面

12.2 曲面的移动与旋转

从"编辑"菜单中并不能直接找到曲面的移动和旋转功能，因为这两项功能位于"选择性粘贴"功能中，下面分别举例说明。

12.2.1 曲面的移动

（1）打开Pro/E 4.0，设置工作目录，然后打开零件文件"**Quilt.prt**"，系统会在图形工作区显示出一个曲面模型。

（2）左键单击该曲面，使整个曲面显示为粉红色，如图12.12所示，然后使用菜单命令"编辑"➤"复制"，将此曲面复制到内存中。

（3）使用菜单命令"编辑"➤"选择性粘贴"，或者左键单击屏幕上方的命令图标，系统会显示出操控板，如图12.13所示。

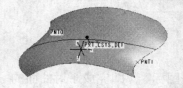

图12.12　左键单击选取曲面，使之显示为粉红色

图12.13　选择性粘贴操控板

这个操控板有四个子控制板。"参照"子控制板用于选择复制的曲面；"变换"子控制板中可以选择"移动"或者"旋转"，并且要求选择进行移动或者旋转处理的参照方向；"选项"子控制板中可以选择是否隐藏原始几何；"属性"子控制板中可以更改特征的名称。

（4）操控板中的"变换"项显示为红色，表示当前必须对该面板中的选项进行设置。左键单击"变换"项，系统会显示出"变换"子控制板，如图12.14所示。

目前系统默认的是进行移动操作，需要选择移动的方向。在图形工作区中可以选取一个基准平面或者一条边作为方向参照来确定移动的方向。本例中左键单击基准平面FRONT，表示以其法向作为移动方向。如图12.15所示，FRONT平面会变成红色，要移动的曲面会变成黄色，在"变换"子控制板的"方向参照"中会显示出基准平面FRONT的名称。

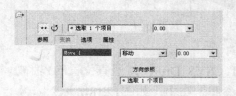

图12.14　"变换"子控制板

图12.15　选取FRONT平面作为移动的方向

（5）在"变换"子控制板中，左侧第一栏显示的是移动动作；第二栏目前显示的是"移动"；第三栏中可以输入准确的偏移量。用鼠标拖动图形工作区中显示出的白色小方框，使曲面向前移动100，如图12.16所示。

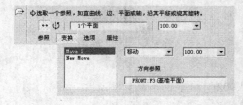
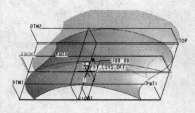

图12.16　拖动曲面向前移动100

（6）左键单击"变换"子控制板中左侧第一栏中的"New Move"字样，使之显示为"Move 2"，系统会要求选择方向参照，在图形工作区中左键单击基准平面RIGHT作为移动方向，在最右侧的数值输入框中输入150，按回车键，如图12.17所示。

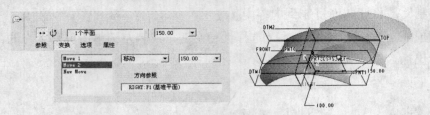

图12.17 在数值框中输入数值150

（7）单击鼠标中键或者左键单击操控板右侧的绿色对钩命令图标 ✓，即完成了对曲面的选择性粘贴，也就是两个方向的移动操作。

12.2.2 曲面的旋转

曲面的旋转操作也是通过"编辑"➤"选择性粘贴"命令完成的，下面举例说明。

（1）重复上例中的步骤（1）到步骤（3），这时已经完成了对曲面的复制操作，并且打开了"选择性粘贴"操控板。

（2）左键单击"变换"以打开"变换"子控制板，再左键单击中间的下拉列表，从中选择"旋转"命令，如图12.18所示。

图12.18 从子控制板中选择"旋转"命令

（3）在图形工作区将光标靠近系统的默认坐标系PRT_CSYS_DEF，待竖直位置的 Y 轴被加亮显示时，左键单击将它选中，其名称会显示在"方向参照"栏中，如图12.18所示。

（4）可以拖动图形工作区中显示的白色控制柄（方块）进行旋转，也可以在"变换"子控制板中输入旋转的角度值。输入数值90，按回车键，黄色的曲面会逆时针旋转90度，如图12.19所示。

图12.19 输入90度，再按回车键

（5）与上述步骤相同，在这里还可以接着指定绕其他轴的旋转操作，本例不再赘述。单击鼠标中键或者左键单击操控板右侧的绿色对钩命令图标 ✓，即完成了曲面绕默认坐标系 Y 轴旋转90度的操作。

12.3 曲面的镜像

曲面可以像其他特征一样进行镜像，只要选择必要的平面或者基准平面作为参照即可。下面举例说明。

（1）打开Pro/E 4.0，设置工作目录，然后打开零件文件"Quilt.prt"，系统会在图形工作区显示出一个曲面模型。

（2）在图形工作区左键单击以选中该曲面（曲面边界线显示为红色），注意此时位于屏幕右侧工具栏中的命令图标 变成了可用状态，左键单击该命令图标，系统显示出如图12.20所示的镜像操控板。

（3）在操控板中，子控制板"参照"用于设置镜像平面；"选项"用于设置镜像生成的特征是否从属于原始特征；"属性"用于设置镜像生成特征的名称。"参照"字样为红色，表示系统要求选择镜像参照平面。左键单击以选中基准平面DTM2，然后单击鼠标中键，系统即会生成如图12.21所示的镜像特征。

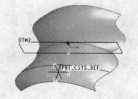

图12.20　镜像操控板　　　　　　　　图12.21　镜像生成的曲面特征

如果在选择曲面的时候将曲面左键单击成粉红色，则在选择镜像平面之后，系统会生成一个黄色的临时镜像特征；如果曲面只是边界线显示为红色，则必须要在单击鼠标中键或者命令图标 之后才显示出镜像得到的曲面。

12.4 曲面的正方向

曲面都有正、反两个面，从反面指向正面的方向就是曲面法向的正方向。曲面的法向正方向可以通过命令来改变，因此曲面的正面和反面也是可以转换的。

改变曲面法向的操作很简单，只要选取该曲面，然后使用菜单命令"编辑"➤"反向法向"即可。法向是否变化了，从模型中一般不能直接看出来，下面通过将曲面的正面和反面着以不同颜色，再配合"反向法向"命令来介绍操作步骤，并观察曲面法向的变化。

（1）打开Pro/E 4.0，设置工作目录，然后打开零件文件"Quilt.prt"，系统会在图形工作区显示出一个曲面模型。左键单击屏幕上方的命令图标 ，保证它处于被按下的状态以便显示曲面的颜色。曲面在默认状态下正反面都显示蓝灰色，如图12.22所示。

图12.22　曲面采用的默认颜色

（2）下面将曲面的反面着以金黄色，以便与正面区分。选择菜单命令"视图"➤"颜色和外观"，系统会在屏幕右侧显示出"外观编辑器"窗口，如图12.23所示。

图12.23 "外观编辑器"窗口

（3）在"外观编辑器"窗口中可能还没有我们想要的材质颜色，需要添加。如果大家已经有了现成的材质库，那么可以使用主菜单命令"文件"➤"打开"，从系统显示的"打开"对话框中选取材质库文件，如图12.24所示。

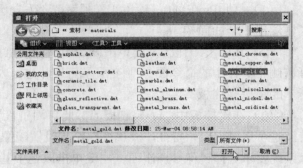

图12.24 打开现有的材质库文件

（4）如果当前没有可用的材质库文件，那么可以手工添加新的材质。具体做法如下：

·左键单击"外观编辑器"中的第一个栏目右侧的命令图标**＋**，在材质栏中会显示出一个新的材质，采用的是系统默认的颜色及默认名称。

·将新材质的名称改为自己需要的形式，本例改为"Gold-user"。

·左键单击"外观编辑器"中部的"颜色"按钮，如图12.25所示，以便于编辑新材质的颜色。

·系统会显示出"颜色管理器"窗口，从中左键单击"颜色轮盘"项，如图12.26所示。

·系统会显示出颜色轮盘，从中左键单击需要的颜色，如图12.27所示。

图12.25 单击"颜色"按钮

图12.26 左键单击"颜色轮盘"
项以打开颜色轮盘

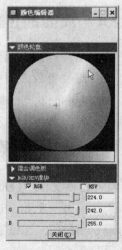

图12.27 选取颜色

・在"颜色管理器"的第一栏中会显示出当前选取的颜色，并且在下方的RGB滑块区会显示出对应的参数。在这里可以拖动滑块对红（R）、绿（G）、蓝（B）进行微调，也可以直接在右侧的栏中输入准确的数值。调整颜色完毕后，左键单击"关闭"按钮，如图12.28所示。

・现在又回到了"外观编辑器"窗口。从"指定"下拉列表中选取"曲面"项，如图12.29所示。

・系统弹出"选取"对话框，在图形工作区中左键单击曲面将其选中，再左键单击"选取"对话框中的"确定"按钮，如图12.30所示。

图12.29 选取"曲面"项

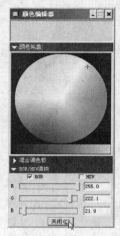

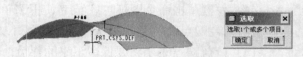

图12.28 "颜色管理器"中显示出颜色参数　　　图12.30 选取曲面，再单击"确定"按钮

・系统会显示出一个红色的箭头，以及"DIRECTION（方向）"菜单。这个红色箭头指出的就是当前该曲面的法向正方向，如图12.31所示。

・由于本例需要将曲面的反面着以金黄色，因此在"DIRECTION（方向）"菜单中左键单击"Flip（反向）"命令，将红箭头方向反转过来，再左键单击"Okay（正向）"命令。

・确认新加的金黄色材质处于被选中状态（否则可以左键单击"外观编辑器"顶部栏中的金黄色球形材质图标），再左键单击"应用"按钮，曲面的反面即会显示出金黄色，如图12.32所示。

图12.31　曲面的法向正方向及"DIRECTION　　　图12.32　将反面指定为金黄色
　　　　　（方向）"菜单

（5）现在曲面的正面是蓝灰色，反面是金黄色。在图形工作区左键单击曲面将其选中，然后使用菜单命令"编辑"➤"反向法向"，可以看到曲面的上面变成了金黄色，下面变成了蓝灰色，说明曲面的法向反转过来了，如图12.33所示。

图12.33　正面和反面的颜色随着法向的改变而调换了

12.5　曲面的合并

　　曲面的合并就是将几个相交的曲面合并为一张曲面，并且彼此裁剪掉不需要的部分。下面举例说明。

　　（1）打开Pro/E 4.0，设置工作目录，然后打开本章练习文件"Quilt-cross.prt"，系统会在图形工作区显示出两个相交曲面的模型，如图12.34所示。

　　（2）按下键盘上的Ctrl键，然后分别左键单击，将这两个曲面都选中，这时右侧工具栏中的命令图标 □ 变成可用状态，如图12.35所示。

图12.34　打开两个曲面相交的模型　　　　　　图12.35　将两个曲面都选取

　　（3）左键单击命令图标 □，或者使用菜单命令"编辑" ➤ "合并"，系统会在两个曲面上显示出蓝色网点及黄色的箭头，在工作区下方显示出操控板，如图12.36所示。

　　（4）蓝色网点表示将要保留下来的部分，黄色箭头则表示将要保留的曲面相对于黄色交线所处的方向。左键单击操控板的预览命令图标 ∞，可以看到系统将曲面中间的部分剪掉了，如图12.37所示。

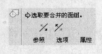

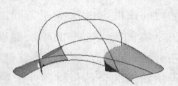

图12.36　曲面合并操控板　　　　　　　　图12.37　预览曲面合并的结果

　　（5）左键单击操控板右侧的命令图标 ▶，返回上一状态。左键单击操控板中的"参照"命令，系统弹出"参照"子控制板，可以看出这里用于指定进行合并的曲面，如图12.38所示。

　　（6）左键单击"选项"命令，可以看到"选项"子控制板中有两个选项，分别是"求交"（默认选项）和"连接"。

　　· "求交"：用于将两个曲面相交的部分合并为一个合并特征，用于一般的曲面合并处理。

　　· "连接"：用于将两个曲面连接起来，但是其中一个曲面必须有一条边线位于另一个曲面上。

　　子控制板下方的命令图标 ✓ 和 ✓ 分别用于切换曲面合并时保留的部分。可以左键单击这两个图标以改变曲面保留的部分，也可以在图形工作区中直接用鼠标左键单击黄色的箭头，如图12.39所示。

　　（7）单击鼠标中键或者左键单击命令图标 ✓，生成的合并曲面如图12.40所示。

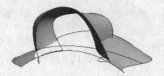

图12.38 "参照"子控制板　　图12.39 直接单击黄色箭头，切　　图12.40 改变后的曲面合并结果
　　　　　　　　　　　　　　　　　　　　 换曲面合并的效果

 一次曲面合并操作只能处理两个曲面。如果有多个曲面需要合并，必须逐步进行操作。

12.6 曲面的裁剪

曲面的裁剪是指利用其他曲面、基准平面或者曲线来剪裁现有的曲面。常用的裁剪方法有以下五种：

- 使用创建基础特征（拉伸、旋转）操控板中的剪除材料 ⁄ 功能，通过创建的曲面来裁剪现有的曲面。
- 用一组曲面来裁剪另一组曲面。
- 用曲面上的曲线裁剪曲面。
- 用曲面自身的轮廓线来裁剪曲面。
- 对曲面尖端部分进行倒圆角操作。

12.6.1 利用创建基础特征裁剪曲面

在前文介绍创建实体基础特征的过程中已经谈到，这些命令既可以用于增加材料，也可以用于从现有的实体上减除材料。这些操作也可以用于曲面裁剪，不同点在于创建的特征必须是曲面，不是实体。下面举例说明。

（1）打开Pro/E 4.0，设置工作目录，然后打开练习文件"Quilt.prt"，系统会在图形工作区显示出一个曲面。

（2）左键单击右侧工具栏中的命令图标 ⊡，准备创建一个拉伸曲面，系统显示出操控板。左键单击操控板中的命令图标 ▢，表示接下来定义的是曲面拉伸。

（3）左键单击在图形工作区按下鼠标右键，从弹出的菜单中选择"定义内部草绘"，如图12.41所示。

（4）选择基准平面TOP为草绘平面，RIGHT为向右的参照平面，单击"草绘"按钮进入草绘环境。用样条曲线绘制一个封闭的环，如图12.42所示。完成后左键单击蓝色对钩图标 ✔ 从草绘环境中退出。

（5）系统回到了操控板状态。从屏幕下方的操控板中左键单击减除材料的命令图标 ⁄，系统会在操控板中显示出"面组"框，要求选取被裁剪的面组。在图形工作区左键单击原有的曲面，如图12.43所示。

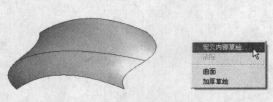

图12.41　打开的曲面模型

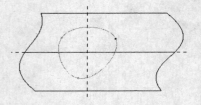

图12.42　随意绘制一个封闭的环

（6）选中被裁剪的面组后，系统会显示出黄色的箭头，指出默认的减除材料的方向。左键单击黄色的箭头或者操控板中的命令图标 ⁄ 可以改变其方向。本例采取默认的方向。左键单击命令图标 ⊟ 旁边的黑色向下箭头按钮，从打开的列表中选取命令图标 ⊟，表示裁剪为通孔。单击鼠标中键或者左键单击操控板的绿色对钩图标 ✓，裁剪后的曲面如图12.44所示。

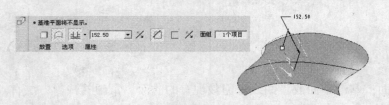

图12.43　选取被裁剪的面组及裁剪的方向

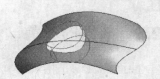

图12.44　默认方向裁剪的结果

 也可以使用旋转特征来进行曲面裁剪。

12.6.2　使用一组曲面裁剪另一组曲面

常用的另一种曲面裁剪的方法是用一组曲面来裁剪另一组相交的曲面，下面举例说明。

1．封闭曲面与敞开曲面的裁剪

（1）重复上例中的步骤（1）到步骤（4），这样系统从草绘环境中退出，显示出拉伸操控板。不要使用减除材料命令 ⁄，输入拉伸高度值100，然后左键单击绿色对钩图标 ✓，生成曲面，如图12.45所示。

（2）使用菜单命令"编辑"➤"修剪"，或者左键单击右侧工具栏中的命令图标 ⬚，系统会显示出曲面裁剪操控板，如图12.46所示。

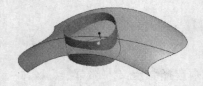

图12.45　拉伸形成的曲面

图12.46　曲面裁剪操控板及"参照"子控制板

（3）由于刚刚拉伸形成的曲面默认处于被选中的状态，因此在操控板的选取框中显示"选取1个项目"。在图形工作区中，拉伸曲面也显示出深黑色的轮廓线，表示已经被选中。

如果当前没有被选中的曲面，则命令图标 ⬚ 会变成灰色，是不可用的。

左键单击"参照"命令，系统会打开子控制板，可以看到"修剪的面组"选取框中显示"面组：F15"，这就是刚刚创建的拉伸曲面，它将成为被修剪的对象，如图11.47所示。

"修剪对象"栏中显示"选取1个项目"，要求指定修剪对象，即要求选取一个曲面作为裁剪工具，它将把"面组：F15"的一部分裁掉。

在图形工作区左键单击边界混合曲面"面组：F14"，如图11.48所示。

图11.47　"参照"子控制板

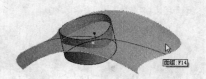

图11.48　选取修剪曲面

（4）边界混合曲面会显示为粉红色，其附近还会显示出黄色的箭头，表示保留材料的方向。

左键单击"选项"命令，可以看到打开的子控制板中有"保留修剪曲面"和"薄修剪"两个选项。前者用于指定在裁剪后是否保留裁剪中使用的曲面；后者用于通过将修剪曲面加厚的方式来裁剪曲面。

如果选取了"薄修剪"项，子控制板中又会有新选项出现，如图12.49所示。

数值框用于指定曲面加厚的厚度；下拉列表中可以选择"垂直于曲面"、"自动拟合"，以及"控制拟合"，均用于指定曲面加厚的方向，具体含义如下：

- "垂直于曲面"：沿修剪曲面的法向加厚。
- "自动拟合"：用指定的缩放坐标系沿三个轴自动拟合。
- "控制拟合"：用指定的坐标系和受控的拟合运动来加厚曲面。

图12.50是取消了"保留修剪曲面"项，"薄修剪"厚度为10，修剪方式为"自动拟合"时预览的结果。

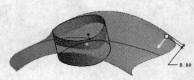

图12.49　"薄修剪"选项

图12.50　"薄修剪"的结果预览

（5）下面取消"薄修剪"项，观察普通曲面修剪的结果。在图形工作区左键单击黄色的箭头，或者在操控板中左键单击命令图标 ⊿，然后左键单击操控板的预览命令图标 ∞ 观察曲面裁剪的变化，如图12.51所示。

（6）单击鼠标中键或者左键单击操控板中的绿色对钩命令图标 ✓ 即可完成曲面裁剪。

2. 敞开曲面之间的裁剪

曲面裁剪也可以在两个敞开的曲面之间进行，但是裁剪曲面一定要大于被裁剪曲面。下面举例说明。

（1）将不需要的文件从内存中拭除，然后打开本章练习文件"Quilt-cros-open.prt"，系统会显示两个相交的曲面模型，如图12.52所示。

（2）在图形工作区中左键单击以选取中间直立的小曲面，使之显示出红色的边界线，然后左键单击右侧工具栏中的命令图标 ⊿，系统显示出曲面裁剪操控板。

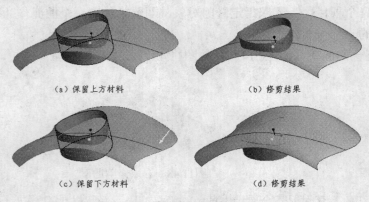

（a）保留上方材料 （b）修剪结果

（c）保留下方材料 （d）修剪结果

图12.51 曲面裁剪的各种结果 图12.52 相交曲面模型

（3）刚刚选中的曲面边界线会显示为黑色。下面系统要求选择裁剪时使用的曲面，即系统提示栏中所谓的"裁剪对象"。在图形工作区中左键单击带有基准点PNT0和PNT1的大曲面，使之显示为粉红色，同时系统会显示出一个黄色的箭头，指出裁剪时曲面保留的方向，如图12.53所示。

（4）从"参照"子控制板中可以看出，"修剪的面组"指的是将被裁剪掉某些部分的曲面，即本例中的直立曲面，带有黄色网点；"修剪对象"指的是用于确定裁剪边界的曲面，即本例中粉红色的并带有黄色箭头的曲面。

与上例相同，左键单击屏幕上的黄色箭头或者操控板中的命令图标 ⚡，可以改变裁剪的方向。单击鼠标中键或者左键单击操控板的绿色对钩图标 ✔，系统即会完成曲面裁剪，如图12.54所示。

图12.53 选取裁剪曲面并查看"参照"子控制板 图12.54 曲面裁剪的结果

 进行此类裁剪时，用于确定裁剪边界的曲面即"修剪对象"一定要大于被裁剪的曲面即"修剪的面组"，否则裁剪操作会失败。

12.6.3 用曲面上的曲线来裁剪曲面

曲面裁剪也可以通过一条位于曲面上的曲线来完成，而且这种裁剪往往更加灵活。下面举例说明。

1. 用开放曲线裁剪曲面

（1）启动Pro/E 4.0，设置工作目录，打开文件"Quilt.prt"，系统会显示出一个曲面模型，曲面中部还有一条曲线。

（2）在图形工作区中左键单击以选中整个曲面（既可以让该曲面的边界线显示为红色，也可以将它选中为粉红色），然后左键单击右侧工具栏中的命令图标 ⬜，系统会显示出曲面裁剪操控板。

（3）根据系统在提示栏中的提示信息，在图形工作区中左键单击以选取位于曲面中部的曲线，用它来对曲面进行裁剪，系统显示如图12.55所示。

（4）同样，左键单击图形中的黄色箭头可以切换裁剪的方向。单击鼠标中键或者左键单击绿色对钩图标✅，系统即会完成曲面裁剪，如图12.56所示。

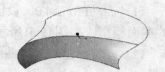

图12.55　用曲线来裁剪曲面　　　　　　　　　图12.56　曲线对曲面裁剪的结果

如果用于裁剪的曲线没有贯通被裁剪曲面的相对边界线，那么裁剪也可以进行，只是系统会在未贯通的部分自动计算裁剪的边界，如图12.57所示。

2. 用封闭曲线裁剪曲面

用于裁剪曲面的曲线可以是封闭的，它要么将曲面裁出一个洞（保留曲线外部），要么裁得曲线中间的部分（保留曲线内部），下面举例说明。

（1）启动Pro/E 4.0，设置工作目录，打开文件"Quilt.prt"，系统会显示出一个曲面模型。

（2）左键单击右侧工具栏中的命令图标□，进入"造型"环境，然后利用命令～在曲线上创建一条封闭的COS曲线，如图12.58所示。

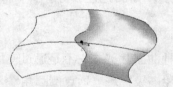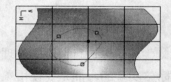

图12.57　用未贯通的曲线裁剪曲面　　　　　图12.58　创建一条封闭的COS曲线

完成后左键单击操控板上的绿色对钩图标✅，再左键单击右侧工具栏中的蓝色对钩图标✅，从"造型"环境中退出。

（3）在图形工作区中左键单击曲面特征，然后左键单击右侧工具栏中的命令图标□，系统显示出曲面裁剪操控板，然后左键单击以选中曲面中的封闭曲线，如图12.59所示。

（4）左键单击图形中的黄色箭头可以切换裁剪的方向。单击鼠标中键或者左键单击操控板中的绿色对钩图标✅，系统即会完成曲面裁剪，如图12.60所示。

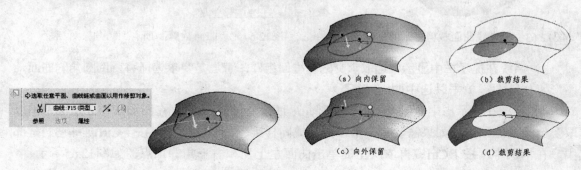

图12.59　选取曲面中的封闭曲线进行裁剪　　　　图12.60　可能的裁剪结果

3. 用最大轮廓线裁剪曲面

如果把一个封闭曲面向指定的平面上投影，可以得到该曲面的一个最大轮廓线。在设计模具的时候，常常需要以这样的轮廓线作为模具的分模位置，并且用这条轮廓线来裁剪曲面，获得曲面的两个部分。下面举例说明。

（1）启动Pro/E 4.0，设置工作目录，打开文件"Quilt-egg.prt"，系统会显示出一个全封闭的曲面模型，如图12.61所示。

（2）左键单击以选中曲面模型，然后左键单击命令图标 □，系统会显示出曲面裁剪操控板。

（3）在图形工作区左键单击需要将曲面投影到的基准平面，本例中左键单击基准平面TOP，如图12.62所示。

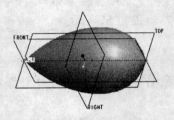

图12.61　打开封闭的曲面　　　　　　　　图12.62　选取曲面的投影平面

（4）模型中的黄色箭头表示裁剪后保留的曲面，左键单击可以切换其方向。单击鼠标中键或者左键单击绿色对钩图标 ✓，系统即会完成曲面裁剪，如图12.63所示。

12.6.4　曲面尖端倒圆角

曲面的尖端可以进行倒圆角处理，实际上这也是一种曲面裁剪。它不是通过使用工具栏中的命令图标 □ 实现的，而是要使用菜单命令"插入"▶"高级"▶"顶点倒圆角"来完成。下面举例说明。

（1）启动Pro/E 4.0，设置工作目录，打开文件"Quilt.prt"，系统会显示出一个曲面模型。

（2）选择菜单命令"插入"▶"高级"▶"顶点倒圆角"，系统会显示出"曲面裁剪：顶点倒圆角"对话框，如图12.64所示。

图12.63　轮廓线曲面裁剪得到的结果　　　　图12.64　"曲面裁剪：顶点倒圆角"对话框

（3）系统在提示栏中显示"选取求交的基准面组"，意思是要求选择将要倒圆角的曲面。在图形工作区左键单击以选中曲面特征。

（4）系统在提示栏中显示"选取要倒圆角/圆角的拐角顶点"。在图形工作区左键单击以选取要倒圆角的顶点。如果需要将多个顶点倒成同样半径的圆角，可以按下Ctrl键将它们全部选中。在本例中，按下Ctrl键再依次左键单击曲面左上角和右下角的顶点，如图12.65所示。

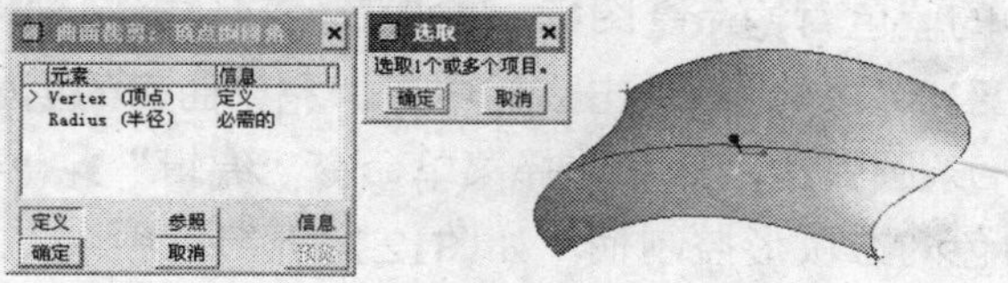

图12.65 选取要倒圆角的曲面顶点

（5）完成顶点的选取后，左键单击"选取"框中的"确定"按钮，或者单击鼠标中键。系统会在屏幕下方显示出数值输入栏，要求输入倒圆角的半径。输入半径值100，然后按回车键，如图12.66所示。

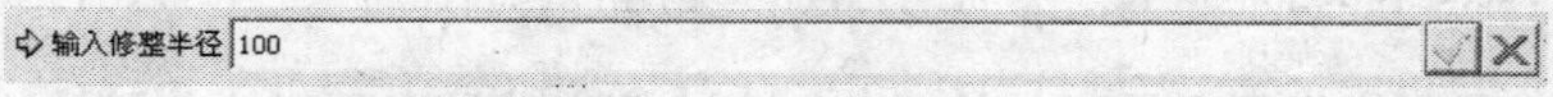

图12.66 输入倒圆角的半径值100

（6）左键单击"曲面裁剪：顶点倒圆角"对话框中的"确定"按钮，系统即会完成倒圆角，如图12.67所示。

图12.67 完成的曲面倒圆角

 视曲面的具体情况而定，倒圆角的半径并不是任意的。有时半径太大会导致操作失败。

12.7 曲面的延伸

曲面延伸的方式主要有以下三种：
- 以保持与原曲面相同的方式延伸。
- 沿原曲面切线方向延伸。
- 以逼近原曲面的方式延伸。

控制延伸距离的方式主要有沿原曲面延伸和垂直延伸到指定平面两种。

12.7.1 以保持与原曲面相同的方式延伸

由于需要保持与原曲面相同，因此这种延伸方式一般用于对平面、圆柱面、圆锥面等较规则的曲面进行延伸，而不适用于对多条形状不同的空间曲线形成的边界混合曲面。下面举例说明操作步骤。

（1）启动Pro/E 4.0，新建一个名为"Quilt-ext.prt"的文件，类型为"零件"，子类型为"实体"，模板为"mmns_part_solid"。

（2）左键单击右侧工具栏中的命令图标 ，系统显示出旋转特征操控板。左键单击操控板中的命令图标 ，表示接下来要创建的是曲面。在图形工作区按下鼠标右键，从弹出的快捷菜单中选择"定义内部草绘"命令。

（3）系统弹出"草绘"窗口，在图形工作区左键单击基准平面FRONT作为草绘平面，"参照"采用默认的RIGHT平面，左键单击"草绘"按钮，进入草绘环境。

（4）绘制一条中心线作为旋转轴，再绘制一个半径为50的圆弧，如图12.68所示。完成后左键单击右侧工具栏中的蓝色对钩命令图标✔，从草绘环境返回到操控板状态。

（5）输入旋转角度180度，然后单击鼠标中键，完成曲面的创建，如图12.69所示。

（6）选取曲面的一条圆弧边，然后选择菜单命令"编辑"➤"延伸"，系统会显示出操控板、黄色的网点及白色的方块形控制柄，如图12.70所示。

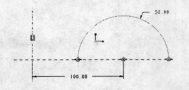

图12.68　草绘一个半径为50的圆弧　　　图12.69　新创建的圆弧曲面　　　图12.70　延伸操控板

"参照"子控制板用于设置延伸的对象，在本例中就是半圆形的曲线；"量度"子控制板用于设置曲面延伸的距离；"选项"子控制板用于设置延伸的方式，如图12.71所示。

 　　这里的延伸长度是沿切线方向测量得到的。

（7）在数值栏中输入数值，或者在模型中用鼠标拖动白色的控制柄，即可延伸不同的长度。单击鼠标中键或者左键单击绿色对钩图标✔，即可完成曲面的延伸。

12.7.2　沿原曲面的切线方向延伸

可以沿原曲面的切线方向，以选取的边线为轮廓延伸曲面，得到与原曲面相切的直纹曲面。下面仍然以上例的模型为例说明。

（1）启动Pro/E 4.0，设置工作目录，打开练习文件"Quilt-ext.prt"，系统显示出半圆弧曲面模型。

（2）在图形工作区中左键单击旋转曲面特征的半圆弧形边线，然后选择菜单命令"编辑"➤"延伸"，系统显示出操控板。

（3）左键单击操控板中的"选项"字样，系统显示出"选项"子控制板。左键单击子控制板中的"方式"下拉列表，从中选择"切线"项，如图12.72所示。

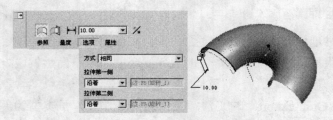

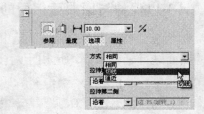

图12.71　"选项"子控制板　　　　　　图12.72　选取的延伸方式为"切线"

（4）左键单击操控板中的"量度"字样，系统显示出"量度"子控制板，如图12.73所示。在这里可以沿选取的边界线上添加测量点，以便更准确地控制整个边界线在不同的位置延伸不同的距离。

（5）在"量度"子控制板的空白位置，按下鼠标右键，从弹出的菜单中选择"添加"命令，即可在选中的边界曲线上添加新的测量点。用鼠标左键拖动测量点上的白色小圆球形控制柄，可以移动测量点的位置，如图12.74所示。

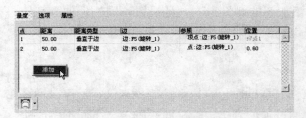

图12.73 "量度"子控制板

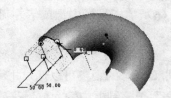

图12.74 新加测量点的位置

添加新的测量点之后，通过"量度"子控制板的"位置"列可以输入测量点的准确位置（百分比）；利用"距离"列可以输入延伸的准确距离。

（6）单击鼠标中键或者左键单击操控板的绿色对钩图标☑即可完成曲面的延伸。

12.7.3 以逼近原曲面的方式延伸

对于由复杂空间曲线生成的边界混合曲面，不可能以"相同"的方式进行延伸，但是可以用"逼近"的方式来创建与原曲面近似的延伸曲面。下面举例说明。

（1）关闭并拭除不需要的文件，打开本章练习文件"Quilt.prt"，系统显示出边界混合曲面模型。

（2）在图形工作区中左键单击较长的一条边界线，使之显示为加粗的红色，然后选择菜单命令"编辑"➤"延伸"，系统显示出延伸操控板。

（3）左键单击操控板中的"选项"字样，系统显示出"选项"子控制板。左键单击子控制板中的"方式"下拉列表，从中选择"逼近"项，如图12.75所示。

图12.75 打开的曲面和"逼近"选项

（4）"方式"下拉列表下面还有"拉伸第一侧"和"拉伸第二侧"两个下拉列表，分别用于设置第一个顶点和第二个顶点处延伸的方向。左键单击"拉伸第一侧"下拉列表，从中选择"垂直于"，观察延伸方向的变化，如图12.76所示。

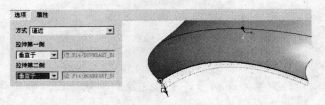

图12.76 选取"逼近"延伸方式，并将"拉伸第一侧"和"拉伸第二侧"设为"垂直于"

仔细观察与"拉伸第一侧"及"拉伸第二侧"设为"沿着"的时候对比，发现延伸出的曲面边界位置发生了变化。

（5）同样，使用"量度"子控制板可以添加新的测量点，并且设置不同的延伸距离值。

（6）单击鼠标中键或者左键单击操控板中的绿色对钩图标✓即可完成曲面的延伸。

12.7.4　延伸到指定平面

曲面延伸的距离可以通过用鼠标在图形工作区拖动白色方块形控制柄来确定，可以通过在"量度"子控制板中输入数值来确定，也可以通过延伸到指定的平面来确定。下面举例说明。

（1）启动Pro/E 4.0，设置工作目录，打开文件"qumian.prt"，系统显示出边界混合曲面模型。

（2）在图形工作区中左键单击较长的一条边界线，然后选择菜单命令"编辑"➤"延伸"，系统显示出延伸操控板。

（3）左键单击操控板中的命令图标，表示要将曲面延伸到指定平面。系统显示出基准平面选取框，如图12.77所示。

（4）左键单击右侧工具栏中的命令图标，再创建一个与基准平面RIGHT平行的基准平面，如图12.78所示。

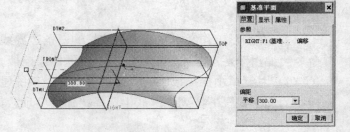

图12.77　单击操控板中的命令图标后，系统要求选取平面特征

图12.78　创建一个与RIGHT平行的基准平面

完成后，左键单击"基准平面"窗口中的"确定"按钮，将该窗口关闭。

（5）左键单击操控板中的命令图标，继续进行曲面延伸的操作。系统会显示出一个黄色的临时曲面，该曲面延伸到了新创建的基准平面上，如图12.79所示。

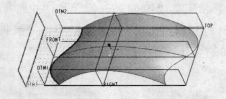

图12.79　曲面延伸到了新创建的基准平面上

　曲面不仅可以延伸到基准平面，还可以延伸到其他平面，如实体模型的表面，但必须是平面。

（6）单击鼠标中键或者左键单击操控板中的绿色对钩图标✓即可完成曲面的延伸。

12.8 曲面的偏移

在实际工作中，可以对现有的曲面进行偏移，从而创建新的曲面特征。曲面偏移的方式可以有垂直于曲面偏移、自动拟合偏移和控制拟合偏移。

12.8.1 垂直于曲面偏移

曲面偏移最常见的方式是垂直于曲面偏移，也就是沿曲面的法向偏移。下面举例说明。

（1）启动Pro/E 4.0，设置工作目录，打开文件"qumian.prt"，系统显示边界混合曲面模型。

（2）在图形工作区左键单击以将曲面选中，然后选择菜单命令"编辑" ➤ "偏移"，系统会显示出偏移操作的操控板，如图12.80所示。

（3）操控板中，"参照"子控制板用于设置偏移的曲面；"属性"子控制板用于设置偏移后生成的曲面特征的名称。"选项"子控制板如图12.81所示。

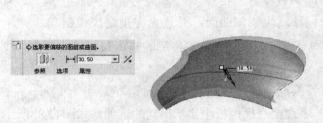

图12.80 曲面偏移操控板

图12.81 曲面偏移的"选项"子控制板

系统默认的偏移方式就是"垂直于曲面"。在这个下拉列表中还有"自动拟合"偏移和"控制拟合"偏移。

在操控板中左键单击命令图标 ⚡，或者在图形工作区左键单击黄色的箭头，可以切换曲面偏移的方向。

在操控板的数值框中可以输入曲面偏移的距离，也可以在图形工作区中用鼠标拖动白色的小方块控制柄来设置，或者在图形工作区中左键双击表示偏移距离的数值，再输入需要的值。

（4）单击鼠标中键或者左键单击操控板的绿色对钩图标 ✓ 即可完成曲面的偏移。

12.8.2 自动拟合偏移、控制偏移和创建侧曲面

除了可以沿曲面的法向进行偏移外，从图12.81中可以看到，还可以用"自动拟合"或者"控制拟合"的方式偏移曲面。

"自动拟合"的曲面偏移方式是指系统自动选取默认的坐标系并且计算各坐标轴的缩放比例来创建偏移曲面。

"控制拟合"的曲面偏移方式是指系统根据指定的坐标系计算各坐标轴的缩放值，生成拟合的偏移曲面。

"创建侧曲面"项用于在原始曲面和偏移后生成的曲之间生成侧壁，从而形成一个封闭的空间，如图12.82所示。

图12.82　创建侧曲面

12.8.3　具有拔模特征的局部曲面偏移

曲面可以整体偏移，也可以只对曲面的局部进行偏移，而且对偏移的部分还可以进行拔模处理，也就是使侧面具有指定的斜度。下面举例说明。

（1）启动Pro/E 4.0，设置工作目录，打开文件"Quilt.prt"。

（2）在图形工作区中左键单击曲面将其选中，然后选择菜单命令"编辑"➤"偏移"，系统显示出曲面模型和偏移操控板。

（3）左键单击操控板中命令图标 旁边的小箭头，系统会显示出如下四个命令图标：

：标准偏移，系统默认采用的曲面偏移方式。

：拔模偏移，对曲面的局部进行偏移，生成侧曲面，并且允许指定拔模斜角。

：扩展偏移，对曲面整体和局部均可进行偏移，并且偏移后的整体和局部曲面合并成为新的曲面。

：替换偏移，将实体的某个表面替换成曲面，同时对实体进行裁剪。

本例中左键单击以选中命令图标 ，系统会在操控板中显示出新的选项，如图12.83所示。

图12.83　拔模偏移的操控板

（4）系统的提示栏中显示接下来需要选取或者创建一个草绘，并且在图标 旁边显示出一个选取框，里面显示一个红点及"选取1个项目"字样，意思是要求通过草绘来确定要进行拔模偏移的局部曲面。

在图形工作区中按下鼠标右键，再从弹出的快捷菜单中选取命令"定义内部草绘"，指定基准平面TOP作为草绘平面，基准平面RIGHT的正方向作为朝右的方向，左键单击"草绘"按钮进入草绘环境，然后草绘一个封闭的样条曲线，如图12.84所示。

（5）左键单击右侧工具栏中的命令图标 ，完成草绘并退出草绘环境，系统显示出拔模偏移操控板。在操控板中的数值输入框中分别输入偏移的距离50和拔模斜角20°，如图12.85所示。

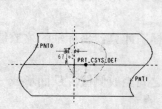

图12.84　进入草绘环境，草绘一个封闭的样条曲线

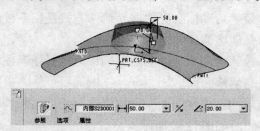

图12.85　输入偏移距离和拔模斜角

（6）单击鼠标中键或者左键单击操控板中的命令图标✓，即可完成带拔模斜角的局部曲面偏移。

12.8.4 曲面偏移并局部扩展

曲面还可以在局部偏移的时候形成侧壁曲面，并且偏移后的曲面、侧壁曲面及原始曲面合并成为一个新的曲面，下面举例说明。

（1）启动Pro/E 4.0，设置工作目录，打开文件"Quilt.prt"。

（2）在图形工作区中左键单击曲面将其选中，然后选择菜单命令"编辑"➤"偏移"，系统显示出曲面模型和偏移操控板。

（3）左键单击操控板中命令图标▥·旁边的小箭头，并且从弹出的一列命令图标中选择▥，系统会显示出进行曲面偏移合并的操控板，如图12.86所示。

（4）同样，接下来需要通过草绘来指定局部曲面的边界。在图形工作区中按下鼠标右键，通过右键菜单中的"定义内部草绘"命令打开"草绘"窗口，再选择基准平面TOP作为草绘视图平面，基准平面RIGHT的正方向定义为草绘视图朝右的平面，左键单击"草绘"窗口中的"草绘"按钮进入草绘环境，然后绘制一个圆，它表示局部曲面的边界，如图12.87所示。

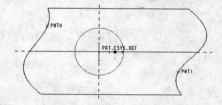

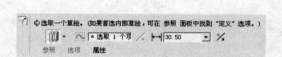

图12.86 曲面局部偏移合并操控板　　　图12.87 草绘一个圆，作为局部曲面偏移的边界线

（5）左键单击右侧工具栏中的命令图标✓，完成草绘并退出草绘环境，系统显示出拔模偏移操控板。在操控板中的数值输入框中输入偏移的距离50，如图12.88所示。

（6）单击鼠标中键或者左键单击操控板中的命令图标✓，即可完成局部曲面偏移合并，如图12.89所示。

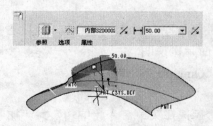

图12.88 在操控板中的数值输入框　　　图12.89 局部曲面偏移合并后形成的曲面
中输入偏移的距离50

12.8.5 用曲面替换实体表示并裁剪

在复杂实体建模的过程中，有时需要先生成曲面和一个基本实体，然后再用曲面对实体进行裁剪，并以该曲面替换实体的某个表面，下面举例说明。

（1）启动Pro/E 4.0，设置工作目录，打开文件"Quilt.prt"。

（2）创建一个矩形实体拉伸特征，如图12.90所示。

（3）在图形工作区中左键单击实体的顶面以将其选中，然后选择菜单命令"编辑"➤"偏移"，系统显示出偏移操控板。

（4）左键单击操控板中命令图标旁边的小箭头，并且从弹出的一列命令图标中选择，如图12.91所示。

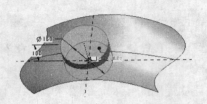

图12.90 创建一个矩形实体拉伸特征

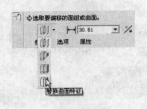

图12.91 曲面偏移替换操控板

系统会显示出进行曲面偏移替换的操控板，如图12.92所示。

（5）系统提示要求选取用于替换选中实体表面的曲面。在图形工作区中左键单击边界混合曲面特征，如图12.93所示。

（6）单击鼠标中键或者左键单击操控板中的命令图标✔，即可完成曲面的偏移和替换，如图12.94所示。

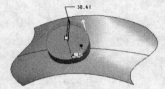

图12.92 偏移替换操控板

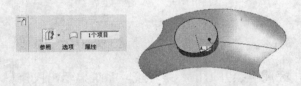

图12.93 左键单击，选取替换时使用的曲面

图12.94 替换后生成的特征

12.9 曲面加厚

曲面本身是没有厚度的。但是可以用没有厚度的曲面加厚而生成薄壁实体，而且还可以用曲面加厚得到的特征从其他实体中切除部分材料。下面举例说明。

（1）启动Pro/E 4.0，设置工作目录，打开文件"Quilt.prt"。

（2）创建一个实体拉伸特征，如图12.95所示。

（3）在图形工作区中左键单击曲面将其选中，然后选择菜单命令"编辑"➤"加厚"，系统显示出如图12.96所示的操控板。

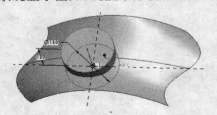

图12.95 创建拉伸实体特征

图12.96 曲面加厚操控板

（4）与其他操控板相同，"选项"子控制板中可以选择曲面加厚的方式为"垂直于曲面"、"自动拟合"或"控制拟合"；数值输入框用于指定加厚的厚度；命令图标 用于切换曲面加厚的方向；命令图标 用于从其他实体上去除材料。

左键单击命令图标 ，在框中输入10作为厚度值，单击鼠标中键或者左键单击操控板中的命令图标 ，即可完成曲面加厚并去除材料，如图12.97所示。

图12.97　曲面加厚并去除材料

12.10　曲面的实体化

有时为了分析具有一定曲面形状的实体对象，需要将曲面围成的模型转换成实体，这时需要使用曲面实体化功能，下面举例说明。

1. 封闭曲面实体化

（1）启动Pro/E 4.0，设置工作目录，打开文件"Quilt-conic.prt"，系统显示出如图12.98所示的模型。这个模型中有两个曲面，一个是边界混合曲面，另一个是旋转曲面。

（2）按下Ctrl键，在图形工作区中左键单击将两个曲面都选中，然后左键单击右侧工具栏中的命令图标 ，取两个曲面相交的部分将两个曲面合并起来，如图12.99所示。

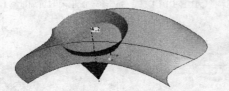

图12.98　打开的曲面模型

图12.99　将两个曲面合并

单击鼠标中键完成合并。完成后的模型如图12.100所示。

（3）选择菜单命令"编辑"▶"实体化"，系统显示出曲面实体化操控板，如图12.101所示。

图12.100　合并后的曲面

图12.101　曲面实体化操控板

（4）单击鼠标中键或者左键单击操控板中的命令图标 ，即可完成曲面实体化。

 这种操作只能由完全封闭的曲面实现，或者在一个曲面与一个实体形成了封闭的空间后进行。

2. 利用曲面裁剪实体

除了可以利用偏移并替换实体表面的方式对实体进行表面的替换和裁剪之外，如前文所述，还可以直接利用相交的曲面来裁剪实体。下面举例说明。

（1）启动Pro/E 4.0，设置工作目录，打开文件"Quilt-cyl.prt"，系统显示出如图12.102所示的模型。

（2）在图形工作区中左键单击以选中边界混合曲面，然后选择菜单命令"编辑"➤"实体化"，系统显示出如图12.103所示的操控板。

图12.102　曲面和实体组成的模型　　　　　　　　图12.103　曲面实体化操控板

（3）左键单击操控板中的命令图标 ⬚，表示接下来要进行裁剪。使用命令图标 ⤴ 可以切换去除材料的方向。

（4）单击鼠标中键或者左键单击操控板的绿色对钩命令图标 ✓，即可完成曲面的裁剪，如图12.104所示。

3. 利用曲面挖去部分实体

如果曲面的边线位于实体的相邻表面上，那么可以利用该曲面从实体中挖去部分材料。下面举例说明。

（1）启动Pro/E 4.0，设置工作目录，打开文件"Quilt-cut.prt"，系统显示出如图12.105所示的模型。

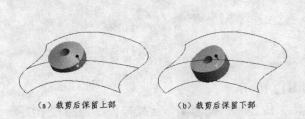

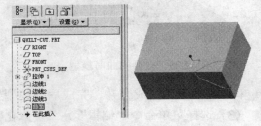

（a）裁剪后保留上部　　　　（b）裁剪后保留下部

图12.104　曲面裁剪的结果　　　　　　　　图12.105　曲面挖角模型

（2）从模型树中可以看出，这个模型中包括一个矩形实体，在实体的三个相邻的面上各有一条自由曲线，并且这三条自由曲线构成了自由曲面。

在图形工作区中左键单击自由曲面，然后使用菜单命令"编辑"➤"实体化"，系统显示出如图12.106所示的操控板。

（3）从图中可以看到，系统默认选中了命令图标 ⬚，即用指定的曲面替换实体原有的部分表面。左键单击模型中的黄色箭头或者操控板中的命令图标 ⤴ 可以改变将要保留材料的方向。单击鼠标中键或者左键单击右下角的命令图标 ✓ 即可完成操作，如图12.107所示。

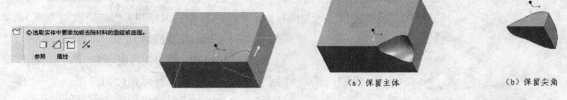

图12.106　实体化操控板　　　　　　　　　　图12.107　曲面挖除实体的结果

12.11　曲面展平

曲面展平功能用于将弯曲的曲面展成平整的曲面，以便于进行相关的分析及其他处理，下面举例说明。

（1）启动Pro/E 4.0，设置工作目录，打开文件"Quilt-flat.prt"，系统显示出边界混合曲面模型、基准平面DTM3及一个坐标系CS0。

（2）为了放置展平的面组以便与源面组对比，需要另外创建一个坐标系。该坐标系与原坐标系的水平距离为500，其余两个坐标平面与原坐标系相同，但其Z轴方向垂直于基准平面TOP，如图12.108所示。

（3）选择菜单命令"插入"▶"高级"▶"展平面组"，系统会显示出"扁平面组"窗口，如图12.109所示。

（4）在图形工作区中左键单击以选中要生成展平面组的曲面，即本例中的边界混合曲面。

（5）然后指定展平处理时使用的原点。在图形工作区中左键单击以选中基准点PNT2。

（6）如果此时左键单击窗口左下角的绿色对钩命令图标✓，系统会在当前曲面的位置放置创建的展平面组，如图12.110所示。

图12.108　创建坐标系　　　　　图12.109　"扁平面组"窗口　　　　图12.110　在当前位置放置展平面

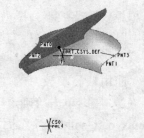

图12.111　定义放置并预览结果

（7）这样不便于对照。下面左键单击以选中"扁平面组"窗口中部的"定义放置"选项，来指定展平后面组的放置位置。

（8）根据提示栏中的提示信息，在图形工作区左键单击以选中坐标系CS0，系统将把展平后面组的PNT2点放在CS0的原点；再左键单击以选中基准点PNT3，以定义放置时*X*轴的方向，左键单击窗口底部的命令图标可以预览结果，如图12.111所示。

（9）左键单击窗口底部的绿色对钩命令图标，即可完成展平面组的创建及放置。

12.12　曲面造型应用实例：飞机螺旋桨

飞机螺旋桨属于以空间三维曲面为典型特征的零件，在设计过程中需要遵守一系列复杂的规范，设计完成后还要经过一系列分析和试验。下面本文以模型飞机螺旋桨造型为例，说明曲面造型的基本应用。

图12.112是本例螺旋桨设计完成时的模型。它的设计过程主要包括四步：

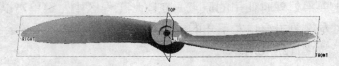

图12.112　模型飞机螺旋桨

- 平面形状设计
- 生成截面曲线
- 生成曲面
- 镜像生成另一侧模型

下面具体说明。

1. 螺旋桨平面形状设计

根据螺旋桨大小、拉力、工作转速、材质等方面的不同，螺旋桨应具有不同的平面形状。本例中以常用的10×6马刀桨为例设计螺旋桨的平面形状，具体步骤如下：

（1）在Pro/E 4.0中，新建一个名为"Propeller.prt"的零件实体文件，在"新建"窗口中取消"使用缺省模板"的勾选标记，如图12.113所示。

（2）左键单击"确定"按钮，系统显示出"新文件选项"窗口。从"模板"列表中选取"mmns_part_solid"，然后左键单击"确定"按钮，如图12.114所示。

（3）现在进入了零件设计环境。左键单击右侧工具栏中的命令图标，以基准平面FRONT为草绘平面，使用默认视图方向进入草绘环境，如图12.115所示。

图12.113 新建零件文件"Propeller.prt"

图12.114 选取零件模板

（4）在草绘环境中设计螺旋桨的准确平面形状并标注尺寸，步骤如下：

·以默认的屏幕中心（十字叉线交点）为圆心，绘制三个同心圆，直径分别为Φ261、Φ254、Φ25，如图12.116所示。

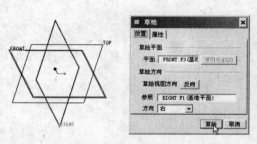

图12.115 使用默认视图方向进入草绘环境

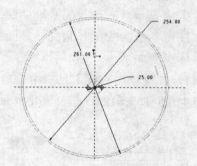

图12.116 绘制辅助圆

·以Φ261圆与竖直虚线的交点为顶点，到Φ25圆与水平虚线的交点绘制两条样条曲线，形状如马刀，作为螺旋桨叶的平面形状，如图12.117所示。

·使用右侧工具栏中的命令图标，将多余的线条删除，如图12.118所示。

·使用右侧工具栏中的命令图标，将圆弧与样条相交的位置生成圆角，半径近似为2，然后删除多余的线段，如图12.119所示。

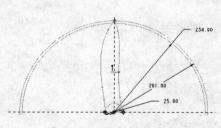

图12.117 绘制样条曲线

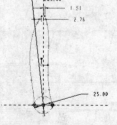

图12.118 删除多余线条

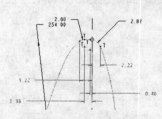

图12.119 生成曲线圆角

·左键单击命令图标，完成草绘并退出草绘器。

（5）在模型树中将草绘曲线的默认名称"草绘1"改为"平面形状"，以便于识别，如图

12.120所示。

2. 生成截面曲线

螺旋桨在距轴孔中心不同距离的位置具有不同的截面，而且截面图形相对于基础平面还有不同的夹角（桨叶角）。在设计中通常取到轴孔中心距离为半径的15%、30%、50%、70%、90%和95%共6处截面，分别计算其桨叶角如下。

距中心15%：桨叶角=50°

距中心30%：桨叶角=40°

距中心50%：桨叶角=30°

距中心70%：桨叶角=20°

距中心90%：桨叶角=10°

距中心95%：桨叶角=5°

下面需要进行以下操作：

- 在上述各截面位置生成基准平面。
- 在各截面位置生成用户坐标系。
- 生成表示截面形状的基准曲线。
- 按照各截面的桨叶角旋转截面图形。

具体步骤如下：

（1）左键单击右侧工具栏中的命令图标 ，创建平行于基准平面TOP，并与之相距19.05（即25.4*0.5*15%=19.05）的基准平面DTM1，如图12.121所示。

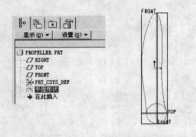 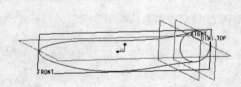

图12.120　退出草绘器，并修改特征名称　　　　图12.121　创建基准平面DTM1

（2）创建基准平面DTM2，它到DTM1的距离是19.05；再创建3个基准平面，后一个基准平面到前一个基准平面的距离均为25.4，且均平行于DTM1，第6个基准平面到第5个基准平面的距离是6.35，如图12.122所示。

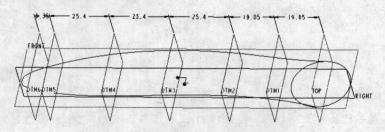

图12.122　创建其余5个基准平面

（3）分别在表示螺旋桨轮廓的新建基准曲线与新建基准平面DTM1～DTM5的交点处创建基准点PNT1～PNT6，它们将作为用户坐标系的原点，如图12.123所示。

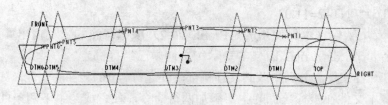

图12.123 创建6个基准点

（4）分别以上述6个基准点为原点，创建6个用户坐标系，注意其X、Y、Z轴的指向分别沿基准平面RIGHT、FRONT和TOP的法向，而且在当前视图中，X正方向朝前，Y正方向朝上，Z正方向朝左，如图12.124所示。

 坐标系的方向一定要正确，否则翼型曲线方位会出现偏差。

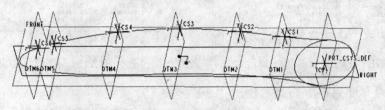

图12.124 创建用户坐标系

（5）在基准平面DTM1～DTM6与螺旋桨形状曲线的另一侧交点处创建基准点，分别命名为PNT7～PNT12，如图12.125所示。

（6）使用主菜单命令"分析"➤"测量"➤"距离"，分别测出PNT1到PNT7、PNT2到PNT8、PNT3到PNT9、PNT4到PNT10、PNT5到PNT11、PNT6到PNT12的距离，如图12.126所示，并记录如下。

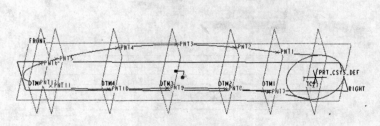

图12.125 创建另一侧的基准点

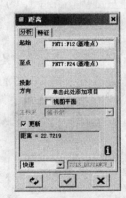

图12.126 测量距离

距离测量结果：

弦长1=PNT1到PNT7=22.42

弦长2=PNT2到PNT8=23.28

弦长3=PNT3到PNT9=24.37

弦长4=PNT4到PNT10=22.92

弦长5=PNT5到PNT11=14.87

弦长6=PNT6到PNT12=11.03

（7）使用专用软件（本例使用的是Profili V2.2）根据截面的弦长输出翼型曲线坐标数据文件，分别命名为rib1.dat～rib6.dat（本章示例文件中已经提供）。

用记事本打开各文件，分别更改其文件头部，使之符合IBL文件的规范，如图12.127所示。

再使用记事本文件在坐标数据的中部添加两行命令，使之成为上下两条曲线，如图12.128所示。根据实际坐标的情况适当补充坐标点，使上下两条曲线具有共同的起点和终点。

 适当补充坐标点是很重要的，否则上下两条曲线之间会有缝隙，将来无法用它们生成彼此连接的曲面。

（a）原有文件头　　　　　（b）改为新文件头

图12.127　RIB1.DAT文件头部的修改

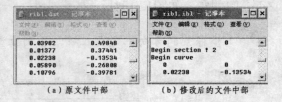

（a）原文件中部　　　　　（b）修改后的文件中部

图12.128　在数据中部添加命令

将修改后的文件另存，后缀名使用".ibl"。

（8）对其他5个DAT文件也做同样的修改。本文配套的练习中已经提供了修改后的IBL文件。

（9）按照从螺旋桨根部到尖端的顺序，使用右侧工具栏中的命令图标～，分别在用户自定义的坐标系CS1～CS6中导入IBL文件rib1.ibl～rib6.ibl，具体步骤如下：

·左键单击右侧工具栏中的命令图标～，系统显示出"CRV OPTIONS（曲线选项）"菜单，如图12.129所示。

·左键单击菜单中的"From File（自文件）"命令，然后单击鼠标中键，或者左键单击"Done（完成）"命令，系统显示出"GET COORD S（得到坐标系）"菜单，要求选取曲线的坐标系，如图12.130所示。

图12.129　"CRV OPTIONS（曲线选项）"菜单

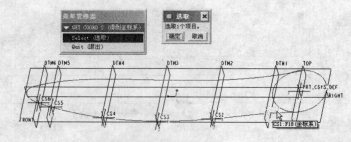

图12.130　选取坐标系

·左键单击图形工作区中的CS1坐标系。

·系统显示"打开"窗口，要求选取IBL文件。选取文件"rib1.ibl"，左键单击"打开"按钮，如图12.131所示。

·系统会在坐标系CS1中生成一个翼型曲线，如图12.132所示。

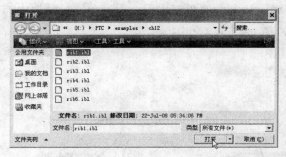

图12.131 选取IBL文件

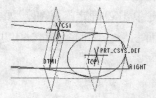

图12.132 导入的翼型曲线

按照同样的步骤，分别将IBL文件rib2.ibl～rib6.ibl导入坐标系CS2～CS6，完成后应得到如图12.133所示的图形。

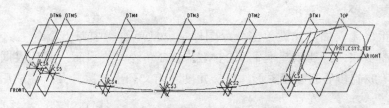

图12.133 全部翼型文件导入完毕

将生成的各个基准曲线重命名，分别使用ribb1～ribb6的名称，以便于后期识别。

（10）下面需要按照指定的桨叶角生成旋转后的各截面图形。由于旋转必须绕翼型曲线的几何中心进行，因此采用将当前基准曲线投影在草绘器里再进行旋转的办法。具体步骤如下：

· 为便于观察，在模型树中将暂时用不到的特征隐藏起来。

· 左键单击右侧工具栏中的命令图标，系统打开"草绘"对话框。以基准平面DTM1为草绘平面，以基准平面FRONT的正方向作为朝下的方向，如图12.134所示。单击"确定"按钮进入草绘环境。

· 在草绘器中，左键单击右侧工具栏中的命令图标，系统弹出"类型"对话框，采用其默认选项"单个"，在图形工作区分别左键单击翼型曲线的上、下两条线，如图12.135所示，这样就投影形成了两条曲线。

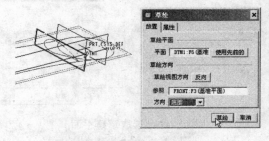

图12.134 选取草绘视图

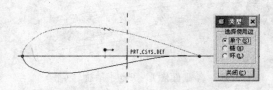

图12.135 分别投影上、下两条曲线

· 两条曲线均投影完毕后，左键单击"关闭"按钮，将"类型"窗口关闭。

· 将投影得到的上、下两条曲线框选，使之显示为红色，然后左键单击图形区上部工具栏中的命令图标，将曲线剪下来，曲线暂时消失了。

• 左键单击图形区上部工具栏中的命令图标█，两条曲线重新出现，左键单击粘贴框中部的标记，将粘贴的曲线与原有的基准曲线ribb1对齐，如图12.136所示。

• 系统会显示出"缩放旋转"对话框，在其中的"旋转"栏中输入第一个截面的桨叶角-50度，左键单击"确定"按钮，如图12.137所示。

• 截面图形会顺时针旋转60度，如图12.138所示。

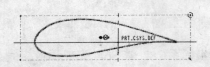

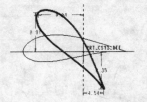

图12.136　将曲线剪切、粘贴再与　　　　图12.137　输入旋转角度　　　图12.138　旋转后的截面图形
　　　　　　原曲线对齐线对齐

检查图形生成无误后，左键单击命令图标█，从草绘器中退出。

• 重复上述步骤，分别以基准平面DTM2～DTM6为草绘平面，并且根据各截面的基准曲线ribb2～ribb6生成旋转后的截面图形，旋转角度即前文列出的桨叶角。完成后得到的模型如图12.139所示。

3. 生成曲面

螺旋桨的曲面可以分为三部分：轮毂、桨叶中部、桨尖和桨根。四部分曲面的创建方法各不相同，下面分别予以说明。

（1）轮毂部分

轮毂部分的基本形状是个圆柱体，因此采用实体拉伸的方法来创建。具体步骤如下：

• 左键单击右侧工具栏中的命令图标█，系统显示出实体拉伸操控板。

• 在图形工作区空白处按下鼠标右键，从弹出的上下文相关菜单中选取"定义内部草绘"命令。

• 选取基准平面FRONT为草绘平面，左键单击表示视图方向的黄色箭头，使其方向朝下，选取基准平面RIGHT的正方向作为向下的视图方向，如图12.140所示。

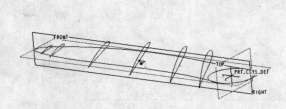

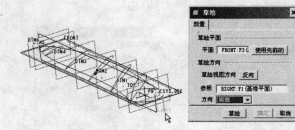

图12.139　各截面图形按桨叶角旋转完毕　　　　图12.140　选取草绘平面

• 左键单击"草绘"按钮，进入草绘环境。左键单击右侧工具栏中的命令图标█，将基准曲线圆投影下来，如图12.141所示。

• 左键单击"关闭"按钮，再左键单击命令图标█，从草绘器中退出。

• 通过操控板中的命令图标█指定对称拉伸，深度值为10，如图12.142所示。

• 左键单击操控板中的绿色对钩命令图标█，完成轮毂的拉伸，如图12.143所示。

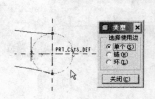

图12.141 投影基准曲线

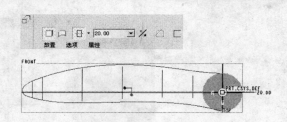

图12.142 指定拉伸高度

· 使用右侧工具栏中的命令图标 创建轮毂中间的沉头孔，尺寸如图12.144所示。

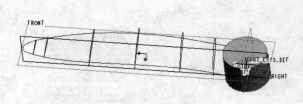

图12.143 轮毂拉伸完毕

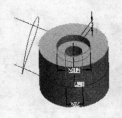

图12.144 创建轴孔

· 在圆柱的另一侧用拉伸的方法减去环形材料，环形部分的外径为20，内径为12，完成后如图12.145所示。

（2）桨叶中部

桨叶中部曲面包括上、下两部分，创建时首先要在各翼型截面的最前端和最末端生成基准点，然后将最前端的基准点相连，生成一条基准曲线；再将最末端点相连，生成另一条基准曲线；最后以这些基准曲线及翼型曲线为边界生成混合曲面。具体步骤如下：

· 左键单击右侧工具栏中的命令图标 ，在桨根处第一个截面的翼型曲线分界处生成基准点，如图12.146所示。

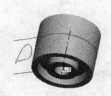

图12.145 从圆柱底部减除一
个环形部分

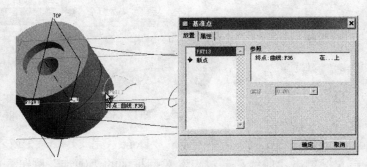

图12.146 在第一个截面的翼型曲线分界处生成基准点

· 用同样的方法，在该翼型曲线的末端生成基准点，如图12.147所示。

· 重复上述步骤，在后面5个翼型曲线的前端和末端均生成基准点，完成后如图12.148所示。

· 左键单击右侧工具栏中的命令图标 ，系统显示出"CRV OPTIONS（曲线选项）"菜单，如图12.149所示。

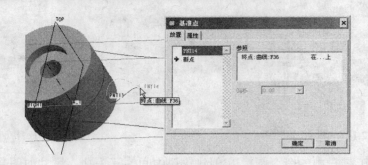

图12.147　在翼型曲线末端生成基准点

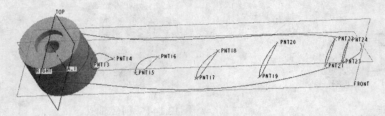

图12.148　全部翼型曲线前端、末端均生成基准点

图12.149　"CRV OPTIONS（曲线选项）"菜单

• 左键单击"Done（完成）"命令，系统显示出"曲线：通过点"对话框及"CONNECT-ION TYPE（连结类型）"菜单，在图形工作区左键依次单击各翼型的前端基准点，在本例中分别是PNT13、PNT15、PNT17、PNT19、PNT21和PNT23，如图12.150所示。

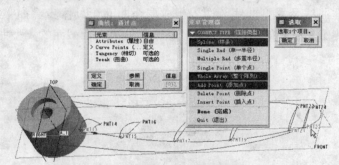

图12.150　连接各前端基准点

• 完成后左键单击菜单中的"Done（完成）"命令或者单击鼠标中键，菜单会消失，然后再左键单击"曲线：通过点"对话框中的"确定"按钮，则前沿基准曲线创建完毕。
• 用同样的方法，将各翼型后沿基准点连接起来，生成一条基准曲线，如图12.151所示。

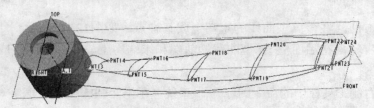

图12.151　生成了前沿基准曲线和后沿基准曲线

- 左键单击右侧工具栏中的命令图标 ⚡，系统显示出边界混合操控板。
- 按下键盘上的Ctrl键，左键单击前沿基准曲线和后沿基准曲线，如图12.152所示。

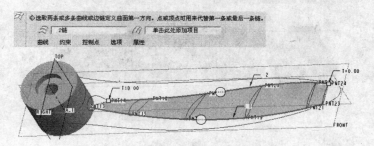

图12.152 选取两条基准曲线

- 左键单击操控板中的第二个输入框，其背景会变成黄色，然后按住Ctrl键，从圆柱体向外左键依次单击截面1到截面6的各翼型曲线的上半部分，如图12.153所示。

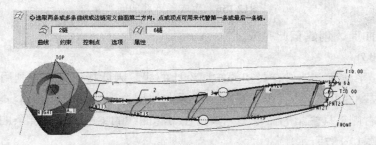

图12.153 选取各翼型曲线的上半部分

- 左键单击操控板右侧的命令图标 👓，曲面应该变成正常的灰色，然后左键单击绿色对钩命令图标 ✔，生成上部曲面，如图12.154所示。

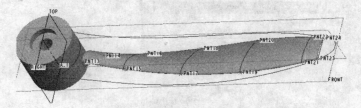

图12.154 桨叶中部的上表面

如果系统显示出错信息，通常是由于选取的线条不正确，或者创建基准曲线时选取的点位置不当，造成边界曲线无法封闭。这时应该仔细检查前面的各个环节是否有错误。

- 再次左键单击右侧工具栏中的命令图标 ⚡，系统显示出边界混合操控板。
- 按下Ctrl键，从圆柱体向外左键依次单击截面1到截面6的各翼型曲线的下半部分，如图12.155所示。
- 左键单击操控板右侧的命令图标 👓，曲面应该变成正常的灰色，然后左键单击绿色对钩命令图标 ✔，生成下部曲面，如图12.156所示。

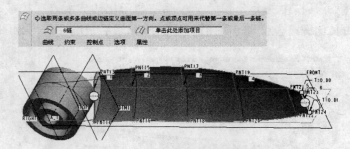

图12.155　选取下部翼型曲线

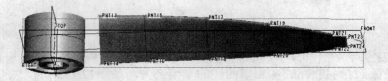

图12.156　生成了下部曲面

螺旋桨中部曲面的创建至此完成。

（3）桨尖部分

目前螺旋桨第6截面之外只有最初的布局设计曲线，因此接下来需要利用该曲线，先生成基准点，再生成基准曲线，最后仍然是利用边界曲线混合形成曲面。具体步骤如下：

• 左键单击右侧工具栏中的命令图标 ✗，在布局曲线的尖端一小段样条曲线的两端各生成一个基准点，如图12.157所示。

• 左键单击右侧工具栏中的命令图标 ～，连接PNT24、PNT25两点，生成一条基准曲线，并定义该曲线与后沿基准曲线相切，如图12.158所示。

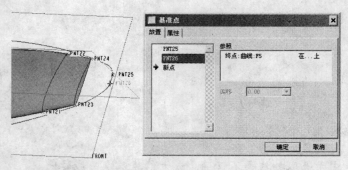

图12.157　利用布局设计曲线，在尖端生成基准点

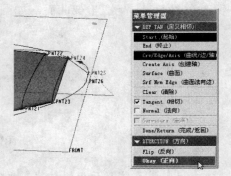

图12.158　生成基准曲线

• 左键单击菜单中的"Okay（正向）"命令，再单击"Done/Return（完成/返回）"命令，最后左键单击"曲线：通过点"对话框中的"确定"按钮，完成第一条尖端基准曲线的创建。

• 用同样的方法，连接基准点PNT23、PNT26，生成第二条尖端基准曲线，并使之与前沿基准曲线相切，完成后的曲线如图12.159所示。

• 用同样的方法，连接基准点PNT25、PNT26，生成基准曲线，这条曲线不定义相切关系，如图12.160所示。

• 左键单击右侧工具栏中的命令图标 ⬛，系统显示出边界混合操控板。

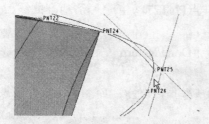
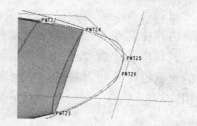

图12.159 生成了两条尖端基准曲线　　　图12.160 生成第三条尖端基准曲线

• 按下 Ctrl 键，左键单击截面6的上部翼型曲线、外侧尖端曲线作为一个方向的边界曲线；再选取连接基准点 PNT24、PNT25，以及连接基准点 PNT23、PNT26 的基准曲线作为第二方向的边界曲线，如图12.161所示。

• 左键单击绿色对钩命令图标 ✔，生成尖端上部曲面，如图12.162所示。

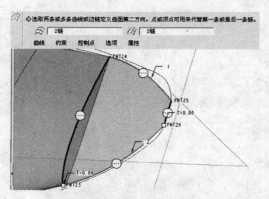
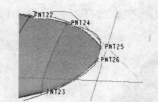

图12.161 选取边界曲线　　　　　图12.162 生成尖端上部曲面

• 用同样的方法，分别使用截面6翼型的下部曲线及刚刚生成的三条基准曲线，生成螺旋桨尖端的下部曲面，如图12.163所示。

至此，螺旋桨尖端曲面生成完毕。

（4）桨根部分

桨根部分负责连接截面1和轮毂，需要生成几条基准曲线，然后再生成边界混合曲面。具体步骤如下：

• 左键单击右侧工具栏中的命令图标 ❎，在轮毂圆柱外沿上25%的位置生成基准点 PNT27，如图12.164所示。

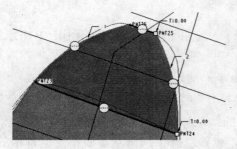

图12.163 生成螺旋桨尖端的下部曲面　　　图12.164 生成基准点

· 通过截面1的前沿端点PNT13及刚刚生成的基准点PNT27，生成一条基准曲线，并且定义该曲线与圆柱的端面相切，如图12.165所示。

· 左键单击菜单命令"Okay（正向）"，再单击"Done/Return（完成/返回）"命令，再左键单击"确定"按钮，基准曲线创建完成。

· 用同样的方法，在圆柱外沿上80%的位置创建基准点PNT28，如图12.166所示。

图12.165　通过截面1的前沿端点PNT13及基准点
　　　　　PNT27，生成一条基准曲线

图12.166　创建基准点PNT28

· 在圆柱部分下端面外沿80%处创建基准点PNT29，如图12.167所示。

· 通过基准点PNT28和基准点PNT29创建一条基准曲线，如图12.168所示。

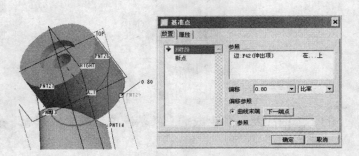

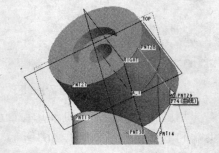

图12.167　基准点PNT29

图12.168　连接PNT28、PNT29的基准曲线

· 左键单击命令图标，以轮毂圆柱上端面为草绘平面，加选PNT27、PNT28为参照点，使用命令图标，将连接两点的圆弧部分投影下来，如图12.169所示。

注意　要将多余的投影曲线删除。

· 左键单击命令图标，完成草绘并退出草绘器。

· 使用主菜单命令"插入"➤"高级"➤"圆锥曲面和N侧曲面片"，系统显示出"BNDRS OPTS（边界选项）"菜单，如图12.170所示。

· 左键单击其中的"N-Sided Surf（N侧曲面）"命令，然后左键单击"Done（完成）"命令，系统显示出"曲面：N侧"对话框及"CHAIN（链）"菜单，如图12.171所示。

· 在图形工作区左键依次单击首尾相接的5条边界曲线，如图12.172所示。

· 边界曲线选完后，左键单击菜单中的"Done（完成）"命令，再左键单击对话框中的"确定"按钮，系统即会生成N侧曲面，如图12.173所示。

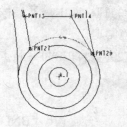

图12.169 草绘基准曲线

图12.170 "BNDRS OPTS（边界选项）"菜单

图12.171 "曲面：N侧"对话框及"CHAIN（链）"菜单

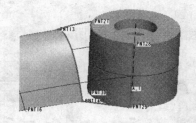

图12.172 选取5条边界曲线

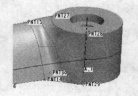

图12.173 生成了N侧曲面

· 在轮毂部分圆柱下沿40%的位置生成基准点PNT30，如图12.174所示。

· 使用右侧工具栏中的命令图标 ～，通过基准点PNT27和PNT30生成一条基准曲线，将它重命名为"内部曲线"，如图12.175所示。

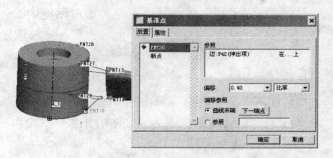

图12.174 生成基准点PNT30

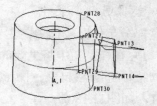

图12.175 通过基准点PNT27和PNT30生成基准曲线，并改名

· 左键单击右侧工具栏中的命令图标 □，进入"造型"环境。

· 在"造型"环境中左键单击右侧工具栏中的命令图标 ⌒，系统显示出投影曲线操控板，如图12.176所示。

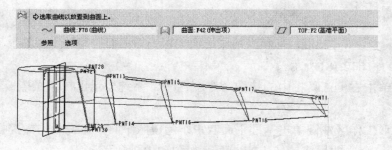

图12.176 投影曲线操控板

· 左键单击以选取名为"内部曲线"的基准曲线，将它投影到邻近的圆柱面上，然后依次左键单击绿色对钩命令图标✔和蓝色对钩命令图标✔，从"造型"环境中退出。

· 左键单击命令图标◯，以轮毂圆柱下端面为草绘平面，加选PNT29、PNT30为参照点，使用命令图标▢，将连接两点的圆弧部分投影下来，如图12.177所示。

· 左键单击命令图标✔，完成草绘并退出草绘器。

· 使用主菜单命令"插入"➤"高级"➤"圆锥曲面和N侧曲面片"，系统显示出"BNDRS OPTS（边界选项）"菜单。

· 左键单击菜单中的"N-Sided Serf（N侧曲面）"命令，然后左键单击"Done（完成）"命令，系统显示出"曲面：N侧"对话框及"CHAIN（链）"菜单。

· 在图形工作区左键依次单击首尾相接的5条边界曲线，如图12.178所示。

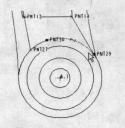

图12.177　将连接PNT29、PNT30的
　　　　　 圆弧生成草绘曲线

图12.178　选取5条边界曲线

· 边界曲线选完后，左键单击菜单中的"Done（完成）"命令，再左键单击对话框中的"确定"按钮，系统即会生成N侧曲面，如图12.179所示。

4. 镜像另一侧桨叶

这部分工作比较简单，主要步骤如下：

（1）在模型树中将主要的特征取有意义的名称，并且用右键菜单中的"隐藏"命令将不必要的特征都隐藏起来，图形工作区只显示生成的曲面、轮毂、基准平面FRONT、TOP和RIGHT，如图12.180所示。

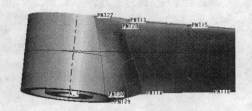

图12.179　生成桨根下部曲面

图12.180　将曲面及轮毂以外的特征隐藏

（2）按下键盘上的Ctrl键，从模型树中选取桨根上下曲面、桨叶中部的上下曲面、桨叶尖端的上下曲面，如图12.181所示。

（3）左键单击右侧工具栏中的镜像命令图标》《，系统显示出镜像操控板，如图12.182所示。

（4）在图形工作区左键单击基准平面TOP作为镜像平面，左键单击操控板中的绿色对钩命令图标✔，系统会立即生成镜像出的曲面，如图12.183所示。

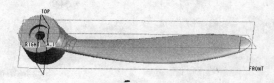

图12.181　选取主要曲面

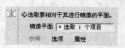

图12.182　镜像操控板

（5）这个结果显示不正确，因为两侧桨叶应该呈螺旋形。因此再次左键单击右侧工具栏中的镜像命令图标，系统显示出镜像操控板，这一次选取基准平面**RIGHT**作为镜像平面，如图12.184所示。

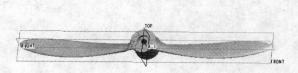

图12.183　初次镜像结果

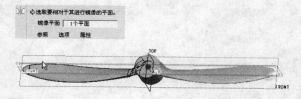

图12.184　再次镜像

（6）左键单击操控板右侧的绿色对钩命令图标，系统生成第二次镜像的曲面，如图12.185所示。

（7）从模型树中选取上次镜像的结果，其默认名称是"镜像1"，按键盘上的**Delete**键将它删除，即可得到最终的飞机螺旋桨模型，如图12.186所示。

图12.185　两次镜像的结果

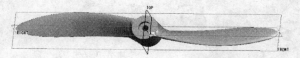

图12.186　最终得到的螺旋桨模型

小结

本章介绍了曲面的各种编辑处理，主要包括复制、移动、旋转、镜像、法向的变换、合并、相交、裁剪、延伸、偏置、加厚、实体化、展平等处理的具体操作方法及注意事项，并且最后通过详细地介绍模型飞机螺旋桨的设计过程，重点介绍了众多的曲面造型方法在实际工作中的应用。

通过最后的实例可以看出，曲面造型的过程往往很复杂，中间步骤每个点、每条线的位置准确与否往往都会关系到整个造型工作的成败。初学者往往在产品设计的过程中，特别是无法由边界曲线生成曲面的情况下会遇到各种错误。大多数情况下，其原因都是基准点、基准曲线位置不正确，未形成首尾封闭的图形、曲线在不该相切的位置出现相切关系等。

另外，在学习过程中要养成一些好习惯，例如随时将创建的特征取有意义的名称，随时将暂时不用的特征隐藏起来等。上述技巧都需要在实际工作中多加练习，才能熟练掌握。

第三篇　装配和工程图

大多数产品都包含众多的零件。完成了零件的设计之后，通常都需要将这些零件装配起来，形成产品，这样才能进行综合测试，以判断产品的性能是否达到了设计目标。装配的过程一般都是先将零件装配成组件，再将组件装配成部件，最后将部件装配成产品。

通过Pro/E 4.0对设计完成的零件模型进行虚拟装配，可以有效地检查零件中可能存在的不合理结构，从而大大提高产品开发的效率。由于实际产品的装配过程往往会形成很复杂的装配关系，因此本篇主要介绍Pro/E的标准装配、部分高级装配、高效装配操作，此外还会简单介绍机构运动仿真及产品设计方法。

有了零件设计模型，以及装配模型后，通常都需要创建工程图。工程图是零件加工及检验的重要依据。工程图的内容同样是十分丰富的，本篇将比较全面地介绍Pro/E 4.0创建工程图的各种技术。

第13章 装配方法

学习重点：

➡ 标准装配方法

➡ 元件复制与置换

➡ 高级装配方法

装配工作是产品设计中的必经阶段，也是对产品各零件设计进行检验的重要过程。Pro/E 4.0提供了专门的"组件"模块，其主要功能就是实现虚拟装配。

在"组件"环境中，人们可以灵活使用各种约束将零部件结合起来，彼此形成准确的相对位置及约束关系，检查各零部件之间是否存在冲突，甚至还可以准确地按照各部分的相对运动规律进行仿真，并且可以将仿真过程输出为动画文件。

"组件"环境与前面各章所处的"零件"环境有明显的不同，而且还使用了一些专门的术语，其中包括：

·组件：由多个零件装配起来形成的装配集合。其概念涵盖了机构制造中关于"合件"、"组件"、"部件"等装配单元的内容。

·元件：组件的基本构成单元，在Pro/E中具体指在"零件"环境中设计的每个零件文件所包含的内容。

常用的进入"组件"环境的方法有两种：

1. 通过新建组件文件进入"组件"环境

步骤如下：

（1）Pro/E 4.0启动之后，设置工作目录，然后使用主菜单命令"文件"➤"新建"，系统会显示出"新建"对话框，从"类型"栏中选取"组件"项，再输入组件文件的名称，通常需要取消底部"使用缺省模板"项的勾选标记，然后单击"确定"按钮，如图13.1所示。

（2）系统显示出"新文件选项"对话框，要求选取模板。从列表中选取"mmns_asm_design"，即公制组件设计模板，然后左键单击"确定"按钮，如图13.2所示。此后系统即会进入"组件"环境。

图13.1 新建组件文件

图13.2 选取公制组件设计模板

2. 通过打开现有的组件文件进入"组件"环境

如果已经有创建好的组件文件, 其文件名通常是*.asm, 那么在Pro/E启动之后, 使用主菜单命令"文件"➤"打开", 然后从"打开"窗口中选取组件文件, 如图13.3所示, 左键单击"确定"按钮后, 系统也会进入"组件"环境, 并且显示出该组件文件中的内容。

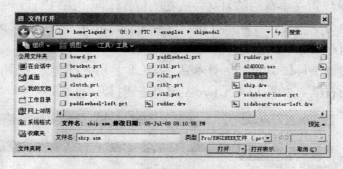

图13.3 打开组件文件

"组件"环境的界面与"零件"设计环境基本相同, 只是在右侧工具栏中增加了命令图标和, 分别用于向组件环境中插入现有的元件和在组件环境中创建新的元件。

13.1 标准装配

所谓标准装配, 指的是Pro/E 4.0中采用"用户定义的集"中提供的约束类型实现的装配过程。它只起到简单地确定各元件相对位置的作用, 装配形成的组件不具有运动特性。例如, 即使在组件中包含滚动轴承, 它也不具有绕轴线旋转的功能, 只确定了各元件的基本位置关系。

1. 标准装配中的约束

装配的过程实际上就是将元件逐个组合起来, 通过施加约束使之彼此之间具有确定的位置关系。

在标准装配中可以使用多种约束, 其中包括:

- 匹配
- 对齐
- 插入
- 坐标系
- 相切
- 线上的点
- 曲面上的点
- 曲面上的边
- 缺省
- 固定
- 自动

（1）匹配

"匹配"约束用于保证两个平面或者旋转曲面彼此相对, 法向正方向相反。"匹配"约束可以配合使用三种偏移类型。

- 重合：两个表面彼此相对并贴合。
- 偏距：两个表面彼此相对，并偏移指定的距离。
- 定向：两个表面仅保持法向相对。

下面举例说明。

A. 将工作目录设置在本章的练习文件所在的位置，即"ch13"。

B. 使用主菜单命令"文件"➤"打开"，系统会显示出"打开"对话框，从本章的练习文件中选取"asm0001.asm"，这是个空白的组件文件。

C. 左键单击右侧工具栏中的命令图标，系统显示出"打开"对话框，从本章练习文件中选取"angle-plate.prt"，如图13.4所示，左键单击"打开"按钮。

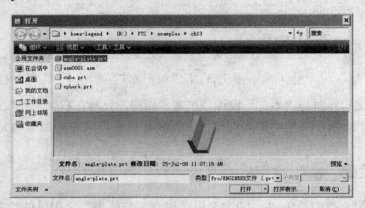

图13.4 选取文件"angle-plate.prt"

D. 该元件会出现在"组件"环境中，并且系统会显示出元件放置操控板，如图13.5所示。

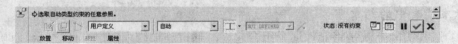

图13.5 系统显示出元件及放置操控板

刚刚插入的元件会显示为浅绿色，其位置是随意的，如图13.6所示。

E. 左键单击操控板中的第二个下拉列表，从中选取"缺省"，如图13.7所示。

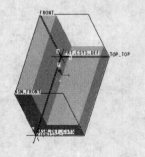

图13.6 刚刚插入的元件

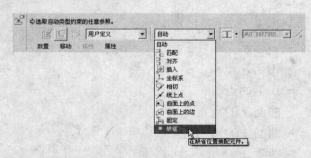

图13.7 将第一个元件固定在缺省位置

确定位置之后，元件的颜色会变成黄绿色，并且其自身的坐标系会与"组件"环境中的默认坐标系重合，如图13.8所示。左键单击操控板右侧的绿色对钩命令图标，这个元件会在系统的缺省位置固定下来，恢复正常的颜色。

F. 重复上述C、D两步，这一次插入的元件是"cuboid.prt"，该元件会出现在"组件"环境中，如图13.9所示。

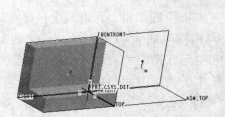

图13.8 元件的坐标系与组件环境默认坐标系重合

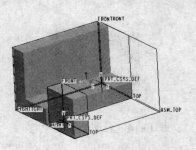

图13.9 插入新的元件

G. 从操控板中的第二个下拉列表中选取"匹配"，然后在图形工作区左键单击长方体的一个侧面，系统会显示出一条红色橡筋虚线随光标移动，接下来将光标移动到另一个元件垂直的内表面上，使之加亮显示，如图13.10所示，再左键单击。

H. 此时两个平面会面对面贴合在一起，如图13.11所示。

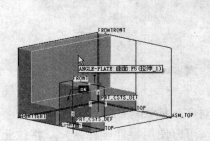

图13.10 选取两个匹配的表面

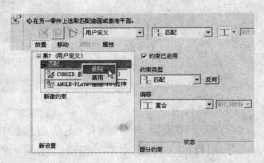

图13.11 两个"匹配"的平面会面对面贴合

观察操控板，发现在"匹配"栏右侧有命令图标 ⏄，表示当前两表面处于"重合"状态。

I. 左键单击操控板中的"放置"命令，系统显示出子控制板，从中右键单击刚刚定义的"匹配"约束，从弹出的快捷菜单中选取"删除"命令，将该约束删除，如图13.11所示。

J. 这一次在操控板的第二个下拉列表中选取"匹配"，从命令图标 ⏄ 打开的列表中选取 ⏉，如图13.12所示。

K. 再次选取前述两个平面，并指定偏距值30，如图13.13所示。

图13.12 选取"匹配"及"偏距"命令

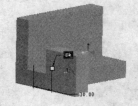

图13.13 选取匹配平面并指定偏距值30

L. 用同样的方法，指定两个表面的匹配类型为"定向"后，两表面仅保持法向相对，并不贴合，也不指定距离，如图13.14所示。

注意

"匹配"约束只适用于平面、曲面，不能用于轴线、点。

图13.14　匹配类型为"定向"

（2）对齐

"对齐"约束用于保证两个平面或旋转曲面法向相同，或者轴线共线。与"匹配"类似，它也允许指定"重合"、"偏距"和"定向"三个子类型，如图13.15所示。

（3）插入

"插入"约束用于将一个旋转曲面插入到另一个对应尺寸的孔中，如图13.16所示。当不便于选取轴线时，常用于将一个外圆柱面插入到一个内圆柱面（孔）中。

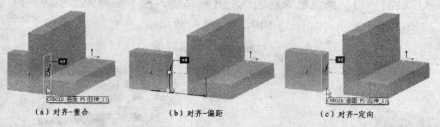

（a）对齐-重合　　　　（b）对齐-偏距　　　　（c）对齐-定向

图13.15　"对齐"约束的三种类型

（4）坐标系

当有些元件表面均不规则，无法直接使用匹配、对齐、插入等约束时，可以通过将元件的坐标系与组件的坐标系对齐（既可以使用组件坐标系又可以使用零件坐标系），将该元件放置在组件中。为了便于选取坐标系，可以使用"搜索"工具根据名称选取，可以从组件以及元件中选取坐标系，或者即时创建坐标系。通过对齐所选坐标系的相应轴来完成元件的装配。

下面举例说明。

A. 在Pro/E中使用"文件"➤"拭除"命令将不需要的文件从内存中拭除。

B. 打开空白组件文件"asm0001.asm"。

C. 左键单击右侧工具栏中的命令图标，系统显示"打开"窗口，选取本章练习文件"hole-ellipse.prt"，如图13.17所示。

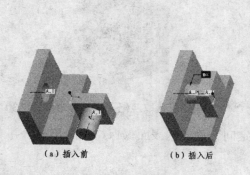

（a）插入前　　　　（b）插入后

图13.16　"插入"约束

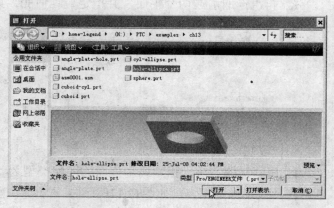

图13.17　打开本章练习文件"hole-ellipse.prt"

D. 在操控板中选取"用户定义"及"缺省"项，将该元件安置在系统缺省的位置。这个元件中有一个椭圆状的孔。

E. 再次左键单击右侧工具栏中的命令图标 ，这一次打开练习文件"cyl-ellipse.prt"，如图13.18所示。

F. 由于椭圆孔和椭圆柱面都无法使用"匹配"、"对齐"及"插入"约束，因此只好通过其坐标系来确定两者的装配关系。在操控板第二栏的下拉列表中选取"坐标系"项，然后在图形工作区左键单击椭圆柱的坐标系，再左键单击椭圆孔的坐标系，如图13.19所示。

图13.18 插入椭圆柱体元件

图13.19 选取两元件的坐标系

系统立刻实现了完全约束，左键单击绿色对钩命令图标 ，即可完成元件的装配。

 系统会自动将两元件的坐标系放置在完全重合的位置，并且不允许进行其他调整。因此为实现两者装配关系正确，必须在零件设计阶段就将坐标系安置在合理的位置。

（5）相切

"相切"约束用于实现两个曲面在接触点以相切的方式确定相互位置关系。"相切"约束可以保证两个曲面在同一点保持接触，并且正法向方向相对。

下面举例说明。

A. 在Pro/E中使用"文件"➤"拭除"命令将不需要的文件从内存中拭除。

B. 打开空白组件文件"asm0001.asm"。

C. 左键单击右侧工具栏中的命令图标 ，系统显示"打开"窗口，选取本章练习文件"hole-ellipse.prt"，并且在操控板中使用"用户定义"和"缺省"项将其位置确定。

D. 再次左键单击右侧工具栏中的命令图标 ，这一次选取练习文件"sphere.prt"，将一个球型元件插入，如图13.20所示。

E. 在操控板中选取"用户定义"和"相切"项，再分别左键单击球面及椭圆形孔的内表面，如图13.21所示。

图13.20 插入一个球型元件

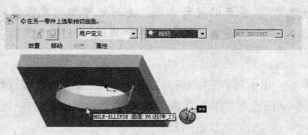

图13.21 选取相切表面

F. 左键单击绿色对钩命令图标 ，即可完成元件的装配，结果如图13.22所示。

（6）线上点

"线上点"在Pro/E 4.0中又称为"直线上的点"约束，但它既可以用于将指定的点的位置确定在指定的直线上，也可以约束到曲线上。下面举例说明。

A. 在Pro/E中使用"文件"➤"拭除"命令将不需要的文件从内存中拭除。

B. 打开空白组件文件"asm0001.asm"。

C. 左键单击右侧工具栏中的命令图标，打开本章练习文件"hole-ellipse.prt"，并将它的位置固定在缺省位置上。

D. 再次左键单击右侧工具栏中的命令图标，打开本章练习文件"cuboid.prt"，系统显示如图13.23所示。

E. 在操控板第二个下拉列表中选取"线上点"命令，然后左键单击以选取方块元件的一个顶点，再左键单击以选取椭圆形孔的棱线，如图13.24所示。

图13.22　相切装配　　　　　图13.23　插入方块元件　　　　图13.24　选取点及曲线

F. 系统立刻把方块上的指定顶点与椭圆曲线重合，如图13.25所示。

G. 接着让方块的右侧面与椭圆孔元件的右侧面对齐，偏距为175，如图13.26所示。

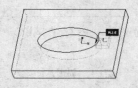 

图13.25　指定"线上点"约束　　　　　　图13.26　指定"对齐"及"偏距"约束

观察操控板中的状态信息，方块元件仍然处于"部分约束"状态，表明其位置还没有完全限定。在装配工作中，通常需要将零件的位置限定在"完全约束"状态，因此还需要进一步施加其他约束。

 在产品设计初期，有时也可以将元件临时固定在某个"部分约束"状态的位置。以后随着工作的进展，再进一步确定其位置参照。

（7）曲面上的点

用于控制曲面与点之间的接触。该约束可以用零件或组件的顶点、基准点、曲面特征、基准平面或零件的实体曲面作为参照。如图13.27所示即为将方块元件的顶点约束到球面上的情况。

（8）曲面上的边

用于控制曲面与平面边界之间的接触。该约束可以作用于基准平面、平面零件或组件的曲面特征，或任何平面零件的实体曲面。如图13.28所示为将方块元件的一条边约束到平面的情况。

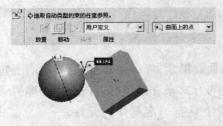

图13.27 "曲面上的点"约束   图13.28 "曲面上的边"约束

（9）缺省

"缺省"约束用于将元件的缺省坐标系与组件的缺省坐标系对齐，通常用于最初放置的元件。在操控板中选取"用户定义"和"缺省"项，即可使元件达到"完全约束"状态，并且元件的坐标系原点及各坐标平面均会与组件环境中的缺省坐标系重合，如图13.29所示。

（10）固定

"固定"约束用于将元件的装配位置临时定为当前位置。从操控板中选取"用户定义"及"固定"项后，元件也将达到"完全约束"状态，如图13.30所示。

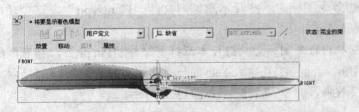

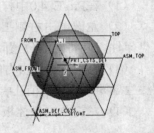

图13.29 "缺省"约束使元件与组件的坐标系完全重合   图13.30 "固定"约束

可以看到，元件的坐标系并没有与组件坐标系对齐。

（11）自动

"自动"约束是装配过程中系统临时显示的一种状态，它表明系统将根据选取的几何要素来灵活地判断可以适用上述何种约束。"自动"约束不能作为最终的约束方法使用。

2. 装配中应遵循的一般原则

放置约束时应该遵守下面的一般原则：

• 匹配和对齐约束的参照的类型必须相同，即平面对平面、旋转对旋转、点对点、轴对轴。

• 为匹配和对齐约束输入偏距值时，系统显示偏移方向。如果需要选取相反的方向，可以输入负值，或者在图形窗口中拖动控制柄。

• 一次添加一个约束。

• 每个约束条件只能施加于两个元件上的各一个几何要素。例如，不能在一个"对齐"约束中将一个元件上的两个孔与另一个元件上的两个孔对齐。在这种情况下必须定义两个单独的"对齐"约束。

• 可以在放置约束中使用的曲面仅限于平面、圆柱面、圆锥面、环面和球面。

13.2　高效装配与替换

在装配工作中，许多元件结构尺寸完全相同，而且数量众多，其装配位置也具有一定的规律，例如螺栓、螺母、垫圈等，此时就需要有更高效的方式来进行装配。Pro/E 4.0提供了元件的重复、镜像、阵列等功能，可快速装配一些在位置上具有一定规律的元件。

虚拟装配的一项重要作用就是对各种可能的设计方案进行快速模拟，因此也经常需要替换装配中的部分元件。在一个复杂的装配完成之后，简单地删除原有元件再装配新元件的方法往往不可行，因为装配过程同样具有继承性。为此，Pro/E 4.0提供了元件的置换功能，可以直接将组件中的指定元件替换成其备选件，从而大大提高了工作效率。

1. 重复

在Pro/E 4.0的"组件"环境中，主菜单"编辑"下提供了"重复"命令，其设计思想是：先按照普通装配方法完成第一个元件的装配，然后利用此命令可一次性地装配其余相同的元件。此功能对于螺纹连接件装配能大大提高效率，下面举例说明。

（1）在Pro/E 4.0中打开练习文件"asm0001.asm"，这是个空白的组件文件。

（2）左键单击右侧工具栏中的命令图标，打开本章练习文件"Flange.prt"，这个是法兰盘零件，并将它的位置固定在缺省位置上。

（3）再次左键单击右侧工具栏中的命令图标，打开本章练习文件"Pin.prt"，将它装配到法兰盘零件的一个销孔中，保证销的端面与法兰盘大端面重合，轴线对齐，如图13.31所示。

（4）左键单击操控板中的命令图标，完成装配，如图13.32所示。

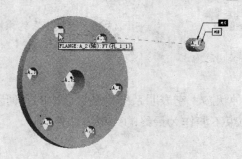 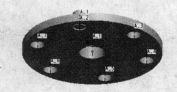

图13.31　在法兰盘零件上装配一个销零件　　　　图13.32　装配完成的法兰盘和销

（5）装配完成之后，在图形工作区或者模型树中左键单击以选取销元件，然后选取主菜单命令"编辑"➤"重复"，系统显示出"重复元件"对话框，如图13.33所示。

（6）左键单击"重复元件"窗口中"可变组件参照"栏内的"对齐　A_1"约束，然后在图形工作区依次左键单击需要装配销元件的各个孔的轴线。每次选取一个孔轴线后，系统就会自动在其中装配一个销，直到全部完成，左键单击"确定"按钮即可。

2. 镜像

"组件"环境中的镜像功能用于通过镜像关系创建新元件。与零件设计中的镜像操作相似，这里同样需要选取镜像对象、指定镜像平面，以及指定镜像结果与源对象之间的从属关系。下面举例说明。

（1）使用"文件"➤"拭除"命令将不必要的文件从内存中拭除。

（2）打开空白的组件文件"Asm0001.asm"。

（3）插入法兰盘元件"Flange.prt"，并将它的位置放置在"缺省"位置上。

（4）插入销元件"Pin.prt"，保证其端面与法兰盘环形端面对齐，轴线与"A_2"对齐，如图13.34所示。

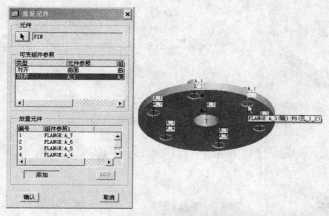

图13.33　在"重复元件"窗口中装配多个相同元件　　　图13.34　在法兰盘中装配一个销

（5）左键单击操控板中的命令图标☑，完成装配。

（6）左键单击右侧工具栏中的命令图标，系统显示出"元件创建"窗口，从中选取"零件"及"镜像"单选框，如图13.35所示。

（7）在"名称"栏中输入创建元件的名称，再左键单击"确定"按钮，系统会打开"镜像零件"窗口，如图13.36所示。

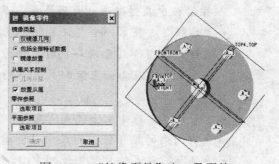

图13.35　"元件创建"窗口　　　　　　图13.36　"镜像零件"窗口及零件

（8）从中选取需要的选项，然后左键单击已经装配好的一个销元件，再左键单击选取镜像平面，左键单击"确定"按钮，"镜像零件"窗口关闭，系统会在对称的位置创建一个镜像生成的元件，如图13.37所示。

（9）使用主菜单命令"文件"➤"保存"将文件保存后，查看工作目录，会发现其中出现一个名叫"Pin-mrr.prt"的零件文件，这就是刚刚通过镜像创建的元件。

3. 阵列

"阵列"功能可以在"组件"环境中方便地实现多个元件的装配。只要母体元件本身的几何要素是通过阵列创建的，在装配过程中系统就能够自动予以识别，并且通过阵列的方式装配指定的元件。下面举例说明。

（1）重复上例中的步骤（1）到步骤（5），完成第一个销的装配。

（2）左键单击以选取装配好的销元件，再左键单击右侧工具栏中的命令图标▦，或者使用菜单命令"编辑"➤"阵列"，系统显示出"组件"环境的"阵列"操控板，如图13.38所示。

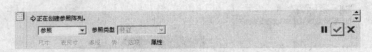

图13.37　镜像结果　　　　　　　　图13.38　"组件"环境的"阵列"操控板

（3）左键单击绿色对钩命令图标✓，系统即会在其余5个孔中通过阵列装配5个销，如图13.39所示。

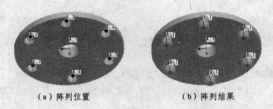

（a）阵列位置　　　　　　（b）阵列结果

图13.39　阵列装配

通常情况下，系统会自动识别适当的阵列位置进行阵列。必要的时候，人们也可以在操控板中左键单击"参照"栏，从下拉列表中选取其他选项，其含义如下：

- "参照"：将第一个元件装配到现有元件或特征阵列的导引中，然后使用该阵列元件。仅当阵列已经存在时，该选项才可用。
- "填充"：在曲面上装配第一个元件，然后使用同一曲面上的草绘生成元件填充阵列。
- "尺寸"：在曲面上使用"配对"或"对齐"偏移约束装配第一个元件。使用所应用约束的偏移值作为尺寸以创建非表式的独立阵列。
- "轴"：将元件装配到阵列中心。选取一个要定义的基准轴，然后输入阵列成员之间的角度，以及阵列中成员的数量。
- "方向"：沿指定方向装配元件。选取平面、平整曲面、线性曲线、坐标系或轴以定义第一方向。选取类似的参照类型以定义第二方向。
- "曲线"：将元件装配到组件中的参照曲线上。如果在组件中不存在现有的曲线，必须从"参照"面板中打开"草绘器"以草绘曲线。
- "表"：在曲面上使用"配对"或"对齐"偏移约束装配第一个元件。使用所应用约束的偏移值作为尺寸。单击"编辑"可以创建表，或单击"表"并从列表中选取现有的表阵列。

4. 复制

在"组件"环境中还可以进行元件的复制，其作用与"阵列"类似，但是在"复制"和"粘贴"操作过程中，系统通过提供结合坐标系的平移和旋转选项，使装配位置又增加了灵活性。下面举例说明。

（1）将不必要的文件从内存中拭除。

（2）重复上例的过程，即插入元件"Flange.prt"并放置在缺省位置；再将元件"Pin.prt"插入一个销孔中，轴线与A_2对齐，销的一个端面与法兰盘环形端面对齐。

（3）选取主菜单命令"编辑" ➤ "元件操作"，系统显示出"COMPONENT（元件）"菜单，如图13.40所示。

（4）在"元件"菜单中左键单击"Copy（复制）"项，系统显示出"GET COORD S（得到坐标系）"子菜单，要求选取用于放置复制生成的元件的坐标系。在图形工作区左键单击法兰盘中部的坐标系，如图13.41所示。

图13.40 "元件"菜单

图13.41 选取坐标系

（5）"GET COORD S（得到坐标系）"子菜单消失，系统接着要求选取复制的对象。在图形工作区左键单击刚刚装配的销元件，如图13.42所示。

（6）单击鼠标中键，系统显示出"TRANS DIR（平移方向）"子菜单，要求选取对复制生成的对象进行平移或旋转的参照坐标轴。左键单击"Rotate（旋转）"项及"X Axis（X轴）"命令，如图13.43所示。

图13.42 选取复制对象——销元件

图13.43 在"TRANS DIR（平移方向）"
子菜单中选取参照坐标轴

（7）系统在提示栏中要求输入旋转的角度，输入60°，如图13.44所示。

⇨ 输入 旋转的角度x方向: 60

图13.44　输入旋转的角度

（8）左键单击输入栏右侧的绿色对钩图标✅，然后左键单击"COMPONENT（元件）"菜单中的"Done Move（完成移动）"命令，系统又要求输入复制生成的元件数目，如图13.45所示。

⇨ 输入沿这个复合方向的实例数目: 6

图13.45　输入复制生成的实例数目6

（9）输入"6"，然后左键单击输入栏右侧的绿色对钩图标✅，再左键单击菜单中的"Done（完成）"命令，如图13.46所示，系统即会生成复制得到的元件。

（10）最后左键单击"COMPONENT（元件）"菜单中的"Done/Return（完成/返回）"命令，完成整个复制操作，得到的结果如图13.47所示。

图13.46　左键单击菜单中的"Done（完成）"命令

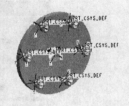

图13.47　复制操作的最终结果

 在整个操作过程中，还可以同时指定多项平移和旋转参照，从而形成多重阵列的结果，如图13.48所示。

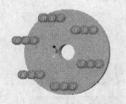

图13.48　沿两个方向复制

5. 替换

在虚拟装配的过程中，经常需要对设计进行变更，同时对组件中的某些元件进行替换。Pro/E 4.0提供了多种替换元件的方式，包括使用族表、互换、参照模型、布局图、复制等。本文主要介绍通过族表进行替换和以互换的方式进行替换。

（1）使用族表替换元件

族表是本质上相似的零件（或组件）的集合，但这些零件在一两个方面稍有不同，诸如尺寸或详细特征。族表中的零件也称表驱动零件。

族表具有以下优点：

- 产生和存储大量简单而具体的对象
- 把零件的生成标准化，既省时又省力
- 从零件文件中生成各种零件，而无需重新构造
- 可以对零件进行细微的改变而无需用关系改变模型

· 产生可以存储到打印文件并包含在零件目录中的零件表

族表提高了标准化元件的用途，使得组件中的零件和子组件可以方便地互换。

下面先举例说明族表的创建。

A. 将多余的文件从内存中拭除。

B. 打开本章练习文件"Pin.prt"，系统会显示出前面使用过的销零件模型。

C. 使用主菜单命令"工具"➤"族表"，系统显示出"族表PIN"窗口，如图13.49所示。

D. 左键单击"族表PIN"窗口中的命令图标，开始插入新表。系统显示出"族项目"窗口，如图13.50所示。

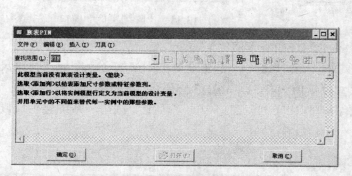

图13.49 "族表PIN"窗口

图13.50 "族项目"窗口

E. 左键单击"族项目"窗口中"添加项目"栏的"尺寸"单选框，使之处于被选中的状态。在图形工作区左键单击零件模型，系统立刻会显示出零件中的基本尺寸，如图13.51所示。

F. 左键单击在即将创建的零件族中作为变量的尺寸，本例中为销零件的长度尺寸"20"，则该尺寸的名称会出现在"族项目"窗口左上角的"项目"栏中。

G. 左键单击"族项目"窗口中的"确定"按钮，此窗口关闭，系统又打开了名为"族表PIN"的窗口，如图13.52所示。

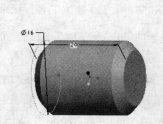

图13.51 系统显示出零件的基本尺寸

图13.52 "族表PIN"窗口

H. 在此窗口中左键单击命令图标，表中出现一个新行，根据实际需要更改表中的"实例名"。本例的意图是生成长度在12mm到20mm的销零件族，因此将其实例名改为"PIN_20_"，如图13.53所示。族表生成之后，还会按顺序在此名称后添加序号。

I. 左键单击窗口中的命令图标, 系统显示出"阵列实例"窗口, 如图13.54所示。

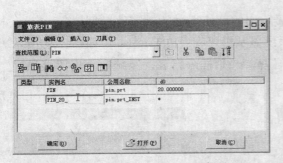

图13.53　更改实例名称

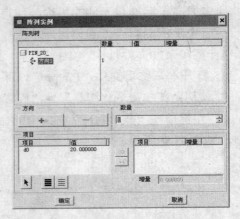

图13.54　"阵列实例"窗口

J. 在"阵列实例"窗口中部的"数量"栏中输入值"5"。

K. 在左下角的"项目"栏中选取尺寸名称"d0", 再左键单击中部的命令图标, 将该尺寸添加到右栏中, 在右下角再输入尺寸增量值"-2", 如图13.55所示。

L. 完成上述参数输入后, 左键单击"阵列实例"窗口中的"确定"按钮, 系统会生成族表的各行记录项, 如图13.56所示。

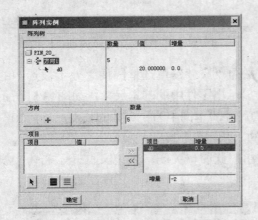

图13.55　输入零件数量并选取尺寸

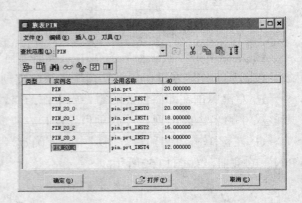

图13.56　生成了族表的各行记录

M. 左键单击"族表PIN"窗口中的命令图标, 系统会显示出"族树"窗口, 如图13.57所示。

N. 左键单击"校验"按钮, 系统开始对族表中的每个零件项进行校验。校验成功后, "族树"窗口中的"校验状态"栏会显示出"成功"字样, 如图13.58所示。

O. 左键单击"关闭"按钮, 将"族树"窗口关闭, 再左键单击"族表PIN"窗口中的"确定"按钮, 即可完成族表的定义。

接下来举例说明如何使用族表对组件中的元件进行替换。

A. 在Pro/E中将多余的文件从内存中拭除, 只留下空白装配文件"Asm0001.asm"。

B. 插入元件"Flange.prt", 将其固定在"缺省"位置。

C. 插入元件"pin.prt", 如图13.59所示, 保证其左端面与法兰盘的环形端面对齐并重合,并且两者的轴线对齐。

图13.57 "族树"窗口　　　　　　　　　图13.58 校验成功　　　　　　图13.59 插入元件"Flange.prt"
　　　　　　　　　　　　　　　　　　　　　　　　　　　　　　　　　　　　　及"pin.prt"

D. 使用主菜单命令"编辑"➤"替换"，系统显示出"替换"窗口，如图13.60所示。

E. 系统要求选取要替换的元件。在图形工作区左键单击销元件，如图13.61所示。

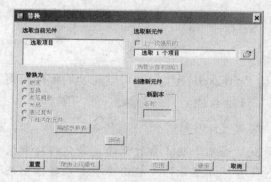

图13.60 "替换"窗口　　　　　　　　　　　　图13.61 选取要替换的销元件

F. 该元件的名称会显示在"替换"窗口中，左键单击右侧的"打开"按钮，如图13.62所示。

G. 系统显示出"族树"窗口，从中选取需要的元件，然后左键单击"确定"按钮，如图13.63所示。

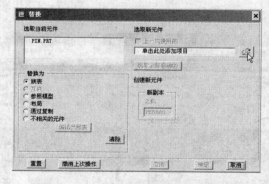

图13.62 选取的元件名称会显示出来　　　　　图13.63 从"族树"中选取替换的元件

H. 系统回到"替换"窗口。左键单击此窗口底部的"应用"按钮，窗口关闭，系统即会使用选取的零件族中的元件替换当前元件，如图13.64所示。

图13.64　替换后的元件

从图中可以看出，替换后的销比原来的销要短一些。

（2）通过互换组件进行替换

互换组件是一种为元件替换而专门定义的参照文件。在互换组件中，功能互换元件可替换组件中的功能元件，而简化互换元件则可替代简化表示中的元件。创建和使用互换组件时，应注意下列事项：

· 在缺省情况下，互换组件中的第一个元件是功能元件。随后可以是功能元件，也可以是简化元件。

· 相同的元件可在一个互换组件中使用两次，一次作为功能元件，一次作为简化元件。

· 互换组件的文件扩展名为".asm"，但不能将互换组件装配到常规设计组件中。

· 如果使用了"文件"菜单中的"保存副本"命令复制和重命名了某个互换组件成员，则不能用该命令生成的零件替代原始零件。

通过互换组件来替换设计组件中已装配的元件主要包括两个步骤：

· 生成互换组件。

· 在设计组件中进行替换。

下面举例说明。本例将零件"pin-mirr.prt"和"pin-exch.prt"作为可以互换的零件，将它们定义在互换组件中，然后再在装配到设计组件后进行互换。

A. 将Pro/E中不需要的文件从内存中拭除。

 除了使用主菜单文件"文件"▶"拭除"▶"当前"将正常打开的文件从内存中拭除以外，还应注意使用"文件"▶"拭除"▶"不显示"，将内存中并未显示出来的文件拭除。否则随着打开的文件越来越多，系统的运行速度会越来越慢。

B. 使用主菜单命令"文件"▶"新建"，系统打开"新建"窗口，从中选取文件类型"组件"，以及子类型"互换"，如图13.65所示。

C. 左键单击"确定"按钮，系统进入一个空白的图形环境。左键单击主菜单命令"插入"▶"元件"▶"装配"▶"功能"，或者左键单击右侧工具栏中的命令图标🔧，系统显示出"打开"窗口，要求选取零件文件，如图13.66所示。

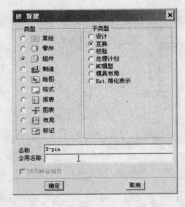

图13.65　新建的文件类型

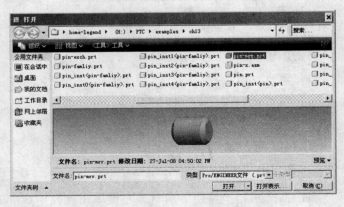

图13.66　从"打开"窗口选取零件文件

D. 选取本章练习文件"pin-mrr.prt"，左键单击"打开"按钮将其打开。系统会将它安置在默认位置。

E. 重复C、D步骤的操作，但此次选取练习文件"pin-exch.prt"，待系统将此文件打开后，左键单击操控板中的命令图标，将元件放置在默认位置，如图13.67所示。

F. 左键单击右侧工具栏中的命令图标▥，或者使用主菜单命令"插入"➤"参照配对表"，系统会显示出"参照配对表"窗口，如图13.68所示。

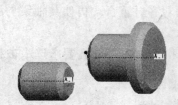

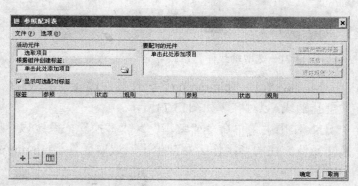

图13.67 互换组件中的两个元件   图13.68 "参照配对表"窗口

G. 系统要求选取活动元件。在模型树或图形工作区左键单击元件"pin-mrr"，使其名称显示在"活动元件"栏中；再左键单击右侧的"要配对的元件"栏，使其背景显示为黄色，然后左键单击元件"pin-exch"，使其名称出现在此栏中，如图13.69所示。

H. 左键单击窗口左下角的命令图标✚，在配对标签列表中出现一条新记录。在图形工作区左键单击"pin-mrr"元件的左端面，然后再左键单击"pin-exch"元件的左端面，表示这两个表面在装配时作为对应的互换基准面，如图13.70所示。

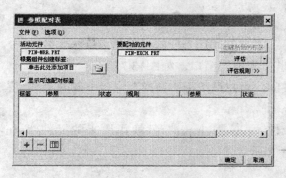

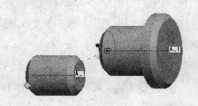

图13.69 选取活动元件和配对元件   图13.70 选取第一组互换基准参照

I. 刚刚选取的基准参照名称也会显示在"参照配对表"下部的列表中。用同样方法的，再次左键单击窗口左下角的命令图标✚，在新的一行中分别选取两个元件的轴线作为对应的基准参照，如图13.71所示。

J. 此时的"参照对照表"中有了两条记录，已经足以在组件装配中确定元件的位置了，如图13.72所示。

K. 左键单击"确定"按钮将"参照配对表"关闭。将此文件保存。

L. 打开空白装配文件"Asm0001.asm"，插入元件"Flange.prt"，将其放置在缺省位置。

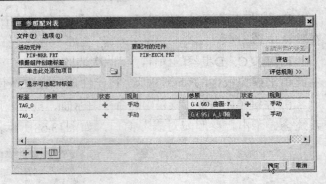

图13.71　选取轴线作为参照基准　　　　　图13.72　完成互换基准定义的参照配对表

　　M. 插入元件"pin-mrr.prt"，使其左端面与法兰盘环状端面对齐并重合，再使其轴线与法兰盘孔轴线A-2对齐，如图13.73所示。

　　N. 使用主菜单命令"编辑"➤"替换"，系统显示出"替换"窗口，并且要求选取被替换的元件。在图形工作区左键单击以选取元件"pin-mrr.prt"，如图13.74所示。

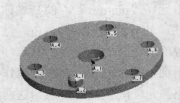

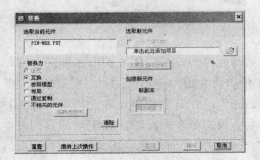

图13.73　将元件"Flange.prt"和元　　　　图13.74　选取要替换掉的元件
　　　　件"pin-mrr.prt"装配

　　O. 系统默认选取了"互换"项作为替换方式，选取的元件名称会出现在"替换"窗口中。左键单击窗口右上角的命令图标，系统显示出"族树"窗口，如图13.75所示。

　　P. 左键单击"确定"按钮将"族树"窗口关闭，再左键单击"替换"窗口下部的"确定"按钮，将此窗口也关闭。

　　Q. 从图形区可以看到，系统已经用新元件"pin-exch.prt"替换了原来的元件"pin-mrr.prt"，但是仍然要求完善装配参照，如图13.76所示。

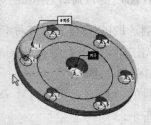

图13.75　"族树"窗口　　　　　　　图13.76　替换完成

左键单击装配操控板中的"放置"命令，打开子控制板，可以看到原来定义的装配参照出现了缺失，如图13.77所示。

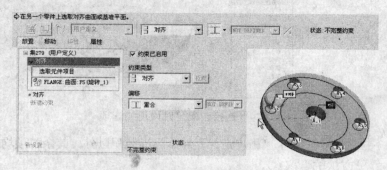

图13.77　装配参照出现缺失

再次定义装配参照，即销的左侧端面与法兰盘的环状端面对齐并重合，销的轴线与A-2轴线对齐，完成后左键单击命令图标✔，即可完成元件的互换性替换，如图13.78所示。

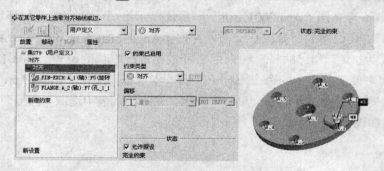

图13.78　补充装配定义以完成替换

13.3　高级装配

除了前文所述的标准装配方式以外，为适应大型复杂产品装配及机构运动仿真的需要，Pro/E 4.0还进一步完善了一系列高级装配功能，用于机构运动仿真的连接装配、柔性体装配，以及用于进一步提高大型产品装配效率的装配接口、拖动式自动装配、布局图装配、自动创建BOM等功能。本文将主要介绍与机构运动仿真有关的内容。

1. 连接装配

产品装配的过程本质上就是零部件之间进行连接的过程。装配中的连接包括固定连接和活动连接。实际的装配工作往往并不是简单地固定各零件的相对位置，而是还必须保证机构中的各种运动件具有准确的运动关系。

对于机构中的固定连接，可以使用前文所述的标准装配方法来确定各自的放置位置。但是对于运动件，如轴承、传动轴、活塞、连杆等，不但要在装配过程中保证准确的初始位置，还必须允许它们沿指定的轨迹或者运动关系进行运动，以便于对虚拟装配的结果进行运动仿真及其他分析。为此，Pro/E 4.0提供了各种连接装配。

连接装配也是通过装配操控板来完成的，其主要选项在操控板的第一个下拉列表中，如图13.79所示。

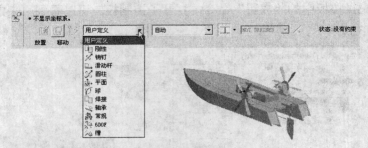

图13.79　连接装配可以使用的选项

在操控板的下拉列表中，除了"用户定义"属于标准装配以外，其余各项均属于连接装配。
下面具体介绍各装配方法的含义：

（1）刚性

用于连接两个元件，并完全限制6个自由度，使其无法相对移动。刚性连接集约束类似于
用户定义的约束集，其中又包括匹配、对齐、插入、坐标系、线上点等。下面举例说明。

A. 打开本章练习文件"Asm0001.asm"，系统显示出一个空白的装配环境。

B. 使用右侧工具栏中的命令图标🗀插入元件"Angle-plate-hole.prt"，系统显示出装配操
控板，使用"用户定义"和"缺省"约束把它确定在系统默认的位置，如图13.80所示。

C. 再次使用右侧工具栏中的命令图标🗀，插入本章练习文件"Cuboid.prt"，系统打开装
配操控板，从第一个下拉列表中选取"刚性"，第二个下拉列表中选取"匹配"和"重合"（即
命令图标工），如图13.81所示。

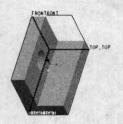

图13.80　插入元件并固定在默认位置

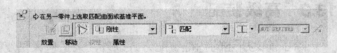

图13.81　装配操控板

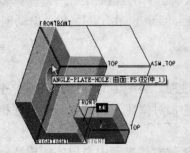

图13.82　选取保证"刚性"＋"匹配"
　　　　＋"重合"的表面

然后选取方块元件的左侧面与弯板元件的
右侧面，如图13.82所示。

D. 用同样的方法，选取方块元件的基准平
面TOP及弯板朝上的大平面，使两者保持"刚
性"＋"对齐"＋"重合"的关系，如图13.83所
示。

注意

请观察"放置"子控制板，本步骤选取的不是方块元件的底平面，而是方块元件所
在坐标系的基准平面TOP，两者的正方向是不同的。在装配过程中一定要注意这些
细节问题。

E. 系统会自动把方块移动到适当的位置。最后再选取方块元件朝前的平面，使之与弯板的"L"形端面对齐并重合，如图13.84所示。

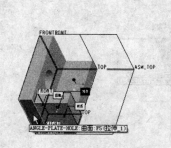

图13.83 "刚性"+"对齐"+"重合"

图13.84 端面对齐并重合

F. 左键单击操控板中的命令图标☑，即可完成刚性连接装配。

（2）销钉

这种连接方式使用"轴对齐"和"平移"两种方法来限制元件的5个自由度，仅保留一个旋转自由度，使元件仍然允许绕自身轴线旋转。下面举例说明。

 除了"刚性"连接以外，其余连接方式在"放置"子控制板中大多有固定的子约束。对于这些约束只能进行编辑，即为之指定匹配的表面，而不能删除。

A. 将刚刚装配的元件"Cuboid.prt"删除，使Pro/E恢复到组件环境中只有一个元件"Angle-plate-hole.prt"的状态。

B. 使用右侧工具栏中的命令图标，插入本章练习文件"Cuboid-cyl.prt"，系统打开装配操控板，从第一个下拉列表中选取"销钉"，再左键单击"放置"命令以打开子控制板，如图13.85所示。

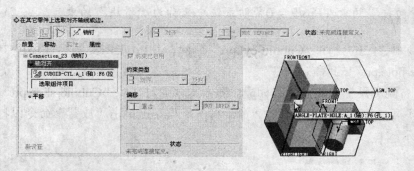

图13.85 "销钉"连接操控板

C. 在"放置"子控制板中，左键单击第一项约束"轴对齐"，将它打开，然后在图形工作区分别左键单击销钉元件的轴线及弯板孔的轴线，系统会自动将销钉放在轴线对齐的位置，如图13.86所示。

D. 接着指定销钉的左端面与弯板直立的右端面保持"平移"约束关系，系统会自动将两者面对面贴合，并要求指定偏距。在"偏距"栏中输入值"10"并按回车键，销钉元件的位置最终确定，如图13.87所示。

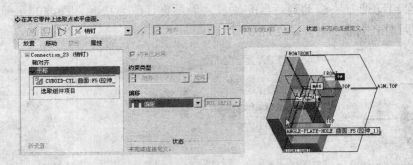

图13.86 先轴对齐，再选取平移基准

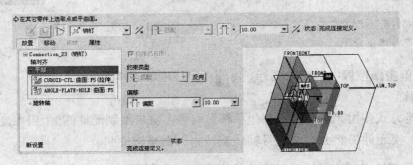

图13.87 指定平移参照及偏距

E. 最后的"旋转轴"项用于机构仿真中设定运动范围等参数。左键单击操控板中的命令图标☑，即可完成销钉连接装配。

（3）滑动杆

"滑动杆"使用"轴对齐"和"旋转"两个约束来限制5个自由度，只留下一个沿轴向（指定直线方向）的平移自由度。下面举例说明。

 注意 "滑动杆"约束在Pro/E 4.0帮助系统中又称为"滑块"约束。

A. 将刚刚装配的元件"Cuboid-cyl.prt"删除，使Pro/E恢复到组件环境中只有一个元件"Angle-plate-hole.prt"的状态。

B. 使用右侧工具栏中的命令图标，插入本章练习文件"Cuboid-slide.prt"，系统打开装配操控板，从第一个下拉列表中选取"滑动杆"，再左键单击"放置"命令以打开子控制板，如图13.88所示。

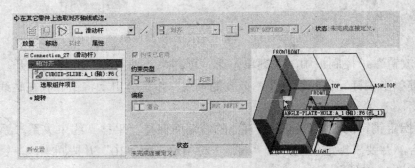

图13.88 "滑动杆"操控板

C. 在图形工作区左键单击新插入元件的轴线，再左键单击弯板孔元件中的孔轴线，使两者的轴线保持对齐，系统会自动将元件放在轴对齐的位置，如图13.89所示。

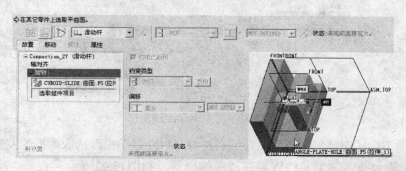

图13.89　轴线对齐

D. 接着在图形工作区左键单击新插入元件朝下的平面及弯板朝上的平面，作为"旋转"约束的参照，则"滑动杆"约束定义完成，如图13.90所示。

图13.90　"滑动杆"参照定义完毕

 "放置"子控制板中的"平移轴"约束用于限制机构运动，不属于连接装配必须设置的内容。

E. 此时如果使用"移动"子控制板中的命令对新元件进行移动和旋转，就会发现它只会沿轴线滑动，却不能旋转。左键单击操控板中的命令图标✔，即可完成"滑动杆"连接装配。

（4）圆柱

"圆柱"连接使用"轴对齐"约束来限制元件的4个自由度，只留下绕轴线的旋转和平移。这种连接方式与"销钉"连接相似，只是少了一项"平移"约束，其设置步骤本文不再赘述。

（5）平面

"平面"连接使用"平面"约束来限制3个自由度，留下在指定平面内两个垂直方向的平移和绕与该平面垂直轴线的旋转自由度，下面举例说明。

A. 将刚刚装配的元件"cuboid-slide.prt"删除，使Pro/E恢复到组件环境中只有一个元件"Angle-plate-hole.prt"的状态。

B. 使用右侧工具栏中的命令图标，插入本章练习文件"cuboid.prt"，系统打开装配操控板，从第一个下拉列表中选取"平面"，再左键单击"放置"命令以打开子控制板，如图13.91所示。

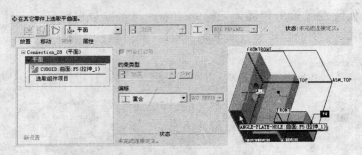

图13.91 "平面"连接操控板

C. 在图形工作区左键单击方块元件的右侧面，再左键单击以选取弯板的左侧面，"平面"连接完成，系统会将这两个元件放置在适当的位置，如图13.92所示。

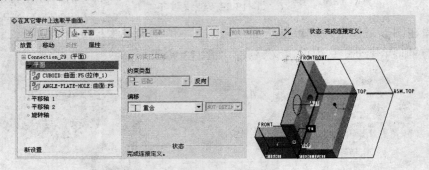

图13.92 "平面"连接完成

观察系统显示的自由度标志，可以看到两者能相对贴合滑动，也能贴合旋转。因此，在其"放置"子控制板中还可以为机构运动仿真设定两个轴的平移和一个轴的旋转运动参数。

(6) 球

"球"连接使用一个"点对齐"约束限制了3个平移自由度，只留下绕3个坐标轴的旋转自由度，连接后的元件可以做任意的相对旋转运动。这种连接方式主要适用于机械结构中的球头连接，下面举例说明。

A. 从"Asm0001.asm"文件的组件环境中删除所有已装配的元件，再使用主菜单命令"文件" ➤ "拭除" ➤ "不显示"从内存中拭除全部不需要的文件，只保留一个空白的组件环境。

B. 使用右侧工具栏中的命令图标🖾，插入本章练习元件"Ball-bearing-base.prt"，系统打开装配操控板，从中选取"用户定义"和"缺省"约束将元件固定在系统缺省的位置，如图13.93所示。

C. 单击命令图标✓完成元件的装配。

D. 再次使用右侧工具栏中的命令图标🖾，插入本章练习元件"Ball-rod.prt"，系统显示出装配操控板，从中选取"球"，如图13.94所示。

E. 在图形工作区依次左键单击这两个元件位于球心处的基准点，使之重合，如图13.95所示，然后左键单击命令图标✓完成元件的装配。

注意　"球"连接主要用于球头连接方式，两者在运动时的规律是球心重合，可以相对旋转。因此在设计此类零件时，需要在其球心处创建基准点，以便装配。

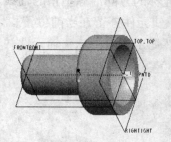
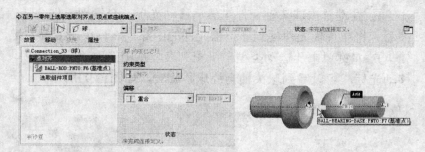

图13.93 将球头轴承座元件 图13.94 "球"连接操控板
插入缺省位置

（7）焊接

"焊接"连接使用"坐标系"的方式来约束，即保证这两个装配元件的坐标系完全重合。因此在设计采用"焊接"连接的元件时，需要事先确定适当的坐标系位置。

（8）轴承

"轴承"连接使用"线上点"约束来限制自由度，因此具有三个旋转自由度和一个沿指定轴线、边线移动的自由度，相当于把"球"连接与"滑动杆"连接相结合。下面举例说明。

A. 从"Asm0001.asm"文件的组件环境中删除所有已装配的元件，再使用主菜单命令"文件" ➤ "拭除" ➤ "不显示"从内存中拭除全部不需要的文件，只保留一个空白的组件环境。

B. 使用右侧工具栏中的命令图标 ，插入本章练习文件"Ball-slot.prt"，系统打开装配操控板，从中选取"用户定义"和"缺省"约束将元件固定在系统缺省的位置，如图13.96所示。

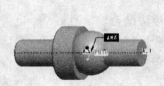

图13.95 完成的"球"连接装配 图13.96 插入球型槽元件，装配在缺省位置

C. 再次使用右侧工具栏中的命令图标 ，插入本章练习文件"Ball-rod.prt"，系统打开装配操控板，从中选取"轴承"约束，然后在图形工作区左键单击以选取球头轴元件的球心基准点PNT0，再左键单击以选取球型槽元件的球心轴线A_1，如图13.97所示。

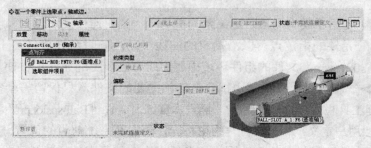

图13.97 插入"Ball-rod.prt"

D. 完成装配参照的选取后，操控板中会显示"完成连接定义"，插入的元件会变成亮黄绿色。左键单击操控板中的"移动"命令以打开"移动"子控制板，如图13.98所示。

E. 左键单击球头轴元件，然后移动光标，会发现元件会随着光标的方向沿球型槽的轴线移动。将球头轴元件移到球型槽元件的中部，然后单击鼠标左键，使元件停留在当前位置。

F. 左键单击"运动类型"下拉列表，从中选取"旋转"项，然后左键单击球头轴元件并移动光标，可以看到球头轴会绕球心旋转，如图13.99所示。

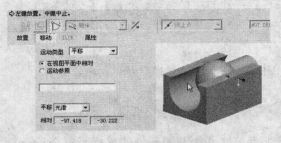

图13.98 "移动"子控制板

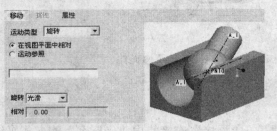

图13.99 旋转元件

 提示：在"移动"子控制板中对元件进行的移动和旋转操作都是以当前屏幕视图方向为参照实现的。

G. 左键单击命令图标☑，即可完成元件的装配。

（9）常规

"常规"连接方式提供了一个或两个约束，可供装配时进行编辑。选取"常规"连接方式时，操控板的第二个列表中提供了"自动"、"匹配"、"对齐"、"插入"、"坐标系"、"线上点"、"曲面上的点"、"曲面上的边"等约束供选取，但是在使用过程中需要注意以下事项：

- "线上点"约束只允许将指定的点与直线或直的棱边结合。
- "曲面上的点"约束只允许将指定的点与平面结合。
- "曲面上的边"约束只允许将指定的边与平面结合。

（10）6DOF

"6DOF"连接方式实际上是允许将两个元件以任意位置关系形成装配。使用此方式时，需要选取插入元件的坐标系及已装配组件的坐标系，然后允许使用"旋转"子控制板对元件进行任意的平移和旋转，左键单击命令图标☑后最终确定元件的装配状态。

形成装配关系后，在机械运动中，这样的元件允许6个自由度的运动。

（11）槽

"槽"连接主要用于具有沟槽装配关系的机构。"槽"连接使用了"点与多条边或曲线对齐"的约束，装配元件的指定点可以沿指定的曲线移动，同时允许旋转。下面举例说明。

A. 从"Asm0001.asm"文件的组件环境中删除所有已装配的元件，再使用主菜单命令"文件"➤"拭除"➤"不显示"从内存中拭除全部不需要的文件，只保留一个空白的组件环境。

B. 使用右侧工具栏中的命令图标，插入本章练习文件"Ball-spslot.prt"，系统打开装配操控板，从中选取"用户定义"和"缺省"约束将元件固定在系统缺省的位置，如图13.100所示。

C. 再次使用右侧工具栏中的命令图标，插入本章练习文件"Ball-rod.prt"，系统打开装配操控板，从中选取"槽"约束，然后在图形工作区左键单击以选取球头轴元件的球心基准点PNT0，再左键单击以选取槽元件中的基准曲线，如图13.101所示。

图13.100 插入槽元件并固定在缺省位置　　　　　图13.101 在槽中装配元件

D. 系统会自动将球头轴元件放在槽中的某个位置。此时可以使用"移动"子控制板调整元件的状态，也可以为机构运动仿真指定运动范围限制，如图13.102所示。

E. 左键单击命令图标 ✓，即可完成"槽"连接的装配。

2. 柔性元件装配

在装配工作中，除了普通刚性零件以外，往往还会使用明显具有弹性或者挠性的零件，例如弹簧、链条等。柔性元件的形状会随外力的变化而变化，在机构仿真运动中，这一点表现得更明显。

在**Pro/E 4.0**中可以方便地对柔性元件进行属性定义，并且通过专门的装配方便实现其在不同工作状态下形态的变化。

（1）柔性元件的定义

由于柔性元件的部分尺寸及参数在工作中会发生变化，因此在完成零件设计的时候必须对它们加以定义，使之成为变量。可以在零件设计环境进行此类定义，也可以在组件装配时进行。下面举例说明柔性元件在零件设计环境中的定义过程。

A. 打开本章练习文件"Spring.prt"，系统显示出一个弹簧，如图13.103所示。

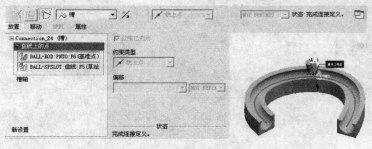

图13.102 "槽"连接完毕　　　　　　图13.103 打开练习文件"Spring.prt"

B. 使用主菜单命令"编辑"➤"设置"，系统会弹出"PART SETUP（零件设置）"菜单，从中选取"Flexibility（挠性）"命令，如图13.104所示。

C. 系统显示出"挠性：准备可变项目"对话框，在图形工作区左键单击弹簧特征，系统又会弹出"SEL SECTION（选取截面）"菜单，如图13.105所示。

D. 系统默认选取了"SEL SECTION（选取截面）"菜单中的"Specify（指定）"项，左键单击"指定"子菜单中的"轮廓"复选框，然后左键单击菜单中的"Done（完成）"命令。

E. 系统会显示出弹簧零件的主要尺寸，如图13.106所示。在图形工作区左键单击数值为"60"的尺寸，单击鼠标中键以确认。此时该尺寸已经成为定义的变量，显示在"挠性：准备可变项目"对话框中。

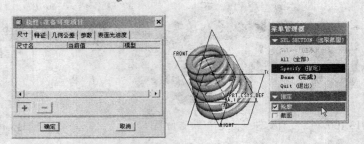

图13.104 "PART SETUP（零
件设置）"菜单

图13.105 挠性设置对话框及菜单

 提示 根据实际工作的需要，还可以设置其他可变项目，如特征、几何公差、参数、表面粗糙度等，在"挠性：准备可变项目"对话框中分别提供了各自的选项卡。

F. 左键单击"挠性：准备可变项目"对话框中的"确定"按钮，再左键单击"PART SETUP（零件设置）"菜单中的"Done（完成）"命令，即可完成对弹簧可变项目的定义。

除了在零件设计环境中定义零件的挠性属性以外，在组件环境中也可以进行挠性的定义，其主要步骤如下：

• 在组件环境中使用主菜单命令"插入"➤"元件"➤"挠性"，系统会弹出"打开"对话框，要求选取即将插入的零件文件。

• 从"打开"对话框中选取要插入的零件文件并左键单击"打开"按钮后，系统会将该元件与挠性定义对话框同时显示出来，如图13.107所示。

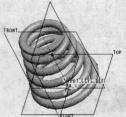

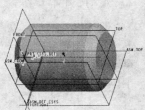

图13.106 弹簧中显示出尺寸，选取的
尺寸显示在对话框中

图13.107 系统同时显示出元件模型
和挠性设置对话框

• 左键单击图形工作区的元件模型，系统会显示出尺寸，再左键单击要设为可变项目的尺寸，然后单击鼠标中键，该尺寸会显示在挠性设置对话框中，如图13.108所示。

• 左键单击对话框中的"确定"按钮，即可完成关于挠性的设置，继续进行关于指定零件装配位置的操作。

（2）柔性元件装配举例

完成柔性元件挠性的定义后，下面举例说明在组件环境中装配的步骤。

A. 将Pro/E中不需要的文件关闭，只留下一个空白的组件文件"Asm0001.asm"。

B. 使用右侧工具栏中的命令图标，插入本章练习文件"Spring-base.prt"，这是个弹簧座，系统打开装配操控板，从中选取"用户定义"和"缺省"约束将元件固定在系统缺省的位置，如图13.109所示。

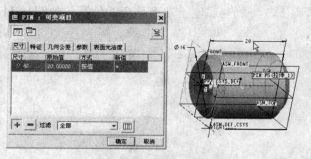

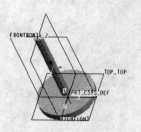

图13.108 在"组件"环境中定义挠性

图13.109 将弹簧架元件插入缺省位置

C. 使用右侧工具栏中的命令图标，插入本章练习文件"Spring-tap.prt"，这是个圆盖，系统打开装配操控板，选取约束项目"圆柱"，并且指定圆盖的轴线与弹簧座的轴线重合，如图13.110所示。

图13.110 用"圆柱"连接装配元件"Spring-tap.prt"

D. 系统会自动把圆盖放在与弹簧座底盘重合的位置。我们需要把圆盖装在距离底座80的位置，因此左键单击操控板中的"移动"命令，系统显示出"移动"子控制板，如图13.111所示。

E. 在圆盖所处的位置左键单击，然后移动光标，圆盖会随着光标沿指定的轴线A_2移动。待两者离开后，单击左键，以暂时确定圆盖的位置。

F. 从"运动类型"下拉列表中选取"调整"项，再左键单击"运动参照"选项，系统显示出其子选项，如图13.112所示。

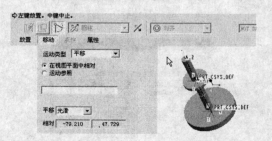

图13.111 使用"移动"子控制板移动圆盖的位置

图13.112 从"运动类型"列表选取"调整"项

G. 在图形工作区左键单击以选取圆形底座零件的上端面，然后在子控制板底部的"偏移"框中输入距离"80"，不要按回车键，如图13.113所示。

H. 然后左键单击"调整参照"框，使之显示为黄色，在图形工作区左键单击以选取圆盖零件的下端面，圆盖零件通常会自动沿轴线向下，停到与底座上端面贴合的位置，如图13.114所示。

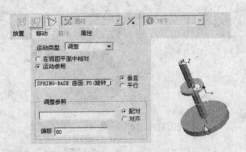

图13.113　选取底座基准面，再输入偏距值　　　　图13.114　选取圆盖下端面

I. 此时左键单击"偏移"框，按回车键，再左键单击圆盖零件，该零件就会自动调整到准确的位置，如图13.115所示。

J. 左键单击命令图标☑，即可完成"Spring-tap.prt"零件的装配。

K. 再次使用右侧工具栏中的命令图标☑，插入本章练习文件"Spring.prt"，这是个弹簧，系统显示一个对话框，询问是否使用零件中的挠性定义，如图13.116所示。

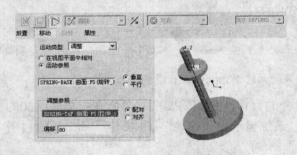

图13.115　自动调整到准确的位置　　　　　图13.116　是否使用零件中的挠性定义

L. 左键单击"是"按钮，系统打开装配操控板，显示出弹簧模型，同时显示出设置挠性的对话框，如图13.117所示。

M. 左键单击"SPRING：可变项目"对话框中第一项的"按值"字样，它会变成个下拉列表，从中选取"距离"项，如图13.118所示。

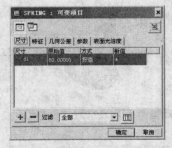

图13.117　系统打开装配操控板，显示出弹簧模　　　图13.118　将"按值"改为"距离"
　　　　　　型，同时显示出设置挠性的对话框

N. 系统显示出"距离"对话框,在图形工作区分别左键单击圆盖的下端面和底座的上端面,系统会自动测出两者的距离,如图13.119所示。

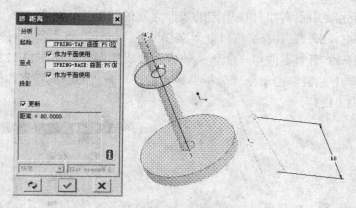

图13.119　测量距离

O. 左键单击"距离"对话框中的绿色对钩按钮,该窗口关闭,测量结果"80"会显示在"SRPING:可变项目"对话框的"新值"列中,如图13.120所示。

P. 左键单击"SPRING:可变项目"对话框中的"确定"按钮,系统会按照新的尺寸对弹簧元件进行再生。完成再生后,在装配操控板中使用"常规"连接的"对齐"约束,分别使弹簧的基准平面TOP与圆形底座的上端面对齐并重合,再保证弹簧的轴线与弹簧座的轴线对齐,即可完成全部连接约束,如图13.121所示。

图13.120　"SRPING:可变项目"对话框

图13.121　指定"常规"连接

Q. 左键单击命令图标✓,即可最终完成柔性元件弹簧的装配,可以看到,弹簧的长度根据弹簧座自动拉长了。

13.4　装配分析

虚拟装配的目标之一是检验各零部件的设计是否合理,装配时是否会出现干涉。Pro/E 4.0提供了丰富的"分析"功能,其中就包括对装配组件进行干涉检查。如果发现有干涉的情况,就会通过提示栏指出,并且在图形工作区加亮显示出现干涉的部分。

与装配相关的分析功能主要有:

· 配合间隙分析
· 全局间隙分析

• 全局干涉分析

1. 配合间隙分析

配合间隙分析主要用于对组件中指定的表面之间的间隙进行计算，下面举例说明。

（1）启动Pro/E 4.0，使用主菜单命令"文件"▶"打开"将本章练习文件"slot.asm"打开，系统会显示出一个槽型零件和一个球头轴零件形成的组件，如图13.122所示。

（2）在主菜单中左键单击命令"分析"▶"模型"▶"配合间隙"，即可打开"配合间隙"对话框，如图13.123所示。

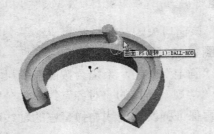

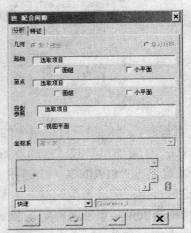

图13.122　打开练习文件"slot.asm"　　　　图13.123　　"配合间隙"对话框

（3）从对话框中可以看出，系统要求选取起始几何要素和目标几何要素，并且沿指定的方向计算两者的间隙。在图形工作区左键双击球形曲面作为"起始"项目，再左键双击圆弧槽，作为"至点"项目，如图13.124所示。

（4）在"配合间隙"对话框中会显示出这两个曲面的名称，在对话框底部的信息栏中会显示出计算的间隙值，在图形工作区会以红色显示出间隙数值，如图13.125所示。

（5）对话框中部的"投影参照"项用于指定计算间隙时的测量方向。在许多配合间隙计算中不需要指定此项。如果需要指定测量方向，可以在图形工作区选取一个基准面、直线等作为参照。

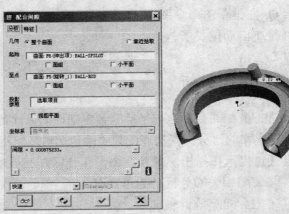

图13.124　选取"起始"和"至点"项目　　　　图13.125　配合间隙计算结果

底部的命令图标分别用于预览、重复当前分析、完成当前分析和取消配合间隙分析。

2. 全局间隙分析

除了计算指定表面之间的配合间隙之外，Pro/E 4.0还提供了一种类似于统计的间隙分析工具，这就是全局间隙分析。它可以计算出有哪些配合元件符合指定的间隙要求，下面举例说明。

（1）将不需要的文件从内存中拭除。

（2）使用"文件"➤"打开"命令，打开位于"shipmodel"文件夹下的练习文件"Ship.asm"，如图13.126所示。

（3）使用主菜单命令"分析"➤"模型"➤"全局间隙"，系统会显示出"全局间隙"对话框，如图13.127所示。

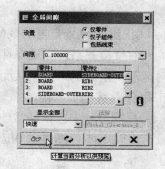

图13.126 打开练习文件"Ship.asm"　　　　图13.127 "全局间隙"对话框

 在"设置"栏中可以选取计算的范围。其中的"包括线束"通常指的是电缆。

（4）在对话框的"间隙"栏中输入间隙值，然后左键单击 ∞ 按钮，系统会在列表中显示出所有符合该间隙要求的元件对的名称。

（5）左键单击底部的绿色对钩按钮，即可关闭分析对话框。

3. 全局干涉分析

装配分析除了可以计算间隙以外，更重要的是可以查出哪些元件出现了干涉现象。由于一些元件结构及尺寸的问题，在虚拟装配的时候虽然能够完成定位，但是可能会出现某些元件的一部分与另一元件重叠的现象，从而形成干涉。Pro/E 4.0提供了"全局干涉"功能来检查这种干涉情况。下面举例说明。

（1）仍然以上例的模型"Ship.asm"为例。

（2）使用主菜单命令"分析"➤"模型"➤"全局干涉"，系统会显示出"全局干涉"对话框，如图13.128所示。

（3）左键单击对话框底部的 ∞ 按钮，系统会计算并在列表中显示出当前设置下出现干涉的元件对、元件的名称，以及重叠的体积。左键单击列表中显示的某个干涉对，系统就会在图形工作区加亮显示相应的元件及部位。

（4）左键单击绿色对钩按钮即可完成全局干涉分析。

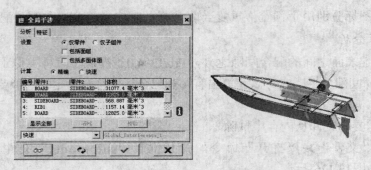

图13.128　　"全局干涉"对话框

小结

Pro/E　4.0提供了十分丰富的装配功能。针对用户的具体要求，既可以使用标准装配来确定各零件的相对位置关系，完成零件的静态组合形成产品，又可以使用连接装配，按照各零件之间的相对运动关系施加约束，从而最大程度地保留了设计思想，为后面进行机构运动仿真，以及其他工程分析奠定了基础。

在虚拟装配的过程中应该经常使用分析功能，以保证每一个装配元件都能够达到预期的装配关系，没有出现干涉。Pro/E 4.0提供了简便实用的分析功能，可以帮助人们有效地实现装配目标。

第14章 装配视图管理、运动仿真与产品设计方法

学习重点：

➡ 爆炸视图的创建与编辑

➡ 使用视图管理器创建和管理剖截面

➡ 机构模块的主要功能

➡ 机构运动仿真的基本过程

➡ 产品设计方法分类

➡ 骨架模型的创建与应用

Pro/E 4.0的装配功能除了可以将独立的零部件结合在一起，形成组件或产品以外，还具有丰富的装配图管理功能、机械结构运动仿真功能，并且明确提供了两种产品设计和装配的方法。

14.1 装配视图管理

在常用的装配图中，人们经常会使用爆炸图和剖视图。这两种视图都能够方便地展示复杂装配体的内部结构，以及各部件之间的关系。

1. 爆炸视图

装配爆炸视图实际上就是零部件分解视图。如图14.1所示就是一个小型发动机的装配爆炸视图。这样的视图能够帮助人们清晰地观察产品的结构，从而更好地理解产品的工作原理、规划零部件的生产和装配工艺等。

下面通过示例来介绍装配爆炸视图的创建过程。

（1）打开练习文件

在Pro/E 4.0中打开文件夹"Engine"下的练习文件"Engine.asm"，系统会显示出一个小型发动机模型，如图14.2所示。

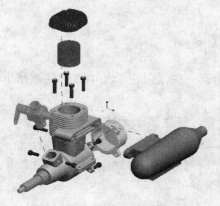

图14.1　引擎装配爆炸图

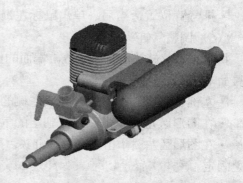

图14.2　打开小型发动机模型

（2）生成默认爆炸视图

选取主菜单命令"视图"▶"分解"▶"分解视图"，如图14.3所示。

（3）编辑默认视图

系统会按照默认设置进行分解，如图14.4所示。

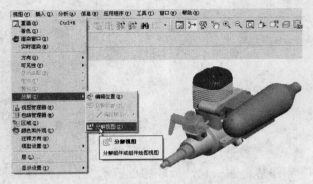

图14.3 选取主菜单命令"视图"▶
"分解"▶"分解视图"

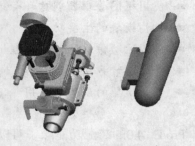

图14.4 默认生成的分解视图

可以看出，系统默认生成的爆炸视图排列不甚合理，也没有偏距线，因此需要进一步编辑。

选取主菜单命令"视图"▶"分解"▶"编辑位置"，系统会显示出"分解位置"对话框，如图14.5所示。

（4）调整排气管位置

系统默认选取了"平移"作为运动类型。本例首先调整右侧排气管的位置，使它距气缸体近一些，步骤如下：

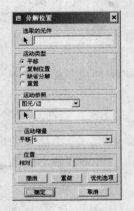

图14.5 "分解位置"对话框

• 左键单击"运动参照"下拉列表，从中选取"平面法向"，意思是将让对象沿指定平面的法向移动。

• 在图形工作区左键单击排气管的端平面作为运动方向参照，如图14.6所示。

• 左键单击排气管，移动光标，排气管就会沿着与其端面垂直的方向移动。将它调整到稍近一些的位置。

• 排气管位置适当后，单击鼠标左键。

（5）调整气缸头位置

接下来将气缸头沿垂直于气缸端面的位置调整得远一些，以便于为中间的活塞留下空间，步骤如下：

• 左键单击"运动参照"列表左侧的箭头按钮 ，使之显示为被按下的状态。

• 在图形区左键单击以选取朝上的气缸端面，如图14.7所示。

• 在图形区左键单击以选取气缸头，移动光标，待气缸头移动到合适的位置后，单击左键使之固定。

（6）移出活塞

接下来将活塞从气缸体中移出，仍然是沿着与气缸端面垂直的方向，步骤如下：

· 在图形工作区中，右键单击气缸体中下部，每单击一下，系统就会切换在该位置被加亮显示的元件。

· 观察到活塞被加亮显示后，左键单击将它选中，如图14.8所示。

 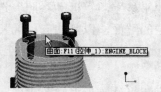 

图14.6　左键单击排气管的端平　　图14.7　选取气缸上端面　　图14.8　单击右键切换加亮
　　　　面作为运动方向参照　　　　　　　　　　　　　　　　　　显示的元件

· 向上移动光标，活塞会随之沿垂直于气缸端面的方向出来，待高度合适后，单击鼠标左键以固定其位置。

（7）调整气缸头螺栓的位置

气缸头螺栓距气缸体太近，需要将四个螺栓同步调远一些，步骤如下：

· 左键单击"分解位置"对话框底部的"优先选项"按钮，系统显示出"优先选项"对话框，如图14.9所示。

· 左键单击以选取"移动多个"单选框，表示接下来要将多个元件同时移动，左键单击"关闭"按钮，将"优先选项"对话框关闭。

· 目前方向参照仍然是气缸体朝上的端面。按下键盘上的**Ctrl**键，分别左键单击4个气缸头螺栓以便将它们全部选中，在图形区单击鼠标中键，再单击左键，移动光标，4个螺栓就会同时随光标移动。

· 待4个螺栓的位置适当后，再次单击左键，将其位置固定。

· 左键单击"确定"按钮，将"分解位置"对话框关闭。

（8）切换连杆状态

转换视角可以看到，连杆的当前位置是水平的，不符合其工作状态，调整步骤如下：

· 左键单击连杆以便将其选中，如图14.10所示。

· 选取主菜单命令"视图"➤"分解"➤"切换状态"，系统会自动将连杆和曲轴切换到其工作位置，如图14.11所示。

图14.9　"优先选项"对话框　　图14.10　转换视角，选中连杆　　图14.11　将连杆和曲轴切
　　　　　　　　　　　　　　　　　　　　　　　　　　　　　　　　换到工作位置

（9）调整机匣、曲轴、螺栓位置

此时可以看到机匣、曲轴及机匣螺栓位置过于集中，需要拉开。调整方法与前述相同，基本步骤如下：

· 选取主菜单命令"视图"➤"分解"➤"编辑位置"，系统会显示出"分解位置"对话框。

· "运动类型"采用默认的"平移"，"运动参照"选取"平面法向"。

· 左键单击以选取气缸体朝左的端面，以其法向作为接下来移动的方向。

· 左键单击绿色的机匣，移动光标使其远离气缸体，至适当位置单击左键固定其位置，如图14.12所示。

· 左键单击曲轴，将其调整到适当位置后左键单击以固定。

· 采取与调整气缸头螺栓位置相同的方法，将左侧机匣螺栓位置同时调整到适当位置，结果如图14.13所示。

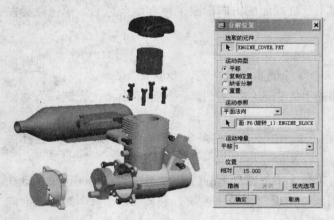

图14.12　调整机匣位置　　　　　　　　图14.13　调整曲轴、螺栓位置

（10）移出化油器

黄绿色的化油器并没有被分解出来，因此需要将它移出。具体方法与前述操作相同，只是此次选取化油器接口端面的法向作为移动方向。移动完成后如图14.14所示。

左键单击"确定"按钮，将"分解位置"对话框关闭。

（11）创建偏距线

在爆炸视图中，通常有一些线条来指示分解出的各个零件处于什么分解方向，这就是偏距线。创建偏距线的步骤如下：

· 选取主菜单命令"视图"➤"分解"➤"偏距线"➤"创建"，系统会显示出"图元选取"菜单，如图14.15所示。

此菜单中的三个选项含义如下：

· "Axis（轴）"：在两个元件的轴线要素之间建立偏距线，即选取两端元件时要选取它们的轴线。

· "Surface Norm（曲面法向）"：在两个元件的平面要素之间建立偏距线。

· "Edge/Curve（边/曲线）"：在两个元件的边/曲线要素之间建立偏距线。

在上述菜单中选取的选项决定了选取相关元件时左键单击的几何要素。

图14.14 移出化油器

图14.15 "图元选取"菜单

·左键单击菜单中的"**Surface Norm（曲面法向）**"项，然后在图形工作区依次左键单击气缸头朝下的平面，以及气缸体朝上的端面，系统就会在两者之间创建偏距线。

·用同样的方法，在绿色的机匣与气缸体侧面之间创建偏距线。

·用同样的方法，在排气管与气缸体之间创建偏距线。

·根据需要创建其他偏距线，完成后如图14.16所示。

（12）修改偏距线

使用主菜单命令"视图"➤"分解"➤"偏距线"➤"修改"，系统会显示出"EXPL LINES MODIFY（偏中线修改）"菜单，如图14.17所示。

图14.16 创建偏距线

图14.17 "EXPL LINES MODIFY（偏中线修改）"菜单

其中各选项的含义如下：

·移动：移动啮合点（即拐点）。

·增加啮合点：通过创建新点来增加现有的偏距线啮合点。

·删除啮合点：删除选定的啮合点。

A. 移动

在默认状态下，菜单中选取的是"Move（移动）"项，则此时左键单击偏距线，系统会在提示栏显示出"用鼠标调整链端（键：L=结束，M=中止，R=暂停/继续）"信息，此时将光标移到一个新的位置，再次左键单击，即可指定新的链端点。

B. 增加啮合点

在菜单中选取"Add Jogs（增加啮合点）"项，然后左键单击偏距线，则单击的位置会出现一个啮合点。移动光标，该啮合点会随光标移动，同时出现两条橡筋线，如图14.18所示。

在适当的位置单击鼠标左键，新的啮合点位置就会确定下来。

C. 删除啮合点

如果在菜单中选取了此项，那么左键单击图形区中的啮合点，该点就会被删除，与之相连的偏距线也会消失。

完成偏距线的修改后，左键单击"Done/Return（完成/返回）"命令即可退出修改菜单。

（13）修改线体

使用主菜单命令"视图"➤"分解"➤"偏距线"➤"修改线体"后，系统会要求选取将要修改的偏距线。在图形工作区左键单击以选取某段偏距线后，系统会显示出"线体"对话框，如图14.19所示。

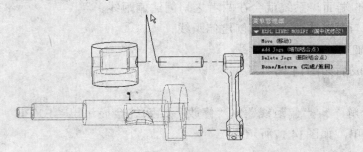

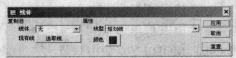

图14.18　增加啮合点　　　　　　　　　　图14.19　"线体"对话框

在这里可以选取线体和线型，左键单击"应用"按钮后，选取的设置就会应用到刚刚选取的偏距线上。

（14）修改缺省造型

使用主菜单命令"视图"➤"分解"➤"偏距线"➤"设置缺省造型"后，系统也会显示出"线体"对话框，在这里所做的设置将作为此后创建偏距线时的缺省样式。

 提示：在"组件"环境中可以切换指定零件的显示样式，可供选择的显示样式包括：线框、着色、透明、隐藏线、无隐藏线和用户定义。只要先在模型树或者图形工作区通过左键单击选取零件，再使用主菜单命令"视图"➤"显示造型"，即可从其子菜单中选取需要的显示样式。

 随着元件数量的不断增多，灵活地切换元件的显示样式会对工作起到明显的辅助作用。

2. 用视图管理器管理装配视图

创建了爆炸视图之后，需要及时将它保存，以备事后使用。Pro/E 4.0提供了"视图管理器"，它既可以用于保存爆炸视图，又可以创建各种剖视图，为后期输出装配工程图打下良好的基础。

 "视图管理器"不仅适用于为组件模型创建各种剖面，也同样可以用于零件设计环境，为后期在零件图中生成各种剖视图创建剖截面。

（1）保存爆炸视图

完成爆炸视图的创建后，使用主菜单命令"视图"➤"视图管理器"可以打开"视图管理器"窗口，如图14.20所示，然后采用下列步骤保存当前视图：

· 左键单击"编辑"下拉列表，从中选取"保存"命令，如图14.21所示。

· 系统会显示出"保存显示元素"对话框，如图14.22所示。

图14.20　"视图管理器"窗口　　　图14.21　选取"保存"命令　　　图14.22　"保存显示元素"对话框

如果希望把当前爆炸视图的视图方向也保存下来，那么可以选取其中的"方向"复选框。左键单击"确定"按钮，即可将当前视图保存下来。

 此处保存之后，还应使用命令图标🗔或者主菜单命令"文件"➤"保存"将整个修改工作保存下来。
注意

（2）创建新的爆炸视图

如果希望对于一个装配组件生成多个不同形式的爆炸视图，那么可以按照下列步骤操作：

· 在打开"视图管理器"之后，左键单击"分解"选项卡中的"新建"按钮，如图14.23所示，此时系统会生成一个新的视图名称。

· 将系统默认的视图名称"Xsec0001"修改成有意义的名称，例如"Exp-H"，按回车键或者单击鼠标中键。

· 如果当前的爆炸视图还没有保存过，那么可以单击"编辑"，从其子菜单中选取"保存"命令进行保存。

· 如果当前爆炸视图已经保存过，需要修改后再保存，那么可以对爆炸视图进行修改，完毕后再使用"视图管理器"中的"编辑"➤"保存"命令，系统又会显示出"保存显示元素"窗口。

· 根据需要选取窗口中的选项，然后单击"确定"按钮将新的爆炸视图保存下来。

（3）创建简单装配剖截面

在组件中创建装配剖面对于展示复杂装配的内部细节很有帮助，也是后期输出二维工程图的必要准备，下面举例说明剖面的创建方法。

· 在"视图管理器"窗口中，左键单击"X截面"选项卡，系统显示如图14.24所示。

· 左键单击"新建"按钮，系统会显示出一个新截面名称，将它改为有意义的名称，如"Mid-sec"，如图14.25所示。

图14.23　新的视图名称　　　图14.24　"X截面"选项卡　　　图14.25　更改截面名称

• 输入名称后按鼠标中键，或者按回车键，系统显示出"XSEC OPTS（剖截面选项）"菜单，如图14.26所示。

此菜单中的各选项含义如下：

- Model（模型）：在整个组件模型中生成剖截面。
- One Part（一个零件）：只针对组件中的指定零件生成剖截面。
- Planar（平面）：以平面作为剖截面。
- Offset（偏距）：通过指定剖切路线在指定的位置形成剖截面。
- Zone（区域）：指定剖切区域。
- One Side（单侧）：此项与"Offset（偏距）"命令结合使用，表示沿指定路径生成的截面将创建半剖视图。
- Both Sides（双侧）：此项与"Offset（偏距）"命令结合使用，表示沿指定路径生成的截面将生成全剖视图。
- Single（单一）：通过单一基准平面生成剖截面。
- Pattern（阵列）：通过阵列的全部基准平面生成剖截面。

• 左键单击"Done（完成）"命令，系统显示出"SETUP PLANE（设置平面）"菜单，如图14.27所示。

• 在图形工作区左键单击可以作为剖截面的基准平面或者零件的表面，例如选取图前述示例中引擎下部的基准平面，如图14.28所示。

图14.26　"XSEC OPTS（剖　　　图14.27　"SETUP PLANE（设　　　图14.28　选取可以作为剖
　　　　　截面选项）"菜单　　　　　　　　　置平面）"菜单　　　　　　　　　截面的平面

• 剖截面定义完成，在该剖截面的位置会显示出剖面线，如图14.29所示。
• 如果不需要定义其他剖面，则左键单击"关闭"按钮，将"视图管理器"窗口关闭。

（4）创建半剖截面

如果需要创建半剖截面，可以按照下列步骤操作：

· 打开"视图管理器"，左键单击以打开"X截面"选项卡。

· 左键单击"新建"命令，输入剖面名称，按回车键。

· 系统显示出"XSEC OPTS（剖截面选项）"菜单，从中选取"Offset（偏距）" ➤ "One Side（单侧）"命令，然后左键单击"Done（完成）"命令，如图14.30所示。

· 系统显示出"SETUP PLN（设置平面）"菜单，要求选取草绘平面；在模型树中左键单击基准平面ASM_TOP，系统显示出"SETUP SK PLN（设置草绘平面）"菜单，如图14.31所示。

图14.29 剖截面定义完成，系统显示出剖面线　　图14.30 为半剖截面选取菜单项　　图14.31 "SETUP SK PLN（设置草绘平面）"菜单

· 左键单击"Okay（正向）"命令，系统显示出"SKET VIEW（草绘视图）"子菜单，要求选取视图参照方向。单击鼠标中键，或者左键单击"Default（缺省）"项，表示采用默认设置，如图14.32所示。

· 系统会进入草绘环境。左键单击右侧工具栏中的命令图标 ＼，沿曲线轴线绘制一条直线，如图14.33所示。

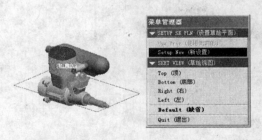
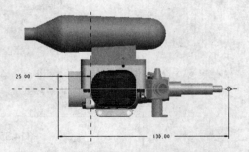

图14.32 "SKET VIEW（草绘视图）"子菜单　　图14.33 绘制直线，指出剖截面的位置

 可以结合使用草绘环境中的各种约束及尺寸来画线，以指定准确的截面位置。

· 左键单击右侧工具栏中的命令图标 ✔，完成草绘并退出草绘环境，截面定义完毕，系统会显示出剖面线，如图14.34所示。

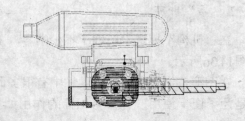

图14.34 截面定义完毕，系统会显示出剖面线

提示 如果需要创建全剖截面，可以在如图14.30所示的"XSEC OPTS（剖截面选项）"菜单中选取"Offset（偏距）"➤"Both Sides（单侧）"，然后左键单击"Done（完成）"命令，其余步骤与本例相同。

提示 用同样的方法也可以创建阶梯剖面，只要在草绘环境中绘制代表剖面位置的折线就行了。

14.2 机构运动仿真

Pro/E 4.0提供了丰富的机械结构设计与模拟功能，主要表现在"Mechanism Design"（机构设计）和"Mechanism Dynamics"（机构动态）两部分。

在Pro/E的组件模式中可以集中完成运动机构的创建及运动分析，其内容涉及创建和使用机构模型、测量、观察和分析机构在受力和不受力情况下的运动。本节将简要介绍机构的设计、建立运动模型、设置运动环境、建立机构运动分析、结果回放、动画仿真、运动测量等内容。

1. 机构模块简介

在"组件"环境中，运行主菜单命令"应用程序"➤"机构"即可进入机构模式，如图14.35所示。

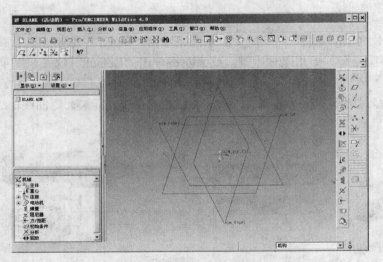

图14.35 "机构"模式

提示 如果需要由"机构"模式返回"组件"环境，使用主菜单命令"应用程序"➤"标准"即可。

在"机构"模式中新增了不少内容，主要集中在菜单"编辑"、"插入"和"分析"中，如图14.36所示。

在图形工作区右侧的工具栏中有很多命令图标，它们基本上与各菜单命令对应，在此处列出是为了便于使用。各命令图标的作用如下：

：切换机构图标的显示状态

：定义凸轮从动机构

: 定义齿轮副

: 定义伺服电机

: 机构分析

: 回放以前运行的分析

: 生成分析的测量结果

: 定义重力

: 定义执行电机

: 定义弹簧

: 定义阻尼器

: 定义力/力矩

: 设定初始条件

: 定义质量属性

图14.36 "机构"模式的"编辑"、
"插入"和"分析"菜单

在普通的模型树窗口下方又显示出一个机构模型树，如图14.37所示。

左键单击右侧工具栏的命令图标 ，系统会显示出"显示图元"对话框，在这里可以控制机构模型树中相关图标的显示状态，如图14.38所示。

图14.37 机构模型树

图14.38 "显示图元"对话框

机构运动仿真的主要工作包括四部分：

· 建立运动模型

具体工作包括：在模型中定义主体、连接装配、设置连接轴、指定质量属性、定义动力源（如指定伺服电机）。

· 设置运动环境

根据实际仿真分析的需要，具体工作可以包括重力、执行电机、弹簧、阻尼器、力/力矩、初始条件等方面的设置。

· 建立机构分析

根据实际分析的需要，Pro/E 4.0提供了位置分析、运动学分析、动态分析、静态分析和力平衡分析。

· 播放分析结果及输出动画

对仿真过程进行播放，同时可以设置各种碰撞检测，最后可以将仿真过程输出为动画文件。除此以外，还可以建立运动轨迹曲线，以便于通过图形来分析运动主体各部分的运动情况；对运动进行测量，从而了解运动过程中各参数的变化情况，作为优化机构设计的参考。

2. 机构运动仿真举例

下面通过实例来说明机构运动仿真的基本过程。

（1）建立运动模型

A. 插入机构主体中的基础构件

· 在Pro/E 4.0中打开本章练习文件"Blank.asm"，这是个空白的组件环境。

· 使用右侧工具栏中的命令图标，系统显示出"打开"对话框，选取本章练习文件"Base.prt"，这是个支架，系统显示出装配操控板。

· 选取约束"用户定义"和"缺省"，将元件放在系统缺省的位置，如图14.39所示。

· 左键单击操控板右侧的绿色对钩命令图标，完成基础元件的放置。

基础元件在机构运动仿真中是静止不动的，因此采用"用户定义"和"缺省"约束。在实际装配工作中，如果该元件不是组件中的首个元件，也可以采用"刚性"约束。

B. 连接装配

· 使用右侧工具栏中的命令图标，系统显示出"打开"对话框，选取本章练习文件"Bar1.prt"，这是个连杆，系统显示出装配操控板。

· 选取"销钉"连接，使连杆的轴线A_4与支架元件的轴线A_1对齐，再使连杆的前侧面与支架的后侧面贴合，如图14.40所示。

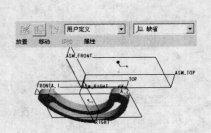

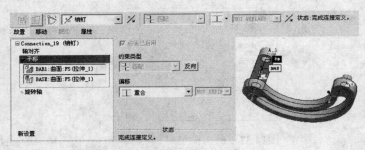

图14.39　放置基础元件　　　　　　　　　图14.40　放置连杆1

· 左键单击操控板右侧的绿色对钩命令图标，完成连杆1的放置。

· 用同样的方法插入元件"Bar2.prt"，这是连杆2，采用"销钉"连接，并使连杆2的轴线A_4与连杆1的轴线A_3对齐，两者侧面贴合，如图14.41所示。

图14.41　放置连杆2

· 左键单击操控板右侧的绿色对钩命令图标，完成连杆2的放置。

· 用同样的方法插入元件 "Bar3.prt"，这是连杆3，采用"销钉"连接，并使连杆3的轴线A_3与连杆2的轴线A_3对齐，两者侧面贴合，如图14.42所示。

图14.42 放置连杆3

· 在"放置"子控制板中左键单击"新设置"，系统显示出新的"轴对齐"约束，在图形工作区左键单击以选取连杆3的轴线A_4，再左键单击支架元件的轴线A_2，使两者对齐，如图14.43所示。

图14.43 新设置约束

· 左键单击操控板右侧的绿色对钩命令图标 ✓，完成连杆3的放置。至此，在"标准"组件环境下的装配连接工作就完成了。

C. 设置动力源

机构仿真环境的主要动力源是伺服电机，其设置步骤如下：

· 使用主菜单命令"应用程序"➤"机构"，系统进入了机构仿真环境，在机构中各销钉连接的位置显示出了代表销连接运动副的图标，如图14.44所示。

· 左键单击右侧工具栏中的命令图标 ⌒，系统显示出"伺服电动机定义"对话框，要求指定伺服电机驱动轴所在的位置，如图14.45所示。

图14.44 机构中显示出了代表销　　　　　图14.45 "伺服电动机定义"对话框
　　　　 连接运动副的图标

• 在图形工作区左键单击支架元件左侧的轴线，系统会在图形中用深蓝色显示出伺服电机的旋转方向，以及电机轴的默认朝向，如图14.46所示。

如果需要改变电机的方向，可以左键单击对话框中的"反向"按钮。

• 左键单击对话框中的"轮廓"选项卡，如图14.47所示，在"规范"栏的下拉列表中有下列选项：

- 位置：按照时间-角位移曲线来定义伺服电机的运动规律。
- 速度：按照时间-角速度曲线来定义伺服电机的运动规律。
- 加速度：按照时间-角加速度曲线来定义伺服电机的运动规律。

图14.46　伺服电机的旋转方向　　　　　　图14.47　"轮廓"选项卡

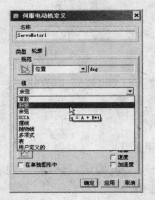

图14.48　"模"下拉列表中的选项

从下拉列表中选取"位置"项。

• "模"栏的下拉列表中有9个选项，均用于设置伺服电机的运动规律。

- 常数：表示运动规律是下面"A"字段指定的常数。

- 斜坡：即斜率，表示运动规律的时间曲线斜率为"A"字段指定的值。

其他选项如图14.48所示。

这些运动规律的详细说明请参见表14.1。

表14.1　伺服电机运动规律

函数类型	说明	所需设置
常数	需要恒定轮廓时，使用此类型	$q=A$ 其中 $A=$常数
斜坡	需要轮廓随时间做线性变化时，使用此类型	$q=A+B*x$ 其中 $A=$常数 $B=$斜率
余弦	需要为电动机轮廓指定余弦曲线时，使用此类型	$q=A*\cos(360°x/T+B)+C$ 其中

（续表）

函数类型	说明	所需设置
		A=幅值 B=相位 C=偏移量 T=周期
正弦-常数-余弦-加速度（SCCA）	用于模拟凸轮轮廓输出。只有选中"加速度"后才可使用SCCA。此轮廓不适用于执行电动机	有关详细信息，请参见"正弦-常数-余弦-加速度电动机轮廓的'模设置'"
摆线	用于模拟凸轮轮廓输出	$q=L*x/T-L*sin(2*Pi*x/T)/2*Pi$ 其中 L=总高度 T=周期
抛物线	可用于模拟电动机的轨迹	$q=A*x+1/2\ B(x^2)$ 其中 A=线性系数 B=二次项系数
多项式	用于一般的电动机轮廓	$q=A+B*x+C*x^2+D*x^3$ 其中 A=常数项 B=线性项系数 C=二次项系数 D=三次项系数
表	用于利用两列表格中的值生成模。如果已将测量结果输出到表中，此时就可以使用该表	有关详细信息，请参阅"作为表函数的模"
用户定义	用于指定由多个表达式段定义的任一种复合轮廓	有关详细信息，请参阅"作为用户定义函数的模"

*轮廓：指上述运动规律产生的时间曲线图形，单击命令按钮 🗠 即可查看。

本例中采用的伺服电机设置为"位置"、"斜坡"，"A=3"，"B=2"，如图14.49所示。

• 左键单击对话框中的命令按钮 🗠 即可查看当前设置的运动规律曲线，如图14.50所示。

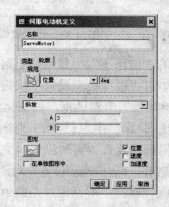

图14.49 本例伺服电机设置

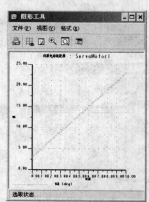

图14.50 查看运动规律曲线

• 完成参数设置后，单击"确定"按钮，将"伺服电动机定义"对话框关闭。

D. 定义运动分析

Pro/E 4.0中允许定义的运动分析有很多，例如"位置分析"、"运动学分析"、"动态分析"、"静态分析"、"力平衡分析"等，不同的分析需要的设置各不相同。下面以"运动学分析"为例进行说明。

• 左键单击右侧工具栏中的命令图标，或者使用主菜单命令"分析" ➤ "机构分析"，系统会显示出"分析定义"对话框，如图14.51所示。

• 根据需要修改运动分析的名称，在"终止时间"栏中输入运动仿真的时间长度，例如"40"（单位是秒），左键单击"电动机"选项卡，查看当前分析采用的电机设置，如图14.52所示。

• 前面定义的伺服电机应该出现在"分析定义"对话框中。左键单击"运行"按钮，系统应该开始运动仿真。

• 运动仿真正常后，左键单击"确定"按钮，关闭"分析定义"对话框。

E. 仿真回放及动画输出

前面定义的仿真过程已经保存，需要的时候可以随时播放，还可以输出成动画文件，具体操作如下：

• 左键单击右侧工具栏中的命令图标，系统会显示出"回放"对话框，如图14.53所示。

图14.51 "分析定义"对话框　　　图14.52 "分析定义"-电机　　　图14.53 "回放"对话框

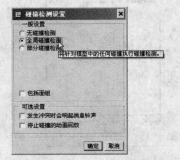

图14.54 "碰撞检测设置"对话框

• 对话框的"结果集"中显示出刚刚定义的运动分析。左键单击"碰撞检测设置"按钮，系统会显示出"碰撞检测设置"对话框，如图14.54所示。

• 在"一般设置"中左键单击"全局碰撞检测"选项，再根据需要选取可选设置，完成后左键单击"确定"按钮，"碰撞检测设置"对话框关闭。

• 系统返回"回放"对话框。左键单击左上角的命令图标，稍过一会儿（时间长度由运动仿真的复杂程度及时间长度而定）系统会显示出"动画"对话框，如图14.55所示。

　　·"动画"对话框中的多数按钮采用了标准图形，如向前播放、向后播放、停止、快进、快退等，本文不再赘述。用鼠标拖动"速度"栏中的滑块，可以调节动画播放的速度；左键单击"捕获"按钮，系统会显示出"捕获"对话框，如图14.56所示。

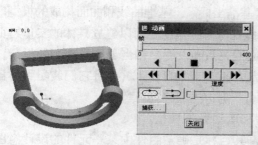
图14.55　"动画"对话框

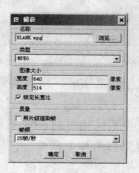
图14.56　"捕获"对话框

　　·左键单击"捕获"对话框中的"浏览"按钮，可以指定输出动画文件的位置；在"类型"下拉列表中可以选取输出动画文件的类型，另外还有指定动画文件的图像大小、质量、帧频等。本例将输出文件的名称改为"Rod-4.mpg"，左键单击"确定"按钮即可将仿真过程输出为动画文件。

　　·左键单击"关闭"按钮，将"回放"对话框关闭。

14.3　产品设计方法

　　产品设计的主要方法有两种：自底向上（DOWN-TOP）设计和自顶而下（TOP-DOWN）设计两种。

　　自底向上设计方法是指先设计好各个零部件，然后将它们装配成最终产品，多用于技术较成熟的产品的开发，例如改装车等；自顶而下的设计方法是指先确定总体思路，完成产品总体布局的设计，然后再按照上述要求进一步设计各零部件，多用于开创性的产品开发，例如某些概念车。而实际工作中的产品开发往往在相当程度上是将上述两种方法相结合，即在总体设计上采用自顶而下的方法，其中某些较成熟的功能部件则采用自底向上的方法，反之亦然。

　　本节主要介绍Pro/E中自顶而下的设计方法。

　　1. 自顶而下设计方法的特点

　　采用自顶而下的设计思想可以比较方便地管理大型组件，准确地把握设计意图在整个产品开发工作中的作用，使整个工作组织结构清晰，各设计小组较好地实现分工协作、资源共享，是一种先进的设计思想，具有较高的工作效率。

　　自顶而下的设计工作通常包括以下阶段：

　　·确定设计意图

　　利用诸如二维布局图、产品数据管理、骨架模型等工具来表达设计思想及条件限制。

　　·确定产品结构

　　这样在总体设计的模型树中便可清晰地看到产品的组织结构，以及各子系统、零部件之间的相互关系。

・传达设计意图

可以直接细化到具体零件的设计工作，及时将已经完成的或者阶段性的设计信息传到上层组织。

2. 骨架模型

采用骨架模型进行产品设计是一种典型的自顶而下的设计方法，通常用于大型装配设计。

所谓骨架模型，是指主要由基准点、基准轴、基准坐标系、基准曲线和曲面构成的模型，其组织元素通常没有质量属性，也没有具体形态，当然在骨架模型中也可以建立具体的实体特征。

骨架模型通常按照产品各零部件的空间相对位置关系而设计，相当于产品装配的框架。完成骨架模型的设计之后，就可以按照一定的顺序完成各零部件的设计，再将它们装配到各自的位置上。某些元件也可以在骨架模型所处的"组件"环境中直接创建。

骨架模型有两种主要类型，即标准骨架模型和运动骨架模型。

标准骨架模型可以被看做是一种特殊的零件，其目标是确定组件中某一元件的设计意图，文件保存为.prt格式。在标准骨架中会建立实际的三维约束，其关于尺寸、位置等方面的几何信息最终会被合并到具体的元件中。特别的是，采用标准骨架可以表示两个元件之间的接口，实现信息共享。

运动骨架模型用于确定产品中各元件之间的相对运动，是在组件环境中创建的子组件，其文件最终保存为.asm格式。

运动骨架模型包括设计骨架、骨架主体和预定义的约束集。

设计骨架可以是现有的骨架模型，也可以是带有新创建几何对象的内部骨架；主体骨架则是根据设计骨架的图元而创建的几何图形，像前文所述的组件装配一样被插入到组件环境，并施加上预定义约束集中的约束。

运动骨架模型中的第一个元件是"基础主体"，随着更多主体骨架元件的插入，系统会自动创建基准轴来实现彼此间的连接。骨架主体是具体元件设计的框架，**Pro/E**将它们均视为零件，具有常规零件的大多数特点。在**Pro/E 4.0**中，每个骨架主体文件都可以作为零件文件而被打开，并且作为零件设计的基础。

在机械产品的设计中，运动骨架模型的设计相当于概念设计，使人们可以在具体创建各零件之前，先在运动骨架中对总体设计的基本结构和运动关系进行测试。

 一个组件文件中只能创建或插入一个运动骨架。

下面举例说明骨架模型的创建过程及其应用。

（1）新建骨架文件

A. 在Pro/E 4.0中选取主菜单命令"文件" ➤ "新建"，系统显示出"新建"对话框。

B. 在"类型"一栏选取"组件"项，在"子类型"一栏选取"设计"项，输入组件名称，本例采用的名称是"Basic"，如图14.57所示。

C. 取消对话框底部"使用缺省模板"的勾选标记，左键单击"确定"按钮，系统显示出"新文件选项"对话框，从"模板"列表中选取"mmns_asm_design"，然后左键单击"确定"按钮，进入"组件"环境。

D. 左键单击模型树窗口的"设置"按钮，从其打开的菜单中左键单击"树过滤器"，系统显示出"模型树项目"窗口，左键单击以勾选其中"显示"栏的"特征"项，如图14.58所示。

（2）建立骨架模型

本例将通过骨架模型完成铁链的创建。

A. 左键单击右侧工具栏中的命令图标，系统显示出"元件创建"对话框。

B. 在"类型"栏中选取"骨架模型"项，在"子类型"栏中选取"标准"项，输入骨架模型的名称"BASIC_SK"，如图14.59所示。左键单击"确定"按钮以创建骨架模型文件。

图14.57 新建骨架文件

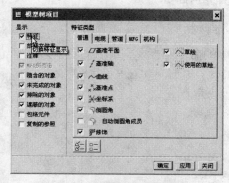

图14.58 "模型树项目"窗口

图14.59 新建骨架模型

C. 系统显示出"创建选项"对话框，如图14.60所示。左键单击其中的"创建特征"项，然后左键单击"确定"按钮。

D. 左键单击右侧工具栏中的命令图标，新建基准平面"DTM1"，它与基准平面ASM_FRONT平行，距离为30，如图14.61所示。

图14.60 "创建选项"对话框

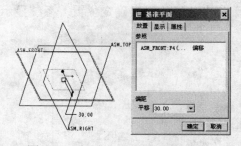

图14.61 新建基准平面"DTM1"

左键单击"确定"按钮，完成基准平面的创建。

E. 左键单击右侧工具栏中的命令图标，选取基准平面DTM1作为草绘平面，再选取基准平面ASM_RIGHT作为向"右"的参照方向，如图14.62所示。

F. 左键单击"草绘"以开始草绘。系统会弹出"参照"对话框。左键单击草绘环境中的水平线和垂直线，分别作为草绘参照，如图14.63所示，然后左键单击"关闭"按钮，将"参照"窗口关闭。

G. 绘制如图14.64所示的图形，标注尺寸。

H. 左键单击右侧工具栏中的蓝色对钩命令图标，完成草绘并退出。

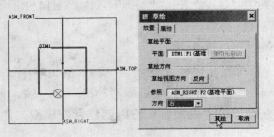

图14.62　设置草绘方向

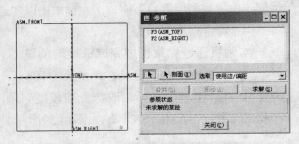

图14.63　加选参照

I. 接下来要创建第一个链环。

左键单击右侧工具栏中的命令图标 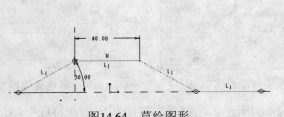，系统显示出"元件创建"对话框，如图14.65所示。

J. 选取类型"零件"，子类型"实体"，输入名称"ring"，左键单击"确定"按钮。

图14.64　草绘图形

图14.65　"元件创建"对话框

K. 系统显示出"创建选项"对话框，从中选取"创建特征"项，如图14.66所示。
左键单击"确定"按钮，进入零件设计环境。

L. 左键单击右侧工具栏中的命令图标 ，创建一个与DTM3平行且重合的基准平面，以便于将来装配的时候确定位置。系统显示出"基准平面"对话框，如图14.67所示。

图14.66　"创建选项"对话框

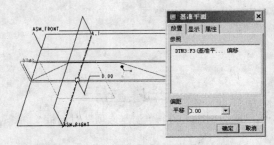

图14.67　创建零件的基准平面

完成后左键单击"确定"按钮，将对话框关闭。

M. 左键单击右侧工具栏中的命令图标 ，系统显示出"草绘"对话框，选取刚刚创建的基准平面DTM1作为草绘平面，选取组件基准平面TOP作为向上的参照方向，如图14.68所示。

N. 单击"草绘"按钮进入草绘环境。系统显示"参照"对话框，加选最左侧30°斜线，以及一条竖线作为参照，如图14.69所示。

O. 左键单击"关闭"按钮，将"参照"对话框关闭。

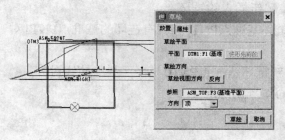

图14.68 选取草绘平面

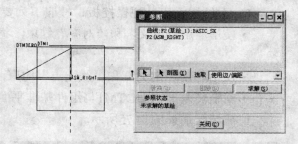

图14.69 加选参照

左键单击右侧工具栏中的命令图标，弹出"草绘调色板"对话框，从中选取"形状"下的"跑道形"图形，用鼠标将它拖到图形工作区，并且在"缩放旋转"对话框中输入比例值"10"和旋转角度"30"，如图14.70所示。

P. 使用草绘器约束，使跑道图形的两个圆心分别与斜线两端点重合，如图14.71所示。

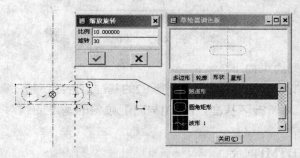

图14.70 使用"草绘调色板"

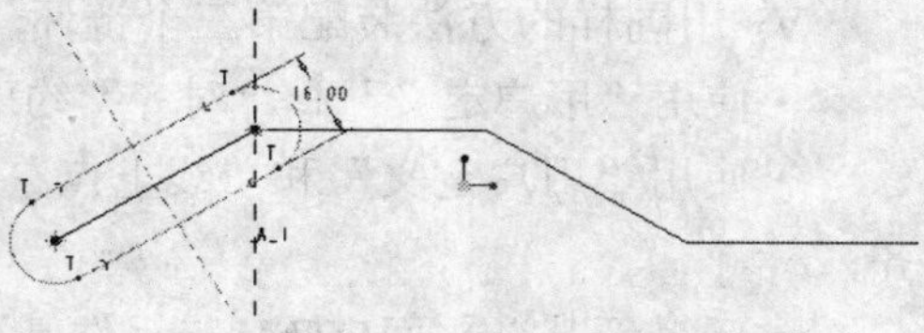

图14.71 施加约束之后

Q. 指定跑道图案的圆弧直径为16，完成后左键单击命令图标，完成草绘并且退出。

R. 使用主菜单命令"插入" ▶ "扫描" ▶ "伸出项"，以刚刚绘制的跑道图形为轨迹曲线，创建一个链环扫描图形，链环的直径为8，如图14.72所示。

S. 右键单击模型树中刚刚创建的链环零件"ring"，从弹出的快捷菜单中选取命令"打开"，进入零件设计状态，然后使用右侧工具栏中的命令图标，分别在链环两端的圆心处创建基准点，如图14.73所示。

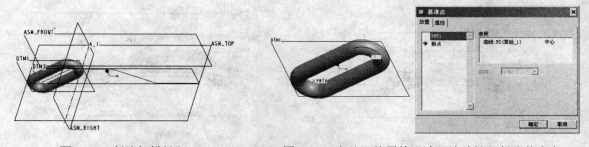

图14.72 创建扫描链环

图14.73 在独立的零件设计环境为链环创建基准点

T. 完成后保存零件模型，然后返回组件环境。

使用右侧工具栏中的命令图标，从"打开"对话框中选取会话中的零件模型"ring.prt"，如图14.74所示。

U. 系统显示出装配操控板。按照下列要求装配新插入的链环：

· 使用"用户定义"和"对齐"约束，将新链环基准点PNT0与现有链环的基准点PNT1对齐。

· 使用"用户定义"和"线上点"约束，将新链环基准点PNT0与水平基准曲线对齐。

· 新链环基准平面DTM1与组件基准平面FRONT偏距20。

完成装配后如图14.75所示。

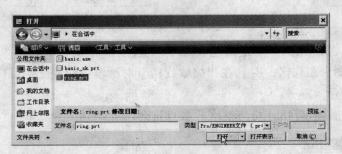

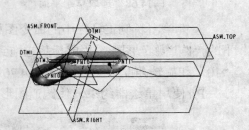

图14.74　从当前会话中选取链环文件　　　　　图14.75　装配第二个链环

V. 用同样的方法装配第三个链环，其装配约束如下：

· 使用"用户定义"和"对齐"约束，将新链环基准点PNT0与链环2的基准点PNT1对齐。

· 使用"用户定义"和"线上点"约束，将新链环基准点PNT0与向下倾斜的基准曲线对齐。

· 新链环基准平面DTM1与组件基准平面DTM1重合。

第三个链环装配后的结果如图14.76所示。

W. 用同样的方法装配第四个链环，其装配约束如下：

· 使用"用户定义"和"对齐"约束，将新链环基准点PNT0与链环3的基准点PNT1对齐。

· 使用"用户定义"和"线上点"约束，将新链环基准点PNT0与最后一段水平基准曲线对齐。

· 新链环基准平面DTM1与组件基准平面FRONT重合。

第四个链环装配后的结果如图14.77所示。

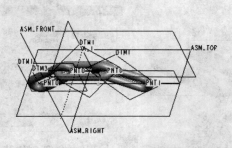

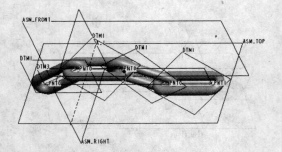

图14.76　第三个链环装配完毕　　　　　　　图14.77　装配第四个链环

小结

本章介绍了Pro/E 4.0中的视图管理技术，以及比较高级的装配技术，主要包括装配视图截面的创建与管理、爆炸视图、机构运动仿真和自顶向下的设计方法。

关于装配视图截面的创建与管理、爆炸视图的创建与编辑等内容是工程中常用的基本技术，也是后期生成装配工程图的基础。

关于机构运动仿真和骨架模型设计与应用的内容都比较简略，希望能起到引领大家入门的作用。还有很多高级的仿真和设计技巧，都需要大家在实际工作中自己去探索和掌握。

第15章 工程图基础

工程制图在Pro/E 4.0中称为"绘图"，是一个专门的模块。由于Pro/E采取了全参数化及单一数据库技术，因此"绘图"模块能够直接读取零件设计，以及组件设计中的信息，从而方便地生成各种视图，并自动标注零件的设计尺寸。

但是由于Pro/E是美国PTC公司开发的产品，其在工程制图方面的许多设置并不符合中国国家标准的规定，因此在我国的工作中还需要针对具体的标准体系对其进行设置和修改。

另外，Pro/E 4.0的根本目标是产品设计与制造，而不是专门的制图工具，因此传统的二维制图思想在这里很难实现。如果想要使用Pro/E 4.0生成二维工程图，那么首先要在Pro/E中生成产品的实体、曲面模型或者装配模型，然后才能进入其"绘图"模块生成需要的视图。不能像使用某些专用绘图软件那样，先打开一张空白图纸，然后画线、画圆及其他几何要素，最后画出工程图。

15.1 工程制图国家标准

工程制图是工业领域的一项重要技术，是传递产品设计及制造数据的重要途径，各国根据具体情况制定了国家标准。工程制图包含的内容很广，例如机械制图、建筑制图、电气制图、船体制图等。本文主要介绍与机械制图有关的内容。

1. 机械制图的基本要求

机械制图应满足下列基本要求：

（1）图样表达的唯一性

图样所表达的对象必须唯一，图样只能有唯一的正确解释。

（2）图样表达的正确性

图样应该正确、合理地表达设计思想。

（3）图样表达的完整性

图样应能完整地把对象的整体表达出来，包括结构、大小、技术要求等。

（4）图样表达的清晰性

图样应便于读图者清楚地了解其设计意图，而且具有唯一性。因此应采用尽量少的视图、清晰的图面和醒目的标注。

（5）图样表达符合规定

我国关于工程图制定了一系列的国家标准，用于保证在工程图中信息传递的一致性与唯一性。不论是推荐标准（名称以GB/T开始）还是强制标准（名称以GB开始），均要求相关企业和技术人员无条件地执行。

2. 机械制图中的基本规定

机械图样是设计和制造过程中的重要技术资料，是工程界使用的共同语言，《技术制图与机械制图》国家标准对机械图样的内容、画法、格式等做出了统一的规定。

国家标准简称"国标"，用代号"GB"表面，后随一串数字，如GB/T 4459.1-1995。GB/T表示推荐性标准，而仅有"GB"则表示强制性标准。

（1）图纸的幅面与格式

A. 图纸的幅面（GB/T 14689-1993）

绘制图样时，应根据实物的大小选择适当的比例，采取合适的图纸幅面。国家标准规定的图纸基本幅面有5种，分别是A0、A1、A2、A3、A4，其幅面尺寸如表15.1所示。国家标准还允许图纸按基本幅面短边的整数倍适当加长，其加长量如表15.2所示。

表15.1　图纸幅面及周边尺寸

幅面代号	幅面尺寸	周边尺寸		
	$B \times L$	a	c	e
A0	841×1189			10
A1	594×841		10	
A2	420×594	25		
A3	297×420		5	10
A4	210×297			

表15.2　加长图纸尺寸

幅面代号	尺寸$B \times L$	幅面代号	尺寸$B \times L$
A0×2	1189×1682	A3×5	420×1486
A0×3	1189×2523	A3×6	420×1783
A1×3	841×1783	A3×7	420×2080
A1×4	841×2378	A4×6	297×1261
A2×3	594×1261	A4×7	297×1471
A2×4	594×1682	A4×8	297×1682
A2×5	594×2102	A4×9	297×1892

B. 图框格式（GB/T 14689-1993）

对于需要装订的图样，其图框格式如图15.1（a）所示。不需要装订的图样，图框格式如图15.1（b）所示。图框线用粗实线绘制。为了便于复制，可以绘制对中符号，即从周边画入图框内约5mm的一段粗实线。

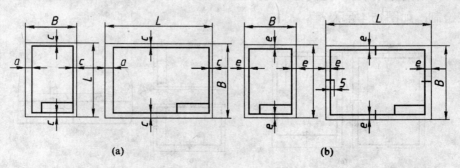

（a）　　　　　　　　　　　　　　　（b）

图15.1　图框格式

（2）标题栏

每张图纸都必须绘制标题栏。标题栏位于图纸的右下角，其格式和尺寸要遵守国标GB/T 10609.1-1989的规定。图15.2是该标准提供的一个示例。

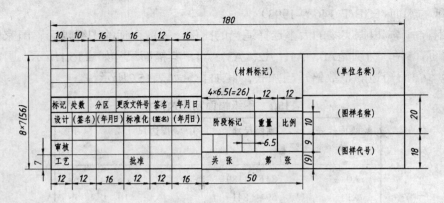

图15.2　标题栏

装配图中还会有明细栏，其格式与标题栏遵循相同的国家标准，图15.3是一个明细栏的示例。

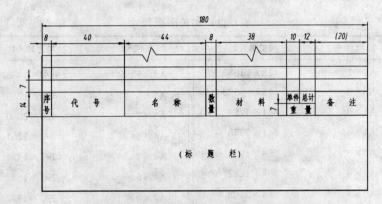

图15.3　装配图使用的明细栏

当标题栏的长边置于水平方向，并且与图纸的长边平行时，称为X型图纸，如图15.1（a）的右图所示。当标题栏的长边与图纸的长边垂直时，称为Y型图纸，如图15.1（a）的左图所示。通常情况下，看图的方向与看标题栏的方向一致。当看图方向与看标题栏方向不一致时，可采用方向符号，如图15.4所示。方向符号的尖角对着读图者，以此来确定看图的方向。方向符号用细实线绘制，如图15.4所示。

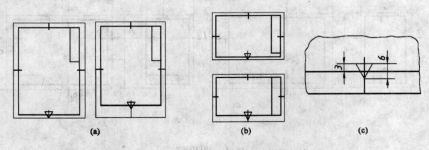

图15.4　用方向符号来确定看图方向

（3） 比例（GB/T 14690-1993）

绘制的图形与实物对应线性尺寸之比称为比例。绘图时应尽可能按设计对象的实际大小采用1:1的比例绘制。但由于设计对象的大小和结构复杂程度不同，往往需要放大或缩小。绘图时采用的比例应首先选择表15.3所示的比例，必要时也可以选用表15.4所示的比例。

表15.3 首选的绘图比例

种类	比例		
原值比例	1:1		
放大比例	5:1	2:1	
	$5 \times 10^n:1$	$2 \times 10^n:1$	$1 \times 10^n:1$
缩小比例	1:2	1:5	1:10
	$1:2 \times 10^n$	$1:5 \times 10^n$	$1:1 \times 10^n$

表15.4 次级绘图比例

种类	比例				
放大比例	4:1	2.5:1			
	$4 \times 10^n:1$	$2.5 \times 10^n:1$			
缩小比例	1:1.5	1:2.5	1:3	1:4	1:6
	$1:1.5 \times 10^n$	$1:2.5 \times 10^n$	$1:3 \times 10^n$	$1:4 \times 10^n$	$1:6 \times 10^n$

绘图比例应标注在标题栏中的比例栏内。必要时，一些视图名称的下方或右侧也可以标注比例。不论绘图时采用了何种比例，图样上的尺寸数字都应按设计对象实物的尺寸标注。

（4） 字体（GB/T 14691-1993）

图样中的汉字、数字、字母必须间隔均匀、排列整齐。字体号数即字体高度h，一般有20、14、10、7、5、3.5、2.5和1.8等八种。字体宽度为$h/\sqrt{2}$。

汉字采用长仿宋体，并应采用国家正式公布的简化字。

数字包括阿拉伯数字和罗马数字两种，有直体和斜体、A型字体与B型字体之分。当数字与汉字混合使用时，采用直体，其他情况下采用斜体。

（5） 图线（GB/T 17450-1998，GB/T 4457.4-2002）

输出的图纸应采用机械制图国家标准GB/T 4457.4-2002所规定的线型。全部图线仅采用粗、细两种线宽，其宽度比例是2:1。粗线宽度优先选择0.5或0.7，也可以根据图样的类型、尺寸、比例等要求从表15.5规定的数系中选择其他线宽。

表15.5 图线宽度和线型组别

线型组别	粗实线、粗虚线、粗点画线	细实线、细虚线、细点画线
0.25	0.25	0.13
0.35	0.35	0.18
0.5*	0.5	0.25
0.7*	0.7	0.35
1	1	0.5
1.4	1.4	0.7
2	2	1

3. 投影体系

工程图的主要内容是二维视图。二维视图是将三维模型经过投影形成的。不同国家采用的投影体系不同，从而选取的主要视图也不相同。

（1）投影分角

两个互相垂直的投影面（$V \perp H$）将空间分成四个部分，每部分称为一个分角，依次名为 I分角、II分角、III分角和IV分角，如图15.5所示。

机械制图国家标准规定，我国采用第一分角投影，其投影面V称为正面，投影面H称为水平投影面，V、H的交线称为OX，形成两面投影系，如图15.6（a）所示。亦可采用三投影面体系，即在上述两个投影面的基础上增加W面（称为侧面），三投影面互相垂直，两交线分别称为OX和OY，三面的共点称为原点O，如图15.6（b）所示。

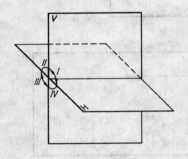

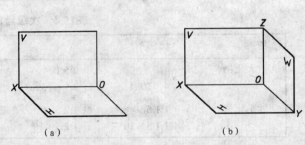

图15.5 投影空间与四个分角

图15.6 第一分角的两面投影系和三面投影体系

在第一分角投影系中，将设计对象分别向V、H、W三个投影面作平行投影，即可得到三个视图。在V面上的投影图形为主视图，H面投影图形为俯视图，W面投影图形为左视图，如图15.7所示。

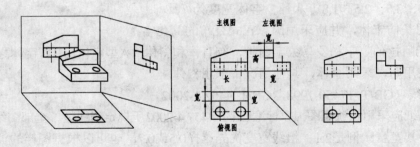

图15.7 第一分角投影系中三视图的形成

世界上的大多数国家（包括欧洲国家）和我国采用第一分角画法，但美国、日本等国家用的是第三分角投影系。**Pro/E 4.0**默认的绘图设置也是采用第三角投影系，与我国的标准不符。

第一分角投影系的特点是将设计对象置于观察者与投影面之间进行平行投影，而第三分角投影系则是将投影面置于观察者与设计对象之间进行投影，这时把投影面看做透明的，如图15.8所示。

图15.9显示了同样的零件在第三分角画法中产生的六个基本视图（即主视图、俯视图、仰视图、左视图、右视图、后视图）与第一分角画法的区别。从图中可以看出，第一分角画法与第三分角画法的左、右视图及俯、仰视图的位置正好相反。

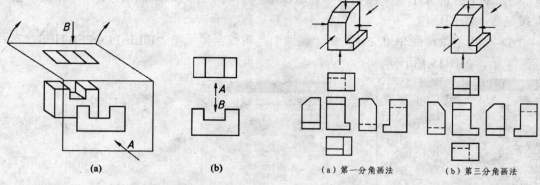

图15.8 第三分角投影系把投影面看做透明的   图15.9 第一角画法与第三角画法六面视图比较

    由于第一分角画法与第三分角画法同为通用的绘图表示法，为了明确当前图样采用的是何种投影关系，可以在图纸的上方或下方做出标记，如图15.10所示。

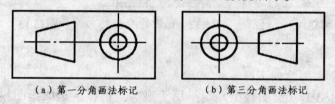

（a）第一分角画法标记   （b）第三分角画法标记

图15.10 画法标记

15.2 设置绘图环境

    Pro/E 4.0默认的绘图环境采用的是美国ANSI标准，其图框、字体等均与我国国标不符。因此，在开始绘图之前，首先需要设置绘图环境。

    设置绘图环境的方法有两种，一种是进入绘图环境之后再通过菜单命令根据需要进行设定，这种方法适用于偶尔创建工程图的场合；另一种是通过系统配置文件Config.pro及绘图环境配置文件*.dtl载入预先生成的配置信息，这种方法适合经常需要生成标准工程图的场合。

    不论采取何种方法，设置的主要内容都基本相同。下面分别进行说明。

1. 手工设置绘图环境

手工设置绘图环境的基本步骤如下：

    （1）启动Pro/E 4.0之后，设置工作目录，然后使用主菜单命令"文件"➤"新建"，系统显示出"新建"对话框，从中选取"绘图"项，如图15.11所示。

    输入文件名称，左键单击以取消对话框左下角的"使用缺省模板"复选框中的对钩标记，然后左键单击"确定"按钮。

    （2）系统显示出"新制图"对话框，要求选取本次绘图所依据的模型文件。左键单击"浏览"按钮，选取文件夹"Hammer"下的练习文件"hammer.prt"，如图15.12所示。

    （3）如果已经建立了绘图模板，那么可以从"指定模板"栏选取"使用模板"项。本例中尚未创建模板，因此选取默认选项"空"。

    （4）根据绘图需要从"方向"栏中选取看图方向，本例采用默认值"横向"。

（5）从"标准大小"下拉列表中选取图纸大小，本例选取默认值"C"，左键单击"确定"按钮进入绘图环境。

（6）使用主菜单命令"文件"➤"属性"，系统会显示出"FILE PROPERTIES（文件属性）"菜单，如图15.13所示。

图15.11　新建绘图文件　　　　　图15.12　选取绘图模型　　　　图15.13　"FILE PROPERTIES"
（文件属性）"菜单

此菜单中各命令的用途如下：

· "Drawing Models（绘图模型）"：用于删除、替换、选取绘图模型。

· "Tolerance Standard（公差标准）"：用于选取公差标准。

· "Drawing Options（绘图选项）"：用于详细设置具体的绘图参数。

（7）左键单击以选取"Drawing Options（绘图选项）"命令，系统会显示出"TOL SETUP（公差设置）"子菜单，如图15.14所示。

左键单击子菜单中的"Standard（标准）"命令。

（8）系统显示出"TOL STANDARD（公差标准）"子菜单，从中选取"ISO/DIN"项，如图15.15所示。

图15.14　"TOL SETUP（公差　　　　　　图15.15　"TOL STANDARD（公
设置）"子菜单　　　　　　　　　　　　　差标准）"子菜单

（9）系统会在提示栏处显示"尺寸公差已经修改。提示再生。是否要再生？"，要求确认，如图15.16所示。

图15.16　确认尺寸公差的修改

左键单击"是"按钮，表示确认，再左键单击"TOL SETUP（公差设置）"子菜单中的"Done/Return（完成/返回）"命令。

（10）系统又回到了"FILE PROPERTIES（文件属性）"菜单。左键单击以选取"Drawing Options（绘图选项）"命令，系统显示出"选项"对话框，如图15.17所示。

（11）在这个对话框中需要进行文字、视角、单位等方面的设置，如表15.6所示。

表15.6　基本环境变量设置

环境变量	设置值	含义
Drawing_text_height	3.500000	工程图中的文字字高
Drawing_units	mm	设置所有绘图参数的单位
line_style_standard	Std_iso	设置线型标准
projection_type	FIRST_ANGLE	投影分角为第三/第一角分角，我国采用第一分角FIRST_ANGLE
sym_flip_rotated_text	Yes	反转头朝下的表面粗糙度数值
text_thickness	0.00	文字笔画宽度
text_width_factor	0.7	文字宽高比
tol_display	YES	显示/不显示公差

设置的方法很简单：

• 在"选项"窗口的左下角"选项："栏中输入环境变量的名称。

• 左键单击右侧的"值"下拉列表，从中选取需要的值选项，或者输入准确的值。

• 左键单击右侧的"添加/更改"按钮。

这样就完成了一个环境变量的设置。完成所有变量的设置后，左键单击"应用"按钮，即可在当前绘图环境中使用上述设置。

（12）为了避免每次绘图都重复进行上述设置，可以将设置结果存盘，方法如下：

• 在"选项"窗口中完成设置后，左键单击窗口上方的命令按钮，系统会显示出"另存为"窗口，如图15.18所示。

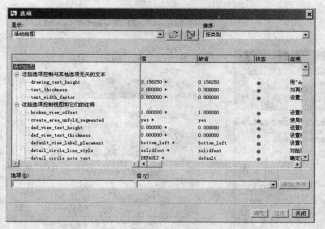

图15.17　"选项"对话框

图15.18　保存绘图选项设置

指定保存的文件夹及文件名之后，左键单击"OK"按钮，即可完成保存。

· 左键单击"关闭"按钮，将"选项"窗口关闭，再左键单击"FILE PROPERTIES（文件属性）"菜单中的"Done/Return（完成/返回）"命令。

· 以后又需要使用此配置的时候，可以在打开"选项"窗口后，左键单击命令图标 ，再找到前面保存过的配置文件即可。

2. 自动装载配置文件

如果经常需要进行绘图工作，而且对Pro/E绘图环境进行的设置修改又很多，那么最好是将所有的设置保存到文件中，然后在启动Pro/E的时候由系统自动载入。

关于在Pro/E 4.0中如何修改并保存配置的内容前文已经说明，用户可以根据需要进行修改。这里主要介绍如何让Pro/E自动载入已经设好的配置文件。

Pro/E 4.0在启动的时候，首先会到预先设置的启动目录中查找配置文件Config.pro，然后从中载入系统的基本配置。因此为了让系统自动装载绘图配置文件，需要做下列基本工作：

· 在Config.pro中写入绘图配置文件的装载路径。

· 将Config.pro存入Pro/E的启动目录。

在Config.pro中写入绘图配置文件的装载路径的步骤如下：

（1）在Pro/E 4.0启动之后，左键单击主菜单命令"工具" ➤ "选项"，系统会显示出"选项"对话框。

（2）在对话框中选取或者输入变量名"drawing_setup_file"，左键单击"浏览"按钮，从硬盘上找到前面保存过的绘图设置文件，例如本例中使用的"gb.dtl"，然后左键单击"添加/更改"按钮，如图15.19所示。

（3）左键单击右下角的"应用"按钮，此时Pro/E 4.0会将修改结果保存到Config.pro文件中，而这个文件通常位于Pro/E的启动目录下。左键单击"关闭"按钮，将"选项"对话框关闭。

> **提示**　如果想查看Pro/E 4.0的启动目录，可以在Windows XP（或者其他操作系统）的桌面环境下，右键单击Pro/E 4.0的图标，从弹出的快捷菜单中选取"属性"命令，系统会显示其快捷方式的属性，在其"起始位置"一栏中显示的就是Pro/E的启动目录，如图15.20所示。

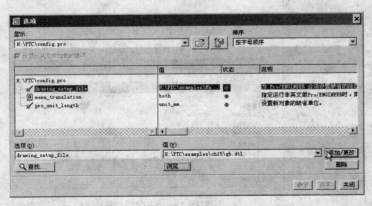

图15.19　在"选项"窗口中设置绘图文件路径

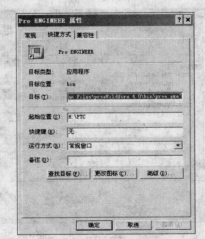

图15.20　查看启动目录

提示　由于许多人在工作中都需要对绘图环境进行国标化修改，因特网有关论坛中已经有不少修改好的配置文件可供人们采用。本章练习文件中也提供了类似的资源，可供读者参考使用。

3. 创建模板文件

对通过绘图选项来修改配置文件并不能解决图框、符号绘制等其他方面的问题。国家标准对于标准的幅面、图框、标题栏及粗糙度符号等都有严格的规定，因此人们可以将这些固定、简单但又非常琐碎的设计操作事先写入"模板"文件中，并保存到系统的模板库中。在实际工作中可以从模板库中直接调用合适的模板文件，再加入视图并进行少量的文本修改就可以完成工程图的设计，极大地提高了设计效率。

下面举例说明模板文件的创建过程。

（1）启动Pro/E 4.0之后，设置工作目录，然后选取主菜单命令"文件" ➤ "新建"命令建立新的文件；

（2）系统会弹出"新建"对话框。在"类型"栏选择"绘图"项，在名称输入栏输入文件名"UserA4"（即用户自定义的A4模板），取消"使用缺省模板"项的勾选标记，单击"确定"按钮。

（3）系统弹出"新制图"对话框，在"缺省模型"栏设置"无"，在"指定模板"栏选择"空"，在图纸"标准大小"栏选择"A4"幅面（用户可根据自己所需情况选定图纸大小），单击"确定"按钮，如图15.21所示。

（4）系统启动绘图设计环境，如图15.22所示。

图15.21　新建模板文件

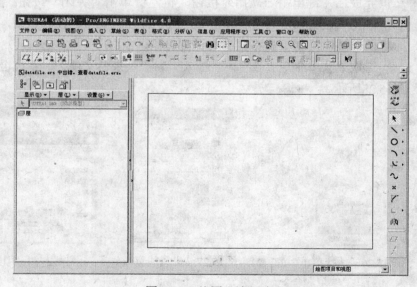

图15.22　绘图设计环境

（5）左键单击工具栏中的命令图标 以启用草绘链，单击绘线按钮 ，在图形工作区左上角大致位置按下鼠标右键，系统弹出上下文相关菜单如图15.23所示。

（6）从右键菜单中选取"绝对坐标"命令，系统会弹出坐标输入框，如图15.24所示。

根据前文所述国标关于图幅与图框的规定计算图框四角点的坐标值如下：

第一点： （25，205）

第二点： （292，205）

第三点： （292，5）

第四点： （25，5）

输入第一点的坐标值（25,205），然后左键单击绿色对钩命令图标 ✓。

（7）系统绘出第一点，显示出橡筋线。再次按下鼠标右键，从快捷菜单中选取"绝对坐标"，依次在框中输入第二点、第三点、第四点、第一点的坐标值，直到完成图框的绘制，单击鼠标中键，得到的图框如图15.25所示。

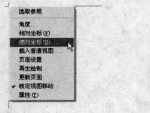

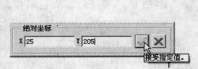

图15.23　右键菜单　　　　图15.24　输入绝对坐标　　　　图15.25　A4图框绘制完毕

（8）确认图框处于被选中的状态，按下右键，从弹出的快捷菜单中选取"线型"命令，如图15.26所示。

（9）系统显示出"修改线体"对话框，从中将线宽设为"1"，如图15.27所示。

完成后左键单击"应用"按钮，再左键单击"关闭"按钮。

（10）接下来开始绘制标题栏。由于标题栏的绘制比较复杂，本例先插入现成的表文件。标题栏的具体绘制步骤将在下文详细讨论。

选取主菜单命令"表"➤"插入"➤"表来自文件"，系统会显示出"打开"对话框，如图15.28所示。

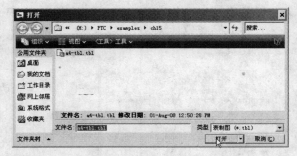

图15.26　快捷菜单中的　　　图15.27　设置线宽　　　　图15.28　选取表文件
　　　　　"线型"命令

选取本章练习文件"A4-tbl.tbl"，左键单击"打开"按钮。

（11）系统显示出"GET POINT（获得点）"菜单，如图15.29所示。

从菜单中选取"Abs Coords（绝对坐标）"命令。

（12）系统在提示栏要求输入点的*X*坐标，如图15.30所示。

图15.29 "GET POINT（获
得点）"菜单

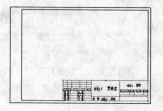

图15.30 输入点的X坐标

这里要求输入的实际上是表格右下角的点坐标。输入X坐标值"292"，然后左键单击绿色对钩命令图标 。

（13）系统接着要求输入Y坐标，输入值"5"，然后按回车键。系统会自动将表插入图框右下角，如图15.31所示。

（14）接下来插入通用表面粗糙度符号。

使用主菜单命令"插入"➤"表面光洁度"，系统会显示出"GET SYMBOL（得到符号）"菜单，如图15.32所示。

图15.31 插入标题栏

图15.32 "GET SYMBOL（得到符号）"菜单

 "表面光洁度"是旧名称，目前国家标准关于表面质量的规定名称均为"表面粗糙度"。

（15）左键单击其中的"Retrieve（检索）"命令，系统会显示出"打开"对话框，并且自动进入Pro/E 4.0默认保存表面粗糙度符号的文件夹中，如图15.33所示。

根据需要进入适当的文件夹，再选取需要的符号。本例选取的是"machined"文件夹中的"no_value1.sym"，左键单击"打开"按钮。

（16）系统显示出"INST ATTACH（实例依附）"菜单，如图15.34所示。

图15.33 "打开"对话框

图15.34 "INST ATTACH（实例依附）"菜单

左键单击其中的"No Leader（无引线）"命令。

（17）系统显示出"GET POINT（获得点）"菜单，如图15.35所示。

在图框内右上角适当位置左键单击，以确定表面粗糙度符号出现的位置。

（18）左键单击"Quit（退出）"命令，再左键单击菜单中的"Done/Return（完成/返回）"命令，即可完成表面粗糙度符号的创建。

（19）下面插入表面粗糙度说明文本。

使用主菜单命令"插入" ➤ "注释"，系统会显示出"NOTE TYPE（注释类型）"菜单，如图15.36所示。

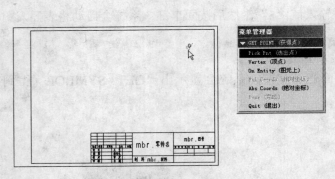

图15.35 "GET POINT（获得点）"菜单　　　　图15.36 "NOTE TYPE（注释类型）"菜单

（20）左键单击菜单中的"Make Notes（制作注释）"命令，光标形状会变化，系统又会显示出"GET POINT（获得点）"菜单。这时左键单击刚插入的表面粗糙度符号左侧的位置，如图15.37所示。

（21）系统提示栏中要求输入注释文本，输入"其余"两个字，如图15.38所示。

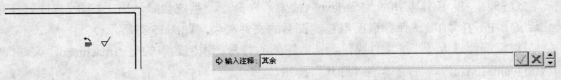

图15.37 选取注释文本位置　　　　图15.38 输入注释文本

完成后左键单击输入栏右侧的绿色对钩按钮。

（22）系统会在表面粗糙度符号旁显示出"其余"字样。左键单击这两个字使之被选中，再将它们拖动到合适的位置，如图15.39所示。

（23）用同样的方法，在图框左下角适当位置输入基本技术要求文本，完成后如图15.40所示。

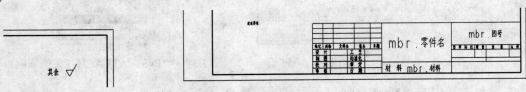

图15.39 输入"其余"两个字　　　　图15.40 插入基本技术要求

（24）接下来插入默认视图。

选取主菜单命令"应用程序"➤"模板"，再选取主菜单命令"插入"➤"模板视图"，系统会显示出"模板视图指定"对话框，如图15.41所示。

（25）在"视图名称"栏输入名称"主视图"，确认"方向"栏为默认值"FRONT"，然后在图框内按下鼠标左键，在希望放置主视图的位置拖出一个方框，如图15.42所示。

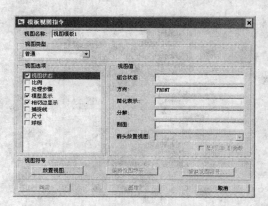

图15.41 "模板视图指定"对话框

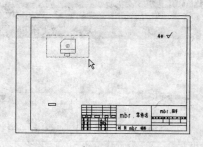

图15.42 指定主视图位置

（26）左键单击对话框中的"新建"按钮，在"视图名称"栏输入"俯视图"，从"视图类型"下拉列表中选取"投影"，如图15.43所示。

再左键单击"放置视图"按钮，在图框内主视图的下方左键单击，以确定俯视图的位置，如图15.44所示。

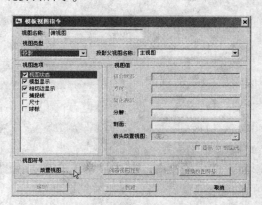

图15.43 新建俯视图

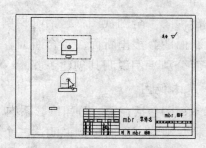

图15.44 放置俯视图

（27）用同样的方法，左键单击对话框中的"新建"按钮，在"视图名称"栏输入"左视图"，从"视图类型"下拉列表中选取"投影"，在图框内主视图的右侧适当位置左键单击，确定左视图的位置。完成后左键单击"确定"按钮，结果如图15.45所示。

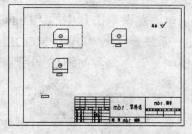

图15.45 确定左视图位置

完成后，使用主菜单命令"文件"➤"保存"，系统显示出"保存"对话框，将当前模板文件保存到Pro/E 4.0安装目录中的"template"文件夹下，如图15.46所示。

此后绘图时如果需要使用公制A4模板，就可以在新建绘图文件的时候在"新制图"对话框中选取此模板，如图15.47所示，然后绘图环境就会自动出现上述图框、标题栏、技术要求，以及三个默认视图了。

图15.46 保存模板

图15.47 选取自定义的模板

15.3 创建视图

根据新国家标准的规定，机械制图中使用的视图主要包括以下内容。

- 基本视图：主视图、俯视图、左视图
- 向视图：斜视图
- 局部视图
- 剖视图：全剖视图（包括阶梯剖）、半剖视图、局部剖视图
- 断面图：移出断面、重合断面

下面分别举例说明其创建步骤。

1. 基本视图

基本视图包括在第一分角投影系内，六个投影面上产生的视图，其中最常见的是主视图、俯视图和左视图。下面举例说明这三个基本视图的创建步骤。

（1）启动Pro/E 4.0，打开本章练习文件"Blank.drw"，这是个空白的绘图文件。

（2）使用主菜单命令"文件"➤"属性"，系统显示出"FILE PROPERTIES（文件属性）"菜单，左键单击其中的"Drawing Models（绘图模型）"命令，如图15.48所示。

（3）系统显示出"DWG MODELS（DWG模型）"子菜单，左键单击其中的"Add Model（添加模型）"命令，如图15.49所示。

图15.48 选取"Drawing Models（绘图模型）"命令

图15.49 选取"Add Model（添加模型）"命令

（4）系统显示出"打开"窗口，选取本章练习文件"Hammer-raw.prt"，左键单击"打开"按钮，然后左键单击"FILE PROPERTIES（文件属性）"菜单中的"Done/Return（完成/返回）"命令。

（5）左键单击图形工作区上方工具栏中的命令图标，或者使用主菜单命令"插入" ➤ "绘图视图" ➤ "一般"，然后在图形工作区左上角单击左键，系统会显示出一个默认方向的锤子模型，以及"绘图视图"对话框，如图15.50所示。

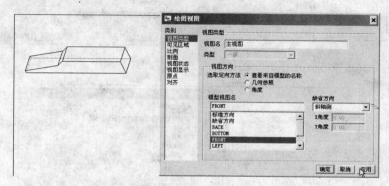

图15.50 锤子模型及"绘图视图"对话框

（6）在"视图名"栏中输入视图的名称"主视图"，然后从对话框下方的"模型视图名"栏中左键单击以选取"FRONT"，最后左键单击"应用"按钮，图形工作区中的模型的显示立刻会变成与这里的设置相同的方向。左键单击"关闭"按钮，将"绘图视图"对话框关闭。

（7）再次左键单击图形工作区上方工具栏中的命令图标，然后在图形工作区主视图的正下方单击左键，系统又会显示出一个默认方向的锤子模型，同时显示出"绘图视图"对话框。

（8）在"视图名"栏中输入视图的名称"俯视图"，然后从对话框下方的"模型视图名"栏中左键单击以选取"TOP"，如图15.51所示，最后左键单击"确定"按钮，将"绘图视图"对话框关闭。

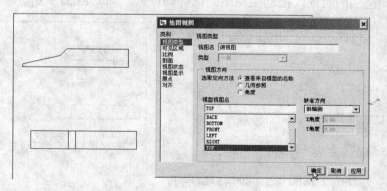

图15.51 创建俯视图

（9）用同样的方法插入左视图，如图15.52所示。

（10）这样创建的三个视图的位置彼此并没有对齐，需要调整一下。

双击俯视图，系统再次显示出"绘图视图"对话框。左键单击"类别"栏中的"对齐"项，再左键单击以选取"将此视图与其他视图对齐"复选框，然后在图形区左键单击以选取主视图，如图15.53所示。

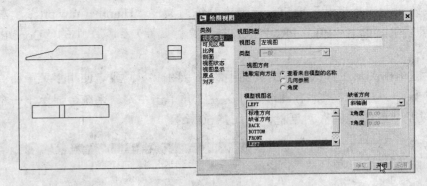

图15.52 创建左视图

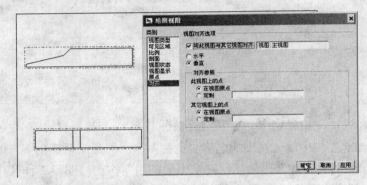

图15.53 俯视图与主视图对齐

（11）左键单击"确定"按钮，即可完成俯视图与主视图对齐的操作。

（12）用同样的方法让左视图与主视图对齐，完成后如图15.54所示。

（13）从图中可以看出，主视图和俯视图位置偏左，需要调整，可以进行下列操作：

· 左键单击上方工具栏中的命令图标 🔧，使之处于未被按下的状态，然后左键单击主视图，待光标变成四向箭头的时候，拖动主视图到正确的位置，如图15.55所示。

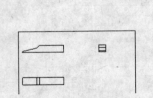

图15.54 三个视图全部对齐

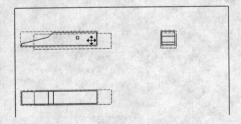

图15.55 拖动主视图

可以看到，另外两个视图也会同时随之移动。

已经插入主视图之后，还可以按照下列步骤创建俯视图和左视图。

· 使用菜单命令"插入" ➤ "绘图视图" ➤ "投影"。

· 系统自动以主视图为基础形成另外两个视图。

- 如果左键单击主视图下方，则生成俯视图，并且与主视图对齐。

- 如果左键单击主视图右边，则生成左视图，并且自动与主视图对齐。

2. 向视图

新国家标准中的向视图包含了原国家标准中的斜视图和旋转视图。下面举例说明其创建步骤。

（1）斜视图

A. 将Pro/E中多余的文件从内存中拭除。

B. 使用主菜单命令"文件"➤"新建"，新建一个绘图文件，左键单击"确定"按钮。

C. 系统显示"新制图"对话框，在"缺省模型"栏中选取本章练习文件"Engine_body.prt"，在"指定模板"栏中选取"使用模板"，在下面的列表中选取前面创建的模板"USERA4"，如图15.56所示。

完成后左键单击"确定"按钮。

D. 系统进入绘图环境，并且自动生成了图框、标题栏及三个视图，如图15.57所示。

图15.56 "新制图"对话框

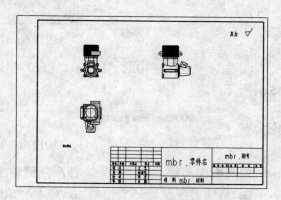

图15.57 进入绘图环境

E. 选取主菜单命令"插入"➤"绘图视图"➤"辅助"，系统会在提示栏显示"在主视图上选取穿过前侧曲面的轴或作为基准曲面的前侧曲面的基准平面"，意思是选取能够代表斜视图平面的几何要素。在左视图中左键单击代表化油器端面的斜线，如图15.58所示。

F. 随着光标会出现一个浮动的方框，代表斜视图的位置。在适当位置单击左键，确定斜视图的位置，如图15.59所示。

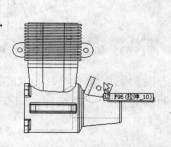

图15.58 选取化油器端面

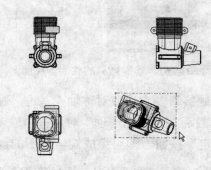

图15.59 确定斜视图位置

（2）旋转视图

下面生成化油器端面的旋转视图。

A. 仍然以前面的模型为例。使用主菜单命令"插入"➤"绘图视图"➤"旋转"，系统在提示栏显示"选取旋转界面的父视图"。

B. 左键单击左视图，系统接着提示"选取绘图视图的中心点"，左键单击图框右侧适合放置旋转视图的位置，系统会显示出"绘图视图"对话框，以及"XSEC CREATE（剖截面创建）"菜单，如图15.60所示。

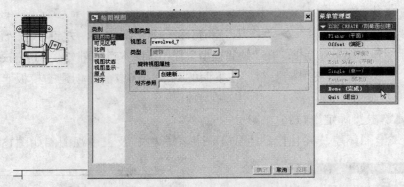

图15.60　创建旋转视图

C. 左键单击菜单中的"Done（完成）"命令，系统会在提示栏中要求输入截面名，如图15.61所示。

图15.61　输入截面名称

输入截面名称"化油器"，然后左键单击绿色对钩命令图标✔。

D. 系统会显示出一个轴侧图，以及"SETUP PLANE（设置平面）"菜单。在轴侧图上左键单击以选取倾斜的化油器端面，如图15.62所示。

E. 系统会按照投影关系显示出化油器端面的投影图，如图15.63所示。

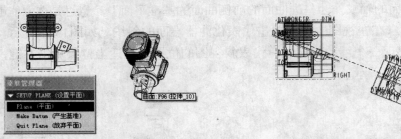

图15.62　选取倾斜的化油器端面

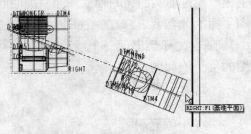

图15.63　化油器端面的投影图

系统接着要求选取对称轴或基准，在图形区左键单击投影图中的基准平面RIGHT。

F. 最后在"绘图选项"对话框中输入视图名称"化油器端面"，如图15.64所示，左键单击"确定"按钮，即可完成旋转视图的创建。

　初学者很容易犯的一个错误是在步骤B系统刚刚弹出"绘图选项"对话框及菜单时，首先去输入视图名称。这样系统就会报告出错消息，并且无法进行接下来的操作。

　在创建"旋转视图"的过程中，一定要随时注意观察系统提示栏的信息，按照提示进行操作。

3. 局部视图

如果只需要沿指定方向观察模型的某个局部，那么可以生成Pro/E 4.0所谓的"详细视图"，下面以化油器口部侧面局部视图为例进行说明，具体步骤如下：

（1）仍然接着上面的示例操作。选取主菜单命令"插入"▶"绘图视图"▶"详细"，系统会提示"在现有视图上选取要查看细节的中心点"，此时左键单击左视图化油器侧面，如图15.65所示。

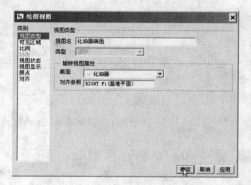

图15.64　输入旋转视图名称

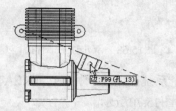

图15.65　选取局部视图观察的中心

（2）系统会在单击的位置显示一个红色的圆块，并且提示"草绘样条，不相交其他样条，来定义一轮廓线"，意思是要求通过草绘样条来指定局部视图在父视图上的范围。直接在红色圆块的周围左键单击绘制，以绘制封闭样条，如图15.66所示。

完成时单击鼠标中键。

（3）系统在绘制样条的位置显示一个圆圈、箭头及字母符号，接着提示"选取绘制视图的中心点"。左键单击图框中适当的位置以放置局部视图，系统即会在该处显示，如图15.67所示。

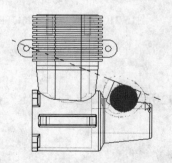

图15.66　直接在红色圆块的周围左键
单击绘制，以绘制封闭样条

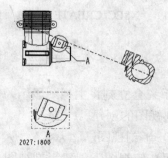

图15.67　生成的局部视图

4. 剖视图

剖视图主要在基本视图的基础上形成，主要有全剖、半剖、旋转剖、阶梯剖等。下面分别举例说明。

（1）全剖视图

下面在主视图的基础上创建全剖视图

A. 仍然在上例的基础上进行说明。左键双击主视图，系统显示出"绘图视图"对话框。

在对话框的"类别"栏左键单击"剖面",然后在"剖面选项"中左键单击"2D截面",如图15.68所示。

B. 左键单击绿色的加号按钮,然后从出现的列表中选取"创建新···"命令,如图15.69所示。

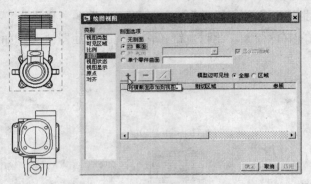

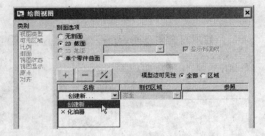

图15.68　双击主视图打开对话框　　　　　图15.69　创建新截面

C. 系统显示出"XSEC CREATE(剖截面创建)"菜单,左键单击"Done(完成)"命令,如图15.70所示。

D. 在提示栏中输入截面名称"F",完成后左键单击绿色对钩按钮✓。

E. 系统显示出"SETUP PLANE(设置平面)"菜单及"选取"对话框,要求指定截面。在俯视图中左键单击以选取基准平面CTR,如图15.71所示。

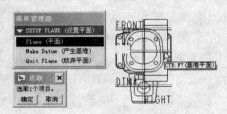

图15.70　"XSEC CREATE(剖截面创建)"菜单　　　图15.71　选取基准平面CTR

 为了选取基准平面,应适时切换视图显示方式。

F. 系统会立刻将主视图显示为全剖视图,如图15.72所示。左键单击"确定"按钮,即可完成全剖视图的创建。

(2)半剖视图

下面在俯视图上创建半剖视图。

A. 左键双击俯视图,系统显示出"绘图视图"对话框。

B. 左键单击以选取"类别"栏的"剖面"项,以及"剖面选项"中的"2D截面"项,最后左键单击绿色加号按钮,如图15.73所示。

C. 从"名称"下拉列表中选取"创建新",系统显示出"XSEC CREATE(剖截面创建)"菜单,左键单击"Done(完成)"命令。

D. 系统显示输入栏,要求输入截面名称。输入截面名称"T",完成后左键单击绿色对钩按钮✓。

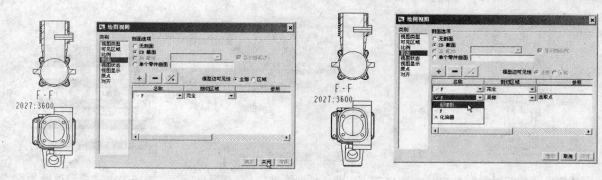

| 图15.72 完成的全剖视图 | 图15.73 创建半剖视图使用的对话框 |

E. 系统要求选取剖截面的位置。在主视图上左键单击以选取基准平面**TOP**，如图15.74所示。

F. 从"绘图视图"对话框的"剖切区域"列表中选取"一半"，然后在主视图上选取基准平面**RIGHT**作为分界，如图15.75所示。

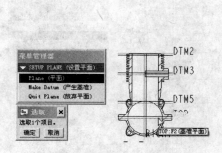

图15.74 选取剖面位置

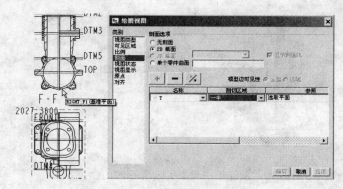

图15.75 选取半剖的分界面

使用命令按钮 ⚡ 可以切换显示的方向。左键单击"关闭"以关闭"绘图视图"对话框，半剖视图完成，如图15.76所示。

（3）旋转剖和阶梯剖视图

旋转剖视图和阶梯剖视图的创建方法相同，区别在于阶梯剖视图的各段截面彼此平行，而旋转剖的截面各部分之间存在一定的夹角。下面举例说明。

A. 将**Pro/E**中不需要的文件从内存中拭除。

B. 使用主菜单命令"文件"➤"打开"，将本章练习文件"**Engine-body.prt**"打开。

C. 使用主菜单命令"视图"➤"视图管理器"，系统显示出"视图管理器"窗口，如图15.77所示。

D. 在窗口中左键单击"X截面"选项卡，单击"新建"按钮，然后在系统显示的输入栏内输入截面名称"**X**"，完成后按回车键。

E. 系统显示出"**XSEC CREATE**（剖截面创建）"菜单，从中选取"**Offset**（偏距）"及"**One side**（单侧）"项，再左键单击"**Done**（完成）"命令，如图15.78所示。

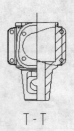

图15.76 完成的半剖视图   图15.77 引擎体模型的"视图管理器"   图15.78 选取菜单项

F. 系统显示出"SETUP PLANE（设置平面）"菜单，要求选取草绘平面。在图形区左键单击模型的基准平面RIGHT，如图15.79所示。

G. 系统显示"DIRECTION（方向）"子菜单，左键单击"Flip（反向）"命令，然后单击鼠标中键，如图15.80所示。

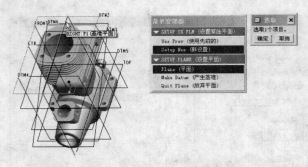

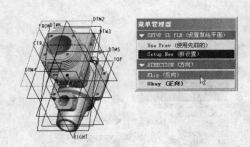

图15.79 左键单击模型的基准平面RIGHT   图15.80 设置草绘方向

H. 系统要求选取草绘辅助方向。在"SKET VIEW（草绘视图）"子菜单中左键单击"Top（顶）"项，然后在模型中左键单击气缸的上端面，如图15.81所示。

I. 系统进入草绘环境。加选化油器口端面作为参照，然后绘制截面位置，如图15.82所示。

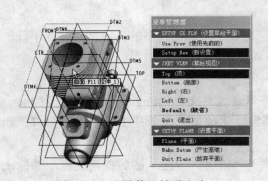

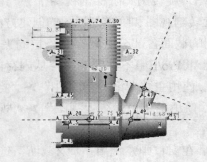

图15.81 设置草绘辅助方向   图15.82 草绘旋转剖面位置

  可以灵活使用草绘器中的各种工具及尺寸来保证剖面位置的准确。

J. 完成草绘后，左键单击命令图标✔以退出。

K. 至此，剖截面"R"创建完毕，如图15.83所示。左键单击"关闭"按钮，将"视图管理器"关闭。

L. 使用主菜单命令"文件"➤"新建"，新建一个绘图文件，模板为空，进入绘图环境。

M. 使用主菜单命令"插入"➤"绘图视图"➤"一般"，在主视图的位置插入一个视图，视图方向为LEFT，如图15.84所示。

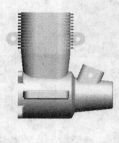
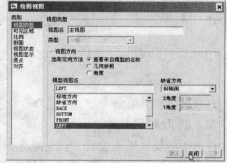

图15.83　剖截面"R"创建完毕　　　　　　　　图15.84　插入主视图

N. 使用主菜单命令"插入"➤"绘图视图"➤"投影"，在主视图下方的位置插入俯视图，如图15.85所示。

O. 左键双击刚刚插入的俯视图，系统显示出"绘图视图"对话框。输入视图名称"俯视图"，如图15.86所示。

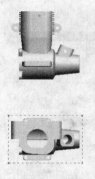
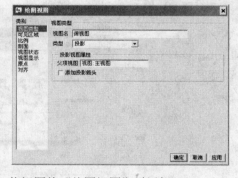

图15.85　插入俯视图　　　　　　　　图15.86　俯视图的"绘图视图"对话框

P. 左键单击"类别"栏中的"剖面"，再左键单击对话框右半部分"剖面选项"栏中的"2D截面"单选按钮，对话框中会显示出一个列表框。从中左键单击绿色的"+"号按钮，再从下面的"名称"列表中选取前面创建的截面名称"R"，如图15.87所示，俯视图就会显示出旋转剖面的效果。"剖切区域"列表用于选取是全剖、半剖还是局部剖。选取"完全"表示全剖，左键单击"关闭"按钮，以旋转截面作为剖面的俯视图即可创建完成。

5. 断面图

新国标规定的断面图主要包括移出断面视图和重合断面视图，下面分别举例说明。

（1）移出断面视图

A. 将Pro/E中不必要的文件从内存中拭除。打开本章练习文件"Blank.drw"，这是个空白的绘图文件。

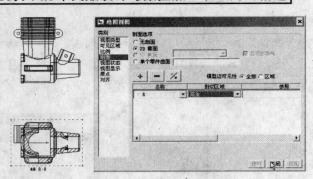

图15.87　旋转剖视图

B. 使用主菜单命令"插入"➤"绘图视图"➤"一般"，系统会自动显示"打开"对话框，要求选取模型文件。

C. 选取本章练习文件"Cranksh.prt"，左键单击"打开"按钮。

D. 在图框左上角左键单击以插入主视图，并做下列设置。

· 视图名：主视图

· 模型视图名：LEFT

· 视图显示：线框

如图15.88所示。

E. 使用主菜单命令"插入"➤"绘图视图"➤"投影"，在主视图的右侧创建一个投影图，如图15.89所示。

图15.88　插入主视图

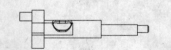
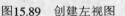

图15.89　创建左视图

F. 双击左视图，打开"绘图视图"对话框，进行下列设置。

· 视图名称：移出断面

· 视图显示：线框

G. 从"类别"栏中选取"剖面"，从"剖面选项"栏中选取"2D截面"，左键单击绿色加号按钮，系统显示出"XSEC CREATE（剖截面创建）"菜单，左键单击其中的"Done（完成）"命令。

H. 系统显示出输入栏，输入截面名称"A"，按回车键。

I. 系统显示出"SETUP PLANE（设置平面）"菜单，从图形区左键单击基准平面DTM2，如图15.90所示。

J. 剖截面创建完毕，其名称会出现在对话框的"名称"栏中。左键单击截面列表上方的"区域"选项，再左键单击"关闭"按钮，即可完成移出断面的创建，如图15.91所示。

（2）重合断面

重合断面与移出断面完全相同，只是它位于父视图取断面的位置上，因此只要在上例的基础上稍加修改即可获得。

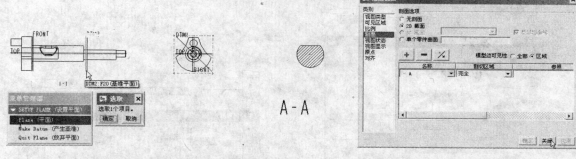

图15.90 从图形区左键单击
基准平面DTM2

图15.91 移出断面完成

A. 在上例的基础上，用鼠标拖动刚刚生成的断面视图，使之处于剖截面所在的位置，如图15.92所示。

B. 在"绘图视图"对话框的"视图类型"栏中勾选"添加投影箭头"项，系统会显示出代表剖面位置和投影方向的箭头，如图15.93所示。

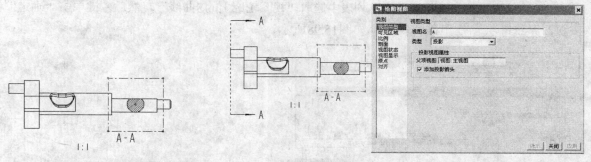

图15.92 移动断面视图的位置

图15.93 修改视图名，并显示投影箭头

C. 左键单击"关闭"按钮，用鼠标拖动投影箭头的位置，并做适当的调整，用右键菜单拭除不必要的文字，即可得到最终的重合断面视图，如图15.94所示。

6. **破断视图**

破断视图本身不是一种独立的视图，而是应用于基本视图上的一种处理方法，多用于处理截面形状单一，而长度很长的零件模型。下面举例说明。

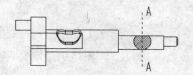

图15.94 最终的重合断面视图

（1）将不需要的文件从内存中拭除。打开练习文件"Blank.drw"，这是个空的绘图文件。

（2）使用主菜单命令"插入"➤"绘图视图"➤"一般"，系统显示出"打开"对话框，从中选取本章练习文件"Cranksh-l.prt"。

（3）在主视图的位置左键单击，系统显示出长曲轴模型图形及"绘图视图"对话框。

（4）输入视图名称"破断视图"，从"模型视图名"列表中选取"LEFT"，左键单击"应用"按钮，如图15.95所示。

（5）在"类别"栏左键单击"可见区域"，从"视图可见性"列表中选取"破断视图"，再左键单击下面的绿色加号图标，使破断表中显示出空的新记录行，如图15.96所示。

图15.95　创建破断视图

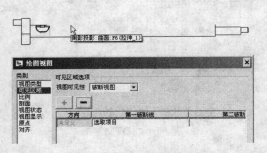

图15.96　在破断表中插入新行

（6）在零件模型轮廓线上允许断开的位置左键单击一下，轮廓线会显示为红色，再左键单击一下，会显示一个蓝色的圆形色块，表示定义了第一个断点。

（7）移动光标到另一端，左键单击定义第二个断点，如图15.97所示。

（8）从表中的"破断线样式"列表中选取"视图轮廓上的S曲线"，然后左键单击"确定"按钮，系统即会创建出破断视图，如图15.98所示。

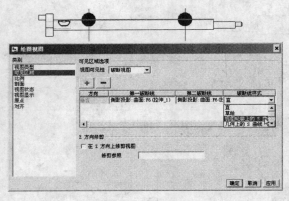

图15.97　定义断点

图15.98　完成的破断视图

小结

本章主要介绍了新国标关于机械制图的一些基本规定，从而必须对Pro/E 4.0绘图环境所做的一系列设置。为了便于使用，可以将设置的结果保存到模板文件及配置文件中，还可以让系统启动的时候自动调入。

模板在实际工作中可以大大提高工作效率，因此本章重点介绍了模板的创建过程，以及在配置文件Config.pro中设置的方法。

绘图的基本内容是视图，本章最后介绍了各种常用的视图，并通过示例讲述了创建的步骤。

第16章 工程图标注

学习要点：
- ➡ 标注尺寸
- ➡ 设置尺寸显示样式
- ➡ 标注形位公差
- ➡ 形位公差及基准的修改
- ➡ 标注表面粗糙度
- ➡ 创建注释
- ➡ 绘制标题栏

工程图是产品制造的基础，其中的标注的尺寸、公差、表面粗糙度及其他技术信息则是制造的基本依据。正确地标注上述技术参数，是制图工作的基本要求。

Pro/E 4.0提供了丰富的技术参数标注、注释添加及编辑功能，本章将通过实例来介绍常见的各种技术参数标注方法。

在CAD技术中，标题栏的创建往往是随着图纸模板的生成而形成的。但由于不同图纸对标题栏的要求各不相同，因此除了使用标准模板提供的标题栏以外，还需要灵活掌握绘制标题栏的方法。

16.1 标注尺寸

在Pro/E 4.0中，标注的尺寸可以分为两种：
- 驱动尺寸
- 从动尺寸

驱动尺寸是指在零件模型设计过程中确定的尺寸，其标注过程实际上就是从参数库中调出并显示，以及确定正确的显示格式的过程。"绘图"环境中标注的驱动尺寸与模型中的尺寸具有双向驱动关系，即如果修改了模型中的尺寸，则"绘图"环境中的尺寸也会随之而变化；如果修改了"绘图"环境中的尺寸，则零件模型也会随之发生变化。

从动尺寸是在绘图中创建的新尺寸，其关联仅为单向的，即从模型到绘图。如果在模型中更改了尺寸，则所有已编辑的尺寸值和其绘图均会更新，但是，不能使用这些从动尺寸编辑3D零件模型。通常情况下，从动尺寸是根据零件模型中的设计尺寸推算出来，仅供图纸显示使用。

1. 标注驱动尺寸

标注驱动尺寸的方法也分为两种：第一种是先显示出模型中现有的尺寸，然后再在现有尺寸的基础上进行编辑和调整。第二种是直接使用尺寸标注工具在图纸上标出需要的尺寸。当然，也可以把上述两种方法结合起来使用。下面举例说明。

（1）启动Pro/E 4.0，设置工作目录，使用主菜单命令"文件" ➤ "新建"。

（2）系统显示出"新建"对话框，从其"类型"栏中选取"绘图"，输入文件名，然后

　　左键单击"确定"按钮。

　　（3）系统显示出"新制图"对话框，左键单击"浏览"按钮，从本章练习文件中选取"Hammer-b.prt"。

　　（4）从"模板"列表中选取"usera4"，最后左键单击"确定"按钮，如图16.1所示。

　　（5）系统进入绘图环境，并且自动生成了三视图。左键单击上方工具栏中的命令图标，系统会显示出"显示/拭除"对话框，如图16.2所示。

　　（6）在对话框中左键单击命令图标，然后从"显示方式"栏中选取"视图"项，在图形工作区左键单击以选取主视图，系统会在主视图中显示出模型设计阶段指定的全部尺寸，如图16.3所示。

图16.1　新建绘图文件

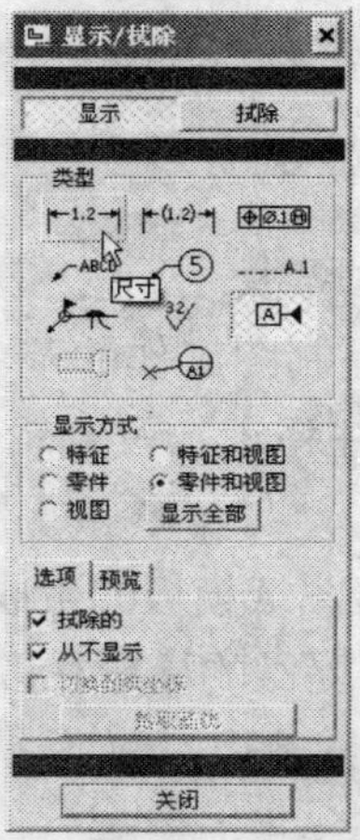

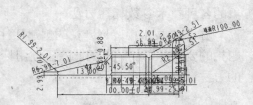
图16.2　"显示/拭除"对话框

图16.3　主视图显示全部尺寸

　　（7）在"显示/拭除"对话框中左键单击"显示全部"按钮，然后左键单击底部的"关闭"按钮，将对话框关闭。

　　（8）现在主视图的全部尺寸都显示为红色，表示当前处于被选中的状态。下面进行自动整理，使之彼此拉开一定的间距。

　　使用主菜单命令"编辑"▶"整理"▶"尺寸"，系统会显示出"整理尺寸"对话框，如图16.4所示。

　　（9）左键单击对话框右下角的"应用"按钮，系统会将各尺寸拉开间距，如图16.5所示。

图16.4　"整理尺寸"对话框

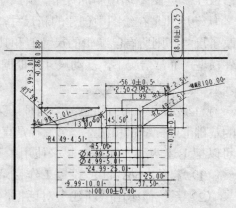
图16.5　自动整理后的尺寸

可见系统并不考虑尺寸的位置是否合理，也不关心每个尺寸是否适当。左键单击"关闭"按钮，将"显示/拭除"对话框关闭。

（10）下面拭除不必要的尺寸。具体做法是：

·左键单击要拭除的尺寸，使之显示为红色。

·按下鼠标右键，从弹出的快捷菜单中选取"拭除"命令，如图16.6所示。

（11）刚刚拭除的尺寸显示为浅灰色，左键单击上方工具栏中的命令图标▣，或者左键单击屏幕空白位置，系统会刷新屏幕，拭除的尺寸也会消失。用同样的方法拭除多余的、不适当的尺寸，再删除用于对齐尺寸的浅灰色虚线。

（12）左键单击位置不适当的尺寸使之被选中，略微移动光标，当光标变成表示四个方向移动的箭头时，按下鼠标左键拖动尺寸到适当的位置。经过上述调整后，得到如图16.7所示的视图。

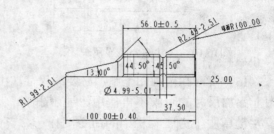

图16.6 拭除不需要的尺寸　　　　　　　图16.7 拭除不需要的尺寸，删除对齐尺寸用的虚线

（13）观察图中有不少尺寸的显示格式不理想。例如尺寸"R1.99-2.01"，这是由于在模型设计时指定了公差。实际上这个公差值只是用做参考，不必显示在零件图上。解决的办法如下：

·左键单击尺寸"R1.99-2.01"，使之处于选中状态。

·按下鼠标右键，从弹出的快捷菜单中选取"属性"命令，如图16.8所示。

 也可以采用双击尺寸的办法来打开其"尺寸属性"对话框。

·系统会显示出"尺寸属性"对话框，如图16.9所示。

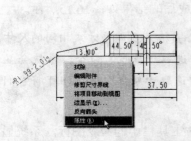

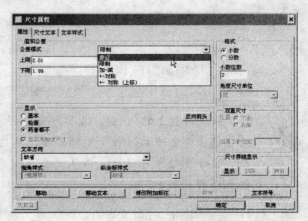

图16.8 从弹出的快捷菜单中选取"属性"命令　　　　图16.9 "尺寸属性"对话框

系统默认显示的是"属性"选项卡。从该选项卡的"公差模式"下拉列表中选取"象征"，然后左键单击"确定"按钮，将对话框关闭。

 从"公差模式"列表中可以看出，在这里还可以将公差值的显示更改为其他常见的形式，例如采用"+-对称"、"+-对称（上标）"等。

该尺寸的公差显示会关闭，如图16.10所示。

（14）用同样的方法，关闭其他多余的公差显示，进一步拭除多余的尺寸，得到的结果如图16.11所示。

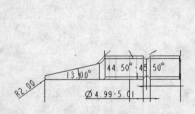

图16.10 尺寸的公差显示关闭了

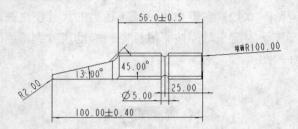

图16.11 关闭其他多余的公差显示

（15）下面在俯视图上添加必要的尺寸。由于在主视图中已经显示了多数尺寸，因此在俯视图上添加尺寸的时候不再使用"显示/拭除"对话框。

左键单击上方工具栏中的命令图标，系统显示出"ATTACH TYPE（依附类型）"菜单，其中默认选取了"On Entity（图元上）"项，如图16.12所示。

（16）在俯视图上左键单击锤子尾部上方和下方的轮廓线，像在草绘器中标注距离尺寸那样，将光标移到希望显示尺寸的位置，单击鼠标中键，系统即会显示出对应的尺寸，如图16.13所示。

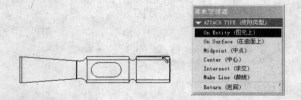

图16.12 "ATTACH TYPE（依附类型）"菜单

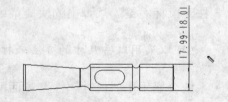

图16.13 手工添加尺寸

（17）用同样的方法再添加其他尺寸，其中包括中心孔的宽度、圆弧半径、锤头宽度、斜角等，添加后的结果如图16.14所示。

（18）采用与前面相同的方法调整公差显示格式，完成后的结果如图16.15所示。

 可以按下键盘上的Ctrl键，左键单击全部需要调整公差格式且调整方式相同的尺寸，将它们全部选中后，按下鼠标右键，从快捷菜单中选取"属性"命令，系统会显示出"尺寸属性"对话框，再从"公差模式"列表中选取"象征"项，即可将它们的格式全部转换。

（19）接下来标注两圆弧的中心距。再次左键单击上方工具栏中的命令图标，系统显示出"ATTACH TYPE（依附类型）"菜单，从中选取了"Center（中心）"项，然后分别左键单击中间孔的两个圆弧，如图16.16所示。

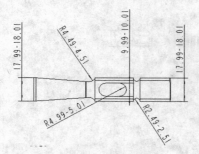

图16.14 添加其他尺寸

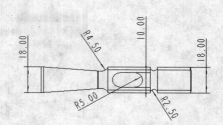

图16.15 调整公差显示格式

将光标移到适当的位置，单击鼠标中键，系统即会显示出两圆弧的中心距。调整其公差显示格式，完成后如图16.17所示。

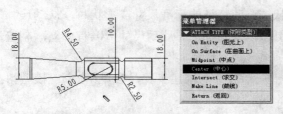

图16.16 标注中心距

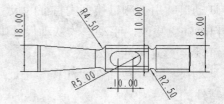

图16.17 添加圆弧中心距尺寸

（20）添加左视图尺寸，方法与前述相同，完成后得到的视图如图16.18所示。

（21）最后，观察许多默认的尺寸尾部都带有多余的"0"，可以使用"尺寸属性"对话框将它们删除。具体步骤是：

· 双击需要修改的尺寸，如左视图中的"18.00"，打开"尺寸属性"对话框。

· 在对话框右侧"格式"区中，将"小数位数"改为"0"，然后左键单击"确定"按钮，将对话框关闭。

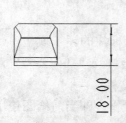

图16.18 添加左视图尺寸

图16.19 调整尺寸值的显示

· 用同样的方法，修改其他尺寸值的显示，将其尾部多余的"0"去除，完成后如图16.20所示。

在俯视图中也可以显示表示圆心的十字线。在Pro/E 4.0中，十字线通过垂直于屏幕的轴线来表示，也就是说，希望显示十字线的位置在模型中有对应的轴线。在此条件下，只要按下"显示/拭除"对话框中的按钮......A1，再选取相应的视图或特征，即可显示出十字线。

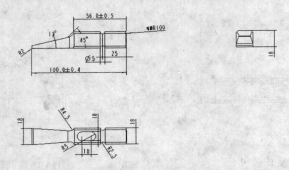

图16.20　除去尺寸值尾部多余的"0"

2．标注从动尺寸

从动尺寸用于测量模型内特征的尺寸和形状。修改特征的标准尺寸或形状时，从动尺寸的值会自动随之更改；手动修改从动尺寸则不会引起模型的变化。从动尺寸可以有公差，制造的元件可以接受或拒绝其公差。

从动尺寸可以包括在"注释"特征中。关于从动尺寸的创建步骤，参见第8章"模型树、层与零件的属性"。

16.2　标注形位公差

在机械制造技术中，形位公差包括形状公差和位置公差。

形状公差用于约束被测要素自身的几何形状，共包括六项：平面度、直线度、圆度、圆柱度、线轮廓度、面轮廓度。标注的时候，只需要选取公差符号和公差值，再指定约束的表面即可。

位置公差用于约束被测要素相对于基准要素的位置关系，同时也约束被测要素自身的几何形状，共有八项：平行度、垂直度、倾斜度、对称度、同轴度、圆跳动、全跳动、位置度。标注的时候，除了选取公差符号、公差值及指定约束表面以外，还需要指定基准要素，而且经常需要创建基准要素。

下面分别举例说明。

1．标注形状公差

（1）打开本章练习文件"Hammer-blank.drw"，这是个未标注的锤子模型。

（2）左键单击屏幕上方工具栏中的命令图标 ⊕∅⒑⊞，系统会打开"几何公差"对话框，如图16.21所示。

（3）左键单击平面度公差符号；"模型"栏采用默认的设置，即当前绘图使用的零件模型；"类型"下拉列表采用默认设置"曲面"，如图16.22所示。

（4）左键单击"类型"列表下方的"选取图元"按钮，使之显示为被按下的状态，然后在主视图中左键单击以选取锤子的底平面，如图16.23所示。

（5）在"放置"栏的"类型"列表中选取"法向引线"，系统会显示出"LEADER TYPE（引线类型）"菜单，如图16.24所示。

图16.21　"几何公差"对话框

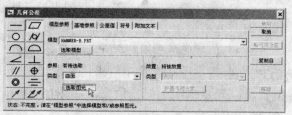

图16.22　选取平面度

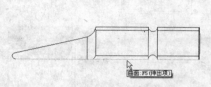

图16.23　选取锤子的底平面

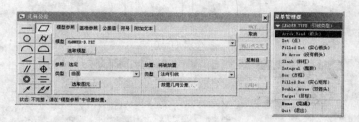

图16.24　选取放置类型及"LEADER
TYPE（引线类型）"菜单

（6）采用默认的引线类型，即"Arrow Head（箭头）"，在主视图中表示锤子底平面的轮廓线上左键单击引线起始的位置，如图16.25所示。

（7）在适合显示公差框的位置单击鼠标中键，系统即会显示出公差框格，如图16.26所示。

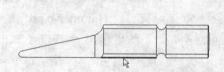

图16.25　左键单击引线的起始点

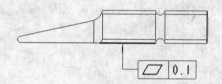

图16.26　单击鼠标中键，系统即会
显示出公差框格

（8）在"几何公差"对话框中左键单击"公差值"选项卡，在其中的"总公差"栏中输入公差值"0.02"，然后左键单击"确定"按钮，如图16.27所示。

（9）平面度公差标注完成，结果如图16.28所示。

图16.27　修改公差值

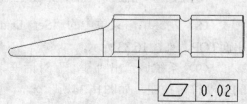

图16.28　平面度公差标注完成

2. 标注位置公差

（1）接着上面的例子进行。左键单击屏幕上方工具栏中的命令图标 ⊕⌀.1⌀，系统会打开"几何公差"对话框，从中左键单击平行度符号，如图16.29所示。

　　（2）系统会在"类型"下拉列表显示默认设置"曲面"，然后要求选取标注对象。在主视图中左键单击表示锤子上表面的轮廓线。

　　（3）再从"放置"栏的"类型"下拉列表中选取"法向引线"，系统又会弹出"LEADER TYPE（引线类型）"菜单，采用其默认选项，然后在主视图中左键单击上表面轮廓线上适当位置，以确定引线的起始位置，如图16.30所示。

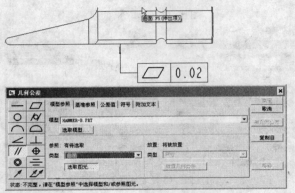

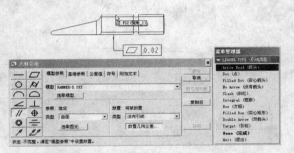

图16.29　选取平行度公差符号　　　　　　　　图16.30　选取标注对象

　　（4）将光标移到适当的位置，单击鼠标中键以显示公差框格，如图16.31所示。

　　（5）框格中缺少基准，而且目前在模型中尚未定义基准标签。因此下面要在零件设计环境中为"Hammer-b.prt"定义基准标签。左键单击"确定"按钮，将"几何公差"对话框关闭。

　　（6）使用主菜单命令"文件"➤"打开"，打开本章练习文件"Hammer-b.prt"。

　　（7）使用主菜单命令"插入"➤"注释"➤"几何公差"，系统显示出"GEOM TOL（几何公差）"菜单，如图16.32所示。

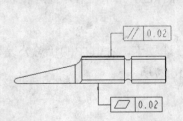

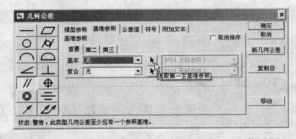

图16.31　单击鼠标中键以显示公差框格　　　图16.32　"GEOM TOL（几何公差）"菜单

　　（8）左键单击菜单中的"Set Datum（设置基准）"命令，然后左键单击模型中的基准平面TOP，如图16.33所示。

　　（9）系统显示出"基准"对话框。将基准的名称改为"A"，再选取"类型"栏最右侧的基准符号按钮，如图16.34所示。

　　（10）左键单击"确定"按钮，将"基准"对话框关闭，再左键单击"GEOM TOL（几何公差）"菜单中的"Done/Return（完成/返回）"命令。

　　（11）使用主菜单命令"文件"➤"保存"将零件设置保存。

　　（12）回到绘图文件"Hammer-tol.drw"中，使用主菜单命令"窗口"➤"激活"，使绘图文件处于激活状态。

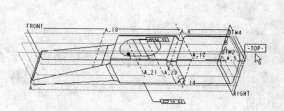

图16.33 选取基准平面TOP   图16.34 "基准"对话框

 由于绘图文件也需要使用零件模型文件，因此无法将零件模型从内存中拭除。

（13）可以看到，基准标签"A"已经显示在主视图中。左键单击将基准标签选中，然后将它拖到左侧适当的位置，如图16.35所示。

（14）左键双击前面创建的平行度公差框格，以打开"几何公差"对话框。

（15）在"几何公差"对话框中左键单击"基准参照"选项卡，再左键单击下方"首要"子选项卡中的"基本"下拉列表，从中选取"A"，如图16.36所示。

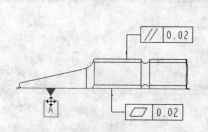

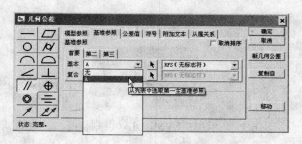

图16.35 拖动基准标签到适当的位置   图16.36 从"基本"下拉列表中选取基准

（16）左键单击"公差值"选项卡，从中将"总公差"值改为"0.05"，如图16.37所示。

（17）完成后左键单击"确定"按钮将对话框关闭。最终得到的平行度公差标注如图16.38所示。

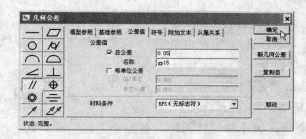

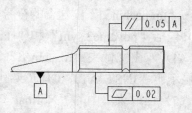

图16.37 修改公差值   图16.38 平行度标注完成

 由于形位公差标注中涉及到多种不同类型的图元，因此在具体标注过程中的操作也不尽相同。例如，标注直线度时，选取的对象是零件的直轮廓线、轴线或者曲面；

标注圆跳动的时候，基准标签应在旋转轴线上创建；有时还会用到两个基准要素，例如曲轴同轴度的基准通常是两端的两个顶尖孔轴线。因此，几何公差的标注形式会有多种变化，本文无法一一尽述，需要大家在工作的过程中进一步总结和掌握。

16.3 标注表面粗糙度

表面粗糙度是零件图中的另一项必要技术参数。表面粗糙度在Pro/E 4.0系统中称为"表面光洁度"，其常用参数是Ra值，在零件图上用√加相应的数值表示。如果标注的是其他参数，如Ry、Rz，那么需要专门说明。

下面举例说明表面粗糙度的标注方法。

（1）将Pro/E中不需要的文件从内存中拭除。打开本章练习文件"Hammer-blank.drw"，系统显示出一个未标注的绘图文件。

（2）使用主菜单命令"插入"➤"表面光洁度"，系统会显示出"GET SYMBOL（得到符号）"菜单，如图16.39所示。

（3）选取菜单中的"Retrieve（检索）"命令，系统会显示"打开"对话框，其中显示了几个文件夹，如图16.40所示。

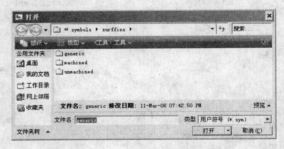

图16.39 "GET SYMBOL（得到符号）"菜单　　　图16.40 系统显示出表面粗糙度符号文件夹

各文件夹的含义及内容如下：

· "generic"：包含通用表面粗糙度符号，即机械制造中表示允许用任意加工方法获得的表面质量。其中又包括"novalue.sym"和"standard.sym"。前者表示不带数值的符号，后者表示可以指定数值的符号。

· "machined"：包含的符号在机械制造中表示通过切削材料的方法获得的表面质量。其中又包括"novalue1.sym"和"standard1.sym"，含义与前述相同。

· "unmachined"：包含的符号在机械制造中表示通过不切削材料的方法获得的表面质量。其中又包括"novalue2.sym"和"standard2.sym"，含义与前述相同。

（4）双击文件夹"machined"，再从中选取"standard.sym"，左键单击"打开"按钮，系统显示出"INST ATTACH（实例依附）"菜单，如图16.41所示。

（5）选取菜单中的"Normal（法向）"命令，表示符号将标注在被测表面的法向。在主视图中左键单击锤子底面的轮廓线，如图16.42所示。

 此步骤具有两个作用：1、选取标注的表面。2、确定标注符号的位置。

图16.41 "INST ATTACH(实例依附)"菜单

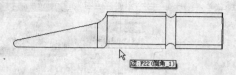

图16.42 选取标注的表面及位置

（6）系统在提示栏中显示出输入框，要求输入粗糙度数值。输入数值"3.2"，如图16.43所示。

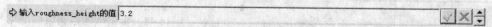

图16.43 输入表面粗糙度值

完成后左键单击右端的绿色对钩按钮。

（7）系统在视图中显示出标注的表面粗糙度符号，同时还有"选取"菜单。继续左键单击其他轮廓，可以用不同数值在其他表面上继续标注此粗糙度符号，如图16.44所示。

（8）可以使用此粗糙度符号的表面全部标注完毕后，左键单击"选取"菜单中的"确定"按钮，再左键单击"INST ATTACH(实例依附)"菜单中的"Done/Return（完成/返回）"命令，将菜单关闭。

 如果发现标注的数值中出现头朝下或头朝右的数字，那么需要对绘图设置中的环境变量做如下修改：

将变量"sym_flip_rotated_text"的值改为"Yes"，具体步骤参见第15章"工程图基础"。

（9）用同样的方法可以标注内孔的表面粗糙度，例如采用无引线的方式标注俯视图中的孔，如图16.45所示。

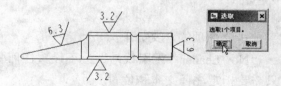

图16.44 继续标注其他轮廓

图16.45 内孔表面粗糙度-无引线

（10）或者由于内表面较小，在"INST ATTACH（实例依附）"菜单中选取"Leader（引线）"项，如图16.46所示。

（11）系统显示"ATTACH TYPE（依附类型）"子菜单，采用默认选项，在图形区左键单击内孔圆弧，如图16.47所示。

图16.46 在"INST ATTACH（实例依附）"菜单中选取"Leader（引线）"项

（12）将光标移到适合显示粗糙度符号的位置，单击鼠标中键，系统会要求输入表面粗糙度数值，输入"6.3"，按回车键，视图中就会显示出带引线的粗糙度符号，如图16.48所示。

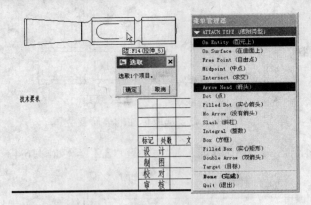

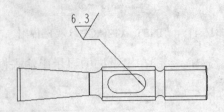

图16.47　选取标注对象　　　　　　　　图16.48　带引线的表面粗糙度符号

（13）左键单击当前菜单中的"Done（完成）"命令，再左键单击上一级菜单中的"Done/Return（完成/返回）"命令，即可完成标注工作。

16.4　创建技术要求、注释及标题栏

技术要求、文字说明，以及标题栏都是工程图中的重要补充，也是必需的内容。在Pro/E 4.0中，各种非表格形式的技术说明基本上都是采用插入注释的方式来实现的，而像标题栏这样的表格化说明则是采用了专门的表格功能来实现的。

下面分别举例说明。

1. 技术要求及注释

（1）将Pro/E中不需要的文件从内存中拭除。打开本章练习文件"Hammer-note.drw"，这里已经标注了尺寸及部分表面粗糙度，下面添加部分技术说明。

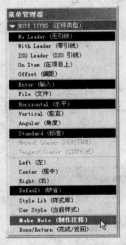

图16.49　"NOTE TYPES（注释类型）"菜单

（2）使用主菜单命令"插入"➤"注释"，系统显示出"NOTE TYPES（注释类型）"菜单，如图16.49所示。

菜单中命令项的含义如下：

· "No Leader（无引线）"：不设置任何引线，只需要指定注释文本和位置。

· "With Leader（带引线）"：用引线连接到指定的点。系统要求设置连接样式、箭头样式等。

· "ISO Leader（ISO 引线）"：采用 ISO 样式引线（即带下画线的文本）。

· "（On Item）在项目上"：将注释文本直接连接到选定项目上。不需要设置任何引线，系统将只提示用户指定注释文本和将要连接到的项目。

· "Offset（偏距）"：使用所选图元将注释分组。可以不必设置引线，并且系统仅要求指定注释文本和偏移操作的参照图元。参照图元可以是以下要素之一：

- 绘制基准点或已显示的**3D**基准点

- 垂直轴中心点

- 非垂直轴的端点

- 已显示的轴和绘制轴

- 尺寸

- 尺寸箭头

- 几何公差

- 注释

- 符号实例

- 参照尺寸

　　如果需要移动参照的图元，那么与其相关联的偏移注释也会移动。移动独立于参照图元的注释时，将重置偏移值。

　　（3）本例采用默认设置。左键单击菜单中的"Make Note（制作注释）"命令，系统会显示出"GET POINT（获得点）"菜单，如图16.50所示。

　　（4）在图形区左键单击需要插入文字注释的位置。本例中将要添写技术要求，因此在工程图中原有"技术要求"字样附近单击左键。

　　（5）系统会在提示栏显示输入栏及一个文本符号框，要求输入注释文本，并且可以从图框中插入一些符号，如图16.51所示。

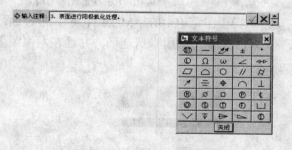

图16.50　"GET POINT（获得点）"菜单　　　　图16.51　在输入栏输入注释文本

　　（6）即使无意中输入了不适当的文字也没有关系，以后还可以编辑。完成注释文本输入后，按回车键两次，系统即会在图形中显示出文字注释信息，如图16.52所示。

　　（7）左键单击"NOTE TYPES（注释类型）"菜单中的"Done/Return（完成/返回）"命令，将菜单关闭。

　　（8）在图形区左键单击新输入的注释文本，使之处于选中状态，按下鼠标左键拖动，文本会随之移动。将注释文本移到适当的位置。

　　（9）文本中有一些输入错误，需要更改。左键双击文本注释，系统会显示出"注释属性"对话框，如图16.53所示。

　　（10）在"注释属性"对话框中编辑注释文本，此外左键单击"编辑器"按钮，还可以使用外部编辑器。Pro/E 4.0默认的文本编辑器是Windows XP系统的"记事本"程序。完成编辑后，左键单击"确定"按钮，将对话框关闭。

（11）在图框右上角有预留的表面粗糙度符号，需要添加数值。采用与上述相同的方法，即以注释文本的形式在其中输入数值"12.5"，如图16.54所示。

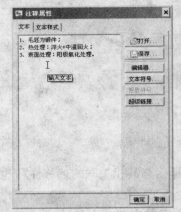

技术要求

1、淬火＋中温回火

2、毛坯为角锻件

3、表面进行阳极氧化处理。

图16.52　新输入的技术要求　　　　图16.53　"注释属性"对话框　　　　

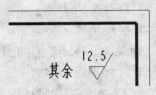

图16.54　在右上角输入表
面粗糙度值

（12）左视图中缺少对于倒角的标注，在此采用带引线注释的方式插入，步骤如下：

·使用主菜单命令"插入"➤"注释"，系统显示出"NOTE TYPES（注释类型）"菜单。

·从菜单中选取"With Leader（带引线）"命令，如图16.55所示。

·左键单击菜单中的"Make Note（制作注释）"命令，系统显示出"LEADER TYPE（引线类型）"菜单，采用默认选项，并且在左视图上左键单击以选取左侧的倒角斜面，如图16.56所示。

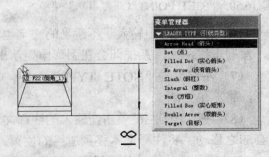

图16.55　选取"With Leader（带引线）"命令　　　　图16.56　　"LEADER TYPE（引线类型）"菜单

·光标会变成输入注释的形式，在左视图左上角左键单击，以确定注释显示的大致位置，系统会显示输入栏，在其中输入文字"倒角2X2"，完成后按回车键两次，系统即会显示出带引线的注释，如图16.57所示。

·左键单击"NOTE TYPES（注释类型）"菜单中的"Done/Return（完成/返回）"命令，将菜单关闭。

・根据情况调整注释的位置，并编辑其中的文字，例如将其中的"**X**"符替换成"×"符。

2. 标题栏

标题栏的绘制在Pro/E 4.0中是通过"插入"➤"表"命令来完成的。第15章"工程图基础"中已经介绍了国家标准关于标题栏的新规定，下面以图16.58所示的标题栏为例，介绍标题栏的具体创建步骤。

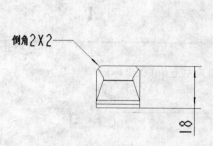

图16.57 倒角注释

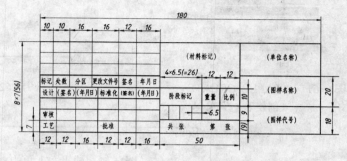

图16.58 标题栏示例

Pro/E 4.0通过指定每个行、列的宽度来插入用表格表示的标题栏。图16.58所示的标题栏包括左、中、右三部分，每部分的列宽、行高均不相同，因此需要分别创建，具体步骤如下：

（1）根据A4标准图框的大小计算各角点的坐标，结果如图16.59所示。

（2）与图16.58所示的标准标题栏的尺寸对比，不能算出三部分的分界点坐标，如图16.60所示。

图16.59 A4图框中各点的坐标

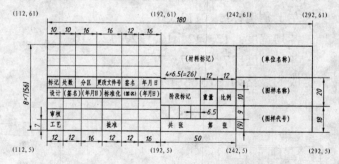

图16.60 A4标题栏分界点坐标

（3）使用主菜单命令"表"➤"插入"➤"表"，系统显示出"**TABLE CREATE**（创建表）"菜单，如图16.61所示。

（4）系统要求指定表左上角的位置。从菜单中选取"**Abs Coords**（绝对坐标）"命令，系统会在提示栏要求输入左上角的**X**坐标值，输入"112"，如图16.62所示。

（5）按回车键，或者左键单击绿色对钩命令按钮，系统会接着要求输入Y坐标。输入"61"，如图16.63所示。

（6）按回车键，系统会依次要求输入各列宽度，分别输入"10、10、16、16、12、16"，每输入一个数值后按回车键，输入最后一个数值并按回车键后再按一下回车键。

（7）系统还会提示输入各行的高度，如图16.64所示。

图16.61 "TABLE CREATE
（创建表）"菜单

图16.62 输入左上角的X坐标值

图16.63 输入左上角的Y坐标

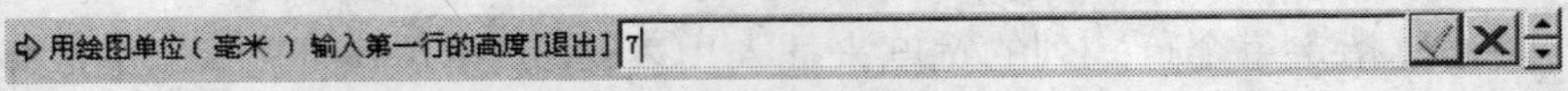

图16.64 输入各行的高度

输入四个"7"，最后一次输入完毕后按两次回车键，系统会生成标题栏的左上角部分，如图16.65所示。

（8）采用与上述相同的方法，生成标题栏的左下角部分。使用的数值如下。

· 左上角坐标：（112,33）
· 各列宽度：12、12、16、12、12、16
· 各行高度：7、7、7、7

生成的表格如图16.66所示。

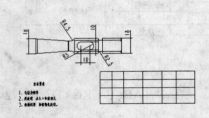

图16.65 标题栏的左上角生成完毕

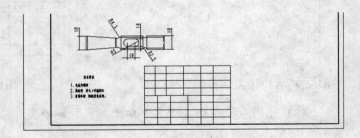

图16.66 用同样的方法生成标题栏的左下角

（9）采用与上述相同的方法，生成标题栏的中间部分，使用的数值如下。

· 左上角坐标：（192,61）
· 各列宽度：6.5、6.5、6.5、6.5、12、12
· 各行高度：28、10、9、9

生成的表格如图16.67所示。

（10）从图中可以看出，标题栏中上部应合为一个单元格，做法如下：

· 按下键盘上的**Ctrl**键，左键单击以选取标题栏中上部第一行的六个单元格。

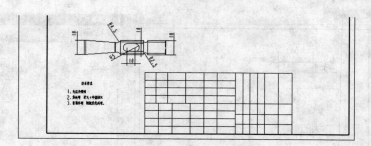

图16.67　生成标题栏的中间部分

· 使用主菜单命令"表"➤"合并单元格"，系统即将六个单元格合并为一个，如图16.68所示。

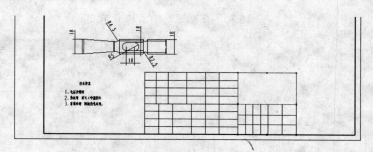

图16.68　合并中部的单元格

（11）用同样的方法，生成标题栏的右半部分，使用的数据如下。

· 左上角坐标：（242,61）

· 各列宽度：50

· 各行高度：18、20、18

完成后得到的标题栏如图16.69所示。

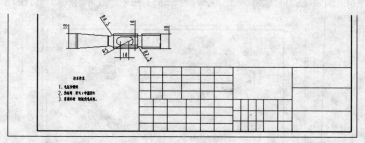

图16.69　完成标题栏的右侧部分

（12）接下来需要在表格中输入文本信息。左键双击需要在其中添加文本的单元格，系统会显示出"注释属性"对话框，在其中输入需要添加的文本，如图16.70所示。

（13）重复以上步骤，完成所有必要文本的添加，最终得到的标题栏如图16.71所示。

（14）从表中可以看到，文本都是左对齐的，最好使之居中显示。做法是左键单击以选取整个表，然后使用主菜单命令"格式"➤"文本样式"，系统会打开"文本样式"对话框，如图16.72所示。

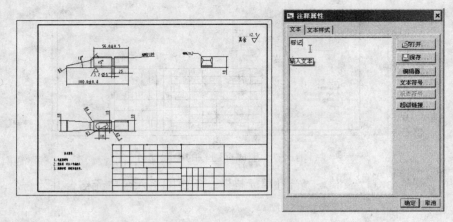

图16.70　在标题栏中添加文本

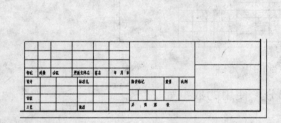

图16.71　输入文字以后的标题栏

图16.72　"文本样式"对话框

（15）从左下角的"注释/尺寸"栏中的"水平"列表中选取"中心"，然后左键单击"确定"按钮，即可实现文本居中。最终完成标题栏后得到的工程图如图16.73所示。

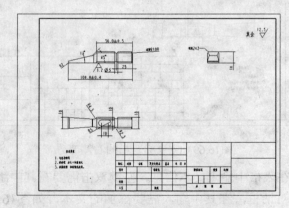

图16.73　最终完成的标题栏

小结

　　本章重点介绍了尺寸、形位公差、表面粗糙度的标注过程，各种注释的添加方法，以及国标标题栏的绘制。作为工程图中的基本构成要素，这些都是需要人们在工作中熟练掌握的内容。

第四篇　数控加工

Pro/ENGINEER野火4.0是集CAD/CAE/CAM功能于一体的全参数化三维软件系统，其中的Pro/NC模块可以将CAD（计算机辅助设计）与CAM（计算机辅助制造）结合起来，配合相关的工艺知识（包括加工方法、毛坯、夹具、刀具、机床等）生成刀具轨迹文件，再通过有针对性的数控机床后置处理，可以生成最终的数控加工代码，控制机床将零件加工出来。

Pro/NC的功能十分强大，可以分别针对不同类型的加工机床及加工方式自动生成具体数控机床需要的数控程序，如下表所示。Pro/NC还内嵌了业界著名的Vericut模块，可以对刀具的轨迹或数控代码进行三维模拟检测，预测误差及检查过切，并据此进一步修改加工操作，从而有效地实现了制造工艺的优化。Pro/NC的后置处理模块包含了目前所有著名的数控机床控制系统规则，可以针对主流的数控机床设备生成实用的数控程序，从而大大提高了生产效率。

表　Pro/NC模块及其应用

模块名称	应用范围
Pro/NC-MILL	2轴半铣床加工 3轴铣床及钻孔加工
Pro/NC-TURN	2轴车床及钻孔加工 4轴车床及钻孔加工
Pro/NC-WEDM	2轴及4轴线切割加工
Pro/NC-ADVANCED	2轴半到5轴铣床及钻孔加工 2轴和4轴车床及钻孔加工 车铣加工中心的综合加工 2轴及4轴线切割加工

在读者学习了关于零件设计的相关技术之后，本篇将重点介绍为零件上的各种表面创建数控加工序列、三维加工仿真，以及针对目前主流的数控系统生成数控机床控制代码的过程。

第17章 数控铣削

学习重点：

➡ Pro/NC数控加工的基本流程

➡ 数控加工的坐标系统

➡ 切削用量的意义

➡ 建立体积块加工NC序列

➡ 建立曲面铣削NC序列

➡ 建立轮廓铣削NC序列

➡ 建立局部铣削NC序列

➡ 建立平面铣削NC序列

➡ 建立钻孔NC序列

➡ 建立铰孔NC序列

➡ 建立镗孔NC序列

➡ 建立螺纹铣削NC序列

➡ 建立腔槽加工NC序列

➡ 建立刻模加工NC序列

➡ 铣削NC序列的加工仿真

17.1 Pro/NC数控加工基础

数控加工基础知识是通用的，适用于所有数控加工技术。不论是Pro/E还是UG及MasterCAM，在这些数控基础技术上的知识要点都是相同的。

17.1.1 Pro/NC数控加工的基本流程

使用Pro/NC生成数控程序的过程与手工编程的实际工作过程基本相同。具体地讲，其中主要包括下列步骤：

1. 准备工作

（1）创建参考模型，对应的手工编程工作相当于准备零件图。

（2）创建工件模型，对应的手工编程工作相当于准备毛坯件。

（3）建立加工数据库，对应的手工编程工作相当于准备工艺手册及加工工艺。

加工数据库中需要包含NC机床、刀具、夹具等项目。在开始阶段可以直接进入加工操作设定过程，随着工作的进行不断地在数据库中增加需要的数据。

2. 创建NC加工文件

启动Pro/E 4.0，设置工作目录，新建一个文件，类型为"制造"，子类型为"NC组件"，这样系统将形成一个扩展名为.mfg的加工文件，其中包含着接下来定义的所有加工操作。

3. 建立制造模型

利用组件装配的操作方法插入参考模型（即零件模型）和工件模型（即毛坯模型），确定两者的位置关系，形成半透明的制造模型，如图17.1所示。

4. 定义操作（Operation）

操作实际上是一系列NC序列的集合，相当于机械制造工艺中工序的概念。操作包含下列内容：

（1）操作的名称。

（2）NC机床定义。

（3）夹具定义。

（4）制造坐标系定义。

（5）初始点及返回点定义。

（6）工件材料定义。

（7）退刀平面定义。

图17.1　制造模型示例

在定义操作的过程中，NC机床和制造坐标系是必须定义的，其他设置是可选的。完成NC机床和制造坐标系的定义之后系统才允许进行其他的工作。

5. 定义NC序列（NC Sequence）

NC序列是在特定条件下对加工工序的具体描述，其中包括：

（1）NC加工类型。

（2）刀具设置。

（3）切削用量及辅助设置。

（4）选择加工区域。

（5）定制刀具路径（只用于车削和线切割加工）。

（6）切削过程模拟。

如果在前面没有定义退刀平面，那么在这里必须定义。

6. 后置处理

完成前面各步骤的操作之后，系统得到的是刀位（Cutter Location，CL）文件。要想针对具体的数控机床生成需要的数控程序，必须进行后置处理。

后置处理就是要选择或者生成具体型号的数控机床使用的一系列规则，规定各种数控机床的特殊指令约定，然后再按照当前型号数控机床的规则和指令约定将前面得到的CL文件处理成可供机床读取的数控程序。

17.1.2　数控加工的坐标系统

在数控加工中，坐标系的概念非常重要。每位数控编程人员或数控机床操作人员，都必须全面、正确地理解关于数控机床坐标系的相关概念，否则在生产中很容易出现事故。

Pro/NC中涉及到三种坐标系：绝对坐标系、制造坐标系和参考坐标系。

坐标系的建立遵守下列原则：

（1）刀具相对于静止零件运动的原则

不同类型的数控机床的结构各不相同，有些为刀具运动工件静止，有些为工件运动刀具静

图17.2　右手笛卡尔坐标系

止，有些为刀具、工件都运动。为了统一编程规则，一律规定为工件固定、刀具运动。

（2）标准坐标系采用右手笛卡尔坐标系

如图17.2所示，伸出右手大拇指、食指和中指，使中指垂直于掌心，则大拇指的方向为X轴正方向，食指的方向为Y轴正方向，中指的方向为Z轴正方向。

1. 绝对坐标系（机床坐标系）

数控机床上一般都有一个基准位置，称为机床原点或者机床绝对原点，是机床制造商在机床上规定的一个物理位置。以这个原点建立的坐标系称为绝对坐标系（也称为机床坐标系），是机床固有的坐标系。机床坐标系的原点位置是各坐标系的正向最大极限位置，一般用M表示。

关于数控机床的坐标系及运动方向有下列规定：

（1）Z轴平行于机床主轴，Z轴的正方向定义为从工作台到刀具夹持端的方向，即刀具远离工作台的运动方向。

（2）X轴平行于工件的装夹平面，并且遵循以下约定。

·对于刀具旋转的机床（如铣床），从主轴向立柱观察，X轴的正方向指向右方，如图17.3a和图17.3b所示。

图17.3a　3轴立式铣床的坐标系

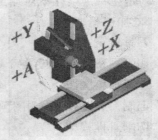

图17.3b　4轴卧式铣床的坐标系

·对于工件旋转的机床（如车床），X轴正方向为刀具离开工件旋转中心的方向，如图17.4a和图17.4b所示。

图17.4a　单刀架卧式车床的坐标系

图17.4b　单刀架立式车床的坐标系

（3）Y轴的正方向根据X轴和Z轴的方向按照右手定则确定。

在Pro/NC中针对某类机床进行NC程序设计时，必须明确机床绝对坐标的规定，才能正确设定制造坐标系，否则不能进行NC加工程序设计。

2. 制造坐标系

编写NC加工程序时，一般选择工件上的某个点作为程序原点，并以这个原点作为坐标系的原点建立一个新的坐标系，称为制造坐标系。通过制造坐标系来确定刀具起点相对于制造坐标系原点的位置。

在Pro/NC中使用的制造坐标系可以属于参考模型、工件毛坯，也可以属于制造模型的任何其他组件。可以使用在设计模型引入到制造模型前所创建的坐标系，也可以在"制造"环境中创建坐标系。

制造坐标系可以在定义操作（Operation）的时候设置，也可以在定义NC序列的过程中设置，但这两种方式创建的坐标系是不同的。在操作中定义的坐标系是所有刀位（CL）数据的缺省原点，是在设置操作的时候用"操作设置"对话框中的"加工零点"选项指定的，此时该操作中创建的所有NC序列都可以使用同一个制造坐标系；设置NC序列（NC Sequence）时使用"序列设置"菜单中的"坐标系"选项指定的坐标系只影响该NC序列中的刀位数据。

制造坐标系可以移动，这对于设定加工工艺来说十分方便。所有数控程序都是相对于制造坐标系，如果制造坐标系移动了，则数控程序会随之改变。制造坐标系的原点一般选择在工件的定位基准或夹具的适当位置上。数控车床的制造坐标系原点通常选在零件轮廓右端面，或者左端面的主轴线上。数控铣床的制造坐标系原点一般选在工件的一个外角顶点上。

如果此前在模型中已经创建了需要的坐标系，那么在"制造"环境中可以直接选用，不再创建坐标系；否则可以根据需要创建制造坐标系。制造坐标系各轴的方向必须与机床坐标系一致。

3. 参考坐标系

与机床原点对应的还有一个机床参考点，它与机床原点的相对位置是固定的。以这个参考点为原点设定的坐标系称为参考坐标系。一般说来，这个参考点是机床的自动换刀位置。在数控车削、铣削加工中，可以直接利用参考坐标系的原点设置起刀、退刀位置。

17.1.3 刀具的选择与设定

在切削加工操作中不可避免地要涉及刀具的选择。选择刀具的基本依据是刀具的材料和几何角度。刀具的材料决定了刀具的基本切削性能，如硬度、强度、化学特性、耐热性等。刀具的几何角度则会影响加工表面的形状、粗糙度等，切削力和切削热还会影响加工质量。

1. 刀具材料

数控机床上使用的刀具应满足安装调整方便、刚性好、精度高、寿命长等要求。当前使用最普遍的刀具材料是硬质合金和高速钢。

（1）硬质合金

硬质合金是用耐磨性和耐热性都很好的碳化物（如WC、TiC、TaC、NbC等）和粘结剂（Co、Ni、Mo等）粉末，经过高压成形并且烧结制成，因此不属于钢的范畴。硬质合金的硬度可以达到HRA80~93（相当于HRC74~81），耐热温度可以达到800℃~1000℃，其切削性能优于高速钢。硬质合金的缺点是韧性较差，不耐冲击。一般制成各种形状的刀片，用焊接或者机械方式夹固在刀体上使用。

硬质合金按照其化学成分和使用性能可以分为四个类型：

①钨钴类硬质合金（YG）：这类合金由WC和Co组成，具有较好的抗弯强度和冲击韧性，适合加工铸铁等脆性材料，以及有色金属及其合金。

②钨钛钴类硬质合金（YT）：这类合金由WC、TiC和Co组成。由于其成分中增加了TiC而减少了Co，因此硬度和耐磨性得到了提高，但抗弯强度与冲击韧性有所下降。YT类硬质合金适用于加工钢等塑性材料。

③通用型硬质合金（YW）：这类硬质合金是在YT类硬质合金中加入了一定数量的稀有金属碳化物ToC（或NbC），使合金晶粒细化，具有良好的综合性能，既可以加工塑性材料，也可以加工脆性材料。但由于其价格较贵，因此主要用于难加工材料的加工。

以上三类硬质合金的主要成分都是WC，因此统称为WC基硬质合金。

④TiC基硬质合金（YN）：这类硬质合金的主要成分是TiC，其粘结剂为镍（Ni）、钼（Mo）。由于TiC的硬度、耐磨性和耐热性都高于WC，而Ni、Mo又具有比Co更高的粘结强度，因此YN类硬质合金具有更出色的切削性能。不过TiC基硬质合金的抗弯强度和冲击韧性均低于WC基硬质合金。

（2）高速钢

高速钢又称为锋钢或者白钢，是一种含钨（W）、铬（Cr）、钼（Mo）、钒（V）等合金元素的高合金工具钢。目前常用的有普通高速钢和高性能高速钢两种类型。

高速钢淬火后硬度可达HRC60~70，耐热温度约为550~600，在普通加工中允许使用的切削速度约为30m/min。高速钢具有较好的强度和韧性，以及良好的工艺性，但其切削性能有限，因此多用于制造形状结构复杂的刀具。

2. 刀具形状及尺寸

在定义"NC序列"的过程中需要对刀具的材料、形状、尺寸进行详细的设计。Pro/E 4.0会显示出刀具的一个平面图，上面像填空一样由用户指定主要的尺寸，如图17.5所示。

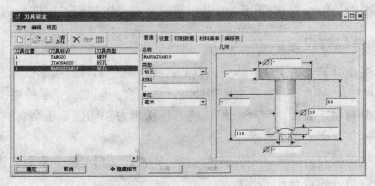

图17.5　设置刀具

"刀具设定"对话框的左侧部分是当前已经设置的机床刀具列表，其中显示了刀具的名称及在机床刀具库中的位置。每台NC机床都有自己的刀具表。如果是第一次进入此对话框，尚未定义任何刀具，那么此列表将为空白。"刀具设定"对话框中部是关于刀具名称、材料、形状、允许切削用量等的详细设定。

"刀具设定"对话框右侧的"几何"栏中绘制了刀具的轴剖面图，并且允许用户以填空的方式填入主要参数。不同类型的刀具所显示的轴剖面图也不相同。具体设定将在下文中说明。

17.1.4 切削用量的选择与设定

切削用量主要是指加工时使用的切削速度（v）、进给量（f）及进给速度（V^f）和切削深度（a^p）。切削速度通常指刀具与工件在切削时相对运动的线速度，单位是米/秒；进给量通常指主轴旋转一转时刀具（车削）或工件（铣削）沿进给方向移动的距离（每转进给量），或者指单位时间内进给运动移动的距离（进给速度）；切削深度通常指刀具切入工件表层的深度，单位是毫米。

切削用量对机械加工的生产效率、加工质量和成本都有显著的影响，一般应根据具体生产中的条件查阅相关手册来确定；如果需要进行高速切削，则必须通过实验测算出临界速度等重要参数后再确定。

1. 主轴转速（SPINDLE_SPEED）

在数控机床加工实践中，程序可以直接指定机床主轴旋转的转速，也可以直接指定线速度。由于切削速度（线速度）直接影响着工件加工的效率、表面质量、刀具寿命等因素，大多数手册提供的数据都以线速度为标准，因此在输入数控加工参数的过程中，有时需要按照下列公式将线速度换算成机床主轴的转速：

$$n = 1000 v / (\pi D)$$

式中　v——切削速度，m/s或m/min；

　　　n——主轴转速，r/min；

　　　D——工件或刀具直径，mm。

计算出的转速还需要根据机床可以提供的转速表来选择确定。

2. 进给速度（CUT_FEED）

进给速度（V^f）是机械加工中的重要参数，主要影响零件加工的精度和表面粗糙度，需要结合工件、刀具材料的性质来选取。最大进给速度一般需要根据工艺系统（机床、夹具、工件、刀具）的状况来确定。

在轮廓加工（精加工）时，接近拐角的位置应适当降低进给量，以克服由于惯性或者工艺系统变形而在轮廓拐角处造成"超程"或者"欠程"的现象。

确定进给速度时可以参考下列原则：

· 在能够保证加工的表面粗糙度并且工艺系统刚性允许的情况下，可以选择较高的进给速度以提高生产效率。

· 在切断、加工深孔或者使用高速钢刀具加工时，应选择较低的进给速度。

· 加工精度、表面粗糙度要求较高时，应选较小的进给速度。

· 刀具快速进刀或者"回零"时，可以选择机床的最高进给速度。

3. 切削深度

切削深度也称背吃刀量（a^p），通常根据加工的精度要求及工艺系统的刚性来确定。在粗加工中，一般采用工艺系统允许的最大切削深度，以提高切削效率；在精加工中，一般采用较小的切削深度，以提高精度水平。

Pro/NC中提供了丰富的零件加工方法及对应的工艺参数。在创建、修改**NC**序列时，可以根据需要进行选用和修改。

17.2 数控铣削

数控铣削是目前机械制造中应用最普遍的加工技术。绝大多数模具的制造及异形表面的加工都需要使用数控铣削来完成。

17.2.1 数控铣削基础

1. 数控铣削的应用范围

铣削加工是由铣刀旋转作为主运动，工作台带动工件作为进给运动而形成的切削过程。大部分数控铣床具有3轴及3轴以上联动的功能，可以加工各种平面轮廓和空间曲面轮廓。数控铣削加工的对象主要有以下几种。

- 平面类零件：加工面为水平面、垂直面或者斜面，是数控铣削加工中最简单的一类，一般采用3轴数控铣床进行2轴联动即可加工出来。

- 变斜角类零件：加工面与水平面的夹角呈连续变化关系，一般需要采用4轴或者5轴数控铣床加工。

- 曲面类零件：加工面为空间曲面，如汽车车身模具，一般采用3轴数控铣床加工，对于较复杂的或者表面质量要求较高的场合需要采用4轴或者5轴数控铣床。

2. 数控铣床使用的刀具

铣刀的种类很多，常用于数控机床的铣刀主要有以下几种。

- 镶齿面铣刀：通常用于较大平面的加工。刀具端部装夹有硬质合金刀片，刀体材料一般为40Cr，如图17.6a所示。

- 立铣刀：立铣刀是数控铣床上使用最多的一种刀具。立铣刀的侧面和端面都有切削刃，可以同时参加切削，也可以独立切削。为了加工较深的沟槽，立铣刀一般比较长，如图17.6b所示。

- 模具铣刀：模具铣刀是由立铣刀发展而成，可以分为圆锥形立铣刀、圆柱形球头立铣刀，以及圆锥形球头立铣刀3种。模具铣刀的结构特点是球头或端面布满切削刃，圆周刃与球头刃圆弧连接，既可以轴向进给，也可以径向进给，如图17.6c所示。

- 键槽铣刀：键槽铣刀有两个刀具，圆柱面和端面都有切削刃，端面刃延伸至中心，既像立铣刀，又像钻头。加工时先沿轴向进给，达到键槽深度后，再沿键槽方向加工中键槽的全长，如图17.6d所示。

- 成形铣刀：切削刃分布侧面，端面无切削刃，靠切削刃的形状来生成加工出的表面形状，如图17.6e所示。

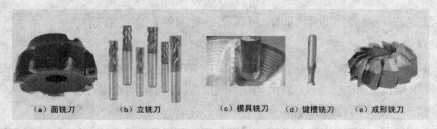

    (a) 面铣刀   (b) 立铣刀   (c) 模具铣刀   (d) 键槽铣刀   (e) 成形铣刀

图17.6　常用的数控机床铣刀

数控铣刀的种类和规格很多，选择时需要考虑加工质量、生产效率、机床条件、工件材料、表面类型等多方面因素。一般情况下，加工较大的平面时应使用面铣刀；加工凹槽、较小的台阶面时应使用立铣刀；加工空间曲面、模具型腔或者凸槽型面时应使用模具铣刀；加工封闭键槽时采用键槽铣刀；加工齿形、棘轮等特殊型面时应使用成形铣刀。

17.2.2 体积块加工

体积块加工是Pro/NC铣削中最基本的一种材料切除工艺，多用于型腔粗加工。它采用等高分层的方式产生刀具路径将材料切除，所有切削面都与退刀平面平行。

1. 建立体积块加工NC序列

（1）启动Pro/E 4.0后，新建一个文件，类型为"制造"，子类型为"NC组件"，取消"使用缺省模板"选项的对钩标记，"名称"为"Milling-vol"如图17.7所示。

（2）左键单击"新建"窗口中的"确定"按钮，系统会显示出"新文件选项"对话框。在"模板"一栏中，选择"mmns_mfg_nc"，如图17.8所示，再左键单击"确定"按钮。

图17.7 新建一个制造文件

图17.8 选择制造模板

（3）系统进入制造环境，在屏幕上方的工具栏中会显示出与NC制造相关的命令图标，在右上角也会显示出"MANUFACTURE（制造）"菜单，如图17.9所示。

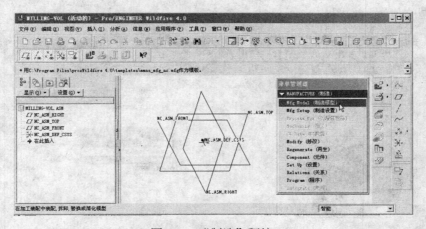

图17.9 "制造"环境

（4）左键单击"MANUFACTURE（制造）"菜单中的"Mfg Model（制造模型）"项，系统会显示出"MFG MDL（制造模型）"子菜单，如图17.10所示。

（5）左键单击"MFG MDL（制造模型）"子菜单中的"Assemble（装配）"命令，系统会显示出"MFG MDL TYP（制造模型类型）"子菜单，如图17.11所示。

图17.10　"MFG MDL（制造模型）"子菜单　　　　图17.11　"MFG MDL TYP（制造模型类型）"子菜单

（6）左键单击"MFG MDL TYP（制造模型类型）"子菜单中的"Ref Model（参照模型）"命令，系统会显示出"打开"窗口，要求用户打开一个现有的零件模型，如图17.12所示。

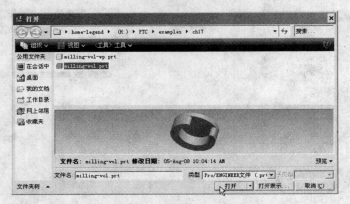

图17.12　使用"打开"窗口打开现有的零件模型

（7）打开本章练习文件"milling-vol.prt"，再左键单击"打开"按钮。

（8）系统将零件"milling-vol.prt"打开，并且显示出装配操控板，要求通过装配的方式确定零件模型的位置，如图17.13所示。

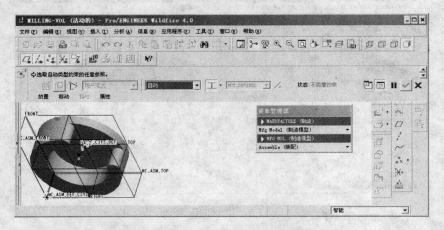

图17.13　使用装配命令确定零件模型的位置

（9）左键单击操控板中的"自动"栏，系统会显示出装配约束子控制板，如图17.14所示。左键单击其中的"缺省"命令，再左键单击操控板右侧的绿色对钩命令图标✓。

（10）系统会显示出"创建参照模型"对话框，采用默认选项，如图17.15所示，再左键单击"确定"按钮，将对话框关闭。

（11）零件模型会从原来的黄色变成正常的灰色。下面插入工件毛坯模型。

再次左键单击"MFG MDL（制造模型）"子菜单中的"Assemble（装配）"命令，系统会显示出"MFG MDL TYP（制造模型类型）"子菜单。

（12）从"MFG MDL TYP（制造模型类型）"子菜单中选择"Workpiece（工件）"命令，系统又会显示出"打开"窗口。

（13）找到并左键单击本章练习文件"Milling-vol-wp.prt"，再左键单击"打开"按钮。

（14）系统会将"Milling-vol-wp.prt"文件打开，其中的模型显示为黄色，如图17.16所示。

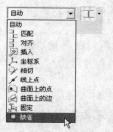

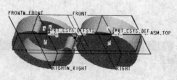

图17.14　从装配约束上滑面板中选择"缺省"命令　　图17.15　"创建参照模型"对话框　　图17.16　打开工件模型

（15）下面需要用装配的方法将两个模型准确地重合在一起，即使两者端面重合、轴线重合。左键单击以选中工件模型朝前的端面，再左键单击零件模型朝前的外部端面，如图17.17所示。

（16）分别左键单击工件模型的轴线及零件模型的轴线，使二者重合，再左键单击操控板右侧的命令图标✓，系统会显示出如图17.18所示的组件模型。

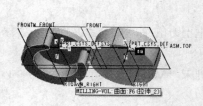

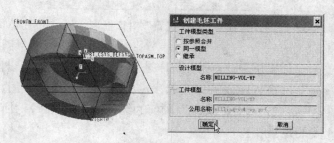

图17.17　对齐两个零件朝前的端面　　　　　图17.18　两模型轴线重合后得到的组件模型

系统显示出"创建毛坯工件"对话框，接受默认选项，左键单击"确定"按钮，将对话框关闭。

（17）左键单击"MFG MDL（制造模型）"菜单中的"Done/Return（完成/返回）"命令。系统会显示出"MANUFACTURE（制造）"菜单，并且此前显示为浅灰色的命令现在也显示出来了，如图17.19所示。

（18）左键单击"MANUFACTURE（制造）"菜单中的"Mfg Setup（制造设置）"命令，系统会显示出"操作设置"对话框，并且自动选中了"MFG SETUP（制造设置）"菜单中的"Operation（操作）"命令，如图17.20所示。

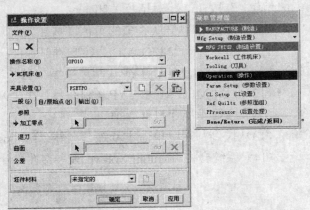

图17.19　"MANUFACTURE（制造）"菜单

图17.20　"操作设置"对话框及"MFG SETUP（制造设置）"菜单

（19）对话框中标有红色箭头的项目"NC机床"和"加工零点"为必须设定的项目，否则系统不允许进行下面的操作。

左键单击"NC机床"项旁边的命令图标 ，系统会显示出"机床设置"对话框，如图17.21所示。

（20）在这里可以输入机床的名称、类型、轴数等众多参数设置。为简化讨论过程，本例只修改机床名称，细节设置在以后的内容中讨论。

输入机床名称"Mill-V"，其余项采用默认设置，然后左键单击"确定"按钮，完成机床设置。

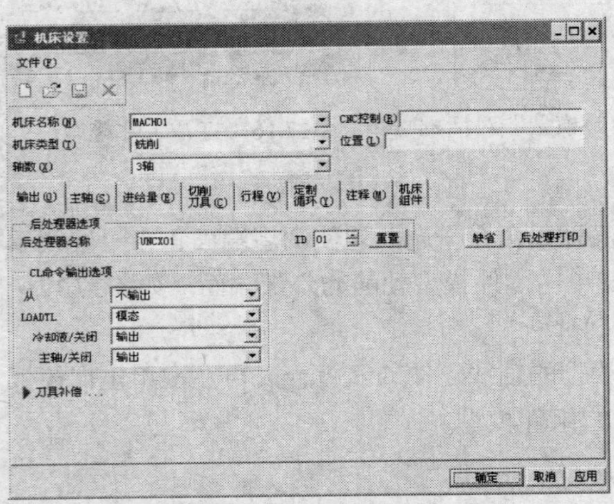

图17.21　"机床设置"对话框

如果用户针对某些机床进行了详细的设置，可以使用对话框上方的菜单命令"文件"▶"保存"，将机床设置保存起来，供以后的工作中使用。

（21）"NC机床"项前的红色箭头消失了，并且显示出机床"Mill-V"表示已经完成了必要的设置。

左键单击另一个红色箭头所在的项，即"加工零点"旁边的命令图标 ，在这里将要设置的是本次数控加工操作的制造坐标系。

（22）命令图标 显示为被按下的状态，并且系统显示出了"MACH CSYS（制造坐标系）"菜单，其中自动选中了"Select（选取）"项，要求用户选择一个坐标系作为数控加工使用的制造坐标系。

当前工作模型中的坐标系位于模型的中央。通常人们会选择位于工件外侧角部的坐标系，以便于进刀和退刀，因此本例使用工具栏中的命令按钮 创建一个新的坐标系。

（23）左键单击"操作设置"窗口右上方的最小化按钮，将该窗口最小化。

（24）首先创建一个基准点作为新坐标系的原点。

左键单击工具栏中的命令按钮🔲，系统会显示出"基准点"窗口，再左键单击图形工作区中的基准平面NC_ASM_FRONT，上面会显示出绿色方块状控制柄。

（25）分别用鼠标左键将两个控制柄拖到基准平面NC_ASM_RIGHT和NC_ASM_TOP上，并且将尺寸值改为150，如图17.22所示，左键单击"基准点"窗口中的"确定"按钮，基准点APNT0创建完毕。

（26）下面来创建坐标系。左键单击工具栏中的命令图标🔲，系统会显示出"坐标系"对话框，并且默认选中了刚刚创建的基准点APNT0作为原点，如图17.23所示。

图17.22　确定基准点的位置　　　　　　图17.23　"坐标系"对话框

（27）左键单击"坐标系"对话框中的"定向"选项卡，以便确定坐标系各轴的方向，系统会显示出如图17.24所示的对话框。

（28）左键单击"定向"选项卡中的第一个"使用"框格，其背景色会变成黄色，然后在图形工作区中左键单击基准平面NC_ASM_RIGHT，意思是以该基准平面的正方向作为X轴正方向。该基准平面的名称会出现在框格中，并且下拉列表"X"及旁边的"反向"按钮也可以使用了。

（29）左键单击"定向"选项卡中的第二个"使用"白色框格，然后在图形工作区中左键单击基准平面NC_ASM_TOP，意思是以该基准平面的正方向作为Y轴正方向，如图17.25所示。

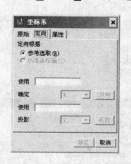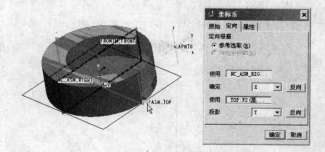

图17.24　"定向"选项卡　　　　　　图17.25　指定X、Y轴的方向

如果某个轴的方向反了，可以使用"反向"按钮调整。左键单击"确定"按钮，坐标系创建完成，"坐标系"窗口消失。

（30）左键单击屏幕下方任务栏中的"操作设置"图标，将该窗口恢复。通常系统会自动将刚刚创建的坐标系选中，并且在"操作设置"窗口的"加工零点"栏显示出来。

如果系统没有自动选取，那么可以左键单击"加工零点"旁边的箭头按钮🔲，系统会显示出"MACH CSYS（制造坐标系）"菜单及"选取"菜单，在图形工作区中左键单击以选中刚刚创建的坐标系ACS0，坐标系的名称会显示出来，如图17.26所示。

这将是数控加工操作的制造坐标系。

（31）下面定义退刀平面。

左键单击"操作设置"对话框中"退刀"栏中的箭头按钮 ，系统会显示出"退刀设置"对话框，如图17.27所示。

图17.26　选中新建的坐标系

图17.27　"退刀设置"对话框

（32）这个零件要求铣削中部的型腔，上部（Z方向）没有阻挡，因此可以让机床沿Z轴正方向退刀到具有指定高度的平面位置。

采用"退刀设置"对话框"类型"下拉列表的默认设置"平面"，系统默认为沿Z轴，在"值"框中输入10，表示刀具沿加工坐标系的Z轴退至距原点10mm的高度，如图17.28所示。

左键单击对话框下方的"确定"按钮，完成退刀平面的设置。

（33）"操作设置"窗口中接下来将"公差"栏加亮显示，要求指定公差。

这里的公差是指当刀具沿非平面的退刀曲面移动时，刀具到退刀曲面的最大位置偏差。本例中此项采用默认值1即可。左键单击"操作设置"窗口下方的"确定"按钮，操作设置基本完成，窗口关闭。

（34）接下来需要设置工作机床。

左键单击"MFG SETUP（制造设置）"菜单中的"Workcell（工作机床）"命令，系统会显示出"机床设置"窗口，如图17.29所示。

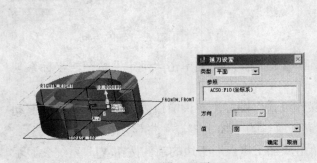

图17.28　设置退刀平面

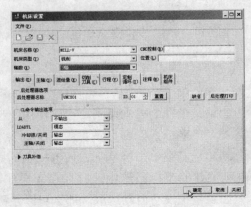

图17.29　"机床设置"窗口

（35）在"机床设置"窗口中可以设置机床的名称、类型、轴数，并且有"输出"、"主轴"、"进给量"等多方面的设置选项。在这里可以根据实际工作的需要进行全面的设置，并且将设置的结果保存成名为"机床名称+.gph"的文件中，位于工作目录下。

本例中输入机床名称"Mill-V"，其余采用默认设置，然后左键单击窗口下方的"确定"按钮，完成机床设置，窗口自动关闭。

 注意 Pro/E 4.0"制造"环境中的各种名称都不支持中文。

（36）下面设置使用的刀具。

左键单击"MFG SETUP（制造设置）"菜单中的"Tooling（刀具）"命令，系统会接着弹出"选取菜单"子菜单，并且其中显示了刚刚设定的机床名称"Mill-V"。左键单击子菜单中的"Mill-V"项，系统会显示出"刀具设置"窗口。

（37）在"刀具设定"中可以对刀具的各方面参数、形状进行全面的设定。本例中输入刀具名称"Mill-Cutter-Rod"、材料"Cemented carbide"（硬质合金）、凹槽编号"3"（表示有三个刀齿），并且在右侧的"几何"栏中，输入刀具的直径30，端部圆角半径1，如图17.30所示。

然后左键单击底部的"应用"按钮，该刀具会出现在左侧的刀具列表中。再左键单击"确定"按钮，完成刀具设置，窗口会自动关闭。

（38）左键单击"MFG SETUP（制造设置）"菜单中的"Done/Return（完成/返回）"命令，系统返回到最初的"MANUFACTURE（制造）"菜单中。

（39）下面开始定义加工过程。

左键单击"MANUFACTURE（制造）"菜单中的"Machining（加工）"命令，系统会打开"MACHINING（加工）"子菜单，如图17.31所示。

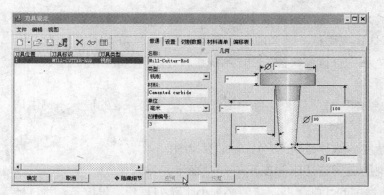

图17.30 "刀具设定"窗口

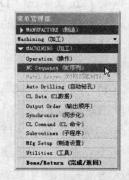

图17.31 "MACHINING（加工）"子菜单

（40）由于前面已经定义过"操作"项了，因此左键单击"NC Sequence（NC序列）"命令，开始定义NC序列，相当于机械加工中的一道工序。这时系统会进一步显示出"MACH AUX（辅助加工）"子菜单，如图17.32所示。

（41）左键单击以选中"MACH AUX（辅助加工）"子菜单中的"Machining（加工）"、"Volume（体积块）"、"3 Axis（3轴）"选项，正常情况下这些都是默认选项，然后左键单击"Done（完成）"命令。

（42）系统显示出"NC SEQUENCE（NC序列）"子菜单和"SEQ SETUP（序列设置）"子菜单，其中列出了各类加工参数，如图17.33所示。

图17.32　"MACH AUX（辅助加工）"子菜单　　图17.33　　"NC SEQUENCE（NC序列）"子菜单和
"SEQ SETUP（序列设置）"子菜单

图中列出的各项复选框中，未带勾选标记的是已经设定的或者备选的项目；带有勾选标记的是接下来必须设定的项目。

（43）左键单击"Done（完成）"命令，系统又会显示出如图17.30所示的"刀具设定"窗口，要求对前面设置的刀具进行选择或确认。因为前面已经完成了对刀具的设定，因此左键单击"刀具窗口"左下角的"确定"按钮，该窗口会关闭，系统接着显示出"编辑序列参数'体积块铣削'"对话框，如图17.34所示。

（44）对话框左侧的"体积块铣削"栏中值为空白的项目为必须设定有效的值。本例中请左键单击这些值后，输入下列值。

· 切削进给量：相当于进给速度，单位是毫米/分，输入值为50。

· 步长深度：相当于每个切削层递增的切削深度，单位是毫米，输入值20。

· 跨度：相当于端铣刀的横向递增的切削深度，该值必须小于铣刀直径，单位是毫米，输入值为20。

· 安全距离：相当于快速进刀至工作位置时距离下一加工表面的高度，此后将开始按照PLUNGE_FEED（轴向进给）垂直切入下一个步长深度，开始下一切面层的切削。此值单位是毫米，输入值2。

· 主轴速率：相当于主轴旋转速度，单位是转/分，输入值1000。

（45）完成上述参数的设置后，左键单击"确定"按钮，将窗口关闭。

（46）系统在提示栏中显示："选取先前定义的铣削体积块"。左键单击"Seq Setup（序列设置）"子菜单，使之展开，可以看到其中只剩下"体积块"需要定义了。

左键单击菜单中的"Done（完成）"命令。

（47）此前并没有定义铣削体积块，因此下面进行定义。选择屏幕上方的主菜单命令"插入"➤"制造几何"➤"铣削体积块"，或者左键单击右侧工具栏中的命令图标回，系统会在右侧工具栏中显示出新的命令按钮，供定义铣削体积块使用。

（48）下面采用创建拉伸特征的办法定义体积块。

左键单击右侧工具栏中的拉伸命令图标回，再后使用右键菜单命令"编辑定义"，打开"草绘"窗口，选择草绘平面如图17.35所示。

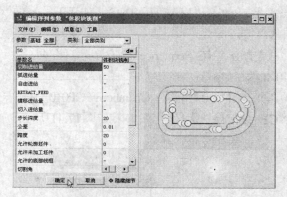

图17.34　"编辑序列参数'体积块铣削'"对话框　　　　图17.35　选取草绘平面

（49）左键单击"草绘"按钮，进入草绘环境。系统显示出"参照"对话框，加选中间的水平面作为参照，左键单击"关闭"按钮，将"参照"对话框关闭。

利用工具栏中的命令图标回，根据型腔的原有轮廓绘制如图17.36所示的草绘图形，这是由四段圆弧形成的一个封闭图形。

（50）左键单击右侧工具栏中的命令图标✓，完成草绘，用操控板中的深度控制命令按钮⬛指定拉伸高度与零件底面相同，如图17.37所示。

（51）左键单击操控板右侧的绿色对钩命令图标✓，完成体积块的定义。再次左键单击屏幕右侧工具栏中的绿色对钩命令图标✓。

（52）在图形工作区或者模型树中左键单击以选中刚刚创建的体积块，如图17.38所示。

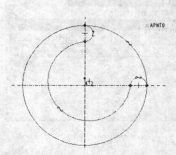
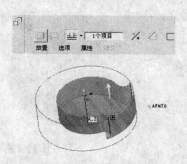

图17.36　体积块草绘图形　　　　图17.37　指定拉伸高度　　　　图17.38　选中体积块

（53）左键单击"NC SEQUENCE（NC序列）"子菜单中的"Done Seq（完成序列）"命令，如图17.39所示，该子菜单消失，系统退回到"MACHINING（加工）"子菜单。

左键单击"Done/Return（完成/返回）"命令，系统退回到"MANUFACTURING（制造）"菜单。

（54）选择屏幕上方的主菜单命令"文件"➤"保存"，将文件存盘。

2. 切削轨迹演示

现在已经完成了一道工序的NC粗加工刀具路径，下面观察一下其切削的轨迹。

（1）启动Pro/E 4.0后，设定工作目录，然后使用菜单命令"文件"➤"打开"，或者使用命令图标 ，打开前面保存的文件"Milling-vol.mfg"。

（2）系统显示出零件、工件模型，以及"MANUFACTURING（制造）"菜单。左键单击此菜单中的"Machining（加工）"命令，系统接着打开了"MACHINING（加工）"子菜单。

（3）从"MACHINING（加工）"子菜单中左键单击"NC Sequence（NC序列）"命令，系统会显示出"NC序列列表"子菜单，如图17.40所示。

（4）左键单击以选中"NC序列列表"子菜单中的"1:体积块铣削，Operation：OP010"项，此子菜单立刻消失，系统会退回到"NC SEQUENCE（NC序列）"子菜单，如图17.41所示。

图17.39　完成序列

图17.40　"NC序列列表"子菜单

图17.41　"NC SEQUENCE（NC序列）"子菜单

（5）左键单击子菜单中的"Play Path（演示轨迹）"命令，系统会显示出"PLAY PATH（演示轨迹）"子菜单，如图17.42所示。

（6）左键单击其中的"Screen Play（屏幕演示）"命令，系统会显示出"播放路径"对话框，如图17.43所示。

图17.42　"PLAY PATH（演示轨迹）"子菜单

图17.43　"播放路径"对话框

（7）此对话框中的各命令按钮可以分别用于实现向前播放、向后播放、快进、快退、停止等功能。左键单击其中的命令按钮 ，系统即会开始以三维方式显示刀具的整个切削过程，如图17.44所示。

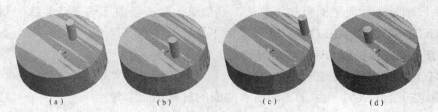

图17.44 刀具切削路径的屏幕演示

（8）左键单击"播放路径"对话框中的"关闭"按钮，然后左键单击"PLAY PATH（演示轨迹）"子菜单中的"NC Check（NC检测）"命令。

（9）Pro/E 4.0带有世界著名的数控系统三维仿真软件Vericut子模块，可以对加工过程进行更全面、更准确的模拟。系统会启动Vericut，如图17.45所示。

（10）Vericut启动完成后，左键单击操控板右侧的绿色命令图标 ，系统即会开始切削路径的三维仿真模拟，如图17.46所示。

图17.45 Vericut三维仿真模块

图17.46 Vericut加工仿真

注意

如果用户的系统不支持Vericut仿真，可以使用菜单命令"工具"▶"选项"，系统会打开"选项"对话框，在下方的"选项"栏中输入"nccheck_type"，然后将其值改为"nccheck"，如图17.47所示，这样系统就会用自带的模块进行三维仿真，但其效果不如Vericut。

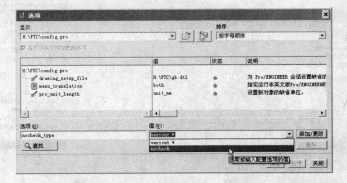

图17.47 使用"选项"对话框修改系统参数来改变仿真模块

体积块铣削是一种典型的粗加工方法，其加工余量一般由下列制造参数控制。

- ROUGH_STOCK_ALLOW：粗加工允许余量；
- PROF_STOCK_ALLOW：轮廓（曲面）加工允许余量；
- Z_STOCK_ALLOW：Z向允许余量。

它们指定的是此NC序列中加工的所有曲面的机械加工余量。

17.2.3 曲面铣削

曲面铣削主要用于加工零件上的曲面（包括一般曲面和复杂曲面），既可以进行粗加工，也可以进行精加工。

（1）本例接着上面的例子进行圆弧槽底部平面的精加工。启动Pro/E 4.0后，设置工作目录，打开文件"Milling-vol-fin.mfg"。

（2）使用主屏幕的菜单命令"文件"➤"保存副本"，在"新建名称"栏中输入文件名"Milling-quilt.mfg"，然后左键单击"确定"按钮。

（3）系统显示出"组件保存为一个副本"对话框，如图17.48所示。左键单击对话框下方的"确定"按钮。

（4）使用主菜单命令"文件"➤"拭除"，系统会弹出"拭除"对话框，左键单击"确定"按钮，原来的文件"Milling-vol-fin.mfg"会被从内存中拭除。

（5）使用菜单命令"文件"➤"打开"，将刚才另存的文件"Milling-quilt.mfg"打开，本例将在此文件的基础上进行曲面精加工。

（6）现在已经有了装配好的模型组件，可以延用粗加工时定义的机床，因此下面直接开始定义粗加工工序的NC序列。

左键单击"MANUFACTURE（制造）"菜单中的"Machining（加工）"命令，系统会显示出"MACHINING（加工）"子菜单。

（7）在"MACHINING（加工）"子菜单中选择"NC Sequence（NC序列）"命令，系统会显示出"NC序列列表"子菜单。

（8）从子菜单中选择"新序列"命令，系统显示出"MACH AUX（辅助加工）"子菜单，如图17.49所示。

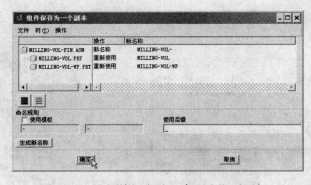

图17.48　"组件保存为一个副本"对话框

图17.49　"MACH AUX（辅助加工）"子菜单

（9）"MACH AUX（辅助加工）"子菜单中默认选中的仍然是"Machining（加工）"、"Volume（体积块）"和"3 axis（3轴）"。左键单击中部的"Surface Mill（曲面铣削）"命令，再左键单击子菜单下方的"Done（完成）"命令。系统显示出"SEQ SETUP（序列设置）"子菜单，如图17.50所示。

（10）"SEQ SETUP（序列设置）"子菜单中默认选中了"Parameters（参数）"、"Surfaces（曲面）"和"Define Cut（定义切割）"三项，表示接下来需要进行的三方面设置。左键单击"Done（完成）"命令，系统显示出"编辑序列参数：曲面铣削"对话框，如图17.51所示。

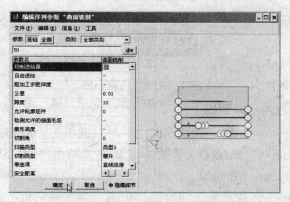

图17.50 "SEQ SETUP（序列设置）"子菜单　　图17.51 "编辑序列参数：曲面铣削"对话框

在其中输入下列参数。

- 切削进给量：50
- 跨度：10
- 安全距离：2
- 主轴速率：3000

（11）完成参数的输入后，左键单击"确定"按钮将"编辑序列参数：曲面铣削"对话框关闭，系统会显示出"SURF PICK（曲面拾取）"子菜单，如图17.52所示。

（12）左键单击其中的"Mill Volume（铣削体积块）"项，意思是将要从前面定义的铣削体积块特征中选择加工表面。

（13）左键单击子菜单中的"Done（完成）"命令，系统在提示栏要求选取先前定义的体积块。

在图形区左键单击以选取上例中定义过的体积块，如图17.53所示。

图17.52 "SURF PICK（曲面拾取）"子菜单　　图17.53 选取先前定义的体积块

（14）系统显示出"SELECT SRFS（选取曲面）"及"SEL/SEL ALL（选取/全选）"子菜单，如图17.54所示，并且在提示栏显示"选取属于MILL_VOL_1的曲面"。

（15）在图形工作区左键单击以选中铣削体积块的底平面，如图17.55所示。如果无法直接加亮显示底平面，可以移动一下光标的位置，再单击鼠标右键进行切换。

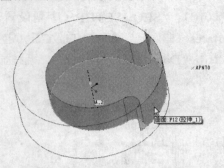

图17.54　"SELECT SRFS（选取曲面）"及"SEL/
　　　　 SEL ALL（选取/全选）"子菜单

图17.55　选中铣削体积块的底平面

（16）选取底平面之后，左键单击"SELECT SRFS（选取曲面）"菜单中的"Done/Return（完成/返回）"命令，再左键单击"NC SEQ SRFS（NC序列曲面）"菜单中的"Done/Return（完成/返回）"命令。

（17）系统显示出"切削定义"对话框，如图17.56所示。

（18）由于这里是精加工底平面，因此在对话框中左键单击以选中第一项"直线切削"，再左键单击"确定"按钮。

（19）"切削定义"对话框消失，系统显示出"NC SEQUENCE（NC序列）"子菜单。左键单击子菜单中的"Play Path（演示轨迹）"命令，再从弹出的"PLAY PATH（演示轨迹）"子菜单中左键单击"Screen Play（屏幕演示）"命令，切换到线框显示模式，可以看到清晰的刀具运行轨迹，如图17.57所示。

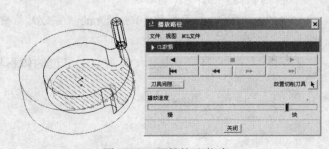

图17.56　"切削定义"对话框

图17.57　刀具轨迹仿真

（20）在"PLAY PATH（演示轨迹）"子菜单中左键单击"NC Check（NC检测）"命令，系统会调用Vericut进行三维渲染仿真。

在单独序列的Vericut仿真中，由于前面没有其他的仿真过程，因此系统默认的是从完整的工件（毛坯）形状开始切削。在后面介绍的整个数控加工操作的仿真中，才会显示出粗加工、精加工各阶段分别切除毛坯材料的过程。

17.2.4 轮廓铣削

轮廓铣削主要用于粗加工或者精加工垂直的或倾斜度较小的曲面。指定适当的加工参数后，刀具将以等高的方式沿曲面分层加工。

下面先接着前面的示例介绍垂直圆弧侧面的精加工NC序列的建立，再介绍整个NC操作的Vericut仿真。

1. 创建轮廓精加工NC序列

（1）打开本章练习文件"Milling-prof.mfg"，系统会显示出组件模型，以及"MANUFA-CTURE（制造）"菜单。

（2）从"MANUFACTURE（制造）"菜单中左键单击"Machining（加工）"命令，再从弹出的"MACHINING（加工）"子菜单中左键单击"NC Sequence（NC序列）"命令，系统会弹出"NC序列列表"子菜单，如图17.58所示。

（3）从"NC序列列表"子菜单中左键单击"新序列"命令，系统显示出"MACH AUX（辅助加工）"子菜单，这里默认选中的仍然是"Machining（加工）"、"Volume（体积块）"和"3 axis（3轴）"。左键单击中部的"Profile（轮廓）"命令，再左键单击子菜单下方的"Done（完成）"命令，如图17.59所示。

（4）系统显示出"SEQ SETUP（序列设置）"子菜单。

"SEQ SETUP（序列设置）"子菜单中默认选中了"Parameters（参数）"、"Surfaces（曲面）"两项，如图17.60所示，表示接下来需要进行的两方面设置。

图17.58 "NC序列列表" 子菜单　　图17.59 "MACH AUX（辅助加工）"子菜单　　图17.60 "SEQ SETUP（序列设置）"子菜单

左键单击"Done（完成）"命令。

（5）系统显示出"编辑序列参数：剖面铣削"对话框，在其中输入下列参数。

· CUT_FEED: 50

- 跨度：10
- 安全距离：2
- 主轴速率：3000

如图17.61所示。输入参数后，左键单击"确定"按钮，将对话框关闭。

（6）系统显示出"SURF PICK（曲面拾取）"子菜单，如图17.62所示。

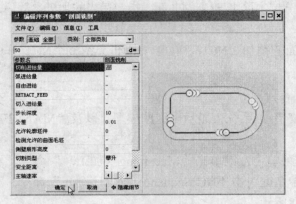

图17.61　"编辑序列参数：剖面铣削"　　　　图17.62　"SURF PICK（曲面拾取）"子菜单

系统默认选中的是第一项，即"Model（模型）"。下面需要从零件模型中选择要加工的轮廓曲面。左键单击"Done（完成）"命令。

（7）系统显示出"SELECT SRFS（选取曲面）"及"SURF/LOOP（曲面/环）"子菜单。在图形工作区按下键盘上的Ctrl键并左键单击以选中三个圆弧状侧面，如图17.63所示。

（8）左键单击"SURF/LOOP（曲面/环）"子菜单中的"Done（完成）"命令，再左键单击"SELECT SRFS（选取曲面）"子菜单中的"Done/Return（完成/返回）"命令，最后左键单击上层菜单"NCSEQ SURFS（NC序列：曲面）"子菜单中的"Done/Return（完成/返回）"命令，回到"NC SEQUENCE（NC序列）"子菜单中。

（9）从"NC SEQUENCE（NC序列）"子菜单中选择"Screen Play（屏幕播放）"命令，切换到线框显示模式。

（10）左键单击播放按钮，可以看到如图17.64所示的刀具轨迹。

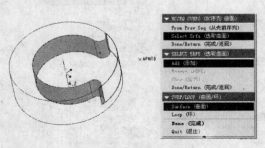

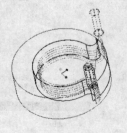

图17.63　"SURF/LOOP（曲面/环）"子　　　　　　图17.64　刀具轨迹
菜单及选中的轮廓曲面

（11）使用"NC Check（NC检测）"命令，对刚刚创建的NC序列进行仿真，并观察其结果，如图17.65所示。

如果发现屏幕左下角的提示栏中显示"NC序列尚未完全定义",说明前面选择曲面的过程中有错误,应该重复步骤(6)~步骤(8)的操作。

(12)左键单击菜单中的"Done Seq(完成序列)"命令,再左键单击上一级菜单中的"Done/Return(完成/返回)"命令。

2. 操作仿真

前面介绍的仿真过程都是单一NC序列的仿真。尤其是在后续NC序列中,Vericut仍然认为工件毛坯为原始的毛坯,因此整个加工过程的概念并不清楚。下面介绍如何对上例中包含体积块粗加工、底平面精加工和轮廓侧面精加工三个NC序列的整个操作进行Vericut仿真。

(1)打开本章练习文件"Milling-3seq-fin.mfg",系统会显示出组件模型,以及"MANUFA-CTURE(制造)"菜单。

(2)从"MANUFACTURE(制造)"菜单中左键单击"CL Data(CL数据)"命令,系统会显示出"CL DATA(CL数据)"菜单及其默认选项的子菜单,如图17.66所示。

(3)从"CL DATA(CL数据)"菜单的最下一层子菜单"SELECT FEAT(选取特征)"中左键单击以选中"Operation(操作)"命令,系统会显示出"选取菜单",并且列出了前面创建的操作名称"OP010"。

(4)左键单击以选中"OP010"项,系统会显示出"PATH(轨迹)"子菜单,如图17.67所示。

图17.65 轮廓加工　　　图17.66 "CL DATA(CL数据)"菜　　　图17.67 "PATH(轨迹)"
　　　Vericut仿真　　　　　　单及其默认选项的子菜单　　　　　　　子菜单

(5)在这个子菜单中左键单击以选中"File(文件)"命令,系统会显示出"OUTPUT TYPE(输出类型)"子菜单,如图17.68所示。

(6)左键单击"Done(完成)"命令,系统会显示出"保存副本"对话框。在对话框中输入文件名"Milling",如图17.69所示。

(7)左键单击"确定"按钮,对话框消失。左键单击"PATH(轨迹)"子菜单中的"Done Output"命令,系统返回到"CL DATA(CL数据)"子菜单。

(8)左键单击"CL DATA(CL数据)"子菜单中的"NC Check(NC检测)"命令,系统会弹出"NC VERIFICATION(NC检验)"子菜单,如图17.70所示。

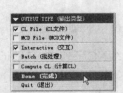

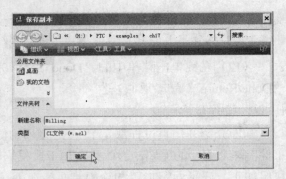

图17.68 "OUTPUT TYPE（输出类型）"子菜单　　　　图17.69 "保存副本"对话框

（9）左键单击其中的"CL File（CL文件）"命令，系统会弹出"Open CL File"对话框，要求选择要打开的CL文件，如图17.71所示。

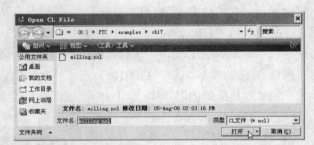

图17.70 "NC VERIFICATION（NC　　　图17.71 "Open CL File"对话框
　　　　检验）"子菜单

（10）选取"Milling.ncl"文件，并左键单击"打开"按钮。对话框消失，系统回到"NC VERIFICATION（NC检验）"子菜单中，再左键单击"Done（完成）"命令。

系统启动了Vericut模块，左键单击右下角的命令图标 ，即可开始进行整个加工过程的仿真。在这次仿真中，系统会按顺序完成体积块粗加工、底平面精加工和轮廓侧面精加工三个NC序列，材料也会被逐次切除，如图17.72所示。

（a）体积块铣削　　　（b）曲面铣削　　　（c）轮廓铣削　　　（d）铣削完成

图17.72 Vericut演示全部NC序列

17.2.5 局部铣削

局部铣削用于完成以前工序中由于刀具尺寸等原因而残留的材料，需要专门采取NC序列进行清除。实际上就是需要以较小直径的刀具和适当的切削用量再加工一次。Pro/NC通过局部铣削来完成清根、清圆角的加工。

局部铣削的实现形式主要有如下四种：

· 参照上个NC序列进行局部铣削。

· 去除指定的顶角边。

· 根据先前刀具进行局部铣削。

· 铅笔跟踪轨迹局部铣削。

下面举例说明。

 如果让Pro/E 4.0参照现有的NC序列进行局部铣削，则该NC序列最好使用球头铣刀。

1. 参照上一NC序列进行局部铣削

这种方法主要用于去除"体积块"、"轮廓"、"曲面"或另一"局部铣削"NC序列之后剩下的材料，通常使用较小的刀具，下面举例说明。

（1）启动Pro/E 4.0，设置工作目录，然后使用主菜单命令"文件"➤"打开"，选取本章练习文件"Milling-vollocal.mfg"，这里面已经有了一个进行体积块加工的NC序列。

（2）在菜单管理器"MANUFACTURE（制造）"中左键单击"Machining（加工）"命令。

（3）在接着打开的"MACHINING（加工）"子菜单中左键单击"NC Sequence（NC序列）"命令，然后在接着弹出的"NC序列列表"菜单中左键单击"新序列"命令，如图17.73所示。

（4）系统会弹出"MACH AUX（辅助加工）"菜单，其中显示出了当前可用的各种加工方法。左键单击以选中其中的"Local Mill（局部铣削）"命令，再单击下面的"Done（完成）"命令，如图17.74所示。

（5）系统会弹出"LOCAL OPT（局部选项）"菜单，选择其中默认的"Prev NC Seq（NC序列）"命令，意思是参照前面生成的NC序列；再左键单击"Done（完成）"命令，如图17.75所示。

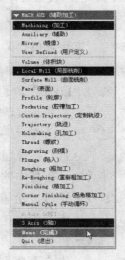

图17.73 新建一个局部铣削序列　　图17.74 选中"Local Mill（局部铣削）"命令　　图17.75 选取"Prev NC Seq（NC序列）"命令

（6）系统会弹出"SELECT FEAT（选取特征）"菜单，并且在左下角的提示栏中显示"选取参照铣削操作"。

从菜单中选择"NC Sequence（NC序列）"命令，如图17.76所示。

（7）接着系统会弹出"NC序列列表"子菜单，并且在左下角的提示栏中显示"选取一NC序列"。

从菜单中选取前面生成的体积块铣削序列，如图17.77所示。

（8）系统弹出"选取菜单"菜单，并且在提示栏中显示"选取参照体积块铣削NC序列的切割动作"。从菜单中左键单击以选中"切削运动#1"，如图17.78所示。

图17.76　从菜单中选择"NC Sequence（NC序列）"命令　　　图17.77　选取体积块铣削序列　　　图17.78　选取切削动作

（9）系统弹出"NC SEQUENCE（NC序列）"菜单及"SEQ SETUP（序列设置）"菜单，左键单击以选中"Tool（刀具）"项，使其前面的复选框中显示一个对钩标记，如图17.79所示。

　选取"Tool（刀具）"选项的原因是：根据一般机械加工规律，局部铣削（即清根加工）是针对上一道粗加工或者半精加工之后残留的材料而进行的切削，因此通常采用直径小一些的刀具，而不是使用粗加工时的刀具。如果在这里不将刀具的直径设为一个较小的值，在后面生成刀轨文件（CL文件）的时候系统会提示错误信息。

图17.79　"NC SEQUENCE（NC
　　　　序列）"菜单及"SEQ
　　　　SETUP（序列设置）"菜单

（10）左键单击"Done（完成）"命令。

系统弹出"刀具设定"对话框，在其中使用"文件"➤"新建"命令创建一个用于局部铣削的铣刀，名为"Local"，直径改为10，如图17.80所示。

完成后左键单击"应用"按钮，再左键单击"确定"按钮，将"刀具设定"对话框关闭。

（11）系统显示出"编辑序列参数：局部铣削"对话框，在其中输入下列参数。

- 切削进给量：20
- 步长深度：2
- 跨度：2
- 安全距离：4
- 切割类型：攀升
- 主轴速率：3000

如图17.81所示。

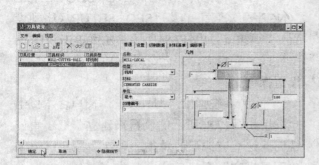

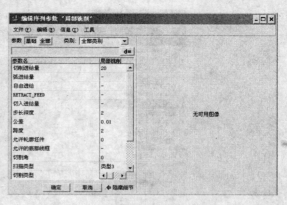

图17.80 新建一个小直径铣刀　　　　　　图17.81 设置局部铣削参数

（12）完成输入后，左键单击"确定"按钮将对话框关闭。

左键单击"MFG PARAMS（制造参数）"菜单中的"Done（完成）"命令，该菜单也会关闭。

（13）在"NC SEQUENCE（NC序列）"菜单中，左键单击"Play Path（演示轨迹）"命令可以播放局部铣削的加工轨迹，如图17.82所示（显示为线框方式）。

（14）左键单击"Done Seq（完成序列）"命令结束对此NC序列的设置。

从这个加工演示过程中可以看出，由于体积块加工时刀具处于体积块轮廓面之内，因此参照体积块加工NC序列生成的局部铣削NC序列也不能很好地实现开口部分圆弧面的加工，这一点可以从Vericut加工仿真图中得到更清楚的演示过程。可见，这种局部铣削一般只适合进行封闭腔槽的清根加工。

2. 参照先前刀具进行局部铣削

局部铣削的实现还有另一种重要的方式，这就是参照先前刀具确定局部铣削。下面举例说明。

（1）将Pro/E中不需要的文件从内存中拭除。使用主菜单命令"文件"➤"打开"，打开本章练习文件"Milling-vollocal.mfg"。

（2）在菜单管理器"MANUFACTURE（制造）"中左键单击"Machining（加工）"命令。

（3）接着在打开的"MACHINING（加工）"子菜单中左键单击"NC Sequence（NC序列）"命令，然后在接着弹出的"NC序列列表"菜单中左键单击"新序列"命令。

（4）系统会显示出"Prev NC Seq（NC序列）"菜单，从中左键单击以选中"By Prev Tool（根据先前刀具）"命令，如图17.83所示。

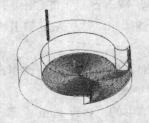

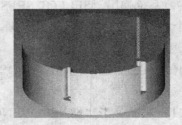

图17.82 局部铣削的加工轨迹　　　　　图17.83 选取"By Prev Tool（根据
　　　　　　　　　　　　　　　　　　　　　　　　先前刀具）"命令

图17.84 "NC SEQUENCE（NC序列）"菜单及
"SEQ SETUP（序列设置）"菜单

再左键单击"Done（完成）"命令。

（5）系统会显示出"NC SEQUENCE（NC序列）"菜单及"SEQ SETUP（序列设置）"菜单，如图17.84所示。左键单击"Done（完成）"命令，表示继续菜单中选中项目的设置操作。

（6）系统弹出"刀具设定"窗口。本例中也采用如图17.85所示的设置来建立一把小直径铣刀。建立完成后，单击"确定"按钮以关闭"刀具设定"窗口。

（7）系统显示"编辑序列参数"窗口，输入如图17.86所示的参数。

完成参数设置后，左键单击窗口左下角的"确定"按钮将窗口关闭。

 注意 系统虽然在"步长深度"一栏显示有"-"，表示可以采用默认设置，但最好还是将它设置为适当的值，否则后面的操作可能会失败。

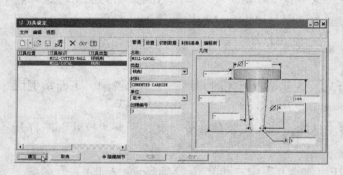

图17.85 "刀具设定"窗口

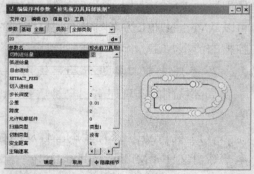

图17.86 输入序列参数

（8）系统会弹出"NCSEQ SURFS（NC序列 曲面）"菜单和"SURF PICK（曲面拾取）"菜单，要求选择加工的参照曲面。当前最底层菜单默认选中的是"Model（模型）"项，表示接下来要选择模型中的曲面，如图17.87所示。左键单击"Done（确定）"命令。

（9）系统弹出"SELECT SRFS（选取曲面）"菜单，按下键盘上的Ctrl键并左键单击以选取两个小的半圆柱面、大圆弧柱面，以及底面，如图17.88所示，然后左键单击"Done/Return（完成/返回）"命令。

（10）系统会退回到"NCSEQ SURFS（NC序列 曲面）"菜单中，左键单击"Done/Return（完成/返回）"命令。

（11）左键单击"NC SEQUENCE（NC序列）"菜单中的"Play Path（演示轨迹）"命令，再从弹出的"PLAY PATH（演示轨迹）"子菜单中分别使用"Screen Play（屏幕演示）"和"NC Check（NC检测）"命令对加工轨迹进行检测和仿真，如图17.89所示。可见，这一次的局部铣削有效地清除了体积块铣削残余的材料。

图17.87 "NCSEQ SURFS（NC序列
曲面）"菜单和"SURF
PICK（曲面拾取）"菜单

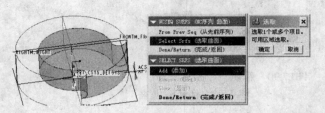

图17.88 选取局部铣削的参照曲面

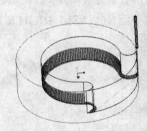

图17.89 屏幕演示和NC检测结果

（12）左键单击"NC SEQUENCE（NC序列）"菜单中的"Done Seq（完成序列）"命令，根据刀具生成的局部铣削NC序列就完成了。

17.2.6 平面铣削

平面铣削主要用于加工较大面积的平面，也可以同时加工若干个但并不连续的小平面，刀具可以是端铣刀、外圆角铣刀（立铣刀），也可以是球头铣刀，下面举例说明。

（1）启动Pro/E 4.0，设置工作目录，然后新建一个文件，名称为"Milling-flat"，类型为"制造"，子类型为"NC组件"，模板使用"mmns_mfg_nc"。

（2）进入制造环境后，系统会显示出菜单管理器"MANUFACTURE（制造）"。左键单击"Mfg Model（制造模型）"命令，在弹出的子菜单中选择"Assemble（装配）"命令，系统会再次弹出下层菜单"MFG MDL TYP（制造模型类型）"，从中选择"Ref Model（参照模型）"命令。

（3）系统会显示"打开"窗口，选择本章练习文件"Bracket.prt"，再左键单击"确定"按钮将该文件打开，支架零件模型会在屏幕上显示为黄色，用装配操控板中的"缺省"命令将该模型的位置固定下来，最后左键单击"创建参照模型"对话框中的"确定"按钮，如图17.90所示。

（4）目前还没有该零件的毛坯模型，下面创建一个。选择"MFG MDL（制造模型）"菜单中的"Create（创建）"命令，再从弹出的"MFG MDL TYP（制造模型类型）"菜单中选择"Workpiece（工件）"命令，系统会在屏幕底部显示输入框，要求指定工件模型的名称。输入名称"Bracket-wp"，左键单击操控板右侧的绿色对钩命令按钮，如图17.91所示。

（5）系统显示出"FEAT CLASS（特征类）"菜单和"SOLID（实体）"菜单。左键单击以选中"Protrusion（加材料）"命令，如图17.92所示。

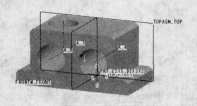

图17.90 新建一个制造文件，并且　　　　　　　　　图17.91 输入工件模型的名称
　　　 将支架零件装配进来

（6）系统显示出 "SOLID OPTS（实体选项）"菜单，选择其中的"Done（完成）"
命令，如图17.93所示。

（7）在图形工作区按下鼠标右键，从弹出的快捷菜单中选择"定义内部草绘"命令，以
基准平面NC_ASM_TOP作为草绘平面，以基准平面NC_ASM_RIGHT作为朝右的参照平面，如
图17.94所示。

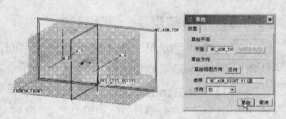

图17.92 选取"Protrusion　　图17.93 "SOLID OPTS（实　　　图17.94 选取草绘平面
　　　 （加材料）"命令　　　　　　　 体选项）"菜单

左键单击"草绘"窗口中的"草绘"按钮，进入草绘环境。

（8）加选零件模型四周的轮廓线作为草绘参照，完成后左键单击"关闭"按钮将"参照"
对话框关闭，如图17.95所示。

（9）草绘一个方框，使其每边长度均比零件模型大2mm，如图17.96所示。

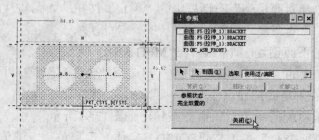

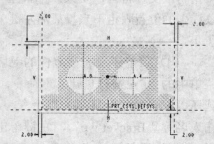

图17.95 加选参照　　　　　　　　　　　　图17.96 草绘零件毛坯的轮廓线

（10）左键单击草绘环境右侧工具栏中的命令按钮 ✓，指定拉伸高度为42，再左键单击操控板右侧的绿色命令按钮 ✓，完成毛坯的创建，系统会显示出如图17.97所示的结果。左键单击"Done/Return（完成/返回）"命令返回上一级菜单。

（11）在"MANUFACTURE（制造）"菜单中左键单击"Mfg Setup（制造设置）"命令，系统会弹出"操作设置"对话框，在这里将"NC机床"设为普通的三轴数控铣床，如图17.98所示；"加工零点"设置为坐标系ACS0的原点，如图17.99所示；"退刀平面"是ADTM1，为沿Z轴到加工平面距离为5的平面，如图17.100所示。

图17.97　工件模型创建完毕

图17.98　机床设置

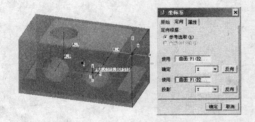

图17.99　设置制造坐标系（加工零点）

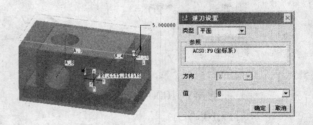

图17.100　设置退刀平面

（12）设置完成的"操作设置"对话框如图17.101所示。

在"MANUFACTURE（制造）"菜单中，左键单击"Machining（加工）"命令，然后在弹出的"MACHINING（加工）"菜单中左键单击"NC Sequence（NC序列）"命令。

（13）系统会弹出"MACH AUX（辅助加工）"菜单，左键单击以选中其中的"Face（表面）"命令，再左键单击菜单底部的"Done（完成）"命令，如图17.102所示。

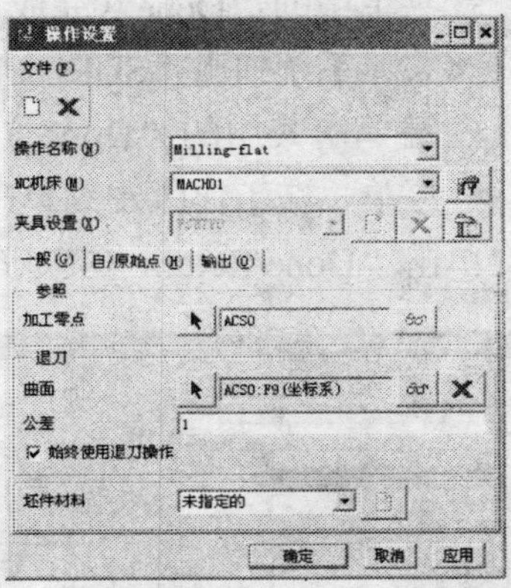

图17.101　完成的"操作设置"对话框

（14）系统会显示出"SEQ SETUP（序列设置）"菜单，其中默认选中了"Tool（刀具）"、"Parameters（参数）"和"Surfaces（曲面）"项。左键单击下面的"Done（完成）"命令，如图17.103所示。

（15）系统会弹出"刀具设定"窗口，从中设置一把直径为60的端铣刀，如图17.104所示。设置完毕后左键单击"确定"按钮将窗口关闭。

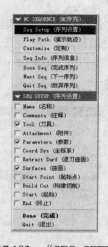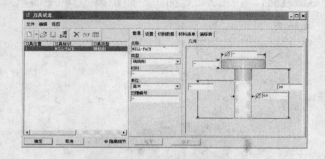

图17.102　选取"Face（表面）"命令　　图17.103　"SEQ SETUP（序列设置）"菜单　　图17.104　设置端铣刀

（16）系统显示出"编辑序列参数"窗口，在这里指定如下。

- 切削进给量：20
- 步长深度：1
- 跨度：30
- 安全距离：5
- 主轴速率：1000

如图17.105所示。

输入完毕后左键单击"确定"按钮将窗口关闭，再左键单击"MFG PARAMS（制造参数）"菜单中的"Done（完成）"命令。

（17）系统弹出"SURF PICKS（曲面拾取）"菜单，系统默认选中了"Model（模型）"项。左键单击其中的"Done（完成）"命令，系统会接着弹出"SELECT SURFS（选取曲面）"菜单。在工作区左键单击以选中零件模型上有一个孔的顶平面，如图17.106所示，然后左键单击"Done/Return（完成/返回）"命令。

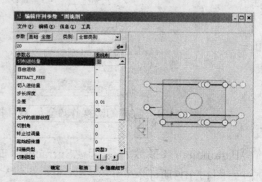

图17.105　"编辑序列参数"窗口　　　　图17.106　选取铣削的平面

（18）至此，铣削平面的NC序列就生成了。左键单击"NC SEQUENCE（NC序列）"菜单中的"Play Path（演示轨迹）"命令可以观察其加工过程，如图17.107所示；使用"Done Seq（完成序列）"命令可以将生成的NC序列保存下来。

17.2.7 孔加工

孔加工是机械制造中十分重要的一大类加工方法。Pro/E 4.0中提供的孔加工方法主要是通过钻、铰的方法来加工小直径圆孔，以及用镗削的方法加工大直径圆孔，下面举例说明。

1. 钻孔

（1）打开Pro/E 4.0，设置工作目录，然后新建一个名为"Drilling"的文件，类型为"制造"，子类型为"NC组件"，模板采用"mmns_mfg_nc"。

（2）使用菜单管理器"MANUFACTURE（制造）"中的"Mfg Model（制造模型）" ➤ "Assemble（装配）" ➤ "Ref Model（参照模型）"命令将支架零件"Bracket.prt"装入，并且用操控板中的"缺省"命令将其位置固定下来。

（3）使用菜单管理器"MANUFACTURE（制造）"中的"Mfg Model（制造模型）" ➤ "Assemble（装配）" ➤ "Workpiece（工件）"命令将支架毛坯零件"Bracket-wp.prt"装入，并且使用操控板中的命令使两个模型装配在一起，使它们的外轮廓完全重合，如图17.108所示。完成后左键单击"MFG MDL（制造模型）"菜单中的"Done/Return（完成/返回）"命令。

图17.107 铣削平面加工演示

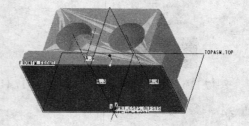

图17.108 装配好的支架零件和毛坯

（4）在"MANUFACTURE（制造）"菜单中，左键单击"Mfg Setup（制造设置）"命令，系统会打开"操作设置"窗口，要求设置NC机床、加工零点，以及退刀平面。NC机床采用默认的三轴铣床。在组件模型的一角创建制造坐标系，以确定加工零点及退刀平面，如图17.109所示。

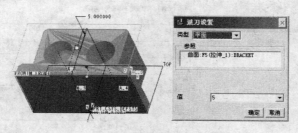

图17.109 加工零点及退刀平面

（5）完成"操作设置"窗口中的各项设定后，左键单击"确定"按钮将该窗口关闭。左键单击"MFG SETUP（制造设置）"菜单中的"Done/Return（完成/返回）"命令。

（6）系统返回到"MANUFACTURE（制造）"菜单，然后左键单击"Machining（加工）"➤"NC Sequence（NC序列）"➤"Holemaking（孔加工）"命令，如图17.110所示。再左键单击"MACH AUX（辅助加工）"菜单中的"Done（完成）"命令。

（7）系统显示出"HOLE MAKING（孔加工）"菜单，如图17.111所示。菜单中默认选中了"Drill（钻孔）"和"Standard（标准）"项，表示标准钻孔操作。左键单击"Done（完成）"命令。

（8）系统会弹出"SEQ SETUP（序列设置）"菜单，其中默认选中了"Tool（刀具）"、"Parameters（参数）"和"Hole（孔）"项，表示接下来要对这三个方面做进一步设置，如图17.112所示。左键单击该菜单下方的"Done（完成）"命令。

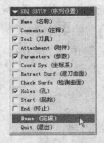

图17.110　选取"Holemaking（孔加工）"命令　　图17.111　"HOLE MAKING（孔加工）"菜单　　图17.112　孔加工的"SEQ SETUP（序列设置）"菜单

（9）系统会显示出"刀具设定"窗口，要求设置孔加工使用的刀具。由于接下来需要进行钻孔操作，因此从"类型"下拉列表中选择"钻孔"；由于孔的最终直径是20，因此钻头的直径应该是18，以便给后续的扩孔和铰孔留下余量，如图17.113所示。设置完成后，左键单击"确定"按钮将此窗口关闭。

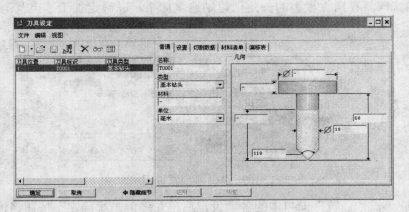

图17.113　设置钻头参数

（10）系统接着显示出"编辑序列参数打孔"窗口，设置如下参数。

· 切削进给量：5

· 安全距离：5

· 主轴速率：3000

如图17.114所示。设置完成后左键单击"确定"按钮将窗口关闭。

（11）左键单击"MFG PARAMS（制造参数）"菜单中的"Done（完成）"命令，系统会弹出"孔集"对话框，如图17.115所示。

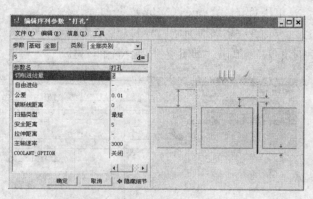

图17.114 设置加工参数

图17.115 "孔集"对话框

左键单击"添加"按钮，系统会显示出"选取"对话框，并且在提示栏中显示"通过选取孔来选取要钻的孔"。按下Ctrl键，然后在图形工作区左键单击以选中两个平行的孔，如图17.116所示，然后左键单击"选取"对话框中的"确定"按钮，这两个孔会显示在"孔集"窗口中。

（12）如果是台阶孔或者盲孔，还需要使用"深度"按钮指定孔的深度。

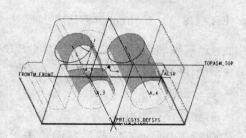

图17.116 选取要钻的孔

左键单击"孔集"窗口下方的"确定"按钮，将窗口关闭。左键单击"HOLES（孔）"菜单中的"Done/Return（完成/返回）"命令，该菜单也会消失。

（13）左键单击"NC SEQUENCE（NC序列）"菜单中的"Play Path（演示轨迹）"命令可以演示钻孔的过程，使用"Done Seq（完成序列）"命令可以将生成的NC序列保存下来。

2. 铰孔

钻孔的精度一般只能达到IT11-10级，因此经常需要在钻孔之后进行扩孔和铰孔。创建扩孔NC序列的方法与铰孔序列相同，只是刀具尺寸不同。下面举例说明铰孔NC序列的创建过程。

（1）将不必要的文件从内存中拭除。打开本章练习文件"Drilling-fin.mfg"。

（2）左键单击"MANUFACTURE（制造）"菜单中的"加工"命令，再左键单击子菜单命令"NC Sequence（NC序列）"▶"新序列"▶"Holemaking（孔加工）"▶"Done（完成）"。

图17.117 选取"Ream(铰孔)"命令

（3）系统显示出"HOLE MAKING（孔加工）"菜单，左键单击其中的"Ream（铰孔）"项，再左键单击"Done（完成）"命令，如图17.117所示。

（4）系统会显示出"SEQ SETUP（序列设置）"菜单，其中默认选中了"Parameters（参数）"项和"Holes（孔）"项。左键单击以加选其中的"Tools（刀具）"项，以便在接下来的操作中设定铰刀的参数，如图17.118所示，然后左键单击菜单下部的"Done（完成）"命令。

（5）系统显示出"刀具设定"窗口，在其中创建并设置铰刀，参数如图17.119所示。完成后左键单击"确定"按钮将窗口关闭。

图17.118 加选"Tools（刀具）"项

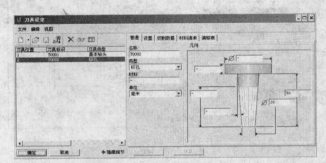

图17.119 设置铰刀参数

（6）系统显示出"编辑序列参数"对话框，要求指定加工参数。设置如下参数。

- 切削进给量：5
- 安全距离：5
- 主轴速率：100

如图17.120所示。完成后左键单击"确定"按钮将窗口关闭。

（7）系统显示出"孔集"对话框。左键单击"添加"按钮，再按下键盘上的Ctrl键，在模型中左键单击以选取两个孔，单击鼠标中键，两孔的名称会显示在"孔集"对话框中。最后左键单击"确定"按钮将"孔集"窗口关闭。

（8）左键单击"HOLES（孔）"菜单中的"Done/Return（完成/返回）"命令，系统会返回"NC SEQUENCE（NC序列）"菜单，左键单击"Done Seq（完成序列）"命令即可生成铰孔NC序列。

（9）系统返回到"MACHINING（加工）"菜单，左键单击"Done/Return（完成/返回）"命令，返回到"MANUFACTURE（制造）"菜单。

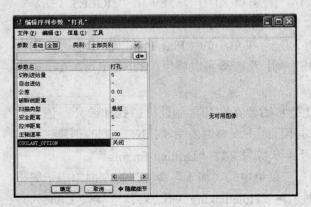

图17.120 "编辑序列参数"窗口

（10）左键单击菜单命令"Process Mgr（处理管理器）"，系统会打开"制造工艺表"窗口，其中显示了此前生成的各个NC序列。在这里使用右键快捷菜单可以对整个操作，以及NC序列进行复制、剪切、删除、锁定、CL播放、NC检测等操作，如图17.121所示。

3. 镗孔

镗孔一般用于加工大直径、精度要求较高的圆孔，以及箱体零件上的孔系。其操作方法与钻孔、铰孔很相似，只是在系统显示出"HOLE MAKING（孔加工）"菜单时，左键单击其中的"Bore（镗孔）"项，然后在"刀具设定"窗口中选择使用"镗刀"（整体式圆柱状刀具，与立铣刀形状相似）还是"镗杆"（镗刀杆加刀头，用于镗削较大直径圆孔及同轴孔），并指定刀具的尺寸。

选择待加工孔的操作及其余操作均与前面示例相同。

17.2.8 铣削螺纹

螺纹加工的主要方法有车削、铣削、镗削、攻丝、套扣等。在数控铣床上加工零件时也可以使用适当的刀具来铣削螺纹。下面分别介绍内、外螺纹的铣削操作。

1. 铣削外螺纹

（1）打开Pro/E 4.0后，设置工作目录，然后新建一个名为"Milling-thread"的文件，类型为"制造"，子类型为"NC组件"，模板采用"mmns_mfg_nc"。

（2）使用菜单管理器"MANUFACTURE（制造）"中的"Mfg Model（制造模型）"▶"Assemble（装配）"▶"Ref Model（参照模型）"命令将本章练习文件"Tap.prt"装入，这是个螺纹盖零件。

（3）用操控板中的"缺省"命令将其位置固定下来，左键单击命令按钮☑，再左键单击"确定"按钮，将"创建参照模型"对话框关闭。

（4）使用菜单管理器"MANUFACTURE（制造）"中的"Mfg Model（制造模型）"▶"Assemble（装配）"▶"Workpiece（工件）"命令将本章练习文件"tap-wp.prt"装入，这是个螺纹盖毛坯零件。

（5）使用操控板中的命令使两个模型装配在一起，使它们的外轮廓完全重合，完成后左键单击命令按钮☑，再左键单击"创建毛坯工件"对话框中的"确定"按钮，将对话框关闭。此时得到的模型如图17.122所示。

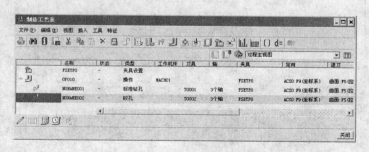

图17.121 制造工艺表

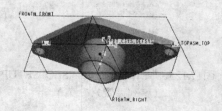

图17.122 将螺纹盖模型与其毛坯
模型装配起来

（6）返回"MANUFACTURE（制造）"菜单，然后左键单击"Mfg Setup（制造设置）"命令，系统会打开"操作设置"窗口，要求设置NC机床、加工零点，以及退刀平面。NC机床采用默认的三轴铣床，在组件模型的中心线上创建制造坐标系，以确定加工零点及退刀平面，如图17.123所示。完成"操作设置"窗口中的各项设定后，左键单击"确定"按钮将该窗口关闭。

（7）左键单击"MFG SETUP（制造设置）"菜单中的"Done/Return（完成/返回）"命令返回到"MANUFACTURE（制造）"菜单，然后左键单击"Machining（加工）"➤ "NC Sequence（NC序列）"命令，系统会显示出"MACH AUX（辅助加工）"菜单，左键单击其中的"Thread（螺纹）"项，然后再左键单击"Done（完成）"命令，如图17.124所示。

图17.123　在"操作设置"窗口中创建制造　　　　图17.124　选取"Thread（螺纹）"命令
坐标系、加工零点及退刀平面

（8）系统会显示出"SEQ SETUP（序列设置）"菜单，左键单击"Done（完成）"命令，如图17.125所示。

（9）系统会显示出"刀具设定"窗口，新建一个外螺纹铣刀，如图17.126所示。完成后左键单击"确定"按钮将窗口关闭。

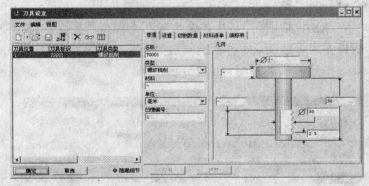

图17.125　加工螺纹时的"SEQ SETUP　　　　图17.126　在"刀具设定"窗口中建立外螺纹铣刀
（序列设置）"菜单

（10）系统会显示出"编辑序列参数"窗口，要求指定螺纹铣削使用的基本参数。需要注意的是，这里只指定基本参数，具体参数还要在后面的步骤中指定。

指定下列参数。

· 切削进给量：10

· 螺纹进给量：2

· 螺纹进给单位：MMPR

· 主轴速率：5

如图17.127所示。完成后左键单击"确定"按钮，将窗口关闭。

（11）系统会显示出"螺纹铣削"窗口，在这里将具体设置加工中的各参数，如图17.128所示。

具体设置的参数包括以下几种。

· 螺纹样式：外螺纹

· 螺纹选取：中间的外圆柱面

· 螺纹方向：右旋

· 螺纹小径：96

· 螺距：2

· 螺距单位：MM

· 螺纹深度：盲孔，到端盖平面

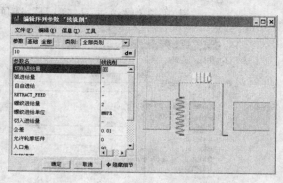

图17.127　指定螺纹铣削的基本参数

 注意：左键单击窗口中"螺纹选取"字样旁边的箭头按钮，然后在图形工作区左键单击以选中要铣削的螺纹。本例为零件中部直径为100处圆柱面的外螺纹。在创建零件模型的时候，必须将这个螺纹创建为"修饰"➤"螺纹"特征，否则系统无法将其识别为螺纹。

 注意：用于指定表示螺纹长度的平面必须与退刀平面平行。

（12）左键单击"螺纹铣削"窗口中的"放置螺纹"选项卡，在这里左键单击绿色的加号按钮，然后在弹出的"选取孔直径"窗口中左键单击以选中外螺纹的直径100，然后左键单击"确定"按钮，直径100就会显示在"放置螺纹"选项卡的主窗口中，如图17.129所示。

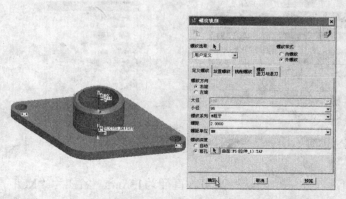

图17.128　"螺纹铣削"窗口及选取的要加工的外螺纹

图17.129　"放置螺纹"选项卡中的操作

（13）左键单击"螺纹铣削"窗口中的"铣削螺纹"选项卡，在这里需要设置关于铣削操作的一些参数。在"切削运动"区中，选取"连续"和"顺铣"项，如图17.130所示。

（14）左键单击"螺纹进刀与退刀"选项卡，将"导引半径"值设为70，如图17.131所示。

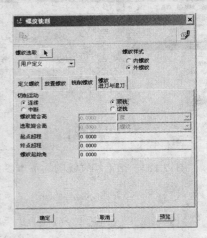 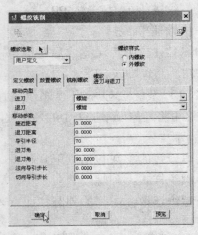

图17.130 "铣削螺纹"选项卡 图17.131 "螺纹进刀与退刀"选项卡

 "导引半径"是指在刀具进入或退出切削区时刀具的相切圆运动半径。

完成后左键单击"螺纹铣削"主窗口左下角的"确定"按钮将该窗口关闭。

（15）系统返回到"NC SEQUENCE（NC序列）"菜单，在这里左键单击"Done Seq（完成序列）"命令可以生成外螺纹铣削序列，左键单击"Play Path（演示轨迹）"命令可以进行加工演示，如图17.132所示。

2. 铣削内螺纹

铣削内螺纹是使用小直径螺纹铣刀进行的一种铣削操作。下面举例说明。

（1）接着上例创建铣削内螺纹的NC序列。在菜单管理器中从"MACHINING（加工）"菜单开始依次左键单击"NC Sequence（NC序列）" ➤ "新序列" ➤ "Thread（螺纹）" ➤ "Done（完成）"命令。

（2）系统会显示出"SEQ SETUP（序列设置）"菜单，加选其中的"Tool（刀具）"项，然后左键单击"Done（完成）"命令，如图17.133所示。

图17.132 铣削外螺纹的加工轨迹演示 图17.133 选中"Tool（刀具）"项

（3）系统显示出"刀具设定"窗口，新建一个内螺纹铣刀，直径为13mm，名称为"Mill-inthread"，如图17.134所示。完成后左键单击"确定"按钮将窗口关闭。

（4）系统会显示出"编辑序列参数"窗口，设置如下参数，完成后左键单击"确定"按钮将窗口关闭。

- 切削进给量：10
- 螺纹进给量：1
- 螺纹进给单位：MMPR
- 主轴速率：10

如图17.135所示。完成后左键单击"确定"按钮。

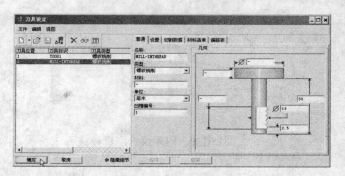

图17.134 新建一个内螺纹铣刀

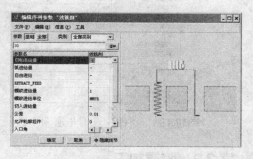

图17.135 设置基本加工参数

（5）系统显示出"螺纹铣削"窗口。左键单击"螺纹选取"字样旁边的箭头按钮，再左键单击以选中零件模型两边小孔中的螺纹特征，其余参数设置如图17.136所示。

（6）左键单击"放置螺纹"选项卡，再左键单击绿色的加号按钮，然后在弹出的"选取孔直径"窗口中左键单击以选中外螺纹的直径24，然后左键单击"确定"按钮，直径24就会显示在"放置螺纹"选项卡的主窗口中，如图17.137所示。

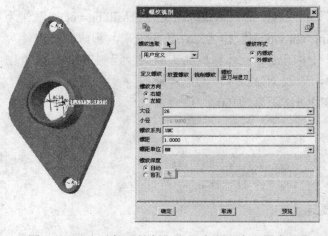

图17.136 在"螺纹铣削"窗口中进一步设置参数

图17.137 "放置螺纹"选项卡

（7）左键单击"螺纹进刀与退刀"选项卡，在其中将"导引半径"改为5，如图17.138所示。

（8）然后左键单击窗口左下角的"确定"按钮，完成参数设置。

系统会返回到"NC SEQUENCE（NC序列）"菜单，在这里左键单击"Done Seq（完成序列）"命令可以生成内螺纹铣削序列；左键单击"Play Path（演示轨迹）"命令可以进行加工演示，如图17.139所示。

图17.138　"螺纹进刀与退刀"选项卡

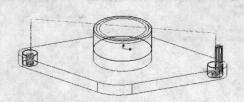

图17.139　内螺纹铣削轨迹演示

17.2.9　腔槽加工

　　腔槽加工可以作为体积块铣削之后的后续加工方法，也可以用做精加工。腔槽加工方法可以铣削水平面、垂直面，以及倾斜面，可以采用立铣刀和球头铣刀。

　　腔槽加工在铣削侧面的时候，切削运动类似于轮廓铣削，在铣削底平面的时候则类似于体积块铣削，因此当余量较大的时候，应该先采用体积块铣削。下面举例说明。

　　（1）打开Pro/E 4.0，设置工作目录，新建一个名为"Milling-pocketing"的文件，类型为"制造"，子类型为"NC组件"，模板为"mmns_mfg_nc"。

　　（2）参照本书17.2.2节"体积块加工"的内容，插入本章练习文件"Milling-vol.prt"作为参考模型装配进来，再将零件毛坯"Milling-vol-wp.prt"作为工件装配进来，形成制造组件。

　　（3）参照本书17.2.2节"体积块加工"中"1. 建立体积块加工NC序列"中的操作设置创建制造坐标系、指定加工零点、退刀平面，以及创建机床，即：

　　·制造坐标系原点到基准平面TOP和RIGHT距离为150。
　　·制造坐标系原点在零件上端面。
　　·X坐标参照为基准平面RIGHT。
　　·Y坐标参照为基准平面TOP。
　　·退刀平面到组件上端面距离5。
　　·NC机床采用默认设置的三坐标立铣床。

　　设置的结果如图17.140所示。

　　（4）左键单击"操作设置"窗口中的"确定"按钮，将该窗口关闭。左键依次单击菜单管理器"MANUFACTURE（制造）"中的"Machining（加工）"➤"NC Sequence（NC序列）"➤"Pocketing（腔槽加工）"➤"Done（完成）"命令，系统显示出如图17.141所示的"SEQ SETUP（序列设置）"菜单，其中默认选中了刀具、参数和曲面三项，表示接下来将对它们进行设置。

　　左键单击"Done（完成）"命令。

　　（5）系统显示出"刀具设定"窗口，设置如图17.142所示的立铣刀。完成后左键单击"确定"按钮将窗口关闭。

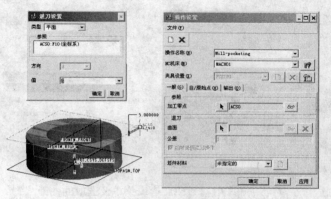

图17.140 完成操作设置后的组件 　　　　图17.141 "SEQ SETUP（序列设置）"菜单

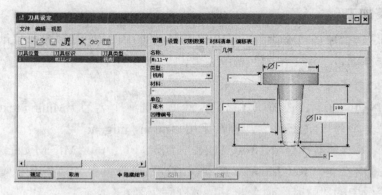

图17.142 "刀具设定"窗口中的设置

（6）系统显示出"编辑序列参数"窗口。指定如下加工参数。

· 切削进给量：200

· 步长深度：1

· 跨度：4

· 安全距离：4

· 主轴速率：3000

如图17.143所示。完成后左键单击"确定"按钮，将窗口关闭。

（7）左键单击"MFG PARAMS（制造参数）"菜单中的"Done（完成）"命令。

（8）系统显示出"SURF PICK（曲面选取）"菜单，这里的默认选项是从"模型"中选择曲面。

左键单击"Done（完成）"命令，系统显示出"SELECT SURF（选取曲面）"菜单和"选取"对话框，在图形工作区按下Ctrl键再左键单击以便将模型内腔的侧面和底面都选中，如图17.144所示。

（9）左键单击"SELECT SRFS（选取曲面）"菜单中的"Done/Return（完成/返回）"命令，系统返回到"NC SEQUENCE（NC序列）"菜单，在这里左键单击"Done Seq（完成序列）"命令可以生成腔槽铣削序列；左键单击"Play Path（演示轨迹）"命令可以进行加工演示，如图17.145所示。

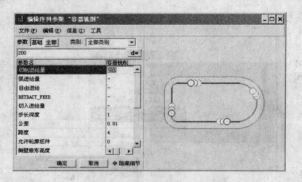

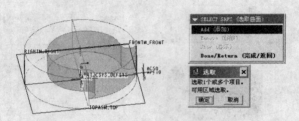

图17.143 "编辑序列参数"窗口中的参数设置   图17.144 曲面选取菜单及选取的曲面

17.2.10 刻模加工

刻模加工实际上类似于雕刻加工，可以将零件模型中作为凹槽特征生成的文字或图形加工出来，刀具的直径确定了加工出的凹槽的宽度，下面举例说明。

1. 生成中文刻字NC序列

（1）打开Pro/E 4.0后，设置工作目录，然后新建一个名为"Milling-text"的文件，类型为"制造"，子类型为"NC组件"，模板采用"mmns_mfg_nc"。

（2）使用菜单管理器"MANUFACTURE（制造）"中的"Mfg Model（制造模型）"▶"Assemble（装配）"▶"Ref Model（参照模型）"命令将中文刻字模型文件"Text.prt"装入，并且用操控板中的"缺省"命令将其位置固定下来。

（3）使用菜单管理器"MANUFACTURE（制造）"中的"Mfg Model（制造模型）"▶"Assemble（装配）"▶"Workpiece（工件）"命令将中文刻字毛坯零件"Text-wp.prt"装入，并且使用操控板中的命令使两个模型装配在一起，使其外轮廓完全重合，如图17.146所示。完成后左键单击"MFG MDL（制造模型）"菜单中的"Done/Return（完成/返回）"命令。

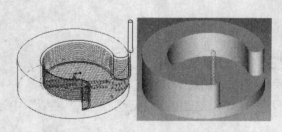

图17.145 腔槽铣削加工演示   图17.146 中文刻字NC组件

（4）左键单击菜单管理器"MANUFACTURE（制造）"中的"MFG SETUP（制造设置）"命令，系统会弹出"操作设置"窗口，在这里设置加工坐标系、退刀平面、机床等，如图17.147所示。

（5）完成后左键单击"操作设置"窗口中的"确定"按钮，将窗口关闭，然后左键单击"MFG SETUP（制造设置）"菜单中的"Done/Return（完成/返回）"命令。

（6）从"MANUFACTURE（制造）"菜单开始，左键依次单击"Machining（加工）"▶"NC Sequence（NC序列）"▶"Engraving（刻模）"▶"Done（完成）"命令，如图17.148所示。

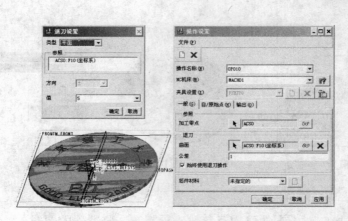

图17.147 "操作设置"窗口及加工坐标系 图17.148 选取刻模加工命令

（7）系统显示出"SEQ SETUP（序列设置）"菜单，其中默认选中了刀具、参数、槽特征等项，如图17.149所示。左键单击菜单下方的"Done（完成）"命令。

（8）系统显示出"刀具设定"窗口，在这里建立一把用于刻字的铣刀，如图17.150所示。完成后左键单击"确定"按钮将窗口关闭。

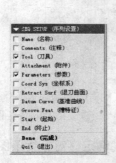

图17.149 刻模序列的设置菜单

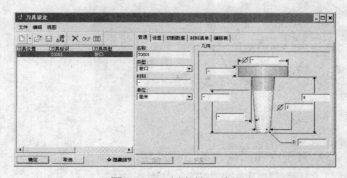

图17.150 刻字铣刀的设定

（9）系统显示出"编辑序列参数"窗口，设置下列制造参数。

· 切削进给量：10

· 安全距离：4

· 主轴速率：3000

如图17.151所示，完成后左键单击"确定"按钮将窗口关闭。

（10）左键单击"MFG PARAMS（制造参数）"菜单中的"Done（完成）"命令。系统显示出"SELECT GRVS"菜单，意思是要求选取要刻的凹槽特征，如图17.152所示。在图形工作区左键单击以选中组件模型中要刻的凹槽特征（注意：必须是零件模型中的"修饰"➤"凹槽"特征），完成后左键单击"SELECT GRVS"菜单中的"Done/Return（完成/返回）"命令。

（11）系统返回到"NC SEQUENCE（NC序列）"菜单，在这里左键单击"Done Seq（完成序列）"命令可以生成刻模NC序列；左键单击"Play Path（演示轨迹）"命令可以进行加工演示，如图17.153所示。

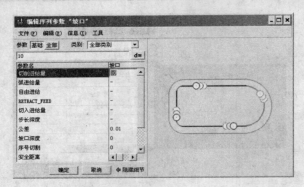

图17.151 "编辑序列参数"窗口

图17.152 选取凹槽特征

2. 关于刻模加工的几点说明

刻模加工与其他加工方法不同，它对于零件建模及参数设置都有一些特殊的要求：

（1）刻模加工的对象只能是零件建模中创建的"凹槽"特征。

（2）刻模加工的凹槽特征既可以是由曲面构成的三维槽，如上例所示；也可以是线条图案，如图17.154所示。

图17.153 刻模加工演示

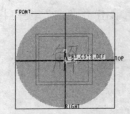

图17.154 刻模加工的对象也可以是作为"修饰" ➤ "凹槽"特征的线条图案

（3）对于由曲面构成的三维的槽，刻模加工的深度由曲面的深度确定；对于线条图案，刻模加工的深度在"参数树"窗口中指定。

（4）不论是曲面构成的三维槽还是线条图案特征，刀具切削的轨迹始终沿凹槽特征定义的围线作为轨迹中线进行切削，刀具直径决定了槽的宽度。

小结

Pro/E 4.0具有强大的数控加工功能，其针对各种数控系统生成的数控代码可以直接用于机床加工。数控加工程序的生成过程可以包括两个阶段：生成NC序列和后置处理。本章介绍的主要是数控加工基础知识及生成铣削NC序列的步骤。

学习数控加工，首先要掌握数控加工的基础知识，例如坐标系、刀具选择和切削参数等。数控铣削NC序列包括许多类型，主要有体积块加工、曲面铣削、轮廓铣削、局部铣削、平面铣削、孔加工、铣削螺纹、腔槽加工和刻模加工。这些NC序列分别用于实际加工中的粗加工、曲面半精加工和精加工、钻孔、铰孔、攻螺纹、铣螺纹、雕铣加工等。生成NC序列之后，可以通过演示轨迹或者Vericut进行加工仿真，观察无误或者进一步调整之后，再做后置处理以生成数控代码。

第18章　生成数控程序

学习重点：

➡ 数控程序的格式
➡ 常用的准备功能指令（G）
➡ 常用的辅助功能指令（M）
➡ 常用的刀具功能指令（T）
➡ 常用的主轴功能指令（S）
➡ 常用的进给功能指令（F）
➡ 选项文件的作用
➡ 创建选项文件的步骤
➡ 生成数控机床加工程序

　　在Pro/E 4.0，以及其他主流CAD/CAM系统中，生成NC序列之后尽管可以演示刀具切削轨迹及三维加工仿真，但系统生成的仍然只是描述刀具运动轨迹的文件，即CL（Cutter Location）数据文件。这种数据文件当然并不是数控机床使用的加工程序，不能直接用于加工。

　　由于数控机床的控制系统各不相同，如FANUC、SIMENS、航天数控等，即使是同样的加工过程，它们使用的数控程序也各不相同。其中主要的区别在于不同系统对于众多可选代码、辅助功能的约定各不相同，当然不同机床的技术参数也各不相同。因此，使用Pro/E 4.0等通用的CAD/CAM软件系统必须了解具体数控机床的全部约定，才能生成正确的数控程序。由CL数据生成数控程序这部分工作称为后置处理（Post-Process）。

18.1　数控编程基础

　　数控程序就是采用规定的文字、数字和符号，按照指定的格式描述零件的加工顺序、刀具运动轨迹坐标值、工艺参数（切削用量），以及加工辅助操作（主轴旋转方向、切削液、刀具动作等）等一系列加工指令的集合。

18.1.1　手工编程和自动编程

　　数控编程主要有手工编程和自动编程两种方式。

　　手工编程就是完全以人工的方式完成分析零件图、确定加工工艺、计算相关数据、编写零件加工程序清单、存储和输入程序等工作。对于形状简单的零件，手工编程具有快速、经济的特点。但对于形状复杂的零件，特别是带有非圆曲线、列表曲线及曲面的零件，手工编程不但困难，而且易于出错。手工编程要求编程人员对各种数控代码、指令及机床十分熟悉，并且具有丰富的加工经验。

　　自动编程是指利用专用的计算机软件（CAM软件）来编制数控加工程序。编程人员需要根据零件图或者已经生成的计算机零件模型确定零件的基本加工工艺、切削用量、刀具，然后利用软件系统来生成具体的NC序列CL文件，再由CL文件及针对具体数控系统的选项文件来生成数控程序。自动编程可以顺利完成众多复杂零件的加工，具有适应面广、效率高、程序质量好的特点，目前已经成为数控加工技术领域的主要编程方式。

18.1.2　数控程序的格式

完整的数控程序由程序号、程序段和程序结束符三部分组成，例如：

```
%0001
(Date:05/30/06  Time:21:30:23)
N1 G98G80G90G49G17
N2 T1M6
N3 S3000M3
N4 G0X-56.603Y31.6
N5 Z10.
N6 Z0.
N7 G1Z-1.F20.
N8 X-56.337Y31.362
N9 X-48.957Y29.348
……
N201      M5
N202      M30
```

1. 程序号

程序号是程序的开始部分，是程序的标记，主要用于供数控系统对程序进行识别和调用。

每个数控程序都要有程序号。程序号由地址码（起始位置的字母）及4位数字编号组成。示例中的地址码是"%"，编号为"0001"。不同的数控系统采用的地址码一般不同，例如FANUC系统的地址码是"O"，其他系统还有采用"P"、":"等符号的情况。自动编程系统会根据使用的数控系统选项文件来指定正确的地址码。

2. 程序段

程序段是数控程序的主体，由许多指令字组成，描述了数控机床在加工中要完成的全部动作。指令字代表的是机床的一个位置或动作。

不同的数控系统有不同的程序段格式。如果格式不匹配，数控系统就会报警并停止运行。常见的格式有地址程序段格式、固定程序段格式和可变程序段格式。其中最常用的是可变程序段格式，即程序段的长度、字数和字长均可变。

3. 程序结束符

程序结束符是指程序结束指令M02（程序结束）或者M30（程序结束，返回起点），作为整个程序的结束。

18.1.3　数控系统的基本指令

数控系统的基本指令一般包括准备功能指令（G）、辅助功能指令（M）、刀具功能指令（T）、主轴功能指令（S）和进给功能指令（F）。

1. 准备功能（G）

准备功能又称为G功能或G代码，主要作用是指定机床的运动方式，为数控机床的插补运算做准备。准备功能通常位于坐标指令前，由字母G和两位数字组成。G指令目前已经接近标准化，如表18.1所示，但在不同数控系统中也有少数G指令存在差异。具体使用中应该参考数控机床厂商提供的编程手册。

表18.1 常用的G代码

G代码	功能说明	G代码	功能说明	G代码	功能说明
G00	快速定位	G27	参考点返回检查	G57	第四工件坐标系
G01	直线插补	G28	返回到参考点	G58	第五工件坐标系
G02	顺时针圆弧插补	G29	由参考点返回	G59	第六工件坐标系
G03	逆时针圆弧插补	G40	取消刀具半径补偿	G65	程序宏调用
G04	暂停	G41	刀具半径左补偿	G66	程序宏模态调用
G10	数据设置	G42	刀具半径右补偿	G67	取消程序宏模态调用
G11	取消数据设置	G43	刀具长度正补偿	G73	高速深孔钻孔循环
G17	选择XY平面	G44	刀具长度负补偿	G74	左旋攻螺纹循环
G18	选择ZX平面	G49	取消刀具长度补偿	G75	精镗循环
G19	选择YZ平面	G52	设置局部坐标系	G90	绝对坐标编程
G20	英制	G53	设置机床坐标系	G91	相对坐标编程
G21	公制	G54	第一工件坐标系	G92	设置工件坐标原点
G22	打开行程检查功能	G55	第二工件坐标系	G98	循环返回起始点
G23	关闭行程检查功能	G56	第三工件坐标系	G99	循环返回参考平面

2. 辅助功能（M）

辅助功能也称M功能或M指令，其作用是指定数控机床的辅助动作和状态，例如主轴的起动、停止，切削液开、关，更换刀具等。M功能由字母M及两位数字组成，表18.2中列出了常用的M功能及其含义。在不同的数控系统上，M功能会有一定的差别。因此在具体的编程工作中也要参考相关机床的手册。

表18.2 常用的M功能

M功能	含义	用途
M00	程序停止	实际上用于程序暂停。执行到M00指令时，主运动、进给运动、切削液都将停止。相当于单程序段停止，模态信息全部保存，以便于进行某项手动操作，如换刀、测量工件等。按机床"启动"按钮后，系统继续执行后面的程序
M01	选择停止	与M00的功能基本相似，只有在按下机床的"选择停止"按钮后，M01才生效，否则机床继续执行后面的程序段。按机床"启动"按钮后，系统将继续执行后面的程序
M02	程序结束	该指令位于程序的末尾，表示到此已执行完程序内的所有指令，然后主轴停止，进给机构停止，切削液关闭，机床处于复位状态
M03	主轴正转	用于主轴顺时针方向转动

（续表）

M功能	含义	用途
M04	主轴反转	用于主轴逆时针方向转动
M05	主轴停转	用于主轴停止转动
M06	换刀	用于加工中心的自动换刀
M08	切削液开	打开切削液开关
M09	切削液关	关闭切削液开关
M30	程序结束	使用M30时，除了完成M02的功能外，还返回到本程序的第一条语句，准备加工下一个相同的零件
M98	子程序调用	用于调用子程序
M99	子程序返回	子程序运行结束后返回

3．主轴功能（S）

主轴功能也称为主轴转速功能或者S功能，用于指定数控机床的主轴转速。S功能由字母S及数字组成，单位是r/min。在数控程序中，S功能要结合M功能中的主轴旋转方向指令（M04或M05）使用，例如：

> S5000　　　M03　　　主轴正转，转速3000r/min
> S100　　　 M04　　　主轴反转，转速100r/min

4．进给功能（F）

进给功能也称为F功能，用于指定机床的进给速度。F功能由字母F及后面的数字组成，如F200表示刀具的进给速度为200mm/min。

5．刀具功能（T）

刀具功能也称T功能，用于选择刀具。T功能由字母T加4位数字组成，前面两位数表示刀具编号，后面两位数表示刀补编号。例如T0102，表示01号刀具及02号刀补。

18.2　选项文件的选择与创建

18.2.1　什么是选项文件

前面已经介绍过，Pro/E 4.0可以利用各种加工方法创建零件加工的刀具轨迹，并且保存成ASCII格式的CL文件。但由于不同数控机床采用了不同的数控系统，再加工机床的参数各不相同，因此具体使用的数控程序也不相同。因此，CL文件必须与具体的数控系统、数控机床参数相结合，然后生成有针对性的数控加工程序。这些与具体机床数控系统、机床参数密切相关的信息通常保存在一个称为选项文件（Option File）的文件中。Pro/E 4.0可以将CL文件与具体的选项文件相结合，生成具体的数控加工程序。

Pro/E 4.0已经包含了目前国外主流数控系统的选项文件。但对于国内的部分数控系统，如航天数控，在Pro/E 4.0中并没有提供。如果需要针对上述系统生成数控程序，就必须利用

Pro/E 4.0的后置处理模块生成自定义的选项文件。

Pro/E 4.0自带的选项文件位于"\proeWildfire 3.0\486nt\gpost\"目录下,其中有几十种各种型号的机床的选项文件。一般情况下,相同厂家的数控系统(如FANUC)各型号(如0i、16M)生成的三轴数控铣或二轴半数控车程序差别很小。例如,可以把Pro/E 4.0中现有的FANUC 16M选项文件生成的数控程序用于FANUC 0i控制的三轴数控铣床上,只需要很少的改动,有时根本不需要改动。

系统目录中的选项文件必须通过Pro/E 4.0制造模块中的"应用程序"➤"NC后处理器"命令查看或修改。在这里也可以创建自定义的数控系统选项文件,下面举例说明。

18.2.2 查看和创建选项文件

1. 查看选项文件

(1)打开Pro/E 4.0,设置工作目录,然后打开一个已经创建好NC序列的MFG文件。本例打开的是本章练习文件"propeller11-3.mfg",这是一个加工模型飞机螺旋桨的文件,如图18.1所示。

图18.1 加工模型飞机螺旋桨的制造文件

(2)左键单击屏幕上方的菜单命令"应用程序"➤"NC后处理器",系统会显示出"Option File Generator",即选项文件生成器,如图18.2所示。

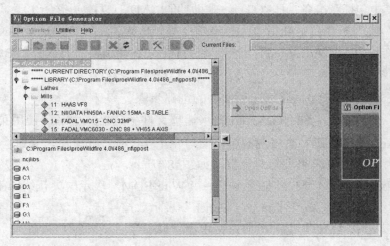

图18.2 "Option File Generator",即选项文件生成器

(3)这个窗口并没有汉化,因此要求使用者有一定的英文基础。

这里共有三个主要的窗口:

· 左上角的窗口列出了当前Pro/E 4.0默认目录下的选项文件对应的数控系统名称,如HAAS VF8、FANUC 11M等。

· 左下角的窗口列出了当前查看的选项文件在计算机目录系统中的位置。

· 右侧窗格用于显示选中的选项文件内容。

从左上角的窗格中左键单击以选中"11. HAAS VF8",这时右侧的"Open OptFile"按钮上会显示出一个绿色的三角,表示该按钮被激活。左键单击"Open OptFile"按钮,系统会显示出HAAS VF8数控系统的具体设置,如图18.3所示。

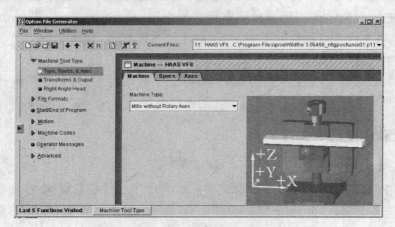

图18.3 HAAS VF8数控系统的具体设置

在这里可以查看当前数控系统的各项参数。"Machine Tool Type"项用于设置机床类型,其中除了有设置机床类型、坐标轴数及运动精度的项目外,还可以设置数值的变换及是否使用了直角转换铣头;"File Formats"项用于设置文件格式,具体可以设置MCD文件的扩展名、地址约定及通用文件格式,以及LIST文件的有关设置;"Start/End of Program"项用于设置程序的起始符、结束符、程序编号、时间标记等信息;"Motion"项用于设置各种准备功能指令,如直线插补、圆弧插补、曲线插补、模态设置等;"Machine Codes"项是创建选项文件时最常用的,其中包括了准备功能(G)、辅助功能(M)、刀具补偿(T)、冷却液、进给速度、夹具偏移、换刀指令、主轴指令、暂停指令等具体设置;"Operator Message"项用于设置输出哪些操作信息;"Advanced"项用于设置FIL文件编辑器、TEXT/VTB编辑器等内容。

2. 创建选项文件

下面以**XK5025B**机床为例介绍选项文件的创建步骤。

(1)打开了"Option File Generator"(选项文件生成器)之后,使用菜单命令"File"(文件)➤"New"(新建)或者左键单击窗口左上角的命令按钮□,系统会显示出"Define Machine Type"(定义机床类型)对话框,如图18.4所示。

"Lathe"表示车床;"Mill"表示铣床;"Wire EDM"表示电火花线切割机床;"Laser/Contouring"表示激光加工/仿形机床;"Punch"表示数控冲床。

左键单击以选中"Mill"项,然后左键单击"Next"(下一步)按钮。

(2)系统显示出"Define Option File Location"(定义选项文件位置)对话框,要求指定此选项文件的编号,以及在磁盘上的位置,如图18.5所示。

在Pro/E 4.0系统中,选项文件的名称必须遵循既定的规则,不能任意命名。凡是铣床的选项文件,其文件名一定是uncx01.pnn,其中的nn就是在如图18.5所示的对话框中第一栏指定的编号,取值范围是1~99。系统默认生成的编号一般不会与现有选项文件重叠。选项文件必须保存在系统指定的目录下,即位于".\proe wildfire 4.0\i486_nt\gpost\"中。本例的选项文件编号采用默认编号"03"。左键单击"Next"按钮。

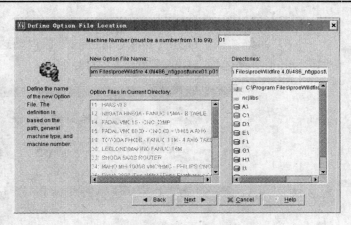

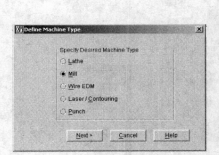

图18.4 定义机床类型　　　　　　　　　图18.5 定义选项文件的位置

（3）系统显示出"Option File Initialization"（选项文件初始化）窗口，要求指定一个初始选项文件，以便在其基础上进行修改而生成新的选项文件，如图18.6所示。"Postprocessor defaults"表示使用Pro/E 4.0 NC后处理器的默认设置作为初始值；"System supplied default option file"表示使用系统提供的默认选项文件作为模板；"Existing option file"表示使用现有的选项文件进行初始化。本例机床XK5025B使用的是FANUC OMD数控系统，可以使用系统中已经有的FANUC系统作为模板，因此选择第二项，然后左键单击"Next"按钮。

（4）系统显示出"Select Option File Template"（选择选项文件模板）窗口，要求选择一个选项文件作为模板，如图18.7所示。

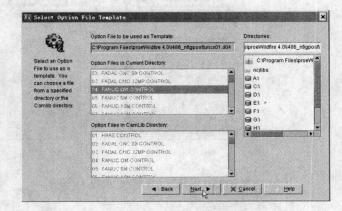

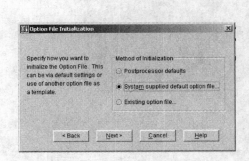

图18.6 选项文件初始化窗口　　　　　　图18.7 选择选项文件模板窗口

滚动窗口左侧的"Option Files in Current Directory"（当前目录下的选项文件）列表，从中找出并左键单击以选中"FANUC OM CONTROL"项，然后左键单击"Next"按钮。

（5）系统显示出"Option File Title"（选项文件标题）窗口，将其中默认生成的标题名称改为"FANUC OM_D"，如图18.8所

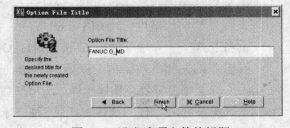

图18.8 设定选项文件的标题

示，然后左键单击"Finish"按钮。

（6）系统进入"Option File Generator"窗口。这个窗口与图18.2相似，只是在屏幕右上角显示出了新建选项文件的名称，如图18.9所示。

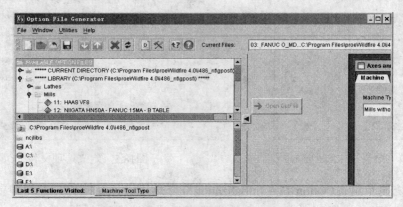

图18.9　刚刚进入的选项文件生成器

左键单击屏幕中部的小三角形按钮，将左侧窗格收缩，这样会得到与图18.3相似的环境，在这里可以具体设置选项文件的各项参数，如图18.10所示。

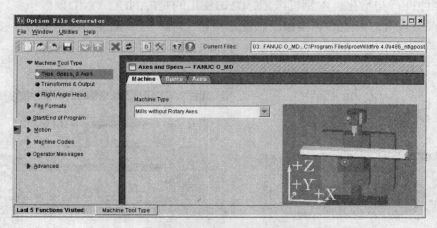

图18.10　选项文件设置环境

（7）XK5025B机床的主要技术指标包括：

机床联动轴数　　　3

最大行程　　　　　X= 680 mm，Y=350 mm，Z=130 mm

主轴转速范围　　　65～4750 rpm

直线进给定位精度　±0.013 mm

准备功能　　　　　G20、G90、G94、G17

在窗口的左侧，左键单击以选中"Machine Tool Type"（机床类型）➤ "Type, Specs, & Axes"（类型、参数、轴数）项，然后在右侧窗格中的下拉列表中选中"Mills without Rotary Axes"（不带回转坐标的铣床），即3轴铣床。这也是默认选项。

（8）左键单击右侧窗格中的"Specs"（参数）选项卡，左键单击以选中"Manually set resolution & max departure"（手工设置精度和最大行程）项，然后设置最大行程及直线进给精度如图18.11所示。

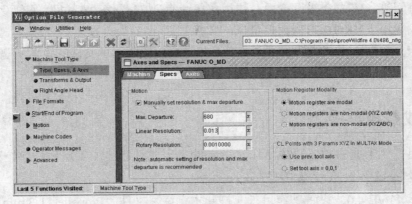

图18.11　设置机床最大行程和直线进给精度

（9）左键单击左侧窗格中的"Machine Codes"（机器代码）➤"Spindle"（主轴）项，然后在右侧窗格中左键单击以打开"Direct RPM Speeds"（绝对转速）选项卡，设置其中的主轴转速范围，如图18.12所示。

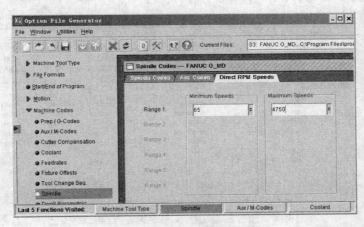

图18.12　设置主轴转速范围

（10）在左侧窗格中左键单击以选中"Start/End of Program"（程序的开始/结束）项，然后在右侧窗格中左键单击以选中"Default Prep Codes"（默认准备功能代码）选项卡，设置准备功能代码如图18.13所示，并且将右下角"Option File"项的值改为"Metric"（公制）。

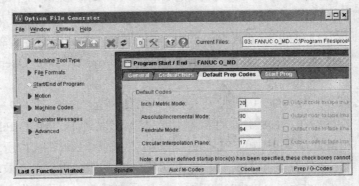

图18.13　设置准备功能代码

（11）此外，还可以按照上述方法更改机床的其他项目设置，如夹具偏移代码、自动换刀参数、暂停时间等。完成全部设置后，使用菜单命令"File"➤"Save"保存设置，以后就可以用它来生成适用于XK5025B型数控机床的数控程序了。

数控车床、数控电火花线切割机床，以及其他数控机床选项文件的设置步骤与上例相同，本文不再赘述。

18.3 生成数控程序

下面利用上例生成的XK5025B机床选项文件来生成螺旋桨加工操作的数控程序。

1. 生成整个操作的数控程序

（1）启动Pro/E 4.0，设置工作目录，打开本章练习文件"Propeller11-3.mfg"，系统会在图形工作区显示出螺旋桨加工的NC组件。

（2）在菜单管理器"MANUFACTURE（制造）"菜单中，左键单击"Process Mgr（处理管理器）"命令，系统显示出"制造工艺表"窗口，在这里可以观察当前制造文件中已经生成的NC序列和操作，如图18.14所示。

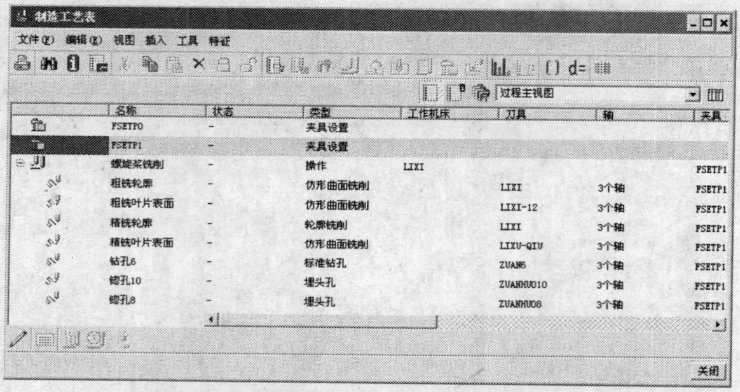

图18.14 通过制造工艺表观察螺旋桨加工的工艺

（3）将"制造工艺表"窗口关闭，下面对整个操作生成数控程序。从"MANUFACTURE（制造）"菜单中左键依次单击"Mfg Setup（制造设置）"➤"Workcell（工作机床）"命令，系统会显示出"机床设置"窗口，将其中的"后处理器选项"栏中的"ID"值改为"03"，即前面刚刚生成的XK5025B机床选项文件的编号，如图18.15所示。完成后左键单击"确定"按钮将"机床设置"窗口关闭，再左键单击菜单管理器中的"Done/Return（完成/返回）"命令。

（4）系统返回到"MANUFACTURE（制造）"菜单。左键依次单击菜单命令"CL Data（CL数据）"➤"Output（输出）"➤"Select One（选取一）"➤"Operation（操作）"➤"螺旋桨铣削"，如图18.16所示。

（5）从系统弹出的"PATH（轨迹）"菜单中左键单击"File（文件）"命令，表示输出结果保存到文件中，然后在下面弹出的子菜单中左键单击以选中"MCD File（MCD文件）"复选框，再左键单击最底层菜单中的"Done（完成）"命令，如图18.17所示。

（6）系统显示出"保存副本"窗口，将默认的中文文件名称改为英文名称，如"opt2"（因为系统不接受中文文件名），如图18.18所示，然后左键单击"确定"按钮，将窗口关闭。

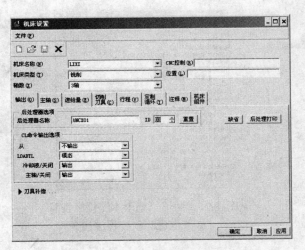

图18.15 设置机床的后处理器选项文件

图18.16 在菜单管理器中依次单击各命令项

图18.17 "PATH（轨迹）"菜单中选择的命令

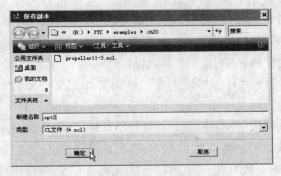

图18.18 在"保存副本"窗口中输入英文文件名称

（7）系统显示出"PP OPTIONS（后置期处理选项）"菜单，将其中的选项都选中，然后左键单击"Done（完成）"命令，如图18.19所示。

（8）系统开始生成数控程序。生成完毕后会显示出"信息窗口"，如图18.20所示。

图18.19 "PP OPTIONS（后置期处理选项）"菜单中使用的命令

（9）从报告的信息可以看到，数控程序已经成功生成。利用Windows系统的"资源管理器"查看工作目录，会发现一个扩展名为".tap"的文件，利用"记事本"程序将它打开，即可看到生成的数控程序代码，如图18.21所示。将此文件输入XK5025B数控机床，即可运行和加工。

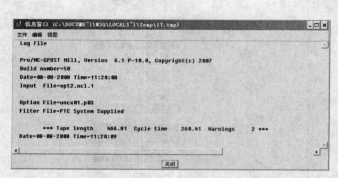

图18.20 生成数控程序的过程及生成后报告的信息

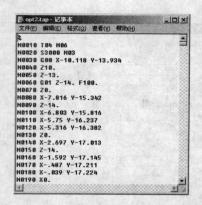

图18.21 利用"记事本"程序查看
生成的数控程序代码

2. 生成NC序列的数控程序

上面生成的是包含全部NC序列的数控程序。如果用户的数控铣床不具有换刀功能，那么将只能手工更换刀具，然后逐个NC序列地进行加工，这时就需要有单个NC序列的数控程序。生成单个NC序列数控程序的方法主要有两种。第一种方法与上例相似，只是在出现如图18.16所示的菜单时，选择"NC Sequence（NC序列）"，然后再从子菜单中选择需要生成数控程序的具体NC序列，其余步骤均相同。第二种方法是利用"NC SEQUENCE（NC序列）"菜单中的"Play Path（演示轨迹）"命令，下面进行具体说明。

（1）仍然以上面的螺旋桨加工文件为例。在"机床设置"窗口中将后置处理器设为相应的选项文件编号之后（如上例中第3步所示），从"MANUFACTURE（制造）"菜单中左键依次单击"Machining（加工）"➤"NC Sequence（NC序列）"命令，然后从底部子菜单中选择要为之生成数控程序的NC序列，如图18.22所示。

（2）左键单击以选中需要生成数控程序的NC序列后，从菜单"NC SEQUENCE（NC序列）"中依次单击"Play Path（演示轨迹）"➤"Screen Play（屏幕演示）"命令，系统会显示"播放路径"窗口，如图18.23所示。

图18.22 选择要生成数控程
序的NC序列

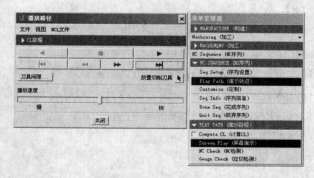

图18.23 "NC SEQUENCE（NC序列）"
菜单和"播放路径"窗口

（3）在"播放路径"窗口中，选择菜单命令"文件"➤"另存为MCD"，系统会弹出"后处理器选项"窗口，左键单击以选中其中的"加工"和"处理标识"复选框，如图18.24所示。

图18.24 "后处理器选项"窗口

（4）系统会显示出"保存副本"窗口，如图18.18所示。在"新建名称"一栏中输入英文名称"cxlk"，然后左键单击"确定"按钮将窗口关闭。

（5）系统会通过两个DOS窗口显示出生成数控程序的过程，完成后显示"信息窗口"，如图18.20所示。通过Windows系统查找工作目录，会发现名为cxlk.tap的文件，用"记事本"程序将它打开，即可查看其中的数控程序。输入数控机床之后，即可进行生产加工。

小结

本章介绍了数控编程的一些基础知识和Pro/E 4.0的NC后处理器的使用，并且通过一个飞机螺旋桨加工的例子介绍了生成数控程序的过程。

数控编程的基础知识十分重要，它是人们编程、查看，以及修改数控程序的依据。如果需要为一些较特殊的数控机床生成数控程序，就必须要使用Pro/E 4.0的NC后处理器生成相应的选项文件，这对于实际生产非常重要，尤其是在航天，以及其他一些使用较特殊设备的场合。最后生成的数控程序文件扩展名虽然是.tap，但实际上就是标准文本文件，可以使用任何文本文件编辑器进行查看和修改。

欢迎与我们联系

　　为了方便与我们联系，我们已开通了网站（www.medias.com.cn）。您可以在本网站上了解我们的新书介绍，并可通过读者留言簿直接与我们沟通，欢迎您向我们提出您的想法和建议。也可以通过电话与我们联系：

电话号码：　（010）68252397。

邮件地址：　webmaster@medias.com.cn